U0386903

"十二五"普通高等教育本科国家级规划教材

物理化学教程

（第三版）

周　鲁　主编

科学出版社
北　京

内 容 简 介

本书是参照工科物理化学课程教学基本要求编写的，是一本面向工科类各专业本科生物理化学课程的教改教材。全书共8章，包括：热力学基础、多组分多相系统热力学、化学反应热力学、化学反应动力学、相变热力学、电化学、表面化学、胶体化学。本书强调工科特色，注重理论应用。除系统地阐述了物理化学的基本概念和基本理论外，还在相关章节介绍了物理化学理论与工程技术问题相结合的内容。

本书适合作为高等学校工科类各专业本科生物理化学课程教材，也可供广大工程技术人员参考。

图书在版编目(CIP)数据

物理化学教程/周鲁主编．—3版．—北京：科学出版社，2012.6
普通高等教育"十一五"国家级规划教材
ISBN 978-7-03-034999-6

Ⅰ.①物… Ⅱ.①周… Ⅲ.①物理化学-高等学校-教材 Ⅳ.①O64

中国版本图书馆CIP数据核字(2012)第134173号

责任编辑：陈雅娴 杨向萍 赵晓霞／责任校对：钟 洋
责任印制：赵博／封面设计：迷底书装

科学出版社 出版
北京东黄城根北街16号
邮政编码：100717
http://www.sciencep.com
铭浩彩色印装有限公司 印刷
科学出版社发行 各地新华书店经销
*
2002年12月第 一 版 开本：787×1092 1/16
2006年 8 月第 二 版 印张：17 1/4
2012年 6 月第 三 版 字数：448 000
2016年7月第十九次印刷

定价：36.00元

(如有印装质量问题，我社负责调换)

第三版序

四川大学周鲁教授主编的《物理化学教程》，是我国近年来针对工科类专业，特别是化工类各专业教学用书中受到好评的一本教材。自2002年成书出版发行以来，历经10年的修改和完善，继2006年第二版之后，第三版将于2012年问世。10年对于人生虽然不算太长，但是对于大学教师来说，这是一生中最具活力，也是承受生活工作压力最为沉重的时期。该书部分作者的变迁，使得我对周鲁教授在前言中发自肺腑的感受和永不言弃的执着，在产生共鸣的同时，由衷地多了一份钦佩之情。

周鲁教授和他的同事们在完成繁重的教学科研工作的同时，一直把编写一本适合教与学的物理化学教材当成自己的首要任务，孜孜以求地不仅要求做到脉络清晰、循序渐进，而且力争紧跟时代前进的步伐，充分体现学科和社会发展的现状，因而不断地对课程体系和内容进行适当地调整和梳理，这种编写理念在第三版中得到了充分的体现。

物理化学是一门基础学科，它对化学和化学工程学的发展起着重要的作用。但是由于在教学中必须同时兼顾物理学的严谨性和化学体系的复杂性，往往使初学者感到困难。针对这个问题，《物理化学教程》在第三版中做了恰当的处理。周鲁教授在前言中所提"理论层面上关注非理想系统，应用层面上关注工程技术问题"的思路，给出了一个体现工科特色的独到见解和符合少而精原则的答案。遵循这个思路，有助于在面对数量庞大、瞬时万变的科学技术信息时，保持清醒的头脑和教学工作的有序性。

十分感谢科学出版社和周鲁教授的信任，使我有幸再次地成为该书的读者之一。虽然和周鲁教授只有一面之缘，但是从这本书的字里行间，和10年三版的变迁中，使我在学科素养和教学思想等方面，一直感受到周鲁教授和他的同事们无声的敦促和启发，受益良多。

正如周鲁教授引自《离骚》的名句"路漫漫其修远兮，吾将上下而求索"所指出的，编写一本优秀教材理想的实现在于勤奋和坚持。我期望这本教材在周鲁教授和他的同事们继续"上下而求索"的努力下，能够不断地完善，早日成为工科物理化学教材中的精品。

清华大学化学系

宋心琦

2012年初春于北京

第三版前言

多年的教学实践使我们认识到，无论是教材编写还是课堂教学，关键词只有两个：选材与组织。选材就是要回答“应该给学生讲什么”这个问题，在总体的指导思想上，我们认为工科类各专业本科生通过物理化学课程的学习，应该掌握在工程实践中行之有效、实际可用的基础理论。组织就是要回答“应该给学生怎么讲”这个问题，因此无论是教材编写还是课堂教学，都要注意使物理化学课程的脉络清晰、循序渐进、前后呼应、温故知新。一本教材、一个教师的水平高低，就在于选材与组织上的差别。

基于上述的认识，本书首先系统地介绍了热力学原理和方法，这是物理化学课程的物理学基础，然后讲述了多组分多相系统的热力学，这是从物理学过渡到化学的桥梁，在物理化学课程中具有非常重要的地位。接下来的化学反应热力学、化学反应动力学、相变热力学是物理化学课程的核心内容，而电化学、表面化学、胶体化学则体现了化学反应热力学和化学反应动力学的思想在不同领域中的应用。我们所理解的工科特色就是在理论层面关注非理想系统，在应用层面关注工程技术问题，这在本书中也有所体现。

结合我们在四川大学国家工科基础化学教学基地建设中的教学实践，作为国家工科基础化学教学基地系列教材之一，本书在 2002 年首次出版。结合我们在四川省物理化学精品课程建设中的教学实践，本书在 2006 年再版，并入选普通高等教育“十一五”国家级规划教材。此逢本书三版之际，十年岁月已弹指挥间，十年回首，冷暖自知。但要编写出一本真正高质量、高水平的教材，还需要多年的反复实践和修订，“路漫漫其修远兮，吾将上下而求索”。

本次三版，第 1～4 章由周鲁修订，第 5 章由周鲁、费德君修订，第 6 章由谈宁馨修订，第 7 章由谈宁馨、高翔修订，第 8 章由李赛、谈宁馨修订，附录和全书附图由唐星烁修订，全书由周鲁统稿。与本书配套的《物理化学教程习题精解》将于年内由科学出版社出版。

由于编者水平所限，书中难免有疏漏错误和不当之处，恳请使用本书的广大师生和读者批评指正。

周　鲁

2012 年 3 月于四川大学

第二版序

四川大学周鲁教授主编的《物理化学教程》，是一本根据化工类各专业本科教学要求而编写的基础课程教材。该书于2002年由科学出版社正式出版发行，并获得广大读者的关注和赞扬。为了适应教学改革的需要，周鲁教授和教材编写组的其他成员，在该书初版的基础上，进行了历时数年的修订工作，形成了该书的第二版。修订后的《物理化学教程》(第二版)，在实用性、可读性以及教学重点和难点的安排等方面，都有所改进，所以它被推荐为“普通高等教育‘十一五’国家级规划教材”，获得评审专家们的普遍认可，当是意料之中的事。

教材建设是推行各级学科教育的基础。高质量的教材，不仅有利于学生的学习，也有利于任课教师本身的提高，因此人们一直在期盼着更多的精品教材的问世。“普通高等教育‘十一五’国家级规划教材”项目的启动，将有利于解决这个问题。

在课程教学中，教师的学术造诣和教学理念、教材及学生学习的主动性等三个方面，是决定教学质量的关键。而三者中，质量优异的教材的重要性是不言而喻的。由于《物理化学教程》的编写者有多年从事物理化学教学和科研工作的经验，教材从讲义到初稿再到修订稿，经历了漫长的积累经验和反省思索的过程，编写质量不断得到提升；加以该书选材密切结合化工类各专业的需要，教学目标比较具体，有利于激发学生的学习兴趣，从而使学生在课程的学习过程中，专业基础和科学素质两方面都能够得到提高。这是该书的特点之一。

为适应化工类专业的需要，该书的相变热力学、表面化学和胶体化学等章在第二版中都作了适当的扩展，相对于初版《物理化学教程》而言，相变热力学部分的变化更为明显，作者在编写第二版时，对这一领域的应用和近期发展做了较为详尽的论述，和其他同类教材相比，这是该书的另一个特点。

作为一门基础课程，除去满足后续课程的需要之外，适当介绍物理化学学科的某些重要进展情况，用以扩展学生的科学视野的做法，应当得到支持和鼓励。因为经过精选后的这些内容，不仅可以提高读者的学习兴趣，对于学生理论素养的培养也有促进作用。

由于教材的更新相对于现代科技的发展速度具有无法避免的滞后性，加上学生未来工作岗位的不确定性，使得教材的最佳使用期限往往不会很长，而修订或改编到正式出版发行所需的周期又不可能很短。在以信息时代为特征的新世纪里，如何使教材建设工作真正做到“与时俱进”，可能是21世纪新教材建设工作面临的新问题之一。该书作者在这方面已经有所考虑，希望能够通过教学实践和研讨，对逐步解决这个问题有所贡献，并成为该书的另一特色。

非常感谢周鲁教授和科学出版社的信任，使我有幸成为《物理化学教程》(第二版)书稿的最早读者之一，并获得为该书作序的殊荣。

衷心希望这本教材能够得到广大师生和读者的欢迎。

清华大学化学系

宋心琦

2006年于清华园

第二版前言

物理化学是化学学科的一个重要分支学科，也是化工类各专业本科生一门重要的主干基础课程。物理化学课程在化学化工本科课程体系中兼有服务后续课程与培养理论素养两大功能，在化工类人才培养体系中担负着桥梁和枢纽的重要作用。

物理化学学科的快速发展，使得新的理论及技术、新的有发展潜力的领域不断涌现。我们认为化工类各专业本科生的物理化学课程已不可能将物理化学学科的全方位介绍作为其教学工作的目标，而只能把重点放在物理化学课程基础理论、基本知识、基本技能的教育上；不能脱离培养化工类工程技术人员这一总体目标而泛化基础，应通过物理化学课程使学生掌握那些在工程实践中行之有效、实际可用的理论基础，在化工类物理化学教材建设上应该牢牢地抓住这一点。

物理化学是化学学科中一门高度定量化的理论课程，有大量的定律和公式。定律和公式的严格推理、论证，对提高学生的能力和理解掌握定律、公式是必要的。但我们认为在阐述基本原理时应更多地注意讲清整个问题的思路，介绍问题的提出背景，形成理论的思维方法，让学生能迅速抓住物理化学原理的基本脉络，理解其实质；要讲清分析论证问题的思维方法，引导学生逐步深入，最后得出结论。这样，使学生不仅能学到有关知识，而且也学到探索问题的思路和方法，培养解决问题的能力。

自第一版于 2002 年出版后，我们根据几年来的教学实践，结合物理化学精品课程建设，对第一版进行了修订。本书第 1～5 章由周鲁编写，第 6、8 章由谈宁馨编写，第 7 章由肖顺清、高翔编写，附录和全书附图由唐星烁编写，卫永祉对第 6、7 章的编写提出了修改意见，全书由周鲁统稿。

物理化学教材建设是物理化学精品课程建设的重要内容，也是一项长期而艰巨的任务，要编写出一本真正高质量高水平的教材，需要经过多年的反复实践和修订，我们有信心把这项工作坚持下去，不断积累，不断前进，争取将工作做得更好。

由于编者水平所限，书中难免有疏漏错误和不当之处，恳请读者批评指正。

周　鲁

2006 年 4 月于四川大学

第一版序

在化工类各专业本科教学计划中的物理化学，是一门极为重要的课程，它是所有其他化学课程共同的基础，使得学生一方面能够从理论的高度来认识精彩纷呈的种种化学现象的本质，同时又学会如何通过对为数不多的物理量的实验测量，得以定量或半定量地了解某些过程，从而为对其中的步骤或整个过程实现有效的调控提供了可能。也正是因为如此，它在化工类专业教学计划中起着独特的承上启下的作用。

物理化学虽然是一门理论性很强的学科，但是它也是一门实验性学科。对于化工类学生来说，更是一门紧密联系实际的课程。因此，编写一本更加适合化工类各专业学生学习之用的物理化学教材，应当认为是有意义的。

根据四川大学工科化学教学改革方案，四川大学化工学院物理化学教研室的老师们，在认真总结了以往教学经验，又对国内外现行物理化学教材做了系统的调研的基础上，由周鲁教授担任主编，合作编写了《物理化学教程》一书。虽然整体上看来和其他物理化学教材大致相同，但是在概念的引出和公式的推导等方面，都可以感受到作者对物理化学所特有的领会和理解。我想，这是一本大学教材的质量所在。其次，作者通过收集物理化学方面的研究课题和成果，或用作阐述某些重要概念时的实例，或通过加工变换成为有助于复习之用的习题。这是这本教材的一个重要特色，也是有别于其他传统教材之处，值得一提。

物理化学教材的内容取舍，应当尽可能和学科的发展同步。作为 21 世纪的教材更应当在这个方面进行研究和探讨，并有所作为。这本教材在这方面已经有所体现，也许一时考虑得还不够成熟，和经过千锤百炼的经典物理化学教材体系的融合可能还需要待以时日，但是这是物理化学教学改革的方向，却是肯定无疑的。

十分感谢科学出版社对我的信任，使我有幸成为书稿的最早读者之一，并且有机会和周鲁教授就物理化学的发展和教学改革进行探讨，得益匪浅。我衷心希望这本教材能够尽快地和广大读者见面，而且期盼着能够尽早地读到更有特色的新版《物理化学教程》。

清华大学化学系

宋心琦

2002 年冬于清华园

第一版前言

物理化学是化学学科的一个重要分支，也是化工类各专业本科生一门重要的主干基础课程，它对于学生科学思维、综合素质的培养和提高起着至关重要的作用。

根据四川大学工科化学教学改革方案，按照国家教育部关于工科物理化学教学的基本要求，参照国内外现行的有代表性的物理化学教材，四川大学化工学院物理化学教研室在使用多年的教学讲义和教学实践的基础上，编写了本书，并力图在教材结构的重新构造、教学内容的推陈出新以及理论与实际的结合等方面有所创新。

根据四川大学工科化学教学改革方案，并综合考虑前修课程和后继课程的内容和要求，本书内容共分为 8 章，包括热力学基础、多组分多相系统热力学、化学反应热力学、化学反应动力学、相变热力学、电化学、表面化学、胶体化学等，每章配有习题，全书最后附有参考文献和附录，并将配套出版《物理化学教程习题精解》。

本书是四川大学化工学院物理化学教研室全体同志共同努力的结果。本书第 1～4 章由周鲁编写，第 5 章由唐星烁、周鲁编写，第 6、7 章由肖顺清编写，第 8 章由谈宁馨编写，附录由高翔编写，唐星烁为全书文稿和图表的订正做了许多工作。

本书在编写过程中，得到了四川大学校领导以及教务处、化工学院和国家工科化学基地领导的支持和鼓励。本书承蒙清华大学宋心琦教授审阅，并提出了宝贵的修改意见和建议。化工学院物理化学教研室的其他同志也对本书提出许多宝贵意见，在此付梓出版之际，谨向他们表示衷心的感谢！

由于编者水平所限，书中难免有疏漏和不当之处，恳请读者批评指正。

周　鲁

2002 年 5 月于四川大学

目　　录

第 1 章　热力学基础

在众多的自然现象中，热现象是最基本的一类。例如，物体的热胀冷缩、物质的气液相变、热机的热功转换、反应的吸热放热等，无一不与热现象密切相关。

热力学是研究热现象的宏观理论。人们通过对自然界大量的热现象的长期观察和实验，总结和归纳出了基本的三条规律：热力学第一定律、第二定律和第三定律。热力学理论就是以这三条定律为基础，应用数学方法，通过逻辑演绎，研究各种热现象的规律及物质系统的热力学性质的理论。由于热力学方法没有任何假设，它的出发点是客观的实验事实，所以它的结论是普遍的和可靠的，是适合一切物质系统的，这是热力学理论的一个重要特征。然而热力学理论没有考虑物质的微观结构，对热现象只是宏观的、唯象的描述，这就决定了它的局限性：不能对物质系统的宏观性质给予微观本质的说明，也不能解释与微观运动密切相关的宏观性质的涨落现象。

热力学的理论在实践中已经获得了十分广泛的应用。它曾有力地推动过产业革命，近代发展起来的许多科学与技术领域都涉及热力学的基本理论。例如，热力学理论提供了提高热机效率的途径，也为预测化学反应的可能性提供了理论依据。所以，热力学既是一门理论性很强的物理学分支，又是一门与实际应用极为密切的基础学科。

尽管热力学已形成了独立而完整的理论体系，并且在广泛的领域里得到应用。但是，无论从理论的还是应用的角度来看，其发展前景仍很广阔，一些重大的理论课题期待解决，一些新的应用领域需要不断探索。尽管每前进一步都是十分艰难的，但是可以肯定地讲，热力学理论还会不断地出现突破，实际应用的领域也会进一步扩大。

§1-1　基 本 概 念

1. 系统与环境

热力学把所研究的对象称为系统，把与系统密切相关的其余部分称为环境。系统与环境之间的划分可以是实际的物理界面，也可以是假想界面。环境与系统可以通过界面进行物质和能量的传递和交换。在热力学中，按照物质和能量的传递和交换的不同，可以把系统分为三类：

（1）敞开系统。系统与环境之间既有能量的传递和交换，又有物质的传递和交换。

（2）封闭系统。系统与环境之间只有能量的传递和交换，没有物质的传递和交换。

（3）孤立系统。系统与环境之间既无能量的传递和交换，也无物质的传递和交换。

孤立系统又称为隔离系统。事实上，绝对的孤立系统是不存在的。但如果所研究的系统与环境之间的物质和能量的传递和交换小到可以忽略不计时，则可近似认为系统是孤立的。系统与环境的划分在热力学中十分重要，处理实际问题时，如能适当地选择系统，往往可使问题简化。

在热力学中，按照组分数和相数的不同，也可以把系统分为四类：

（1）单组分单相系统。只含有一种化学物质，内部不存在物理界面的系统，例如仅仅由氧气组成的系统。

(2) 多组分单相系统。含有多种化学物质，内部不存在物理界面的系统，例如由空气组成的系统。

(3) 单组分多相系统。只含有一种化学物质，内部存在物理界面的系统，例如由水蒸气和水组成的系统。

(4) 多组分多相系统。含有多种化学物质，内部存在物理界面的系统，例如由空气和海水组成的系统。

在热力学中，按照所采用的物理模型的不同，还可以把系统分为两类：

(1) 理想系统，包括理想气体、理想溶液、理想稀溶液等系统。

(2) 非理想系统，包括非理想气体、非理想溶液、非理想稀溶液等系统。

2. 性质与状态

在热力学中，常常用系统的宏观性质如系统中物质的量 n、温度 T、体积 V、压力 p 等来描述系统的热力学状态（简称状态），这些宏观性质就称为系统的热力学状态函数（简称状态函数）。系统的状态是所有状态函数的综合表现，当系统的各种状态函数确定后，系统的状态也就被确定下来。反之，当系统的状态确定以后，所有的状态函数也就被唯一地确定了。因此，系统的状态函数是系统状态的单值函数，根据状态函数的特点可将其分为两类：

(1) 广度性质状态函数。这类性质状态函数的数值与系统所含物质的量有关，例如质量、体积等。广度性质状态函数具有加和性，即整个系统的某一广度性质状态函数的数值等于系统各部分这种性质状态函数的数值的总和。

(2) 强度性质状态函数。这类性质状态函数的数值与系统所含物质的量无关，例如温度、压力等。强度性质状态函数不具有加和性，即整个系统的某一强度性质状态函数的数值不等于系统各部分这种性质状态函数的数值的总和。

广度性质状态函数除以物质的量之后就变成强度性质状态函数，例如体积 V 是广度性质状态函数，但摩尔体积 $V_m = V/n$ 则是强度性质状态函数。

3. 热力学平衡态

在一定的环境条件下，如果一个系统的所有状态函数都有确定值，并且不随时间变化，则称这个系统处于热力学平衡态（简称平衡态）。一个处于平衡状态的封闭系统，应同时满足下列几个平衡：

(1) 热平衡。如果系统内部以及系统与环境之间没有绝热壁存在，则达到平衡后，系统内部各部分温度相等，而且系统与环境的温度也相等。

(2) 力平衡。如果系统内部以及系统与环境之间没有刚性壁存在，则达到平衡后，系统内部各部分压力相等，而且系统与环境的压力也相等。

(3) 相平衡。如果系统内存在多个相，则达到平衡后，系统中各相的组成和数量均不随时间而改变。

(4) 化学平衡。如果系统内存在多个组分，则达到平衡后，系统中各组分的组成和数量均不随时间而改变。

如果上述几个平衡不能同时满足，则称这个封闭系统处于非平衡态。

对于一个孤立系统来说，因为环境不会对系统产生影响，所以孤立系统达到平衡态的含义只包括系统内部的热平衡、力平衡、相平衡和化学平衡，而不考虑系统和环境之间的平衡。

只有当系统达到平衡态时，系统的强度性质状态函数才有确定的数值和物理意义。例如对一个没有达到热平衡的系统，就不能定义系统的温度，对一个没有达到力平衡的系统，就不能定义系统的压力。此外，只有当系统处于平衡态时，系统的状态函数之间才存在函数关系，这种函数关系称为状态方程。例如只有当理想气体处于平衡态时，它的压力、体积、温度和物质的量之间才存在函数关系

$$pV=nRT \tag{1-1-1}$$

这种函数关系称为理想气体状态方程，这就是说理想气体状态方程只能描述处于平衡态时的理想气体。由于在平衡态时系统的状态函数通过状态方程彼此相关，所以为了描述系统的平衡态，并不需要罗列出所有的状态函数的数值，而只需确定其中几个，再利用状态方程，便可以完全确定所有的状态函数的数值了。也就是说，对于一个给定的系统，其状态函数中只有几个独立的。例如对于理想气体组成的单组分单相封闭系统来说，由于系统与环境之间没有物质的传递，所以当系统确定后，其物质的量 n 就确定了。当理想气体处于平衡态时，我们只需在 p、V、T 三个状态函数中任意指定其中两个的值，则第三个状态函数的值通过式(1-1-1)的状态方程就完全确定了。大量的事实证明：对于一个单组分单相封闭系统，如果系统处于平衡态，一般来说，只要确定两个可以独立变化的状态函数的值，则其他状态函数的值也就随之确定了。

4. 过程与途径

系统的状态可以发生一系列的变化，这种变化称为过程。系统的状态发生变化时，可能是系统的全部状态函数都发生变化，也可能是一部分状态函数发生变化，另一部分状态函数保持不变。在热力学中常见的等温过程、等压过程、等容过程等，就属于某个状态函数保持不变的状态变化过程。系统状态发生变化时所经历的过程的总和则称为途径。从指定的始态变化到指定的末态，可以采用不同的途径来完成。

例如，如图 1-1-1，要使一定量的理想气体由 100K、100kPa 的始态变到 400K、400kPa 的末态，可以先保持温度不变，经过等温过程使压力升高到 400kPa，然后再保持压力不变，经过等压过程升温到 400K；也可以先保持压力不变，经过等压过程升温到 400K，然后再保持温度不变，经过等温过程使压力升高到 400kPa。因此在指定的始态和末态之间，系统的变化可以通过上述两条不同的途径来完成，当然还存在其他的途径。但是无论通过哪条途径来完成由 100K、100kPa 的始态到 400K、400kPa 的末态的变化，状态函数 p 和 T 的变化量都是相同的，即 $\Delta p=300\text{kPa}$ 和 $\Delta T=300\text{K}$。

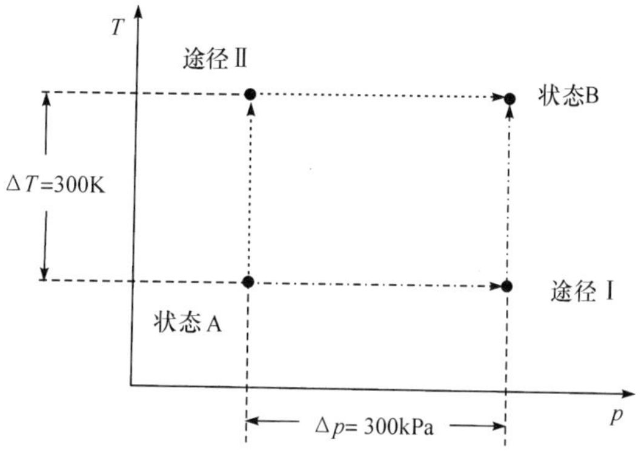

图 1-1-1　过程与途径示意图

上面的例子说明，系统的状态不变，状态函数也不变。系统的状态从指定的始态变化到指定的末态，无论经过什么样的途径，其状态函数的变化量必然相同。系统的状态函数变化的数值仅取决于系统所处的始态和末态，而与从始态到达末态的途径无关，这是状态函数最基本的

特征。在这一点上，状态函数与力学中的势能函数完全相同，因此状态函数又称为广义势函数。根据这一特点，在计算系统状态函数的变化量时，可以不管实际变化途径是如何进行的，而在其始末态之间任意设计一个方便、简单的途径去计算，这是热力学研究中一个极其重要的方法。

5. 可逆过程

如前所述，我们把系统的状态变化称为过程。从指定的始态变化到指定的末态，系统要经历无穷多个状态，或者说按顺序排列的无穷多个状态就是一个过程。如果所经历的每个状态都是平衡态，我们就把这个过程称为可逆过程。如果在所经历的无穷多个状态中，只要有一个是非平衡态，我们就把这个过程称为不可逆过程。

可逆过程既要保证所经历的每个状态都是平衡态，同时又要不断变化，因此在系统整个变化过程中，任何两个相邻的状态 i 和 $i+1$ 的强度性质状态函数只能相差一个无穷小量，即 $T_{i+1}=T_i\pm dT$，$p_{i+1}=p_i\pm dp$。同时整个变化过程中，系统的强度性质状态函数与环境的强度性质状态函数之间也只能相差一个无穷小量，即 $T_{环}=T_{系}\pm dT$，$p_{环}=p_{系}\pm dp$。由此可见，可逆过程进行的速度必然是无限慢，完成可逆过程的时间必然是无限长。反之，凡是以有限的速度进行的过程，或者凡是在有限的时间内完成的过程，都是不可逆过程。

可逆过程的另一种定义是：当系统经历一个由始态 A 变到末态 B 的过程，同时环境相应地从始态 X 变到了末态 Y。如果能找出一个逆过程，使系统从末态 B 恢复到始态 A，同时这个逆过程也使环境从末态 Y 恢复到始态 X，则 A 到 B 过程就称为可逆过程。反之，如果用任何方法都不可能使系统和环境同时复原，则 A 到 B 过程就称为不可逆过程。这里要强调的是可逆过程要使环境复原，如果仅仅使系统复原，而不能使环境复原，即不能把 A 到 B 过程在环境中留下的影响完全消除，则 A 到 B 过程就是不可逆过程。

可逆过程是一种理想的过程，现实世界中并不存在真正的可逆过程，或者说在现实世界中实际发生的过程都是不可逆过程。可逆过程和孤立系统、理想气体等概念一样，是客观世界的一种极限模型，但在热力学中有着重要的意义。

§1-2　热力学第一定律

1. 热和功

对于封闭系统来说，在系统的状态发生变化时，往往伴随着系统与环境之间的能量传递和交换，这种传递和交换是以热和功的形式进行的。

1）热

在热力学中，热是系统和环境传递和交换能量的一种形式。热力学中用符号 Q 表示热，热的单位是焦耳(J)，并规定系统从环境吸热为正（$Q>0$），系统向环境放热为负（$Q<0$）（图 1-2-1）。热的一般计算公式为

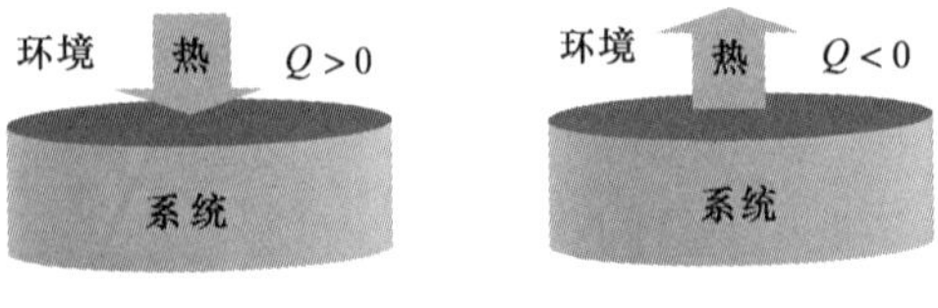

图 1-2-1　途径函数热的示意图

$$Q=\int_{T_1}^{T_2} C\mathrm{d}T \qquad (1\text{-}2\text{-}1)$$

式中，C 称为热容，一般说来，热容是温度的函

数，即 $C=f(T)$。若热容与温度无关，则式(1-2-1)简化为

$$Q=C(T_2-T_1) \tag{1-2-2}$$

系统和环境进行热传递和交换是和变化的途径紧密相关的。从指定的始态变化到指定的末态，只要变化的途径不同，热传递和交换的数值就可能不同，因此热称为途径函数。

2）功

在热力学中，功是系统与环境传递和交换能量的另一种形式。例如，系统体积改变时所做的体积功，系统的电荷在电场的作用下定向运动时所做的电功，系统克服表面张力所做的表面功等。在热力学中，功的符号用 W 表示，功单位为焦耳(J)，并规定系统对环境做功为负($W<0$)，环境对系统做功为正($W>0$)(图 1-2-2)。热力学中最常见的功是系统反抗外压而做的功，称为体积功，用符号 W_e 表示(在不引起混淆的情况下也常略去下标“e”)。除体积功之外的其他功称为非体积功，用符号 W' 表示。体积功的一般计算公式为

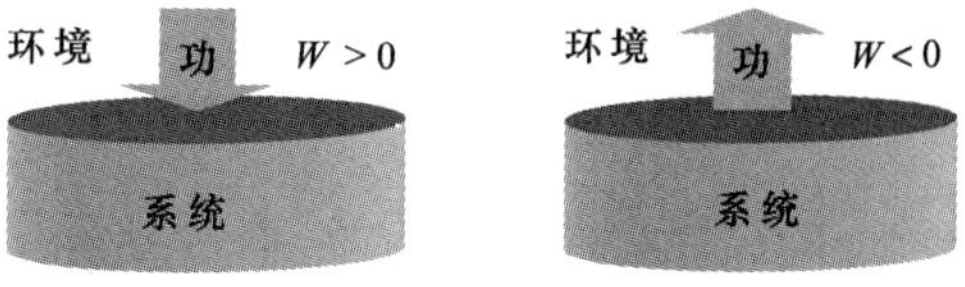

图 1-2-2　途径函数功的示意图

$$W=-\int_{V_1}^{V_2} p_{环}\,dV \tag{1-2-3}$$

式中，$p_{环}$ 为环境的压力。一般说来环境压力是一个变数，当环境压力恒定时，式(1-2-3)简化为

$$W=-p_{环}(V_2-V_1) \tag{1-2-4}$$

系统和环境进行功传递和交换也是和变化的途径紧密相关的。从指定的热力学始态变化到指定的热力学末态，只要变化的途径不同，功交换的数值就可能不同，所以功也是途径函数。

2. 热力学第一定律

19 世纪以前，不少人企图制造一种不需要输入能量而可以不断对外做功的机器，这就是所谓的“第一类永动机”，但所有的努力都失败了。1840～1848 年，焦耳(Joule)通过一系列的热功当量试验表明，要使系统由某一状态变到另一状态，只要过程的始末态相同，则系统与环境之间传递和交换的功和热的总和是相等的，而与经过怎样的过程无关。这说明存在一个仅由状态决定的物理量，即状态的单值函数，它的改变可以用功和热的总和来度量，焦耳把这个物理量称为系统的热力学能，用符号 U 表示。热力学能是一种广度性质的状态函数，其单位是焦耳(J)。

焦耳的热功当量试验导致了热力学第一定律的发现，封闭系统的热力学第一定律可以表述为：封闭系统由始态经过任意一个过程到达末态，则系统热力学能的改变等于在这个过程中系统与环境之间传递和交换的功和热的总和，即

$$\Delta U=U_2-U_1=Q+W \tag{1-2-5}$$

式(1-2-5)就是封闭系统热力学第一定律的数学表达式。在系统变化过程中热力学能的绝对值是无法确定的，但热力学能的改变量或增量可以由热力学第一定律得到，而热力学就是利用状态函数的增量来解决实际问题的，不知道热力学能的绝对值并不影响我们解决实际问题的能力。

对于一定的始末态，ΔU 的值是确定的，即热力学能的增量仅与始末态有关而与途径无

关。但对于一定的始末态，如果途径不同，一般地说 Q、W 的值也会不同。设 Q_1、Q_2 及 W_1、W_2 分别代表始末态相同而途径不相同的两种过程的热和功，尽管 $Q_1 \neq Q_2$，$W_1 \neq W_2$，但从式(1-2-5)可知

$$Q_1 + W_1 = Q_2 + W_2$$

按照孤立系统的定义，孤立系统在变化过程中与环境之间没有能量的传递和交换，根据式(1-2-5)，孤立系统的热力学第一定律数学表达式为

$$\Delta U = U_2 - U_1 = 0 \tag{1-2-6}$$

这就是说在孤立系统中发生的任何变化都不会使系统的热力学能发生改变。换言之，孤立系统的热力学能是一个常数。

热力学第一定律是能量守恒定律在热现象的宏观过程中的具体表述形式。自然界的一切物质都具有能量，能量有不同的形式，能量可以从一种形式转变为另一种形式，由一个系统传递到另一个系统，但在转变和传递过程中必须能量守恒，即能量不能创生，也不会消灭，这就是能量守恒定律。能量守恒定律是自然界中各种形式的能量转变和传递时必须遵守的普遍法则，直到今天，不但没有发现任何违反这一定律的事实，相反大量新的事实越来越证明了这一定律的正确性，丰富了这一定律所概括的内容。

热力学第一定律得到科学界的公认之后，人们认识到要想制造出一种不需要输入能量而可以不断对外做功的永动机是不可能的。所以热力学第一定律也可以表述为："第一类永动机是不可能的"，这称之为热力学第一定律的否定说法。

3. 热力学能的数学性质

热力学能既然是状态函数，则决定热力学能的独立变数的数目与决定系统状态的独立变数的数目应相同。如前所述，对于一个单组分单相封闭系统来说，如果系统处于平衡态，只需指定两个独立变数就可以决定系统状态了。如果选择系统的温度 T 和体积 V 为两个独立变数，则热力学能可以表示为 T 和 V 的函数：

$$U = f(T, V) \tag{1-2-7}$$

所以对于一个单组分单相封闭系统来说，热力学能是一个二元函数。对于系统的微小变化，有

$$\mathrm{d}U = \left(\frac{\partial U}{\partial T}\right)_V \mathrm{d}T + \left(\frac{\partial U}{\partial V}\right)_T \mathrm{d}V \tag{1-2-8}$$

在数学上，$\mathrm{d}U$ 是一个全微分。根据全微分的性质，二阶混合偏导数与求导次序无关

$$\left[\frac{\partial}{\partial V}\left(\frac{\partial U}{\partial T}\right)_V\right]_T = \left[\frac{\partial}{\partial T}\left(\frac{\partial U}{\partial V}\right)_T\right]_V \tag{1-2-9}$$

即热力学能的二阶混合偏导数相等。

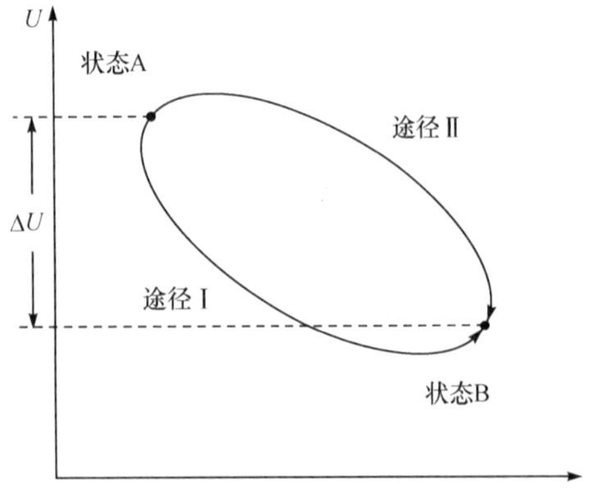

图 1-2-3　任意两条途径Ⅰ和Ⅱ示意图

对于一个单组分单相封闭系统，在指定的始态 A 和指定的末态 B 之间，可以设计任意两条途径Ⅰ和Ⅱ，如图 1-2-3 所示。

由于 $\mathrm{d}U$ 是一个全微分，根据全微分的性质，曲线积分的值仅与曲线的始点和终点有关，与曲线的途径无关。在数学上可表示为

$$\int_{A}^{B}(\mathrm{d}U)_{\mathrm{I}}=\int_{A}^{B}(\mathrm{d}U)_{\mathrm{II}} \tag{1-2-10}$$

即热力学能的改变仅与始末态有关而与途径无关。

若一个单组分单相封闭系统由始态 A 经途径Ⅰ到达末态 B 后，再由途径Ⅱ回到始态 A，这就构成了一个循环过程。由于 $\mathrm{d}U$ 是一个全微分，根据全微分的性质，闭合曲线积分的值为零。在数学上可表示为

$$\oint \mathrm{d}U=0 \tag{1-2-11}$$

即经过一个循环过程，系统的热力学能不变。

式(1-2-8)～式(1-2-11)是状态函数热力学能必须满足的四条数学性质。推而广之，任何一个状态函数都必须满足这样的四条数学性质。

4. 焓

按照状态函数的性质，状态函数的组合仍然是一个状态函数。由于 U、p、V 都是状态函数，所以其组合也是一个状态函数。为此定义一个新的状态函数，称为焓，用符号 H 表示，即

$$H \xlongequal{\mathrm{def}} U+pV \tag{1-2-12}$$

与热力学能相似，焓也是广度性质的状态函数，单位是 J。由于热力学能的绝对值无法确定，因此焓的绝对值也无法确定。在系统的状态发生变化时，焓也会发生变化，其增量为

$$\Delta H=H_2-H_1=(U_2+p_2V_2)-(U_1+p_1V_1)=\Delta U+\Delta(pV) \tag{1-2-13}$$

等压过程有 $p_{环}=p_1=p_2$，所以在非体积功为零的条件下，对等压过程有

$$\Delta H=\Delta U+p_{环}(V_2-V_1)=\Delta U-W \tag{1-2-14}$$

对于一个单组分单相封闭系统，如果选择系统的温度 T 和压力 p 为两个独立变数，则焓可以表示为 T 和 p 的函数：

$$H=f(T,p) \tag{1-2-15}$$

所以对于一个单组分单相封闭系统来说，焓是一个二元函数。对于系统的微小变化，则有

$$\mathrm{d}H=\left(\frac{\partial H}{\partial T}\right)_p \mathrm{d}T+\left(\frac{\partial H}{\partial p}\right)_T \mathrm{d}p \tag{1-2-16}$$

在数学上，$\mathrm{d}H$ 是一个全微分。根据全微分的性质，二阶混合偏导数与求导次序无关

$$\left[\frac{\partial}{\partial p}\left(\frac{\partial H}{\partial T}\right)_p\right]_T=\left[\frac{\partial}{\partial T}\left(\frac{\partial H}{\partial p}\right)_T\right]_p \tag{1-2-17}$$

即焓的二阶混合偏导数相等。

对于一个单组分单相封闭系统，在指定的始态 A 和指定的末态 B 之间，可以设计任意两条途径Ⅰ和Ⅱ。由于 $\mathrm{d}H$ 是一个全微分，根据全微分的性质，曲线积分的值仅与曲线的始点和终点有关，与曲线的途径无关。在数学上可表示为

$$\int_{A}^{B}(\mathrm{d}H)_{\mathrm{I}}=\int_{A}^{B}(\mathrm{d}H)_{\mathrm{II}} \tag{1-2-18}$$

即焓的改变仅与始末态有关而与途径无关。

若一个单组分单相封闭系统由始态 A 经途径Ⅰ到达末态 B 后，再由途径Ⅱ回到始态 A，这就构成了一个循环过程。由于 $\mathrm{d}H$ 是一个全微分，根据全微分的性质，闭合曲线积分的值为零。在数学上可表示为

$$\oint \mathrm{d}H = 0 \tag{1-2-19}$$

即经过一个循环过程，系统的焓不变。

5. 理想气体的热力学能和焓

焦耳在 1843 年做了一个如图 1-2-4 所示的实验。将两个容器用一个活塞连接，其中一个容器装有低压气体，另一个抽成真空，将两个容器放在一个大的水浴中，用温度计测其水温。开启活塞后，低压气体向真空容器中膨胀。因为低压气体向真空膨胀时 $p_{环}=0$，所以低压气体向真空膨胀的过程不做功，即 $W=0$。整个过程结束后，低压气体的体积和压力改变了，但由温度计观测不到水温变化，即低压气体向真空膨胀前后的 $\Delta T=0$。这说明低压气体向真空膨胀的过程没有吸收或放出热量，即 $Q=0$。根据热力学第一定律，低压气体向真空膨胀的过程有 $\Delta U=0$。这一结果表明，当低压气体温度不变时，低压气体的热力学能不随体积和压力的改变而改变。

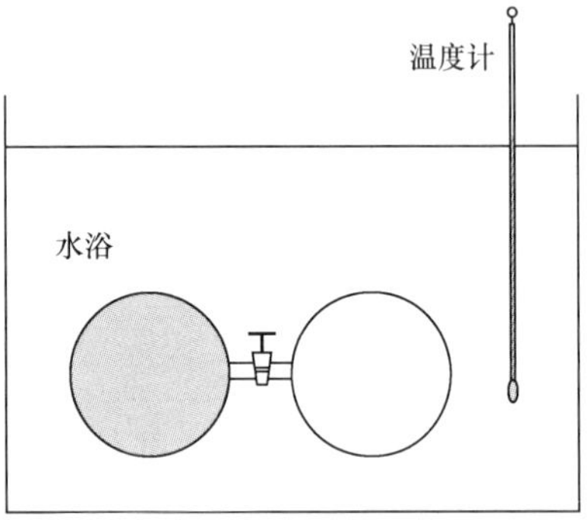

图 1-2-4　焦耳实验装置示意图

根据式(1-2-8)，在焦耳实验中，$\mathrm{d}U=0$，$\mathrm{d}T=0$，而 $\mathrm{d}V\neq0$，所以必有

$$\left(\frac{\partial U}{\partial V}\right)_T=0 \tag{1-2-20}$$

式(1-2-20)表明在温度一定时，低压气体的热力学能与体积无关，即

$$U=f(T) \tag{1-2-21}$$

也就是说低压气体的热力学能仅是温度的函数。事实上，焦耳的实验是不精确的，由于仪器精度的限制，未能测出水温非常微小的变化。更精确的实验证明，只有当压力趋于零时，即低压气体的行为接近理想气体时，式(1-2-20)才严格成立。所以对封闭系统中的理想气体来说，热力学能仅是温度的函数。这一结论称为焦耳定律，式(1-2-20)是焦耳定律的数学表达式。同样，根据理想气体状态方程 $pV=nRT$，由焓的定义式可得

$$H=U+pV=U+nRT=f(T) \tag{1-2-22}$$

这说明封闭系统中的理想气体的焓也仅是温度的函数，而与压力和体积无关，即有

$$\left(\frac{\partial H}{\partial p}\right)_T=0 \tag{1-2-23}$$

§1-3　热和功的计算

热力学第一定律指出，在非体积功为零($W'=0$)的条件，封闭系统与环境传递和交换能量的方式只有三种：系统与环境只有热传递，没有功交换；系统与环境只有功交换，没有热传递；系统与环境既有热传递，又有功交换。根据以下的讨论可见，在非体积功为零($W'=0$)的条件，等容过程就是系统与环境只有热传递，没有功交换的过程。绝热过程就是系统与环境只有功交换，没有热传递的过程。而等压过程和等温过程就是系统与环境既有热传递，又有功交换的过程。

1. 等容热

一个单组分单相封闭系统，在等容且非体积功为零($W'=0$)的条件下系统与环境传递的热称为等容热，记为Q_V。在等容过程中，系统不做体积功，即$W=0$，由热力学第一定律可得

$$\Delta U=Q_V \tag{1-3-1}$$

式(1-3-1)表明在不做非体积功的条件下，等容过程就是系统与环境只有热传递，没有功交换的过程，系统与环境之间所传递的热等于系统热力学能的增量。由于ΔU只与过程始末态有关，所以Q_V也只与过程的始末态有关，与途径无关。对于等容过程的微小变化，则有

$$\mathrm{d}U=\delta Q_V \tag{1-3-2}$$

在等容过程中，系统温度升高1K所需的热称为等容热容，用符号C_V表示

$$C_V\overset{\text{def}}{=\!=\!=}\frac{\delta Q_V}{\mathrm{d}T} \tag{1-3-3}$$

根据式(1-3-2)，式(1-3-3)又可写成

$$C_V=\left(\frac{\partial U}{\partial T}\right)_V \tag{1-3-4}$$

1mol物质的等容热容称为等容摩尔热容，用符号$C_{V,\mathrm{m}}$表示

$$C_{V,\mathrm{m}}=C_V/n \tag{1-3-5}$$

根据式(1-3-3)不难得出封闭系统等容过程的等容热为

$$\delta Q_V=C_V\mathrm{d}T=nC_{V,\mathrm{m}}\mathrm{d}T \tag{1-3-6}$$

或

$$Q_V=\int_{T_1}^{T_2}C_V\mathrm{d}T=\int_{T_1}^{T_2}nC_{V,\mathrm{m}}\mathrm{d}T \tag{1-3-7}$$

若在$T_1\sim T_2$的温度范围内$C_{V,\mathrm{m}}$可视为常数或可取平均热容时，式(1-3-7)可简化为

$$Q_V=C_V(T_2-T_1)=nC_{V,\mathrm{m}}(T_2-T_1) \tag{1-3-8}$$

对于理想气体来说，因为其热力学能仅仅是温度的函数，所以由式(1-2-8)、式(1-2-20)和式(1-3-4)可得，理想气体的热力学能增量为

$$\mathrm{d}U=C_V\mathrm{d}T=nC_{V,\mathrm{m}}\mathrm{d}T \tag{1-3-9}$$

或

$$\Delta U=\int_{T_1}^{T_2}C_V\mathrm{d}T=\int_{T_1}^{T_2}nC_{V,\mathrm{m}}\mathrm{d}T=nC_{V,\mathrm{m}}(T_2-T_1) \tag{1-3-10}$$

这就是理想气体的热力学能增量的计算公式，对于理想气体的任何过程都适用。但应当指出的是，只有在等容过程中，理想气体热力学能增量ΔU与过程热Q相等。在非等容过程中，理想气体热力学能增量ΔU不再与过程热Q相等。

2. 等压热

一个单组分单相封闭系统，在等压且非体积功为零($W'=0$)的条件下系统与环境传递的热称为等压热，记为Q_p。在等压过程中，系统既要吸热或放热，又要保持压力恒定不变，则系统必须膨胀或压缩，即系统与环境必须同时进行功交换，因此等压过程就是系统与环境既有热传递，又有功交换的过程。根据式(1-2-14)并结合热力学第一定律可以得到

$$\Delta H=Q_p \tag{1-3-11}$$

式(1-3-11)表明在等压且不做非体积功的过程中，系统与环境之间所传递的热等于系统焓的增量，由于ΔH只与过程始末态有关，所以Q_p也只与过程的始末态有关，与途径无关。对于等压过程的微小变化，则有

$$dH=\delta Q_p \tag{1-3-12}$$

在等压过程中，温度升高1K所需的热称为等压热容，用符号C_p表示

$$C_p \xlongequal{\text{def}} \frac{\delta Q_p}{dT} \tag{1-3-13}$$

根据式(1-3-12)，式(1-3-13)又可写成

$$C_p=\left(\frac{\partial H}{\partial T}\right)_p \tag{1-3-14}$$

1mol物质的等压热容称为等压摩尔热容，用符号$C_{p,m}$表示

$$C_{p,m}=C_p/n \tag{1-3-15}$$

根据式(1-3-13)不难得出封闭系统等压过程的等压热为

$$\delta Q_p=C_p dT=nC_{p,m}dT \tag{1-3-16}$$

或

$$Q_p=\int_{T_1}^{T_2}C_p dT=\int_{T_1}^{T_2}nC_{p,m}dT \tag{1-3-17}$$

若在$T_1\sim T_2$的温度范围内$C_{p,m}$可视为常数或可取平均热容，则式(1-3-17)又可写成

$$Q_p=C_p(T_2-T_1)=nC_{p,m}(T_2-T_1) \tag{1-3-18}$$

对于理想气体来说，因为其焓仅是温度的函数，所以由式(1-2-16)、式(1-2-23)和式(1-3-14)可得，理想气体的焓增量为

$$dH=C_p dT=nC_{p,m}dT \tag{1-3-19}$$

或

$$\Delta H=\int_{T_1}^{T_2}C_p dT=\int_{T_1}^{T_2}nC_{p,m}dT=nC_{p,m}(T_2-T_1) \tag{1-3-20}$$

这就是理想气体的焓增量的计算公式，对于理想气体的任何过程都适用。应当指出的是，只有在等压过程中，理想气体的焓增量ΔH与过程热Q相等。在非等压过程中，理想气体的焓增量ΔH不再与过程热Q相等。

3. C_p与C_V的关系

C_p和C_V是物质的一种热力学性质，均为系统的广度性质状态函数，单位是$J\cdot K^{-1}$，其数值与系统中物质的种类和物质的量有关，并随物质所处的相态、温度、压力不同而不同。而$C_{V,m}$和$C_{p,m}$则是强度性质状态函数，单位是$J\cdot K^{-1}\cdot mol^{-1}$。1mol物质在101.325kPa下的等压摩尔热容$C_{p,m}$通常表示成关于温度的经验方程的形式

$$C_{p,m}=a+bT+cT^2+\cdots \tag{1-3-21}$$

式中，a、b、c为经验常数，在许多手册上可以查到a、b、c的值。在温度变化不大的情况下，通常取$C_{p,m}$为常数。而等容摩尔热容$C_{V,m}$可根据下面的C_p和C_V的关系来求得。

在等容过程中，由于系统不做体积功，当温度升高时，系统从环境所吸收的热全部用来增加热力学能。而在等压过程中，当温度升高时，系统从环境所吸收的热，一部分用来增加热力学能，一部分用来反抗环境的压力而对外做功，因此对于气体来说C_p应大于C_V。对于一个单组分单相封闭系统有

$$\begin{aligned}C_p-C_V&=\left(\frac{\partial H}{\partial T}\right)_p-\left(\frac{\partial U}{\partial T}\right)_V=\left[\frac{\partial(U+pV)}{\partial T}\right]_p-\left(\frac{\partial U}{\partial T}\right)_V\\&=\left(\frac{\partial U}{\partial T}\right)_p-\left(\frac{\partial U}{\partial T}\right)_V+\left[\frac{\partial(pV)}{\partial T}\right]_p\end{aligned} \tag{1-3-22}$$

将式(1-2-8)在等压下两边对T求偏导，得

$$\left(\frac{\partial U}{\partial T}\right)_p=\left(\frac{\partial U}{\partial T}\right)_V+\left(\frac{\partial U}{\partial V}\right)_T\left(\frac{\partial V}{\partial T}\right)_p \tag{1-3-23}$$

将式(1-3-23)代入式(1-3-22)得

$$C_p-C_V=\left[\left(\frac{\partial U}{\partial V}\right)_T+p\right]\left(\frac{\partial V}{\partial T}\right)_p \tag{1-3-24}$$

式(1-3-24)适用于任何一个单组分单相封闭系统。由此可见，只要知道系统的状态方程和热力学能在等温条件下与体积的关系式，就可以求出 C_p 与 C_V 的差。对于凝聚态系统，因体积随温度的变化很小，可以认为 $(\partial V/\partial T)_p=0$，则可得

$$C_p-C_V=0 \tag{1-3-25}$$

对于理想气体，有 $(\partial U/\partial V)_T=0$ 和 $(\partial V/\partial T)_p=nR/p$，代入式(1-3-24)得

$$C_p-C_V=nR \quad 或 \quad C_{p,\mathrm{m}}-C_{V,\mathrm{m}}=R \tag{1-3-26}$$

这就是理想气体的 $C_{V,\mathrm{m}}$ 和 $C_{p,\mathrm{m}}$ 的关系。对于单原子理想气体 $C_{p,\mathrm{m}}=\frac{5}{2}R$，对于双原子理想气体 $C_{p,\mathrm{m}}=\frac{7}{2}R$。$R$ 是摩尔气体常量，其值为 $8.314\mathrm{J\cdot mol^{-1}\cdot K^{-1}}$。

例 1-3-1　在 273.2K，1000kPa 压力下，取 $10\mathrm{dm^3}$ 理想气体，设：(1)经等容升温过程到 373.2K 的末态；(2)经等压升温过程到 373.2K 的末态。计算上述各过程的 Q、W、ΔU、ΔH。设该气体的 $C_{V,\mathrm{m}}=12.471\mathrm{J\cdot K^{-1}\cdot mol^{-1}}$。

解　气体的物质的量为

$$n=\frac{p_1V_1}{RT_1}=\left(\frac{1\times10^6\times10\times10^{-3}}{8.314\times273.2}\right)\mathrm{mol}=4.403\mathrm{mol}$$

(1) 等容升温过程。

过程的末态：$T_2=373.2\mathrm{K}$，$V_2=V_1=10\mathrm{dm^3}$，$p_2=nRT_2/V_2=1366\mathrm{kPa}$

由式(1-3-7)得

$$Q_1=\int_{T_1}^{T_2}nC_{V,\mathrm{m}}\mathrm{d}T=nC_{V,\mathrm{m}}(T_2-T_1)=[4.403\times12.471\times(373.2-273.2)]\mathrm{J}=5.491\times10^3\mathrm{J}$$

因为在等容过程中，理想气体热力学能的增量 ΔU 与过程热 Q 相等，所以

$$\Delta U_1=Q_1=5.491\times10^3\mathrm{J}$$

根据热力学第一定律有

$$W_1=\Delta U_1-Q_1=0$$

由式(1-3-20)和式(1-3-26)得

$$\begin{aligned}\Delta H_1&=\int_{T_1}^{T_2}nC_{p,\mathrm{m}}\mathrm{d}T=nC_{p,\mathrm{m}}(T_2-T_1)=n(C_{V,\mathrm{m}}+R)(T_2-T_1)\\&=[4.403\times(12.471+8.314)\times(373.2-273.2)]\mathrm{J}=9.152\times10^3\mathrm{J}\end{aligned}$$

(2) 等压升温过程。

过程的末态：$T_2=373.2\mathrm{K}$，$p_2=p_1=1000\mathrm{kPa}$，$V_2=nRT_2/p_2=14\mathrm{dm^3}$

由式(1-3-17)和式(1-3-26)得

$$\begin{aligned}Q_2&=\int_{T_1}^{T_2}nC_{p,\mathrm{m}}\mathrm{d}T=nC_{p,\mathrm{m}}(T_2-T_1)=n(C_{V,\mathrm{m}}+R)(T_2-T_1)\\&=[4.403\times(12.471+8.314)\times(373.2-273.2)]\mathrm{J}=9.152\times10^3\mathrm{J}\end{aligned}$$

由式(1-3-10)得

$$\Delta U_2=\int_{T_1}^{T_2}nC_{V,\mathrm{m}}\mathrm{d}T=nC_{V,\mathrm{m}}(T_2-T_1)=\Delta U_1=5.491\times10^3\mathrm{J}$$

根据热力学第一定律有

$$W_2=\Delta U_2-Q_2=(5.491\times10^3-9.152\times10^3)\mathrm{J}=-3.661\times10^3\mathrm{J}$$

因为在等压过程中，理想气体焓的增量 ΔH 与过程热 Q 相等，所以

$$\Delta H_2=Q_2=9.152\times10^3\mathrm{J}$$

由此题的计算结果可以看出，理想气体从相同的始态出发，经等容升温过程和等压升温过程将达到不同的末态。但只要末态的温度相同，则理想气体热力学能和焓的增量相同，即 $\Delta U_1=\Delta U_2$，$\Delta H_1=\Delta H_2$，但 $Q_1\neq Q_2$，$W_1\neq W_2$。所以说理想气体的热力学能和焓的增量仅仅是系统始末态温度的函数，而热和功是与过程有关的途径函数。

4. 等温功

一个单组分单相封闭系统，在等温的条件下与环境交换的功称为等温功，记为 W_T。在等温过程中，系统既要膨胀或压缩，又要保持温度恒定不变，则系统必须吸热或放热，即系统与环境必须进行热传递，因此等温过程就是系统与环境既有热传递，又有功交换的过程。

气体恒外压等温膨胀过程或恒外压等温压缩过程是环境的压力恒定不变，系统的压力不断变化的过程，因此是不可逆过程。设气体恒外压等温膨胀过程的始态压力为 p_1，体积为 V_1，末态压力为 p_2，体积为 V_2，并且 $p_1>p_2$，$p_{环}=p_2$，则气体恒外压等温膨胀过程中系统对环境做的功(图 1-3-1)为

$$W_{T1}=-p_{环}(V_2-V_1)=-p_2(V_2-V_1) \tag{1-3-27}$$

气体恒外压等温膨胀过程要保持温度恒定不变，则系统必须吸热 Q_{T1}

$$Q_{T1}=\Delta U_1-W_{T1} \tag{1-3-28}$$

设气体恒外压等温压缩过程的始态压力为 p_2，体积为 V_2，末态压力为 p_1，体积为 V_1，并且 $p_1>p_2$，$p_{环}=p_1$，则气体恒外压等温压缩过程中环境对系统做的功(图 1-3-1)为

$$W_{T2}=-p_{环}(V_1-V_2)=-p_1(V_1-V_2) \tag{1-3-29}$$

气体恒外压等温压缩过程要保持温度恒定不变，则系统必须放热 Q_{T2}

$$Q_{T2}=\Delta U_2-W_{T2} \tag{1-3-30}$$

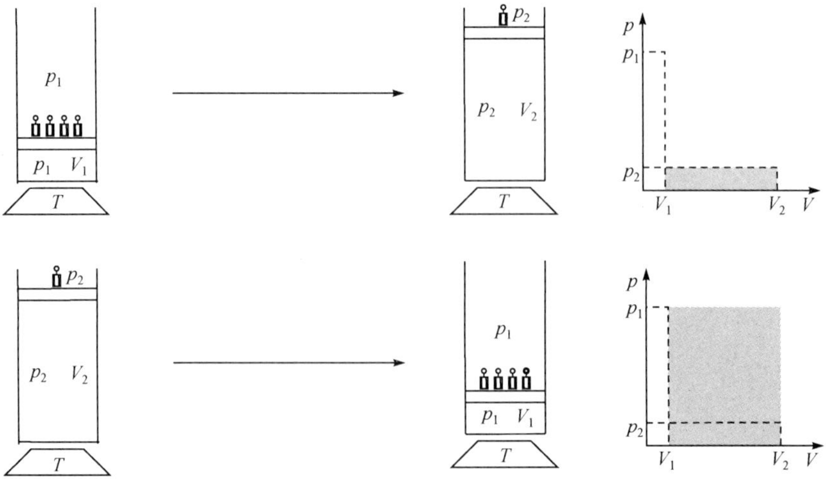

图 1-3-1　气体恒外压等温膨胀和压缩功示意图

根据上面的讨论，设想气体经过一个恒外压等温膨胀过程，从压力为 p_1、体积为 V_1 的始态，达到压力为 p_2、体积为 V_2 的末态。再经过一个恒外压等温压缩过程，从压力为 p_2、体积为 V_2 的末态，还原为压力为 p_1、体积为 V_1 的始态，如图 1-3-1 所示，则等温不可逆循环过程的总功为

$$W_{T1}+W_{T2}=(p_1-p_2)(V_2-V_1)>0 \tag{1-3-31}$$

但气体经过一个等温不可逆循环过程使系统还原到了始态。根据式(1-2-11)则必有

$$\Delta U_1+\Delta U_2=0 \tag{1-3-32}$$

根据热力学第一定律，则等温不可逆循环过程的总热为

$$Q_{T1}+Q_{T2}=-(W_{T1}+W_{T2})<0 \tag{1-3-33}$$

根据上面的讨论可以看出，气体经过一个等温不可逆循环过程，总的结果是环境对系统做了功，系统对环境传了热。系统还原到了始态，但是环境没有还原到始态，即环境中留下了功变成热的影响。上面的结论对于理想气体也是成立的。

下面讨论气体的等温可逆膨胀过程功和等温可逆压缩过程功的计算。气体等温可逆膨胀过程和等温可逆压缩过程是环境的压力和系统的压力都在不断变化的过程。设气体等温可逆膨胀过程的始态压力为 p_1，体积为 V_1，末态压力为 p_2，体积为 V_2，并且 $p_1>p_2$。在气体的等温可逆膨胀过程中的任何瞬间，环境的压力仅比系统的压力小一个无穷小量，即 $p_{环}=p-dp$，则等温可逆膨胀过程中系统对环境做的功(图 1-3-2)为

$$W_{T1}=-\int_{V_1}^{V_2}p_{环}\,dV=-\int_{V_1}^{V_2}(p-dp)dV=-\int_{V_1}^{V_2}p dV \tag{1-3-34}$$

设气体等温可逆压缩过程的始态压力为 p_2，体积为 V_2，末态压力为 p_1，体积为 V_1，并且 $p_1>p_2$。在气体的等温可逆压缩过程中的任何瞬间，环境的压力仅比系统的压力大一个无穷小量，即 $p_{环}=p+dp$，则等温可逆压缩过程中环境对系统做的功(图 1-3-2)为

$$W_{T2}=-\int_{V_2}^{V_1}p_{环}\,dV=-\int_{V_2}^{V_1}(p+dp)dV=-\int_{V_2}^{V_1}p dV \tag{1-3-35}$$

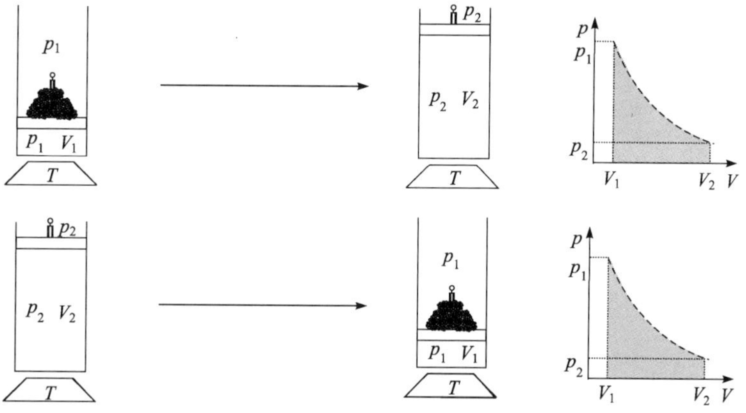

图 1-3-2　气体等温可逆膨胀和压缩功示意图

根据上面的讨论，设想气体经过一个等温可逆膨胀过程，从压力为 p_1、体积为 V_1 的始态，达到压力为 p_2、体积为 V_2 的末态，再经过一个等温可逆压缩过程，从压力为 p_2、体积为 V_2 的末态，还原为压力为 p_1、体积为 V_1 的始态，如图 1-3-2 所示。从式(1-3-34)和式(1-3-35)可

以看出，等温可逆循环过程的总功为零。根据热力学第一定律，循环过程的热力学能不变，则等温可逆循环过程的总热也必须为零，即气体经过一个等温可逆循环过程使系统还原到了始态，同时也使环境还原到了始态，也就是说环境中没有留下任何影响。

由于等温可逆膨胀过程和等温可逆压缩过程的推动力 dp 极小，系统所经历的每个状态都无限接近平衡态，所以等温可逆膨胀过程和等温可逆压缩过程进行得非常缓慢，完成过程的时间无限长。

把理想气体状态方程 $pV=nRT$ 代入式(1-3-34)，可得理想气体等温可逆膨胀过程的体积功计算公式为

$$W_{T1}=-\int_{V_1}^{V_2}\frac{nRT}{V}\mathrm{d}V=-nRT\ln\frac{V_2}{V_1}=nRT\ln\frac{p_2}{p_1} \tag{1-3-36}$$

把理想气体状态方程 $pV=nRT$ 代入式(1-3-35)，可得理想气体等温可逆压缩过程的体积功计算公式为

$$W_{T2}=-\int_{V_2}^{V_1}\frac{nRT}{V}\mathrm{d}V=-nRT\ln\frac{V_1}{V_2}=nRT\ln\frac{p_1}{p_2} \tag{1-3-37}$$

综合上面的讨论，并结合图 1-3-1 和图 1-3-2 可以看出，对始末态相同的等温膨胀过程，按可逆方式进行时，系统对环境做最大功。对始末态相同的等温压缩过程，按可逆方式进行时，环境对系统做最小功。

5. 绝热功

当系统的状态发生变化时，若系统与环境之间没有发生热传递，则变化过程称为绝热过程，绝热过程的特征是 $Q=0$。一个单组分单相封闭系统，在绝热且非体积功为零($W'=0$)的条件下对环境所做的功称为绝热功，记为 W_Q。由热力学第一定律可得

$$\Delta U=W_Q \tag{1-3-38}$$

式(1-3-38)说明，对一个单组分单相封闭系统来说，若在绝热条件下系统对环境做功，则系统的热力学能必定减少，由于系统的膨胀，系统的温度必然降低。若在绝热条件下环境对系统做功，系统的热力学能必定增加，由于系统的压缩，系统的温度必然升高。

由于理想气体的热力学能仅是温度的函数，结合式(1-3-10)和式(1-3-38)可得

$$W_Q=\Delta U=nC_{V,\mathrm{m}}(T_2-T_1) \tag{1-3-39}$$

理想气体从同一始态出发，经绝热可逆过程达到的末态温度与经绝热不可逆过程达到的末态温度是不相同的，所以从同一始态出发，理想气体的绝热可逆功和绝热不可逆功也不同。欲求理想气体的绝热功，关键问题是必须知道理想气体在绝热过程前后的 pVT 的关系，下面讨论理想气体在绝热可逆过程前后的温度关系。对于理想气体的微小绝热可逆变化有

$$\mathrm{d}U=\delta W_Q$$

根据式(1-3-9)有

$$C_V\mathrm{d}T=-p\mathrm{d}V=-nRT\frac{\mathrm{d}V}{V}$$

又由理想气体的 $C_{p,\mathrm{m}}-C_{V,\mathrm{m}}=R$，令 $\gamma=C_p/C_V$，γ 称为绝热指数，则有

$$C_{V,\mathrm{m}}\mathrm{d}T=-(C_{p,\mathrm{m}}-C_{V,\mathrm{m}})T\frac{\mathrm{d}V}{V}$$

$$\frac{dT}{T}=-\frac{C_{p,m}-C_{V,m}}{C_{V,m}}\frac{dV}{V}$$

$$\frac{dT}{T}+(\gamma-1)\frac{dV}{V}=0$$

由于理想气体的 $C_{p,m}$ 和 $C_{V,m}$ 是常数，所以理想气体的绝热指数 γ 是常数，积分上式得

$$\ln(TV^{\gamma-1})=常数$$

或

$$T_1V_1^{\gamma-1}=T_2V_2^{\gamma-1} \tag{1-3-40}$$

以 $T=pV/nR$ 代入式(1-3-40)，可得

$$p_1V_1^{\gamma}=p_2V_2^{\gamma} \tag{1-3-41}$$

以 $V=nRT/p$ 代入式(1-3-40)，则可得

$$T_1^{\gamma}p_1^{1-\gamma}=T_2^{\gamma}p_2^{1-\gamma} \tag{1-3-42}$$

式(1-3-40)～式(1-3-42)都是理想气体在绝热可逆过程前后 pVT 的关系式。这些是与过程相关的方程式，所以称为绝热过程方程式。应当指出的是，式(1-3-40)～式(1-3-42)只能在理想气体的绝热可逆过程中使用。利用式(1-3-40)～式(1-3-42)可以求出理想气体的绝热可逆过程的末态温度 T_2，因此可以根据式(1-3-39)计算理想气体的绝热可逆过程功。

下面讨论理想气体在绝热不可逆过程前后的温度关系。对于绝热恒外压不可逆过程来说，因为系统为理想气体，且热容为常数，所以有

$$nC_{V,m}(T_2-T_1)=-p_{环}(V_2-V_1)=-p_2\cdot\frac{nRT_2}{p_2}+p_2\cdot\frac{nRT_1}{p_1}$$

移项整理得

$$(C_{V,m}+R)T_2=\left(C_{V,m}+R\frac{p_2}{p_1}\right)T_1 \tag{1-3-43}$$

式中，末态温度 T_2 是待求的未知量。如果知道理想气体的等容摩尔热容、绝热不可逆过程前后的压力和始态温度，就可以从式(1-3-43)中解出末态温度 T_2，因此就可以根据式(1-3-39)计算理想气体的绝热恒外压不可逆过程功了。

例 1-3-2 设在 273.2K，1000kPa 压力下，取 $10dm^3$ 理想气体，用下列几种不同的方式膨胀到最后压力为 100kPa 的末态：(1)等温可逆膨胀；(2)绝热可逆膨胀；(3)在外压恒定为 100kPa 下等温膨胀；(4)在外压恒定为 100kPa 下绝热膨胀。试计算上述各过程的 Q、W、ΔU、ΔH。设该气体的 $C_{V,m}=12.471J\cdot K^{-1}\cdot mol^{-1}$。

解 气体的物质的量为

$$n=\frac{p_1V_1}{RT_1}=\left(\frac{1\times10^6\times10\times10^{-3}}{8.314\times273.2}\right)mol=4.403mol$$

(1) 等温可逆膨胀。

因为理想气体的 ΔU 和 ΔH 仅仅是温度的函数，由于温度不变，所以

$$\Delta U_1=0,\quad \Delta H_1=0$$

又因等温可逆，由式(1-3-36)得

$$W=-nRT\ln\frac{p_1}{p_2}=\left(-4.403\times8.314\times273.2\times\ln\frac{1\times10^6}{1\times10^5}\right)J=-23.03\times10^3J$$

$$Q_1=\Delta U_1-W_1=23.03\times10^3J$$

(2) 绝热可逆膨胀。

首先计算出绝热指数 γ

$$\gamma=\frac{C_{p,\mathrm{m}}}{C_{V,\mathrm{m}}}=\frac{C_{V,\mathrm{m}}+R}{C_{V,\mathrm{m}}}=\frac{12.471+8.314}{12.471}=1.667$$

再用绝热过程方程式计算末态温度 T_2，由式(1-3-42)得

$$T_2=T_1\left(\frac{p_1}{p_2}\right)^{\frac{1-\gamma}{\gamma}}=\left[273.2\times\left(\frac{1\times10^6}{1\times10^5}\right)^{\frac{1-1.667}{1.667}}\right]\mathrm{K}=108.7\mathrm{K}$$

$$\Delta U_2=nC_{V,\mathrm{m}}(T_2-T_1)=[4.403\times12.471\times(108.7-273.2)]\mathrm{J}=-9.03\times10^3\mathrm{J}$$

$$\Delta H_2=nC_{p,\mathrm{m}}(T_2-T_1)=[4.403\times20.785\times(108.7-273.2)]\mathrm{J}=-15.12\times10^3\mathrm{J}$$

因为过程绝热，所以 $Q_2=0$，由热力学第一定律得

$$W_2=\Delta U_2=-9.03\times10^3\mathrm{J}$$

(3) 等温恒外压膨胀。

因为理想气体的 ΔU 和 ΔH 仅仅是温度的函数，由于温度不变，所以

$$\Delta U_3=0,\quad \Delta H_3=0$$

由于系统压力在膨胀过程中不等于外压，所以这是一个等温不可逆过程。系统反抗恒外压做功，故有

$$W_3=-p_{\text{环}}(V_2-V_1)=-p_2\left(\frac{nRT}{p_2}-V_1\right)=-nRT+p_2V_1$$

$$=(-4.403\times8.314\times273.2+1\times10^5\times10\times10^{-3})\mathrm{J}=-9.00\times10^3\mathrm{J}$$

由热力学第一定律得

$$Q_3=\Delta U_3-W_3=9.00\times10^3\mathrm{J}$$

(4) 绝热恒外压膨胀。

因为系统压力在膨胀过程中不等于外压，所以这是一个绝热不可逆过程，因 $Q_4=0$，由热力学第一定律得

$$\Delta U_4=W_4$$

对于绝热不可逆过程，应当用式(1-3-43)计算末态的温度。把题给数据代入式(1-3-43)，得 $T_2=174.9\mathrm{K}$，故有

$$\Delta U_4=nC_{V,\mathrm{m}}(T_2-T_1)=[4.403\times12.471\times(174.9-273.2)]\mathrm{J}=-5.40\times10^3\mathrm{J}$$

$$\Delta H_4=nC_{p,\mathrm{m}}(T_2-T_1)=[4.403\times20.785\times(174.9-273.2)]\mathrm{J}=-9.00\times10^3\mathrm{J}$$

$$W_4=\Delta U_4=-5.40\times10^3\mathrm{J}$$

由此题的计算结果可以看出，从相同的始态出发，经绝热可逆膨胀过程和经绝热不可逆膨胀过程达到温度不同的末态，由于绝热可逆膨胀过程的末态温度低于绝热不可逆膨胀过程末态温度，因此绝热可逆膨胀过程系统对环境所做的功大于绝热不可逆膨胀过程所做的功。

由此题的计算结果还可以看出，从相同的始态出发，经等温可逆膨胀过程和等温不可逆膨胀过程可以达到相同的末态。但功是与过程有关的途径函数，所以等温可逆膨胀过程所做的功不等于等温不可逆膨胀过程所做的功。

§1-4 热力学第二定律

1. 热传递和热功转化

热力学第一定律要求各种形式的能量在传递和转化的过程中必须满足能量守恒定律，除此之外，对能量传递和转化过程没有给出任何限制。然而在实际发生的牵涉热现象的能量传递和转化过程都具有方向性和不可逆性。请看下面两个事实：

1）热传递过程

设想有一个温度为 T_1 的高温热源和一个温度为 T_2 的低温热源相接触。经验告诉我们，当两个不同温度的物体相接触时，热总是自动地由高温物体传向低温物体，直到两个物体的温度相等；而相反的过程，即热自动地由低温物体传向高温物体，使两个物体的温差进一步增大的过程是不会发生的。

需要指出的是，一定量的热自动地由低温物体传向高温物体的过程，和一定量的热自动地由高温物体传向低温物体的过程都不违背热力学第一定律，但实际发生的只是热自动地由高温物体传向低温物体的过程，而不会发生热自动地由低温物体传向高温物体的过程，因此我们说热传递过程具有方向性。由此可见，在热传递这类能量传递过程中，违背热力学第一定律的过程肯定不会发生，但是不违背热力学第一定律的过程不一定会自动发生。

经验也告诉我们，当高温物体和低温物体的温度相等后，热传递过程就会停止，这时系统达到了热平衡。而一个已达到热平衡的系统，其内部永远不会自动地产生温差，重新形成一个温度为 T_1 的高温热源和一个温度为 T_2 的低温热源，因此我们说热传递这类能量传递过程具有不可逆性。

还需要指出的是，不是在任何情况下热都不能由低温物体传向高温物体。冰箱和空调就是一类可以把热从低温物体传向高温物体的装置，但是冰箱和空调要把热从低温物体传向高温物体就必须消耗环境的电功并且向环境放热，所以这类热传递过程必然在环境中留下了功变为热的变化。

2）热功转化过程

设想有一个旋转的飞轮，如果不给这个飞轮继续提供能量，经验告诉我们，这个旋转的飞轮最终会因为磨擦作用而停止转动，同时由于摩擦作用而放热，使得环境的温度升高，这是一个功转化为热的自动过程。而相反的热转化为功的自动过程，即一个静止的飞轮自动地从环境吸热，使得环境的温度降低，并且开始旋转起来的过程是不会发生的。

需要指出的是，旋转飞轮的功转化为热的自动过程，和热转化为功使飞轮旋转的自动过程，都不违背热力学第一定律，但实际发生的只是旋转飞轮的功转化为热的自动过程，而不会发生热转化为功使飞轮旋转的自动过程，因此我们说热功转化这类能量转化过程具有方向性。由此可见，在热功转化这类能量转化过程中，违背热力学第一定律的过程肯定不会发生，但是不违背热力学第一定律的过程不一定会自动发生。

经验也告诉我们，当旋转的飞轮因为磨擦作用而停止转动后，热功转化过程就停止了，而热功转化过程产生的热永远不会自动地转化功，使得静止的飞轮重新开始旋转起来，因此我们说热功转化这类能量转化过程具有不可逆性。

还需要指出的是，不是在任何情况下都不能发生使静止的飞轮重新开始旋转起来的过程。如果用理想气体的等容过程吸收旋转的飞轮因为磨擦作用放出的热，并经过等温膨胀过程将热全部转变为功，就可以利用这个功使得静止的飞轮重新开始旋转起来。但是等温膨胀过程会使得理想气体的体积膨胀和压力降低，要使理想气体回到始态，环境必须另外做等温压缩功并且向环境放热，所以这类过程必然在环境中留下了功变为热的变化。

由以上的讨论可以看到：一切牵涉到热现象的能量传递和转化的自发过程都是不可逆过程。即在同样的环境条件下，逆过程不可能自动发生。如果通过环境的作用使系统恢复原状，则在环境中必然留下无法消除的功变为热的变化，即各种自发过程的不可逆性都可以归结为环境中功变为热的不可逆性。

需要指出的是，要注意区分可逆过程、不可逆过程和自发过程这三个概念。从前面讨论可见，可逆过程是不可能自动进行的，所以可逆过程不是自发过程。自发过程是不可逆过程，例如热自动地由高温物体传向低温物体的过程，是自发过程，也是不可逆过程。但不是所有的不可逆过程都是自发过程，例如冰箱和空调把热从低温物体传向高温物体的过程，是不可逆过程，但不是自发过程。

2. 热力学第二定律

从前面讨论可见，在研究热现象的能量传递和转化过程时，仅仅有热力学第一定律是不够的。热力学第二定律要解决的就是与热现象有关的能量传递和转化过程的方向性和不可逆性问题，它是独立于热力学第一定律的另一个基本规律。热力学第二定律有多种不同的表述形式，在物理化学中最常用的是下面两种说法：

克劳修斯(Clausius)的说法(1850 年)：不可能把热从低温物体传到高温物体而不在环境中留下不可消除的影响。

开尔文(Kelvin)的说法(1851 年)：不可能从单一热源吸热并使之全部变为功而不在环境中留下不可消除的影响。

克劳修斯和开尔文的说法都指出了自发过程的不可逆性，即自发过程发生之后，我们用任何方法都不可能使系统和环境同时复原。克劳修斯是从热传递的不可逆性，开尔文是从热功转化的不可逆性来说明这一问题的，两种说法实际上是等价的。

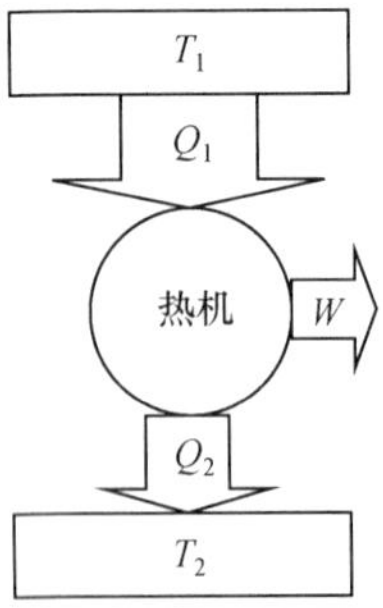

图 1-4-1　热机工作原理

热机是一种进行热功转换的装置，热机工作原理如图 1-4-1 所示。如果我们在温度为 T_1 的高温热源和温度为 T_2 的低温热源之间放置一个称为热机的装置，就可以利用从高温热源到低温热源之间自发的热传递过程对环境做功。

热机从高温热源 T_1 吸热 Q_1 后，有一部分转变为功 W，另一部分热 Q_2 传给了低温热源 T_2。如果克劳修斯的说法不成立，即热可以自动地从低温物体传到高温物体，也就是说 Q_2 可以自动地从低温热源 T_2 传回到高温热源 T_1，那么 Q_2 就还可以用来做功，这就等价于从单一热源吸热并使之全部变为功，因此开尔文的说法也就不成立了。同理也可以证明，如果开尔文的说法不成立，克劳修斯的说法也就不成立了。

开尔文说法否定了第二类永动机存在的可能性，所谓第二类永动机是指从单一热源吸热并全部转变为功的机器。后来奥斯特瓦尔德(Ostwald)将开尔文的说法表述为："第二类永动机不可能实现"，这称之为热力学第二定律的否定说法。

热力学第二定律和热力学第一定律一样，是人们通过对自然界大量热现象的观察和实验，总结和归纳出来的科学定律。迄今为止，还未发现有违反热力学第一定律和热力学第二定律的事情发生。

3. 熵的导出

1）卡诺循环

热机是通过工质的膨胀和压缩来进行循环操作的，热机效率定义为

$$\eta=\frac{Q_1+Q_2}{Q_1}=-\frac{W}{Q_1} \tag{1-4-1}$$

为了研究热机效率，卡诺(Carnot)设计了一个特殊的循环操作，它是以理想气体为工质，由如图1-4-2所示的四个可逆过程所构成的卡诺循环。

① 等温可逆膨胀：由 p_1, V_1, T_1 到 p_2, V_2, T_1(A→B)；

② 绝热可逆膨胀：由 p_2, V_2, T_1 到 p_3, V_3, T_2(B→C)；

③ 等温可逆压缩：由 p_3, V_3, T_2 到 p_4, V_4, T_2(C→D)；

④ 绝热可逆压缩：由 p_4, V_4, T_2 到 p_1, V_1, T_1(D→A)。

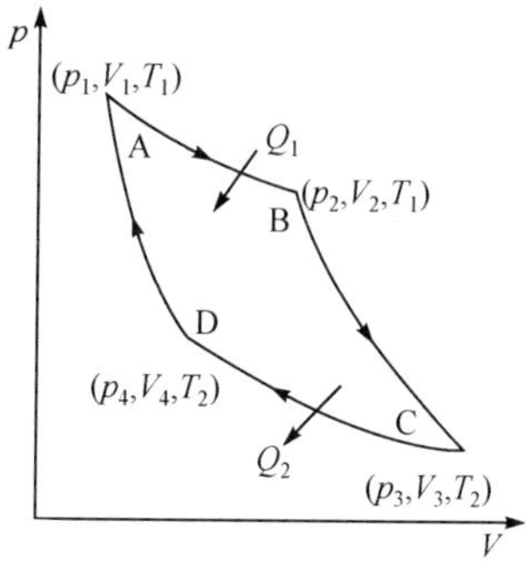

图1-4-2　卡诺循环

理想气体经上述四个过程后回到始态。按照上述卡诺循环而构造的热机称为卡诺热机，下面计算每个过程的热和功。

过程①，等温可逆膨胀，理想气体从高温热源 T_1 吸热，系统对环境做功。

$$\Delta U_1=0,\quad Q_1=-W_1=nRT_1\ln\frac{V_2}{V_1} \tag{1-4-2}$$

过程②，绝热可逆膨胀，系统消耗热力学能对环境做功，温度由 T_1 降到 T_2。

$$Q=0,\quad W_2=\Delta U_2=\int_{T_1}^{T_2} nC_{V,\mathrm{m}}\mathrm{d}T \tag{1-4-3}$$

过程③，等温可逆压缩，理想气体向低温热源 T_2 放热，环境对系统做功。

$$\Delta U_3=0,\quad Q_2=-W_3=nRT_2\ln\frac{V_4}{V_3} \tag{1-4-4}$$

过程④，绝热可逆压缩，环境对系统做功使热力学能增加，温度从 T_2 升到 T_1，回到始态。

$$Q=0,\quad W_4=\Delta U_4=\int_{T_2}^{T_1} nC_{V,\mathrm{m}}\mathrm{d}T \tag{1-4-5}$$

上述四个过程在 p-V 图上构成一个顺时针方向的循环，其闭合曲线所包围的面积就是该循环过程中系统对环境所做的净功。循环一周后，系统回到始态，所以 $\Delta U=0$。在整个循环过程中总的热和功分别为

$$Q=Q_1+Q_2 \tag{1-4-6}$$

$$W=W_1+W_2+W_3+W_4=-(Q_1+Q_2) \tag{1-4-7}$$

过程②和④是理想气体的绝热可逆过程，由理想气体的绝热可逆过程功的计算可得

$$W=-nR(T_1-T_2)\ln\frac{V_2}{V_1} \tag{1-4-8}$$

把式(1-4-2)和式(1-4-8)代入式(1-4-1)并化简后得

$$\eta=\frac{T_1-T_2}{T_1}=1-\frac{T_2}{T_1} \tag{1-4-9}$$

由此可见，卡诺热机效率只与两个热源的温度有关，并且两个热源的温差越大，热机效率也就越高。卡诺热机是热力学中极具理论意义的物理模型，尽管实际上不可能制造这种理想热机，但是它从理论上指出了热机的极限效率。若把热机逆向进行，则环境将对热机做功，热

机从低温热源吸热，放热到高温热源，这就是冰箱和空调的工作原理。

2）卡诺定理

因为卡诺热机是按可逆方式运行的，所以卡诺热机又称为可逆热机。卡诺在研究热机效率的基础上提出：工作在高温热源 T_1 和低温热源 T_2 之间的所有热机，其热机的效率不大于卡诺热机的效率。这就是著名的卡诺定理(1824 年)。

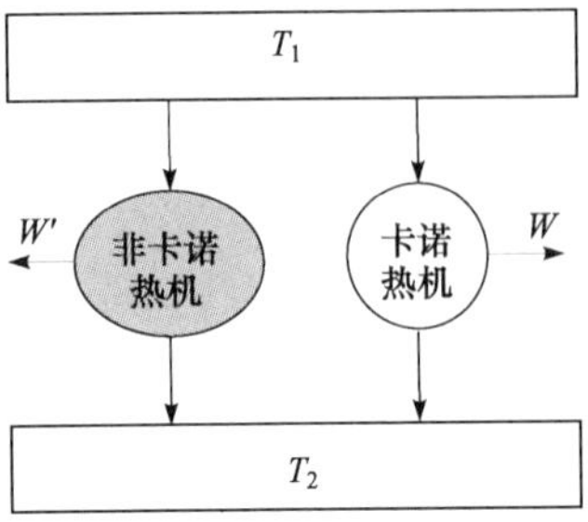

图 1-4-3　卡诺定理示意图

卡诺定理(图 1-4-3)可表示为

$$\eta \leqslant \eta_C \tag{1-4-10}$$

式中，η 代表任意热机的效率；η_C 代表卡诺热机的效率。任意热机包括可逆热机和不可逆热机两类，它们之间的区别是可逆热机按可逆循环方式运行，而不可逆热机按不可逆循环方式运行。从卡诺定理得到的推论之一是：工作在高温热源 T_1 和低温热源 T_2 之间的所有可逆热机，其热机的效率等于卡诺热机的效率，即

$$\eta_R = \eta_C \tag{1-4-11}$$

式中，η_R 代表可逆热机的效率；η_C 代表卡诺热机的效率。据式(1-4-11)有

$$\frac{Q_1+Q_2}{Q_1}=\frac{T_1-T_2}{T_1}$$

即

$$\frac{Q_1}{T_1}+\frac{Q_2}{T_2}=0 \tag{1-4-12}$$

式中，Q/T 称为过程的热温商。式(1-4-12)表明可逆循环过程的热温商之和为零。从卡诺定理得到的推论之二是：工作在高温热源 T_1 和低温热源 T_2 之间的所有不可逆热机，其热机的效率小于卡诺热机的效率，即

$$\eta_I < \eta_C \tag{1-4-13}$$

式中，η_I 代表不可逆热机的效率；η_C 代表卡诺热机的效率。据式(1-4-13)有

$$\frac{Q_1+Q_2}{Q_1}<\frac{T_1-T_2}{T_1}$$

即

$$\frac{Q_1}{T_1}+\frac{Q_2}{T_2}<0 \tag{1-4-14}$$

式中，Q/T 称为过程的热温商。式(1-4-14)表明不可逆循环过程的热温商之和小于零。结合式(1-4-12)和式(1-4-14)得

$$\frac{Q_1}{T_1}+\frac{Q_2}{T_2}\leqslant 0 \quad \begin{cases}\text{不可逆}\\ \text{可逆}\end{cases} \tag{1-4-15}$$

对于工作在高温热源 T_1 和低温热源 T_2 之间的任意一个微小的循环，则有

$$\frac{\delta Q_1}{T_1}+\frac{\delta Q_2}{T_2}\leqslant 0 \quad \begin{cases}\text{不可逆}\\ \text{可逆}\end{cases} \tag{1-4-16}$$

3）熵的定义

可以把上述结果推广到任意循环过程，设一个系统在循环过程中与温度为 $T_1, T_2, \cdots, T_n$

的 n 个热源接触，并从 n 个热源吸取 $Q_1,Q_2,\cdots,Q_n$ 的热，可以证明其结果与式(1-4-15)和式(1-4-16)有类似的结论，即

$$\sum_{\text{循环}}\frac{Q_i}{T_i}\leqslant 0\ \begin{cases}\text{不可逆}\\ \text{可逆}\end{cases}\quad \text{或}\quad \oint\frac{\delta Q}{T}\leqslant 0\ \begin{cases}\text{不可逆}\\ \text{可逆}\end{cases}\tag{1-4-17}$$

式(1-4-17)中等号适用于任意可逆循环过程，不等号适用于任意不可逆循环过程，而 Q_i/T_i 是在温度 T_i 下的热温商。式(1-4-17)表明任意不可逆循环过程的热温商的代数和小于零，而任意可逆循环过程的热温商的代数和等于零。

根据式(1-4-17)，任意可逆循环过程的热温商的微小变化 $\delta Q_r/T$ 这样一个函数沿闭合回路的积分等于零

$$\oint\frac{\delta Q_r}{T}=0\tag{1-4-18}$$

根据状态函数的数学性质，$\delta Q_r/T$ 应该是系统的一个状态函数的全微分。克劳修斯把这个状态函数称为熵，用符号 S 表示，即

$$dS=\frac{\delta Q_r}{T}\tag{1-4-19}$$

式(1-4-19)是状态函数熵的定义。熵是广度性质的状态函数，单位是 $J\cdot K^{-1}$。

根据状态函数的数学性质和熵的定义，容易证明可逆过程中热温商的代数和等于系统的熵变

$$\Delta S=\int_A^B\frac{\delta Q_r}{T}\tag{1-4-20}$$

ΔS 是系统由 A 到 B 的可逆过程的熵变。不可逆过程中热温商的代数小于系统的熵变

$$\Delta S>\int_A^B\frac{\delta Q_I}{T}\tag{1-4-21}$$

ΔS 是系统由 A 到 B 的不可逆过程的熵变。上面两式说明熵是状态函数，增量只与始末态有关，而热温商是与具体过程有关的途径函数。

4. 熵增原理

结合式(1-4-20)和式(1-4-21)得

$$\Delta S-\int_A^B\frac{\delta Q}{T}\geqslant 0\ \begin{cases}\text{不可逆}\\ \text{可逆}\end{cases}\quad \text{或}\quad dS-\frac{\delta Q}{T}\geqslant 0\ \begin{cases}\text{不可逆}\\ \text{可逆}\end{cases}\tag{1-4-22}$$

式(1-4-22)称为克劳修斯(Clausius)不等式。式中，ΔS 是系统由 A 到 B 过程的熵变；δQ 是过程中系统与环境交换的热；T 是环境的温度。克劳修斯不等式表明，如果过程的熵变大于过程的热温商的代数和，则在封闭系统中发生的这个过程是不可逆过程；如果过程的熵变等于过程的热温商的代数和，则在封闭系统中发生的这个过程是可逆过程；在封闭系统中不可能发生过程的熵变小于过程的热温商代数和的事情。因此根据克劳修斯不等式就可以判断封闭系统中过程发生的可能性和可逆性，所以式(1-4-22)也可以作为封闭系统热力学第二定律的数学表达式。

对于绝热过程有 $\delta Q=0$，所以由式(1-4-22)有

$$\Delta S\geqslant 0\ \begin{cases}\text{不可逆}\\ \text{可逆}\end{cases}\quad \text{或}\quad dS\geqslant 0\ \begin{cases}\text{不可逆}\\ \text{可逆}\end{cases}\tag{1-4-23}$$

这就是说在封闭系统中，只可能发生 $\Delta S\geqslant 0$ 的绝热过程。如果过程的熵不变，则在封闭系统

中发生的是绝热可逆过程；如果过程的熵增加，则在封闭系统中发生的是绝热不可逆过程。也就是说封闭系统从一个平衡态出发，经绝热过程达到另一平衡态，它的熵不会减少。这是热力学第二定律的一个重要结果，被称为熵增原理。

值得强调的是，在克劳修斯不等式中只要求过程的熵变不小于过程的热温商的代数和，并不要求过程的熵变一定是大于零的，也就是说在封闭系统中可以发生熵减少的过程，只不过这种熵减少的过程肯定不是绝热过程。

对于一个孤立系统而言，由于系统与环境之间无热交换，所以孤立系统所发生的一切过程都是绝热的。因此将熵增原理用于孤立系统，就得到孤立系统的熵单调增加的推论。对于一个孤立系统而言，由于它完全不受外界影响，如果系统中有过程发生，则必定是自发的，因此在孤立系统中的过程总是自发地向着熵增加的方向进行。对于一个孤立系统而言，由于它的平衡态是唯一的，如果系统达到了不再变化的平衡态，则系统的熵达到极大值。因此在孤立系统中可以用熵变来判断过程的自发和平衡，即

$$\Delta S \geqslant 0 \begin{cases} \text{自发} \\ \text{平衡} \end{cases} \quad \text{或} \quad dS \geqslant 0 \begin{cases} \text{自发} \\ \text{平衡} \end{cases} \tag{1-4-24}$$

式(1-4-24)可以作为孤立系统热力学第二定律的数学表达式。

5. 理想气体的熵变

由于熵是系统的状态函数，所以熵变的数值只与始末态有关而与变化的途径无关，因此计算熵变的方法是

$$\Delta S = S_2 - S_1 \tag{1-4-25}$$

式中，S_2 和 S_1 分别为系统末态和始态的熵。一般来说，要分别确定系统始末态的熵是比较困难的，因此计算熵变时常常使用的是式(1-4-20)。下面讨论理想气体 pVT 变化过程熵变的计算方法。

1）等温过程

例 1-4-1　1mol 理想气体初态为 273K，100kPa，经过等温可逆过程膨胀到压力为 10kPa 的终态，求此过程的熵变。若该气体是经等温不可逆过程膨胀到压力为 10kPa 的终态，那么熵变又为多少？

解　对于等温可逆过程，由式(1-4-20)得

$$\Delta S = \int_1^2 \frac{\delta Q_r}{T} = \frac{1}{T}\int_1^2 \delta Q_r = \frac{Q_r}{T}$$

式中，Q_r 即为等温可逆膨胀过程的热。因为理想气体的等温可逆膨胀过程有 $\Delta U=0$，根据热力学第一定律

$$Q_r = -W_r = -nRT\ln\frac{V_1}{V_2} = -nRT\ln\frac{p_2}{p_1}$$

得

$$\Delta S = nR\ln\frac{V_2}{V_1} = nR\ln\frac{p_1}{p_2} \tag{1-4-26}$$

这就是理想气体等温可逆膨胀过程熵变的计算公式，将题给数据代入式(1-4-26)，得

$$\Delta S = \left(1\times 8.314\times \ln\frac{100}{10}\right)\text{J}\cdot\text{K}^{-1} = 19.1\text{J}\cdot\text{K}^{-1}$$

对于第二个过程，气体是经等温不可逆膨胀到达终态，因此不能用实际过程的热温商计算熵变。但由于始末态与第一个过程相同，根据熵是状态函数这一特点，立即可以得到第二个过程的熵变也等于 $19.1\text{J}\cdot\text{K}^{-1}$。也可以认为是在始末态之间设计了一个等温可逆过程来计算熵变，所以式(1-4-26)对理想气体的等温可逆过程和不可逆过程都是适用的。

2）等压过程

例 1-4-2　3mol 理想气体初态为 400K，100kPa，经过等压可逆过程降温到 300K 的终态，求此过程的熵变。已知该理想气体的 $C_{p,\text{m}}$ 为 $29.1\text{J}\cdot\text{K}^{-1}\cdot\text{mol}^{-1}$。若该气体是经等压不可逆过程降温到 300K 的终态，那么熵变又为多少？

解　对于等压可逆过程，由式(1-4-20)得

$$\Delta S=\int_1^2\frac{\delta Q_\text{r}}{T}=\int_1^2\frac{\text{d}H}{T}=n\int_{T_1}^{T_2}\frac{C_{p,\text{m}}}{T}\text{d}T$$

若 $C_{p,\text{m}}$ 为常数，得

$$\Delta S=nC_{p,\text{m}}\ln\frac{T_2}{T_1}\tag{1-4-27}$$

这就是理想气体等压过程熵变的计算公式，将题给数据代入式(1-4-27)，得

$$\Delta S=\left(3\times29.1\times\ln\frac{300}{400}\right)\text{J}\cdot\text{K}^{-1}=-25.1\text{J}\cdot\text{K}^{-1}$$

由于等压热 δQ_p 与焓变 $\text{d}H$ 相等，而 $\text{d}H$ 与等压过程是否可逆无关，立即可以得到第二个过程的熵变也等于 $-25.1\text{J}\cdot\text{K}^{-1}$。所以式(1-4-27)对理想气体的等压可逆过程和不可逆过程都是适用的。

3）等容过程

例 1-4-3　2mol 理想气体初态为 200K，10dm^3，经过等容可逆过程升温到 300K 的终态，求此过程的熵变。已知该理想气体的 $C_{V,\text{m}}$ 为 $24.3\text{J}\cdot\text{K}^{-1}\cdot\text{mol}^{-1}$。若该气体是经等容不可逆过程升温到 300K 的终态，那么熵变又为多少？

解　对于等容可逆过程，由式(1-4-20)得

$$\Delta S=\int_1^2\frac{\delta Q_\text{r}}{T}=\int_1^2\frac{\text{d}U}{T}=\int_{T_1}^{T_2}\frac{nC_{V,\text{m}}}{T}\text{d}T$$

若 $C_{V,\text{m}}$ 为常数，得

$$\Delta S=nC_{V,\text{m}}\ln\frac{T_2}{T_1}\tag{1-4-28}$$

这就是理想气体等容过程熵变的计算公式，将题给数据代入式(1-4-28)，得

$$\Delta S=\left(2\times24.3\times\ln\frac{300}{200}\right)\text{J}\cdot\text{K}^{-1}=19.7\text{J}\cdot\text{K}^{-1}$$

由于等容热 δQ_V 与热力学能变 dU 相等，而 dU 与等容过程是否可逆无关，立即可以得到第二个过程的熵变也等于 $19.7\text{J}\cdot\text{K}^{-1}$。所以式(1-4-28)对理想气体的等容可逆过程和不可逆过程都是适用的。

4）绝热过程

例 1-4-4　1mol 理想气体初态为 273.15K，100kPa，经过绝热可逆过程膨胀到压力为 10kPa 的终态，求此过程的熵变。已知该理想气体的 $C_{V,\mathrm{m}}$ 为 12.471J·K^{-1}·mol^{-1}。若该理想气体是经绝热自由膨胀到压力为 10kPa 的终态，那么熵变为多少？若该理想气体是在外压恒定为 10kPa 下绝热膨胀到终态，那么熵变又为多少？

解　根据熵增原理，对于绝热可逆膨胀过程有 $\Delta S=0$，而对于绝热不可逆膨胀过程有 $\Delta S>0$。绝热自由膨胀过程是 $p_{环}=0$ 的绝热不可逆膨胀过程，为了计算绝热自由膨胀过程的熵变，首先要计算末态的温度。理想气体的绝热自由膨胀过程中，系统不对环境做功，根据式(1-3-39)有

$$W=C_{V,\mathrm{m}}(T_2-T_1)=0$$

由此得 $T_2=T_1$，即绝热自由膨胀过程始末态的温度不变。因此可以在绝热自由膨胀过程的始末态之间设计一个等温可逆过程来计算这个不可逆过程的熵变。根据式(1-4-26)有

$$\Delta S=nR\ln\frac{p_1}{p_2}=\left(1\times 8.314\times\ln\frac{100}{10}\right)\mathrm{J\cdot K^{-1}}=19.1\mathrm{J\cdot K^{-1}}$$

绝热恒外压膨胀过程也是绝热不可逆膨胀过程，根据熵增原理，对于绝热恒外压膨胀过程有 $\Delta S>0$。绝热不可逆膨胀过程，系统的 pVT 将同时变化，根据熵是状态函数的性质，当系统由始态 A(T_1，p_1，V_1)变到末态 B(T_2，p_2，V_2)时，可在其变化过程中设计中间状态，从而使原来的过程分为两个可逆途径完成，设计可逆途径如下：

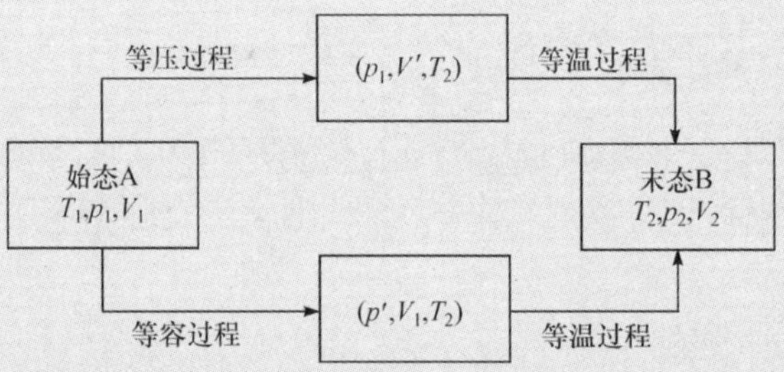

事实上在 A、B 之间还可以设计许多可逆途径，不难证明，对于理想气体 pVT 同时变化过程的熵变的计算公式为

$$\Delta S=nC_{p,\mathrm{m}}\ln\frac{T_2}{T_1}+nR\ln\frac{p_1}{p_2}\qquad(1\text{-}4\text{-}29)$$

或

$$\Delta S=nC_{V,\mathrm{m}}\ln\frac{T_2}{T_1}+nR\ln\frac{V_2}{V_1}\qquad(1\text{-}4\text{-}30)$$

利用理想气体状态方程，经代换还可得到

$$\Delta S=nC_{V,\mathrm{m}}\ln\frac{p_2}{p_1}+nC_{p,\mathrm{m}}\ln\frac{V_2}{V_1}\qquad(1\text{-}4\text{-}31)$$

这是三个等价的式子，常用于计算理想气体的绝热不可逆过程的熵变。为了计算绝热恒外压膨胀过程的熵变，首先要计算末态的温度，但不能用理想气体的绝热过程方程式来计算末态的温度，而应按式(1-3-43)来计算末态的温度。代入题给数据，得 $T_2=174.72$K。将 T_2 和题给数据代入式(1-4-29)，得

$$\Delta S=\left(1\times 20.785\times\ln\frac{174.72}{273.15}+1\times 8.314\times\ln\frac{100}{10}\right)\mathrm{J\cdot K^{-1}}=9.9\mathrm{J\cdot K^{-1}}$$

由此题的计算结果可以看出，从相同的始态出发，经绝热可逆膨胀过程、绝热自由膨胀过程和绝热恒外压膨胀过程，系统的熵变是不同的，这是因为这三个过程达到的末态是不同的，因此状态函数熵的增量就不相同。

§1-5　热力学函数关系

1. 亥姆霍兹函数和吉布斯函数

由于 U、T、S 均为系统的状态函数，它们组合当然也是状态函数，为此定义

$$A \overset{\text{def}}{=\!=} U-TS \tag{1-5-1}$$

A 称为亥姆霍兹(Helmholtz)函数，又称为自由能。A 是状态函数，其值也仅由系统的状态决定。由定义式可知，A 和 U 一样是广度性质的状态函数，单位是 J。由于热力学能的绝对值无法确定，因而 A 的绝对值也无法得知。根据亥姆霍兹函数的定义式(1-5-1)，有

$$\begin{aligned}\Delta A &= A_2-A_1=(U_2-T_2S_2)-(U_1-T_1S_1)\\ &=\Delta U-(T_2S_2-T_1S_1)\end{aligned} \tag{1-5-2}$$

因此只要知道了过程的 ΔU 以及系统在始末态的熵和温度，就可以用式(1-5-2)计算过程的 ΔA。若过程是等温过程，则由式(1-5-2)得

$$\Delta A=\Delta U-T\Delta S \tag{1-5-3}$$

若过程是等熵过程，则由式(1-5-2)得

$$\Delta A=\Delta U-S\Delta T \tag{1-5-4}$$

由于 H、T、S 均为系统的状态函数，它们组合当然也是状态函数，为此定义

$$G \overset{\text{def}}{=\!=} H-TS \tag{1-5-5}$$

G 称为吉布斯(Gibbs)函数，又称为自由焓。G 是状态函数，其值也仅由系统的状态决定。由定义式可知，G 和 H 一样是广度性质的状态函数，单位是 J。由于焓的绝对值无法确定，因而 G 的绝对值也无法得知。根据吉布斯函数的定义式(1-5-5)，有

$$\begin{aligned}\Delta G &= G_2-G_1=(H_2-T_2S_2)-(H_1-T_1S_1)\\ &=\Delta H-(T_2S_2-T_1S_1)\end{aligned} \tag{1-5-6}$$

因此只要知道了过程的 ΔH 以及系统在始末态的熵和温度，就可以用式(1-5-6)计算过程的 ΔG。若过程是等温过程，则由式(1-5-6)得

$$\Delta G=\Delta H-T\Delta S \tag{1-5-7}$$

若过程是等熵过程，则由式(1-5-6)得

$$\Delta G=\Delta H-S\Delta T \tag{1-5-8}$$

对于理想气体的等温过程，因为有 $\Delta U=0$ 和 $\Delta H=0$，所以由式(1-5-3)和式(1-5-7)得

$$\Delta A=\Delta G=-T\Delta S \tag{1-5-9}$$

例 1-5-1 试计算(1)1mol 理想气体在等压下，由 25℃升温到 100℃的 ΔA 和 ΔG。(2)1mol 理想气体在等容下，由 25℃升温到 100℃的 ΔA 和 ΔG。已知该理想气体的 $C_{p,\mathrm{m}}=28.87\mathrm{J\cdot K^{-1}\cdot mol^{-1}}$，始态的熵 $S_1=130.7\mathrm{J\cdot K^{-1}}$。

解 $C_{V,\mathrm{m}}=C_{p,\mathrm{m}}-R=(28.87-8.314)\mathrm{J\cdot K^{-1}\cdot mol^{-1}}=20.556\mathrm{J\cdot K^{-1}\cdot mol^{-1}}$

(1) $\Delta U=nC_{V,\mathrm{m}}(T_2-T_1)=[1\times20.556\times(373.15-298.15)]\mathrm{J}=1541.7\mathrm{J}$

$\Delta H=nC_{p,\mathrm{m}}(T_2-T_1)=[1\times28.87\times(373.15-298.15)]\mathrm{J}=2165.2\mathrm{J}$

$\Delta S=nC_{p,\mathrm{m}}\ln T_2/T_1=[1\times28.87\times\ln(373.15/298.15)]\mathrm{J\cdot K^{-1}}=6.478\mathrm{J\cdot K^{-1}}$

$S_2=S_1+\Delta S=(130.7+6.478)\mathrm{J\cdot K^{-1}}=137.2\mathrm{J\cdot K^{-1}}$

$$\begin{aligned}\Delta A&=\Delta U-(T_2S_2-T_1S_1)\\&=[1541.7-(373.15\times137.2-298.15\times130.7)]\mathrm{J}=-10686.3\mathrm{J}\end{aligned}$$

$$\begin{aligned}\Delta G&=\Delta H-(T_2S_2-T_1S_1)\\&=[2165.2-(373.15\times137.2-298.15\times130.7)]\mathrm{J}=-10062.8\mathrm{J}\end{aligned}$$

(2) 因为理想气体的热力学能和焓仅仅是温度的函数，所以 ΔU 和 ΔH 同(1)。

$\Delta S=nC_{V,\mathrm{m}}\ln T_2/T_1=[1\times20.556\times\ln(373.15/298.15)]\mathrm{J\cdot K^{-1}}=4.612\mathrm{J\cdot K^{-1}}$

$S_2=S_1+\Delta S=(130.7+4.612)\mathrm{J\cdot K^{-1}}=135.3\mathrm{J\cdot K^{-1}}$

$$\begin{aligned}\Delta A&=\Delta U-(T_2S_2-T_1S_1)\\&=[1541.7-(373.15\times135.3-298.15\times130.7)]\mathrm{J}=-9977.3\mathrm{J}\end{aligned}$$

$$\begin{aligned}\Delta G&=\Delta H-(T_2S_2-T_1S_1)\\&=[2165.2-(373.15\times135.3-298.15\times130.7)]\mathrm{J}=-9353.8\mathrm{J}\end{aligned}$$

由此题的计算结果可以看出，从相同的始态出发，经等压升温过程和等容升温过程，理想气体的熵变是不同的，这是因为这两个过程达到的末态是不同的，所以理想气体的熵不仅仅是温度的函数。同样，理想气体的亥姆霍兹函数和吉布斯函数也不仅仅是温度的函数。

2. 热力学基本方程

到此为止，我们已介绍了八个基本的状态函数，即 p、V、T、S、U、H、A、G。这八个状态函数中：p、V、T、S、U 有明确的物理意义，H、A、G 没有明确的物理意义；p、T 是强度性质的状态函数，V、S、U、H、A、G 是广度性质的状态函数；p、V、T 可以由实验直接测量，S、U、H、A、G 不能由实验直接测量；p、V、T、S 这类不具有能量量纲的状态函数常被选作独立变数，U、H、A、G 这类具有能量量纲的状态函数通常表示为独立变数的函数。这八个状态函数可以构成许多热力学函数关系式。

在一个不做非体积功的单组分单相封闭系统中，若进行一个可逆过程，必然有 $\delta W_{\mathrm{r}}=-p\mathrm{d}V$ 及 $\delta Q_{\mathrm{r}}=T\mathrm{d}S$。将这两个关系式代入热力学第一定律的表达式中，则有

$$\mathrm{d}U=T\mathrm{d}S-p\mathrm{d}V \tag{1-5-10}$$

这是热力学第一定律和第二定律联合用于不做非体积功的单组分单相封闭系统的可逆过程的结果。

由于式(1-5-10)中的增量都是系统的状态函数，因此只要始末态一经指定，则 $\mathrm{d}U$、$\mathrm{d}S$、$\mathrm{d}V$ 均为确定的值，那么不论过程是否可逆，式(1-5-10)都成立。只不过对于不可逆过程来说，$T\mathrm{d}S$ 不再等于该过程的热 δQ，$-p\mathrm{d}V$ 也不再等于过程的功 δW。因此式(1-5-10)也适用于不做非体积功的单组分单相封闭系统的不可逆过程。

从式(1-5-10)出发，利用定义式 $H=U+pV$，$A=U-TS$ 及 $G=U+pV-TS$，可以导出

另外三个类似的方程式，一共得四个热力学基本方程如下：

$$dU = TdS - pdV \tag{1-5-11}$$

$$dH = TdS + Vdp \tag{1-5-12}$$

$$dA = -SdT - pdV \tag{1-5-13}$$

$$dG = -SdT + Vdp \tag{1-5-14}$$

这四个热力学基本方程的适用条件是不做非体积功的单组分单相封闭系统。由它们出发可以推导出一系列重要公式。例如按全微分的性质，可得

$$T = \left(\frac{\partial U}{\partial S}\right)_V = \left(\frac{\partial H}{\partial S}\right)_p \tag{1-5-15}$$

$$p = -\left(\frac{\partial U}{\partial V}\right)_S = -\left(\frac{\partial A}{\partial V}\right)_T \tag{1-5-16}$$

$$V = \left(\frac{\partial H}{\partial p}\right)_S = \left(\frac{\partial G}{\partial p}\right)_T \tag{1-5-17}$$

$$S = -\left(\frac{\partial A}{\partial T}\right)_V = -\left(\frac{\partial G}{\partial T}\right)_p \tag{1-5-18}$$

上述公式还有助于建立其他的有用的热力学公式，用作热力学定性的讨论和定量的计算。

3. 麦克斯韦关系式

根据全微分的性质，二阶混合偏导数与求导次序无关，若 $z=z(x,y)$，则

$$dz = \left(\frac{\partial z}{\partial x}\right)_y dx + \left(\frac{\partial z}{\partial y}\right)_x dy = Mdx + Ndy$$

从而有

$$\left(\frac{\partial M}{\partial y}\right)_x = \left(\frac{\partial N}{\partial x}\right)_y$$

将此关系式用于热力学基本方程，即可得

$$\left(\frac{\partial T}{\partial V}\right)_S = -\left(\frac{\partial p}{\partial S}\right)_V \tag{1-5-19}$$

$$\left(\frac{\partial T}{\partial p}\right)_S = \left(\frac{\partial V}{\partial S}\right)_p \tag{1-5-20}$$

$$\left(\frac{\partial S}{\partial V}\right)_T = \left(\frac{\partial p}{\partial T}\right)_V \tag{1-5-21}$$

$$\left(\frac{\partial S}{\partial p}\right)_T = -\left(\frac{\partial V}{\partial T}\right)_p \tag{1-5-22}$$

这四个关系式称为麦克斯韦(Maxwell)关系式。麦克斯韦关系式的意义在于，它将不能或不易直接测量的物理量换成可以或容易测量的物理量，或可以由物态方程式求得的物理量，这些关系式在热力学公式的推导和热力学函数的计算中有广泛的应用。

4. 非理想系统的热力学计算

前面我们重点讨论的是理想气体的 pVT 变化过程的状态函数增量的计算。然而在化工生产中，我们面对的系统都是非理想系统，如果不是理想气体，pVT 变化过程的状态函数增量的计算方法有所不同。下面导出的这些关系式，适用于任何非理想系统的 pVT 变化过程的状态函数增量的计算，而不再仅限于理想气体。

1）热力学能的增量

在温度不变的条件下，式(1-5-11)两边同除以 dV 得

$$\left(\frac{\partial U}{\partial V}\right)_T = T\left(\frac{\partial S}{\partial V}\right)_T - p$$

将式(1-5-21)代入上式得

$$\left(\frac{\partial U}{\partial V}\right)_T = T\left(\frac{\partial p}{\partial T}\right)_V - p \tag{1-5-23}$$

设 $U=U(T,V)$，则有

$$\mathrm{d}U = \left(\frac{\partial U}{\partial T}\right)_V \mathrm{d}T + \left(\frac{\partial U}{\partial V}\right)_T \mathrm{d}V$$

将式(1-3-4)和式(1-5-23)代入上式得

$$\mathrm{d}U = C_V\mathrm{d}T + \left[T\left(\frac{\partial p}{\partial T}\right)_V - p\right]\mathrm{d}V$$

或

$$\Delta U = \int_{T_1}^{T_2} C_V\mathrm{d}T + \int_{V_1}^{V_2}\left[T\left(\frac{\partial p}{\partial T}\right)_V - p\right]\mathrm{d}V \tag{1-5-24}$$

这是计算 pVT 变化过程热力学能增量的最一般化的公式，使用式(1-5-24)时，因为要计算偏导数$\left(\frac{\partial p}{\partial T}\right)_V$，所以必须要知道所计算系统的状态方程。容易证明，理想气体热力学能增量的计算公式(1-3-10)仅是式(1-5-24)的一个特例。

2）焓的增量

在温度不变条件下，式(1-5-12)两边同除以 dp 得

$$\left(\frac{\partial H}{\partial p}\right)_T = T\left(\frac{\partial S}{\partial p}\right)_T + V$$

将式(1-5-22)代入上式得

$$\left(\frac{\partial H}{\partial p}\right)_T = V - T\left(\frac{\partial V}{\partial T}\right)_p \tag{1-5-25}$$

设 $H=H(T,p)$，则有

$$\mathrm{d}H = \left(\frac{\partial H}{\partial T}\right)_p \mathrm{d}T + \left(\frac{\partial H}{\partial p}\right)_T \mathrm{d}p$$

将式(1-3-14)和式(1-5-25)代入上式得

$$\mathrm{d}H = C_p\mathrm{d}T + \left[V - T\left(\frac{\partial V}{\partial T}\right)_p\right]\mathrm{d}p$$

或

$$\Delta H = \int_{T_1}^{T_2} C_p\mathrm{d}T + \int_{p_1}^{p_2}\left[V - T\left(\frac{\partial V}{\partial T}\right)_p\right]\mathrm{d}p \tag{1-5-26}$$

这是计算 pVT 变化过程焓增量的最一般化的公式，使用式(1-5-26)时，因为要计算偏导数$\left(\frac{\partial V}{\partial T}\right)_p$，所以必须要知道所计算系统的状态方程。容易证明，理想气体焓增量的计算公式(1-3-20)仅是式(1-5-26)的一个特例。

3）熵的增量

在压力不变的条件下，式(1-5-12)两边除以 dT 得

$$\left(\frac{\partial H}{\partial T}\right)_p = T\left(\frac{\partial S}{\partial T}\right)_p$$

即

$$\left(\frac{\partial S}{\partial T}\right)_p = \frac{1}{T}C_p \tag{1-5-27}$$

设 $S=S(T,p)$，则有

$$\mathrm{d}S = \left(\frac{\partial S}{\partial T}\right)_p \mathrm{d}T + \left(\frac{\partial S}{\partial p}\right)_T \mathrm{d}p$$

将式(1-5-27)和式(1-5-22)代入上式得

$$\mathrm{d}S = \frac{C_p}{T}\mathrm{d}T - \left(\frac{\partial V}{\partial T}\right)_p \mathrm{d}p$$

或

$$\Delta S = \int_{T_1}^{T_2} \frac{C_p}{T}\mathrm{d}T - \int_{p_1}^{p_2} \left(\frac{\partial V}{\partial T}\right)_p \mathrm{d}p \tag{1-5-28}$$

同理，若将熵表示为 T、V 的函数，即设 $S=S(T,V)$，可得

$$\mathrm{d}S = \frac{C_V}{T}\mathrm{d}T + \left(\frac{\partial p}{\partial T}\right)_V \mathrm{d}V$$

或

$$\Delta S = \int_{T_1}^{T_2} \frac{C_V}{T}\mathrm{d}T + \int_{V_1}^{V_2} \left(\frac{\partial p}{\partial T}\right)_V \mathrm{d}V \tag{1-5-29}$$

式(1-5-28)和(1-5-29)是计算 pVT 变化过程熵增量的最一般化的公式。使用式(1-5-28)和(1-5-29)时，因为要计算偏导数$\left(\frac{\partial V}{\partial T}\right)_p$ 和$\left(\frac{\partial p}{\partial T}\right)_V$，所以必须要知道所计算系统的状态方程。容易证明，理想气体熵增量的计算公式(1-4-29)和(1-4-30)仅是式(1-5-28)和(1-5-29)的一个特例。

4）C_p 和 C_V 的计算

在上述热力学能的增量、焓增量和熵增量的计算中，都要用到所计算物质的 C_p 和 C_V。C_p 可以根据式(1-3-21)得到

$$C_p = nC_{p,\mathrm{m}} = n(a + bT + cT^2 + \cdots) \tag{1-5-30}$$

式中，a、b、c 为经验常数。将式(1-5-23)代入式(1-3-24)并利用式(1-5-21)得

$$C_V = C_p - T\left(\frac{\partial p}{\partial T}\right)_V \left(\frac{\partial V}{\partial T}\right)_p \tag{1-5-31}$$

式(1-5-30)和(1-5-31)是计算 pVT 变化过程 C_p 和 C_V 的最一般化的公式。使用式(1-5-31)时，因为要计算偏导数$\left(\frac{\partial V}{\partial T}\right)_p$ 和$\left(\frac{\partial p}{\partial T}\right)_V$，所以必须要知道所计算系统的状态方程。容易证明，理想气体的 C_p 和 C_V 关系式(1-3-26)仅是式(1-5-31)的一个特例。

例 1-5-2 设非理想气体的状态方程为$(p+a)(V-b)=RT$(a,b为常数),试求等温可逆过程中W_r、Q_r、ΔU、ΔH、ΔS、ΔA和ΔG的表达式。

解 根据气体的状态方程可得

$$p=\frac{RT}{V-b}-a,\quad \left(\frac{\partial p}{\partial T}\right)_V=\frac{R}{V-b}$$

$$V=\frac{RT}{p+a}+b,\quad \left(\frac{\partial V}{\partial T}\right)_p=\frac{R}{p+a}$$

把以上结果分别代入式(1-5-24)、式(1-5-26)、式(1-5-28)和式(1-5-29),可得等温可逆过程的ΔU、ΔH、ΔS为

$$\Delta U=\int_{T_1}^{T_2}C_V\mathrm{d}T+\int_{V_1}^{V_2}\left[\frac{RT}{V-b}-\frac{RT}{V-b}+a\right]\mathrm{d}V=\int_{T_1}^{T_2}C_V\mathrm{d}T+a(V_2-V_1)=a(V_2-V_1)$$

$$\Delta H=\int_{T_1}^{T_2}C_p\mathrm{d}T+\int_{p_1}^{p_2}\left[\frac{RT}{p+a}+b-\frac{RT}{p+a}\right]\mathrm{d}p=\int_{T_1}^{T_2}C_p\mathrm{d}T+b(p_2-p_1)=b(p_2-p_1)$$

$$\Delta S=\int_{T_1}^{T_2}\frac{C_p}{T}\mathrm{d}T-\int_{p_1}^{p_2}\frac{R}{p+a}\mathrm{d}p=\int_{T_1}^{T_2}\frac{C_p}{T}\mathrm{d}T-R\ln\frac{p_2+a}{p_1+a}=-R\ln\frac{p_2+a}{p_1+a}$$

$$\Delta S=\int_{T_1}^{T_2}\frac{C_V}{T}\mathrm{d}T+\int_{V_1}^{V_2}\frac{R}{V-b}\mathrm{d}V=\int_{T_1}^{T_2}\frac{C_V}{T}\mathrm{d}T+R\ln\frac{V_2-b}{V_1-b}=R\ln\frac{V_2-b}{V_1-b}$$

等温可逆过程的W_r和Q_r为

$$W_r=-\int_{V_1}^{V_2}p\,\mathrm{d}V=-\int_{V_1}^{V_2}\left(\frac{RT}{V-b}-a\right)\mathrm{d}V=-RT\ln\frac{V_2-b}{V_1-b}+a(V_2-V_1)$$

$$Q_r=\Delta U-W_r=RT\ln\frac{V_2-b}{V_1-b}$$

等温可逆过程的ΔA和ΔG为

$$\Delta A=\Delta U-T\Delta S=a(V_2-V_1)+RT\ln\frac{p_2+a}{p_1+a}=a(V_2-V_1)-RT\ln\frac{V_2-b}{V_1-b}$$

$$\Delta G=\Delta H-T\Delta S=b(p_2-p_1)+RT\ln\frac{p_2+a}{p_1+a}=b(p_2-p_1)-RT\ln\frac{V_2-b}{V_1-b}$$

由此题的结果可以看出,对于非理想气体来说,在计算pVT变化过程的热力学增量时,仅仅知道热力学公式是不够的,还必须知道非理想气体的状态方程。另外对于非理想气体来说,其热力学能和焓不再仅仅是温度的函数,因此等温可逆过程的ΔU和ΔH并不为零。除此之外,非理想气体等温可逆过程的W_r、Q_r、ΔS、ΔA和ΔG的表达式与理想气体等温可逆过程的W_r、Q_r、ΔS、ΔA和ΔG的表达式也不相同。

习　题

1-1 10mol 理想气体从 2.00×10^6 Pa、1.00dm^3,等容降压到 2.00×10^5 Pa,再经等压膨胀到 10.0dm^3,求整个过程的W、Q、ΔU和ΔH。

1-2 1mol 理想气体从 25K、1.00×10^5 Pa 的始态,经等容过程和等压过程分别升温到 100K,已知此气体的$C_{p,\mathrm{m}}$为 29.10J·mol^{-1}·K^{-1},求过程的ΔU、ΔH、Q和W。

1-3 2mol 理想气体由 25℃、1.00×10^6 Pa 的始态膨胀到 25℃、1.00×10^5 Pa 的终态。设过程分别为(1)自由膨胀;(2)反抗恒定外压(1.00×10^5 Pa)等温膨胀;(3)等温可逆膨胀。分别计算以上各过程的W、Q、ΔU、ΔH。

1-4　2mol 单原子理想气体由 600K、1MPa，反抗恒定外压（100kPa）绝热膨胀到 100kPa，求该过程的 Q、W、ΔU 和 ΔH。

1-5　1mol 理想气体的 $C_{p,m}$ 为 3.5R，始态为 100kPa、41.57dm^3，经 pT＝常数的可逆过程压缩到终态压力为 200kPa。试计算：(1)终态温度；(2)该过程的 W、Q、ΔU、ΔH。

1-6　某理想气体自 25℃、5dm^3 的始态绝热可逆膨胀至 5℃、6dm^3 的终态。求该气体的 $C_{p,m}$ 与 $C_{V,m}$。

1-7　理想气体经等温可逆膨胀，体积从 V_1 膨胀到 $10V_1$，对外做功 41.85kJ，若气体的起始压力为 202.65kPa。(1)求 V_1；(2)若气体的物质的量为 2mol，求气体的温度。

1-8　有两个卡诺热机，在高温热源温度皆为 500K、低温热源分别为 300K 和 250K 之间工作，若两者分别经一个循环所做的功相等。试问：(1)两个热机的效率是否相等？(2)两个热机自高温热源吸收的热量是否相等？(3)向低温热源放出的热量是否相等？

1-9　理想气体经过等容可逆过程从始态 3dm^3、400K、100kPa 升压到 300kPa。始态的熵是 125.52J · K^{-1}，C_V 为 64.35J · K^{-1}，计算过程的 ΔU、ΔH、ΔS、ΔG、Q、W。

1-10　理想气体经过等压可逆过程从始态 3dm^3、400K、100kPa 膨胀到末态 4dm^3。始态的熵是 125.52J · K^{-1}，C_p 为 83.68J · K^{-1}，计算过程的 ΔU、ΔH、ΔS、ΔG、Q、W。

1-11　将 0.4mol、300K、200.0kPa 的理想气体绝热压缩到 1000kPa，此过程环境做功 4988.4J。已知该理想气体在 300K、200.0kPa 时的摩尔熵 S_m 为 205.0J · K^{-1} · mol^{-1}，等压摩尔热容 $C_{p,m}$ 为 3.5R。求此过程的 ΔU、ΔH、ΔS、ΔG、ΔA。

1-12　1mol 理想气体由始态 300K、$10p^\ominus$ 经下列各等温膨胀过程至终态压力为 $p^\ominus$。(1)可逆膨胀；(2)外压恒定为 $p^\ominus$ 膨胀；(3)向真空膨胀。求各过程的 Q、W、ΔU、ΔH、ΔS、ΔG、ΔA。

1-13　在等熵条件下，将 3.45mol 理想气体从 15℃、100kPa 压缩到 200kPa，然后保持体积不变，降温到 15℃。已知气体的 $C_{V,m}$ 为 4.785J · K^{-1} · mol^{-1}。求过程的 Q、W、ΔU、ΔH、ΔS、ΔA 和 ΔG。

1-14　证明：

(1) $\left(\frac{\partial U}{\partial V}\right)_p = C_V\left(\frac{\partial T}{\partial V}\right)_p + T\left(\frac{\partial p}{\partial T}\right)_V - p$　(2) $\mathrm{d}S = \frac{nC_{V,m}}{T}\left(\frac{\partial T}{\partial p}\right)_V \mathrm{d}p + \frac{nC_{p,m}}{T}\left(\frac{\partial T}{\partial V}\right)_p \mathrm{d}V$

1-15　证明：

(1) $\left(\frac{\partial C_V}{\partial V}\right)_T = T\left(\frac{\partial^2 p}{\partial T^2}\right)_V$　(2) $\left(\frac{\partial T}{\partial V}\right)_S = -\frac{T}{C_V}\left(\frac{\partial p}{\partial T}\right)_V$　(3) $\left(\frac{\partial T}{\partial p}\right)_S = -\frac{T}{C_p}\left(\frac{\partial V}{\partial T}\right)_p$

1-16　某气体的状态方程为 $(p+\alpha)(V-\beta)=nRT$（α，β 为常数），试求 C_p 和 C_V 的关系式。

1-17　某气体的状态方程为 $p(V-\beta)=nRT$（β 为常数）。试导出等压过程该气体 ΔU、ΔS、ΔH 的表示式。

1-18　某气体的状态方程为 $(p+\alpha)V=nRT$（α 为常数）。试导出等容过程该气体 ΔU、ΔS、ΔH 的表示式。

1-19　设氧气的状态方程为 $pV(1-\beta p)=nRT$。已知氧气的 β 为 -9.277×10^{-9} Pa^{-1}，若在 273K 时，将 0.5mol 氧气由 1013250Pa 的压力减到 101325Pa，试求过程的 ΔH、ΔS 和 ΔG。

1-20　设氮气的状态方程为 $(p+a/V^2)V=nRT$。已知氮气的 a 为 4.352×10^{7} Pa · dm^6，若在 273K 时，0.5mol 氮气由 10dm^3 膨胀到 100dm^3，试求过程的 ΔU、ΔS 和 ΔA。

第 2 章　多组分多相系统热力学

在第 1 章中，我们主要是讨论单组分单相封闭系统的热力学，导出的热力学公式不能应用于多组分多相系统。若在系统中存在几个相，并且在相间存在物质的迁移；或者系统中存在几个组分，并且在组分之间存在化学反应，则系统的组成将不再保持恒定，系统的状态函数的变化将与系统组成的变化有关，因此在相应的热力学公式中将出现与各相或各组分物质的量有关的变量。

为了表示多组分多相系统的组成变化引起系统的状态函数变化的特征，美国物理化学家吉布斯在 1876 年引入了化学势的概念，并由此得到了组成可变的多组分多相系统的热力学公式，这些热力学公式为应用热力学原理解决相变过程和反应过程的方向和限度问题奠定了坚实的理论基础。继吉布斯的开创性工作之后，另一个美国物理化学家路易斯(Lewis)在 20 世纪初提出了逸度和活度的概念，利用逸度和活度的概念可以得到非理想系统中物质的化学势表示式，为应用热力学原理解决化工生产中的实际问题提供了现实的可行性。

在这一章中，我们将首先引入多组分多相系统的两个重要概念：偏摩尔量与化学势，并将基于化学势建立多组分多相系统中过程自发性的判据，还将讨论气体、液体、固体化学势的表示法，溶液和稀溶液等多组分系统中各组分化学势的表示法，以及气体、液体的混合性质和稀溶液的依数性质。本章内容是从物理学过渡到化学的桥梁，在物理化学课程中具有非常重要的地位。

§2-1　偏摩尔量与化学势

1. 偏摩尔量

1) 偏摩尔量的定义

前面我们讨论过的热力学函数中 V、U、H、S、A 和 G 都是广度性质的状态函数，对于单组分单相封闭系统来说，这些广度性质的状态函数只是温度和压力的函数，和系统的组成无关。但对于多组分多相封闭系统来说，这些广度性质的状态函数不仅是温度和压力的函数，还和系统的组成有关。

例如 20℃，常压下，1g 乙醇的体积是 $1.267cm^3$，1g 水的体积是 $1.004cm^3$，若将乙醇与水以不同的比例混合形成溶液，使溶液的质量为 100g，实际测得的溶液的体积如表 2-1-1 所示。

表 2-1-1　乙醇与水混合时的体积变化

乙醇浓度 $w_B\%$	$V_{醇}/cm^3$	$V_{水}/cm^3$	$(V_{醇}+V_{水})/cm^3$	$V_{醇+水}/cm^3$	$\Delta V/cm^3$
10	12.67	90.36	103.03	101.84	1.19
20	25.34	80.32	105.66	103.24	2.42

续表

乙醇浓度 w_B%	$V_醇/cm^3$	$V_水/cm^3$	$(V_醇+V_水)/cm^3$	$V_{醇+水}/cm^3$	$\Delta V/cm^3$
30	38.01	70.28	108.29	104.84	3.45
40	50.68	60.24	110.92	106.93	3.09
50	63.35	50.20	113.55	109.43	4.12
60	76.02	40.16	116.18	112.22	3.96
70	88.69	30.12	118.81	115.25	3.56
80	101.36	20.08	121.44	118.56	2.88
90	114.03	10.04	124.07	122.25	1.82

由表 2-1-1 可以看出，乙醇与水混合后的溶液体积不等于混合前乙醇与水的体积之和，乙醇与水混合成的 100g 溶液的体积与混合比例或组成有关。

其他的广度性质的状态函数也是如此，若由物质 B、C、D 等构成一个多组分单相封闭系统，系统的任一广度性质的状态函数 X 可表示为

$$X=X(T,p,n_B,n_C,n_D,\cdots) \tag{2-1-1}$$

当系统的温度、压力和组成发生变化时，系统广度性质的状态函数 X 的变化为

$$dX=\left(\frac{\partial X}{\partial T}\right)_{p,n_C}dT+\left(\frac{\partial X}{\partial p}\right)_{T,n_C}dp+\sum_B\left(\frac{\partial X}{\partial n_B}\right)_{T,p,n_{C\neq B}}dn_B \tag{2-1-2}$$

式中，偏导数下标 n_C 代表系统的所有组分物质的量均不变，$n_{C\neq B}$ 表示除 B 以外的其他组分物质的量不变。式(2-1-2)中的偏导数 $\left(\frac{\partial X}{\partial n_B}\right)_{T,p,n_{C\neq B}}$ 称为偏摩尔量，用符号 X_B 表示，即

$$X_B \overset{\text{def}}{=\!=} \left(\frac{\partial X}{\partial n_B}\right)_{T,p,n_{C\neq B}} \tag{2-1-3}$$

X_B 表示在温度、压力和除 B 以外的其他组分物质的量保持不变的条件下，系统广度性质的状态函数 X 随组分 B 的物质的量的变化率，见图 2-1-1。也相当于在含有大量物质的系统中，在温度、压力和除 B 以外的其他组分物质的量保持不变的条件下，加入 1mol 组分 B，引起系统广度性质的状态函数 X 的变化。因系统含有大量的物质，加入 1mol 组分 B 可近似认为系统的组成不变，所以 X_B 也表示在温度、压力和组成不变的条件下，1mol 组分 B 的广度性质的状态函数 X 的值。将式(2-1-3)代入式(2-1-2)中，得

$$dX=\left(\frac{\partial X}{\partial T}\right)_{p,n_C}dT+\left(\frac{\partial X}{\partial p}\right)_{T,n_C}dp+\sum_B X_B dn_B \tag{2-1-4}$$

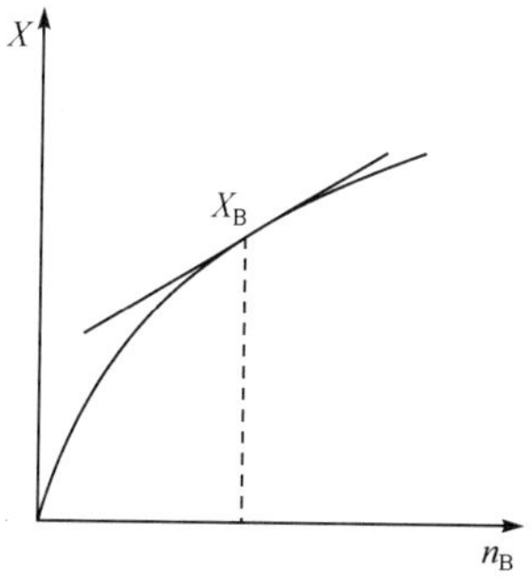

图 2-1-1　偏摩尔量示意图

按式(2-1-3)，多组分单相系统中组分 B 的一些偏摩尔量如下：

$$\left.\begin{aligned}
&\text{偏摩尔体积} && V_B=\left(\frac{\partial V}{\partial n_B}\right)_{T,p,n_{C\neq B}}\\
&\text{偏摩尔热力学能} && U_B=\left(\frac{\partial U}{\partial n_B}\right)_{T,p,n_{C\neq B}}\\
&\text{偏摩尔焓} && H_B=\left(\frac{\partial H}{\partial n_B}\right)_{T,p,n_{C\neq B}}\\
&\text{偏摩尔熵} && S_B=\left(\frac{\partial S}{\partial n_B}\right)_{T,p,n_{C\neq B}}\\
&\text{偏摩尔亥姆霍兹函数} && A_B=\left(\frac{\partial A}{\partial n_B}\right)_{T,p,n_{C\neq B}}\\
&\text{偏摩尔吉布斯函数} && G_B=\left(\frac{\partial G}{\partial n_B}\right)_{T,p,n_{C\neq B}}
\end{aligned}\right\}\tag{2-1-5}$$

关于偏摩尔量，以下几点值得注意：①只有系统的广度性质的状态函数 X 才有偏摩尔量；②只有广度性质的状态函数 X 在温度、压力和除 B 以外的其他组分物质的量保持不变的条件下，对组分 B 的物质的量的偏导数才称为偏摩尔量；③偏摩尔量 X_B 是强度性质的状态函数，与系统的温度、压力和组成有关。

偏摩尔量反映了当单组分单相系统混合成多组分单相系统后，组分间的相互作用对系统的广度性质的状态函数的影响，这就是偏摩尔量的物理意义。按照偏摩尔量的定义，在温度和压力不变的条件下，对于单组分单相系统来说，偏摩尔量 X_B 就变成了相应的摩尔量 $X_{m,B}$。

2）偏摩尔量集合公式

当温度、压力不变的条件下，如果不考虑组分间混合的影响，则多组分单相系统的广度性质状态函数 X 为

$$X=\sum_B n_B X_{m,B}\tag{2-1-6}$$

但是乙醇与水混合的例子说明，实际上组分间的混合会对系统的广度性质状态函数 X 产生影响，因此多组分单相系统的广度性质状态函数 X 应为

$$X=\sum_B n_B X_B\tag{2-1-7}$$

式(2-1-7)称为偏摩尔量集合公式。该式表明，在温度、压力不变的条件下，多组分单相系统的广度性质的状态函数，等于系统中各组分对应的偏摩尔量与物质的量的乘积之和。由此可见，式中 $n_B X_B$ 代表组分 B 对系统的 X 的贡献。例如，对由溶剂 A 和溶质 B 组成的二元溶液来说，偏摩尔量的集合公式为

$$X=n_A X_A+n_B X_B$$

由此可得二元溶液的体积为

$$V=n_A V_A+n_B V_B$$

表 2-1-1 中乙醇与水混合后的溶液体积应与这个式子计算的结果相同。

3）吉布斯-杜亥姆公式

在温度、压力不变的条件下对式(2-1-7)微分，得

$$dX = \sum_{B} X_B dn_B + \sum_{B} n_B dX_B \qquad (2\text{-}1\text{-}8)$$

将式(2-1-8)与式(2-1-4)比较得

$$\sum_{B} n_B dX_B = 0 \qquad (2\text{-}1\text{-}9)$$

式(2-1-9)称为吉布斯-杜亥姆(Gibbs-Duhem)方程。吉布斯-杜亥姆方程表明，在温度、压力不变的条件下多组分单相系统的组成发生变化时，系统各组分的偏摩尔量也要发生变化，但各组分的偏摩尔量的变化不是彼此无关的，必须服从吉布斯-杜亥姆方程。例如，对由溶剂 A 和溶质 B 组成的二元溶液来说，吉布斯-杜亥姆方程为

$$n_A dX_A + n_B dX_B = 0$$

或

$$dX_A = -(n_B/n_A) dX_B$$

上式表明，偏摩尔量 X_A 的变化与偏摩尔量 X_B 的变化相关。表 2-1-1 中乙醇与水混合过程中，乙醇与水的偏摩尔体积的变化就必须满足关系式

$$dV_A = -(n_B/n_A) dV_B$$

4) 偏摩尔量之间的函数关系

第 1 章我们讨论的一些热力学关系式只适用于单组分单相系统，把这些关系式中的广度性质的状态函数换成相应偏摩尔量即可用于多组分单相系统。例如，对由溶剂 A 和溶质 B 组成的二元溶液来说，溶剂 A 和溶质 B 的偏摩尔焓为

$$H_A = U_A + pV_A \qquad H_B = U_B + pV_B$$

溶剂 A 和溶质 B 的偏摩尔亥姆霍兹函数为

$$A_A = U_A - TS_A \qquad A_B = U_B - TS_B$$

溶剂 A 和溶质 B 的偏摩尔吉布斯函数为

$$G_A = H_A - TS_A \qquad G_B = H_B - TS_B$$

偏摩尔量之间也存在热力学基本方程

$$dU_B = TdS_B - pdV_B \qquad dH_B = TdS_B + V_B dp$$

$$dA_B = -S_B dT - pdV_B \qquad dG_B = -S_B dT + V_B dp$$

2. 化学势

1) 化学势的定义

将多组分单相系统的吉布斯函数 G 表示成温度、压力以及各个组分的物质的量的函数，即

$$G = G(T, p, n_B, n_C, n_D, \cdots)$$

当温度、压力以及各个组分的物质的量发生变化时，吉布斯函数 G 的变化为

$$dG = \left(\frac{\partial G}{\partial T}\right)_{p,n_C} dT + \left(\frac{\partial G}{\partial p}\right)_{T,n_C} dp + \sum_{B} \left(\frac{\partial G}{\partial n_B}\right)_{T,p,n_{C\neq B}} dn_B \qquad (2\text{-}1\text{-}10)$$

由热力学基本方程可得

$$\left(\frac{\partial G}{\partial p}\right)_{T,n_C} = V \qquad \left(\frac{\partial G}{\partial T}\right)_{p,n_C} = -S \qquad (2\text{-}1\text{-}11)$$

在多组分单相系统中，组分 B 的偏摩尔吉布斯函数 G_B 又称为化学势，用符号 μ_B 表示，即

$$\mu_B = G_B = \left(\frac{\partial G}{\partial n_B}\right)_{T,p,n_{C\neq B}} \tag{2-1-12}$$

将式(2-1-11)和式(2-1-12)代入式(2-1-10)中,得如下形式的热力学基本方程

$$dG = -SdT + Vdp + \sum_B \mu_B dn_B \tag{2-1-13}$$

由吉布斯函数、亥姆霍兹函数以及焓的定义可得

$$dU = TdS - pdV + \sum_B \mu_B dn_B \tag{2-1-14}$$

$$dH = TdS + Vdp + \sum_B \mu_B dn_B \tag{2-1-15}$$

$$dA = -SdT - pdV + \sum_B \mu_B dn_B \tag{2-1-16}$$

根据式(2-1-14)、(2-1-15)、(2-1-16)中的变量,也可以将它们分别表示为如下形式的热力学基本方程

$$dU = TdS - pdV + \sum_B \left(\frac{\partial U}{\partial n_B}\right)_{S,V,n_{C\neq B}} dn_B \tag{2-1-17}$$

$$dH = TdS + Vdp + \sum_B \left(\frac{\partial H}{\partial n_B}\right)_{S,p,n_{C\neq B}} dn_B \tag{2-1-18}$$

$$dA = -SdT - pdV + \sum_B \left(\frac{\partial A}{\partial n_B}\right)_{T,V,n_{C\neq B}} dn_B \tag{2-1-19}$$

将式(2-1-14)、(2-1-15)、(2-1-16)与式(2-1-17)、(2-1-18)、(2-1-19)比较,可得

$$\mu_B = \left(\frac{\partial G}{\partial n_B}\right)_{T,p,n_{C\neq B}} = \left(\frac{\partial U}{\partial n_B}\right)_{S,V,n_{C\neq B}} = \left(\frac{\partial H}{\partial n_B}\right)_{S,p,n_{C\neq B}} = \left(\frac{\partial A}{\partial n_B}\right)_{T,V,n_{C\neq B}} \tag{2-1-20}$$

式(2-1-20)中四个偏导数都称为化学势,应当注意四个偏导数的下标是有区别的,其中只有偏摩尔吉布斯函数既是偏摩尔量,又是化学势,其余三个偏导数只是化学势,不是偏摩尔量。化学势的四个表示式中,偏摩尔吉布斯函数应用最广,一般若不特别说明,提到化学势都是指偏摩尔吉布斯函数。

式(2-1-13)～(2-1-16)构成了多组分单相系统的热力学基本方程,在这组热力学基本方程中明确包含了组成的变化对广度性质状态函数的影响,而第1章导出的单组分单相系统热力学基本方程,即式(1-5-11)～(1-5-14)仅是多组分单相系统热力学基本方程式(2-1-13)～(2-1-16)的一个特例。

2) 化学势与温度、压力的关系

化学势是温度、压力和组成的函数,这里只讨论化学势与温度、压力的关系。

$$\left(\frac{\partial \mu_B}{\partial T}\right)_{p,n_C} = \left[\frac{\partial}{\partial T}\left(\frac{\partial G}{\partial n_B}\right)_{T,p,n_{C\neq B}}\right]_{p,n_C} = \left[\frac{\partial}{\partial n_B}\left(\frac{\partial G}{\partial T}\right)_{p,n_C}\right]_{T,p,n_{C\neq B}} = -\left(\frac{\partial S}{\partial n_B}\right)_{T,p,n_{C\neq B}} = -S_B \tag{2-1-21}$$

通常情况下,偏摩尔熵 $S_B>0$,所以当温度升高时,化学势降低。

$$\left(\frac{\partial \mu_B}{\partial p}\right)_{T,n_C} = \left[\frac{\partial}{\partial p}\left(\frac{\partial G}{\partial n_B}\right)_{T,p,n_{C\neq B}}\right]_{T,n_C} = \left[\frac{\partial}{\partial n_B}\left(\frac{\partial G}{\partial p}\right)_{T,n_C}\right]_{T,p,n_{C\neq B}} = \left(\frac{\partial V}{\partial n_B}\right)_{T,p,n_{C\neq B}} = V_B \tag{2-1-22}$$

通常情况下,偏摩尔体积 $V_B>0$,所以当压力升高时,化学势升高。

另外利用 $\mu_B=G_B=H_B-TS_B$ 和式(2-1-21)还可以得出

$$\left[\frac{\partial(\mu_B/T)}{\partial T}\right]_{p,n_C}=\frac{1}{T}\left(\frac{\partial \mu_B}{\partial T}\right)_{p,n_C}-\frac{\mu_B}{T^2}=-\frac{\mu_B+TS_B}{T^2}=-\frac{H_B}{T^2} \tag{2-1-23}$$

式中，H_B 是偏摩尔焓，这是在后面章节中会用到的一个化学势关系式。

3) 单组分多相系统

若由物质 A 的 α、β、γ…相构成一个单组分多相封闭系统，系统的任一广度性质的状态函数 X 可表示为

$$X=X(T,p,n_\alpha,n_\beta,n_\gamma,\cdots)$$

当系统的温度、压力和各相物质的量发生变化时，广度性质的状态函数 X 的变化为

$$\mathrm{d}X=\left(\frac{\partial X}{\partial T}\right)_{p,n_\beta}\mathrm{d}T+\left(\frac{\partial X}{\partial p}\right)_{T,n_\beta}\mathrm{d}p+\sum_\alpha\left(\frac{\partial X}{\partial n_\alpha}\right)_{T,p,n_{\beta\neq\alpha}}\mathrm{d}n_\alpha \tag{2-1-24}$$

式中，偏导数下标 n_β 代表系统各相物质的量均不变；$n_{\beta\neq\alpha}$ 表示除 α 相以外的其他各相物质的量不变。式(2-1-24)中的偏导数 $\left(\frac{\partial X}{\partial n_\alpha}\right)_{T,p,n_{\beta\neq\alpha}}$ 也称为偏摩尔量，用符号 X_α 表示，即

$$X_\alpha\overset{\text{def}}{=\!=}\left(\frac{\partial X}{\partial n_\alpha}\right)_{T,p,n_{\beta\neq\alpha}} \tag{2-1-25}$$

X_α 表示在温度、压力和除 α 相以外的其他各相物质的量均不变的条件下，系统广度性质的状态函数 X 随 α 相物质的量的变化率，相当于在含有大量物质的系统中，在温度、压力和除 α 相以外的其他各相物质的量均不变的条件下，加入 1mol A(α)引起系统广度性质的状态函数 X 的变化。因系统含有大量的物质，加入 1mol A(α)可近似认为系统的组成不变，所以 X_α 也表示在温度、压力和组成不变的条件下，1mol A(α)的广度性质的状态函数 X 的值。将式(2-1-25)代入式(2-1-24)中，得

$$\mathrm{d}X=\left(\frac{\partial X}{\partial T}\right)_{p,n_\beta}\mathrm{d}T+\left(\frac{\partial X}{\partial T}\right)_{T,n_\beta}\mathrm{d}p+\sum_\alpha X_\alpha\mathrm{d}n_\alpha \tag{2-1-26}$$

在温度、压力不变的条件下，单组分多相系统也有偏摩尔量集合公式

$$X=\sum_\alpha n_\alpha X_\alpha \tag{2-1-27}$$

和吉布斯-杜亥姆方程

$$\sum_\alpha n_\alpha \mathrm{d}X_\alpha=0 \tag{2-1-28}$$

式(2-1-27)表明，在温度、压力不变的条件下，单组分多相系统的广度性质的状态函数等于该系统各相的偏摩尔量与物质的量的乘积之和。式(2-1-28)表明，在温度、压力不变的条件下，单组分多相系统各相物质的量发生变化时，系统各相的偏摩尔量也要发生变化，但各相的偏摩尔量的变化不是彼此无关的。例如，对由水与水蒸气组成的两相系统来说，偏摩尔量的集合公式为

$$X=n_lX_l+n_gX_g$$

吉布斯-杜亥姆方程为

$$n_A\mathrm{d}X_l+n_B\mathrm{d}X_g=0$$

单组分多相系统中偏摩尔量之间也存在函数关系，例如，对由水与水蒸气组成的两相系统来说，水与水蒸气的偏摩尔焓为

$$H_l=U_l+pV_l \qquad H_g=U_g+pV_g$$

水与水蒸气的偏摩尔亥姆霍兹函数为

$$A_l=U_l-TS_l \qquad A_g=U_g-TS_g$$

水与水蒸气的偏摩尔吉布斯函数为

$$G_l=H_l-TS_l \qquad G_g=H_g-TS_g$$

偏摩尔量之间也存在热力学基本方程

$$dU_\alpha=TdS_\alpha-pdV_\alpha \qquad dH_\alpha=TdS_\alpha+V_\alpha dp$$

$$dA_\alpha=-S_\alpha dT-pdV_\alpha \qquad dG_\alpha=-S_\alpha dT+V_\alpha dp$$

将单组分多相系统的吉布斯函数 G 表示成温度、压力及各相物质的量的函数，即

$$G=G(T,p,n_\alpha,n_\beta,n_\gamma,\cdots)$$

当温度、压力及各相物质的量发生变化时，吉布斯函数 G 的变化为

$$dG=\left(\frac{\partial G}{\partial T}\right)_{p,n_\beta}dT+\left(\frac{\partial G}{\partial p}\right)_{T,n_\beta}dp+\sum_\alpha\left(\frac{\partial G}{\partial n_\alpha}\right)_{T,p,n_{\beta\neq\alpha}}dn_\alpha \tag{2-1-29}$$

由热力学基本方程可得

$$\left(\frac{\partial G}{\partial p}\right)_{T,n_\beta}=V \qquad \left(\frac{\partial G}{\partial T}\right)_{p,n_\beta}=-S \tag{2-1-30}$$

在单组分多相系统，α 相的偏摩尔吉布斯函数又称为化学势，并用符号 μ_α 表示，即

$$\mu_\alpha=G_\alpha=\left(\frac{\partial G}{\partial n_\alpha}\right)_{T,p,n_{\beta\neq\alpha}} \tag{2-1-31}$$

类似于式(2-1-13)～(2-1-16)，将式(2-1-30)和式(2-1-31)代入式(2-1-29)中，可得

$$dG=-SdT+Vdp+\sum_\alpha\mu_\alpha dn_\alpha \tag{2-1-32}$$

由吉布斯函数、亥姆霍兹函数以及焓的定义也可以导出

$$dU=TdS-pdV+\sum_\alpha\mu_\alpha dn_\alpha \tag{2-1-33}$$

$$dH=TdS+Vdp+\sum_\alpha\mu_\alpha dn_\alpha \tag{2-1-34}$$

$$dA=-SdT-pdV+\sum_\alpha\mu_\alpha dn_\alpha \tag{2-1-35}$$

式(2-1-32)～(2-1-35)构成了单组分多相系统的热力学基本方程，在这组热力学基本方程中明确包含了各相物质的量的变化对热力学状态函数的影响，而第1章导出的单组分单相系统热力学基本方程，即式(1-5-11)～(1-5-14)仅是单组分多相系统热力学基本方程式(2-1-32)～(2-1-35)的一个特例。

3. 过程自发性判据

1) 过程自发性的熵判据

第1章讨论的熵增原理表明，孤立系统中发生的自发过程总是不可逆地向着熵增加的方向进行，最终达到平衡态，因此孤立系统平衡态的熵最大。于是我们可以用熵的这个性质，来判断孤立系统中自发过程的方向以及是否达到平衡态，熵增原理可作为孤立系统过程自发性的熵判据。

对于封闭系统来说，系统与环境之间存在热和功的交换，即系统不是孤立的，不能直接应用熵判据。但是我们可以把一个封闭系统以及与系统有关的环境看成是一个大的孤立系统，

这样就可以应用熵判据来判断封闭系统中过程的方向和平衡问题了。在这种情况下，熵判据可以写成

$$\Delta S_{孤立}=\Delta S_{系统}+\Delta S_{环境}\geqslant 0 \quad \begin{cases}自发\\平衡\end{cases} \tag{2-1-36}$$

在实际应用中，我们通常把与系统有关的环境取得充分大，使得系统与环境之间热和功的交换根本不足以引起环境的温度和压力发生变化，因此可以认为环境中发生的是一个等温可逆过程。这样，环境的熵变可按下式计算

$$\Delta S_{环境}=\frac{Q_{环境}}{T_{环境}}=-\frac{Q_{系统}}{T_{环境}} \tag{2-1-37}$$

式中，$Q_{环境}$是实际过程中系统与环境交换的热。式(2-1-37)是计算环境熵变的一般公式。

例 2-1-1　2mol、127℃的理想气体在压力恒定为 100kPa 的条件下向 27℃的大气散热，降温至平衡。已知该理想气体的 $C_{p,m}=29.1\text{J}\cdot\text{K}^{-1}\cdot\text{mol}^{-1}$，求理想气体的熵变并判断过程是否会自发进行。

解　这是一等压过程，无论过程是否可逆均可由式(1-4-27)计算系统的熵变

$$\Delta S=nC_{p,m}\ln\frac{T_2}{T_1}=\left(2\times 29.1\times\ln\frac{300.2}{400.2}\right)\text{J}\cdot\text{K}^{-1}=-16.7\text{J}\cdot\text{K}^{-1}$$

由计算可知系统的 $\Delta S<0$，但这并不意味着该过程是非自发的。因为使用熵判据要求计算环境的熵变 $\Delta S_{环境}$。在此题中与系统有关的环境为大气，满足环境取得充分大的条件。所以

$$\begin{aligned}\Delta S_{环境}&=Q_{环境}/T_{环境}=-Q_{系统}/T_{环境}=-nC_{p,m}(T_2-T_1)/T_{环境}\\&=[-2\times 29.1\times(300.2-400.2)/300.2]\text{J}\cdot\text{K}^{-1}=19.4\text{J}\cdot\text{K}^{-1}\end{aligned}$$

从而

$$\Delta S_{孤立}=\Delta S_{系统}+\Delta S_{环境}=(-16.7+19.4)\text{J}\cdot\text{K}^{-1}=2.7\text{J}\cdot\text{K}^{-1}>0$$

根据熵判据，上述过程为自发过程。

2) 过程自发性的吉布斯判据

根据封闭系统的熵判据式(2-1-36)，原则上可判断封闭系统中所发生的任何过程的方向和限度问题。但是，必须计算环境的熵变 $\Delta S_{环境}$，而在某些情况下计算环境的熵变 $\Delta S_{环境}$ 比较费事，因此在某些情况下使用封闭系统的熵判据不太方便。为此引入一个新的判据——吉布斯判据，它不必计算环境的熵变 $\Delta S_{环境}$，可以使在某些特定条件下判断封闭系统中所发生的过程的自发性问题变得较为简单。

在等温、等压和不做非体积功的条件下，有

$$T_{环境}=T_{系统} \qquad Q_{环境}=-Q_{系统}=-\Delta H_{系统}$$

所以式(2-1-37)可以写成

$$\Delta S_{环境}=-\frac{\Delta H_{系统}}{T_{系统}}$$

式(2-1-36)可以写成

$$\Delta S_{系统}-\frac{\Delta H_{系统}}{T_{系统}}\geqslant 0 \quad \begin{cases}自发\\平衡\end{cases} \tag{2-1-38}$$

或者写成

$$(\Delta H-T\Delta S)_{系统}\leqslant 0 \quad \begin{cases}自发\\平衡\end{cases} \tag{2-1-39}$$

根据式(1-5-7)，式(2-1-39)中的($\Delta H-T\Delta S$)是封闭系统在等温、等压条件下的吉布斯函数增量ΔG。因此在等温、等压和不做非体积功的条件下，根据式(2-1-39)有

$$\Delta G_{系统}=(\Delta H-T\Delta S)_{系统}\leqslant 0 \quad \begin{cases}自发\\平衡\end{cases} \tag{2-1-40}$$

式(2-1-40)表明在等温、等压和不做非体积功的条件下，封闭系统所发生的自发过程都必定向着吉布斯函数G减小的方向进行，当G达到极小值时，系统达到平衡。因此，在等温、等压和不做非体积功的条件下，可以用ΔG来判断封闭系统中自发过程的方向和平衡，即

$$\mathrm{d}G_{T,p}\leqslant 0 \quad \begin{cases}自发\\平衡\end{cases} \quad (W'=0) \tag{2-1-41}$$

根据式(2-1-13)，式(2-1-41)可以写成

$$\mathrm{d}G_{T,p}=\sum_{\mathrm{B}}\mu_{\mathrm{B}}\mathrm{d}n_{\mathrm{B}}\leqslant 0 \quad \begin{cases}自发\\平衡\end{cases} \quad (W'=0) \tag{2-1-42}$$

式(2-1-42)表明在等温、等压和不做非体积功的条件下，对于一个多组分单相封闭系统来说，过程的自发和平衡与系统中各组分的化学势以及各组分物质的量的变化有关。在后面的章节中，我们可以看到由式(2-1-42)可以导出等温、等压和不做非体积功的条件下，反应过程的自发变化方向和达到平衡的判据。

根据式(2-1-32)，式(2-1-40)可以写成

$$\mathrm{d}G_{T,p}=\sum_{\alpha}\mu_{\alpha}\mathrm{d}n_{\alpha}\leqslant 0 \quad \begin{cases}自发\\平衡\end{cases} \quad (W'=0) \tag{2-1-43}$$

式(2-1-43)表明在等温、等压和不做非体积功的条件下，对于一个多相单组分封闭系统来说，过程的自发和平衡与系统中各相的化学势以及各相物质的量的变化有关。在后面的章节中我们可以看到，由式(2-1-43)可以导出等温、等压和不做非体积功的条件下，相变过程的自发变化方向和达到平衡的判据。

需要指出，在等温、等压和要做非体积功的条件下，式(2-1-41)应该写成

$$\mathrm{d}G_{T,p}-\delta W'\leqslant 0 \quad \begin{cases}自发\\平衡\end{cases} \quad (W'\neq 0) \tag{2-1-44}$$

式(2-1-44)表明在等温和等压的条件下，如果环境对系统做电功和表面功等非体积功($\delta W'>0$)，则$\mathrm{d}G_{T,p}>0$的过程也可能自动发生。因此在电化学和表面化学中，式(2-1-44)是反应过程的自发变化方向和达到平衡的判据。

4. 组成的表示和物质的标准态

多组分系统的组成常用下列方法表示。

1) 物质B的摩尔分数

物质B的摩尔分数又称为物质的量分数，用符号x_{B}表示(在气相中用y_{B}表示)，物质B的摩尔分数是物质B的物质的量n_{B}与系统的总物质的量$\sum_{\mathrm{B}}n_{\mathrm{B}}$之比，即

$$x_{\mathrm{B}}\xlongequal{\text{def}}\frac{n_{\mathrm{B}}}{\sum_{\mathrm{B}}n_{\mathrm{B}}} \tag{2-1-45}$$

显然

$$\sum_{\mathrm{B}}x_{\mathrm{B}}=1$$

2）物质 B 的质量分数

物质 B 的质量分数是物质 B 的质量 m_B 与系统的总质量 $\sum_B m_B$ 之比，用符号 w_B 表示，即

$$w_B \overset{\text{def}}{=\!=} \frac{m_B}{\sum_B m_B} \tag{2-1-46}$$

显然

$$\sum_B w_B = 1$$

质量分数也常用质量百分数表示。

3）物质 B 的摩尔浓度

物质 B 的摩尔浓度是溶液中溶质 B 的物质的量 n_B 与溶液的体积 V 之比，用符号 c_B 表示，即

$$c_B \overset{\text{def}}{=\!=} \frac{n_B}{V} \tag{2-1-47}$$

c_B 的单位为 $mol \cdot m^{-3}$（习惯上用 $mol \cdot dm^{-3}$）。对于二组分溶液，c_B 与 w_B 及 x_B 之间的关系为

$$c_B = \frac{\rho}{M_B} w_B = \frac{\rho(n_A + n_B)}{m_A + m_B} x_B$$

式中，ρ 为溶液的密度，单位为 $kg \cdot m^{-3}$；M_B 是溶质 B 的摩尔质量，单位为 $kg \cdot mol^{-1}$。

4）物质 B 的质量摩尔浓度

物质 B 的质量摩尔浓度是溶液中溶质 B 的物质的量 n_B 与溶剂 A 的质量 m_A 之比，用符号 b_B 表示，即

$$b_B \overset{\text{def}}{=\!=} \frac{n_B}{m_A} \tag{2-1-48}$$

b_B 的单位为 $mol \cdot kg^{-1}$，对于二组分溶液，b_B 与 x_B 及 c_B 之间的关系为

$$b_B = \frac{n_A + n_B}{m_A} x_B = \frac{m_A + m_B}{\rho m_A} c_B$$

例 2-1-2　15℃时将 20g 甲醛溶于 30g 水中，溶液的密度为 $1.11 kg \cdot dm^{-3}$，试计算溶液中甲醛的 w_B、x_B、b_B 和 c_B。

解

$$w_B = \frac{m_B}{m_A + m_B} = \frac{20}{30+20} = 0.4$$

$$x_B = \frac{n_B}{n_A + n_B} = \frac{\frac{20}{30.03}}{\frac{30}{18.02} + \frac{20}{30.03}} = 0.286$$

$$b_B = \frac{n_B}{m_A} = \left(\frac{\frac{20}{30.03}}{30 \times 10^{-3}}\right) mol \cdot kg^{-1} = 22.2 mol \cdot kg^{-1}$$

$$c_B = \frac{n_B}{V} = \frac{\rho}{M_B} w_B = \left(\frac{1.11}{0.0303} \times 0.4\right) mol \cdot dm^{-3} = 14.8 mol \cdot dm^{-3}$$

5）物质的标准态

对于一个多组分多相系统，其中任一物质B的广度性质状态函数不仅与系统的T、p以及各相中物质B的量有关，还与共存的其他物质的种类和数量有关，这给研究多组分多相系统带来一定的困难。解决这个问题的办法是在热力学中规定物质的标准状态，并以此作为建立热力学基础数据的基准。

在热力学中规定，物理量加上上标"$\ominus$"表示标准态。按热力学规定，标准态压力$p^{\ominus}=100\text{kPa}$。按热力学规定，气体物质的标准态是在标准压力$p^{\ominus}$下具有理想气体行为的纯气体的状态，因为在标准压力$p^{\ominus}$下，气体物质已不具有理想气体的行为，所以气体物质的标准态是一个假想态；液体、固体物质的标准态是标准压力$p^{\ominus}$下的纯液体或纯固体状态，因为在标准压力$p^{\ominus}$下，纯液体或纯固体状态是真实存在的，所以液体、固体物质的标准态是一个真实态。标准态对于温度则没有作出规定，因此在使用标准态数据时应说明温度。

§2-2　气体的化学势

1. 理想气体的化学势

1）单组分理想气体化学势

对单组分气体来说，化学势就是摩尔吉布斯函数，记为G_m。由式(1-5-17)得

$$\left(\frac{\partial \mu}{\partial p}\right)_T=\left(\frac{\partial G_m}{\partial p}\right)_T=V_m \tag{2-2-1}$$

式中，V_m为摩尔体积，移项积分得

$$\int_{\mu^{\ominus}}^{\mu} d\mu=\int_{p^{\ominus}}^{p} V_m dp \tag{2-2-2}$$

这是在等温条件下计算单组分气体化学势的基本公式。要用该式计算单组分气体的化学势，必须知道$V_m=f(p)$的函数关系，也就是必须知道单组分气体的状态方程。

单组分理想气体的状态方程为$V_m=RT/p$，代入式(2-2-2)并在等温条件下积分得

$$\mu(T,p)=\mu^{\ominus}(T)+RT\ln\frac{p}{p^{\ominus}} \tag{2-2-3}$$

式中，$\mu(T,p)$为单组分理想气体在温度为T、压力为p时的化学势，它是温度和压力的函数；$\mu^{\ominus}(T)$为单组分理想气体在温度为T、压力为$p^{\ominus}$时的化学势，称为标准化学势，因为压力已经指定，所以它只是温度的函数。

2）多组分理想气体化学势

对多组分气体来说，化学势就是偏摩尔吉布斯函数，由式(2-1-22)得

$$\left(\frac{\partial \mu_B}{\partial p}\right)_{T,n_C}=\left(\frac{\partial G_B}{\partial p}\right)_{T,n_C}=V_B \tag{2-2-4}$$

式中，V_B为偏摩尔体积，移项积分得

$$\int_{\mu_B^{\ominus}}^{\mu_B} d\mu_B=\int_{p^{\ominus}}^{p_B} V_B dp \tag{2-2-5}$$

这是在等温条件下计算多组分气体化学势的基本公式。要用该式计算多组分气体的化学势，必须知道$V_B=f(p)$的函数关系，也就是必须知道多组分气体的状态方程。

根据阿马格分体积定律，多组分理想气体中组分 B 的状态方程为 $V_B=V_{m,B}=RT/p$，代入式(2-2-5)并在等温条件下积分，再根据道尔顿分压定律，得

$$\mu_B(T,p,y_B)=\mu_B^\ominus(T)+RT\ln\frac{p_B}{p^\ominus}=\mu_B^\ominus(T)+RT\ln\frac{p}{p^\ominus}+RT\ln y_B \tag{2-2-6}$$

式中，$\mu_B(T,p,y_B)$为多组分理想气体中组分 B 在温度为 T、压力为 p 和摩尔分数为 y_B 时的化学势，它是温度、压力和摩尔分数的函数；$\mu_B^\ominus(T)$为多组分理想气体中组分 B 在温度为 T、压力为 $p^\ominus$、$y_B=1$ 时的标准化学势，它只是温度的函数。从式(2-2-6)可见，在温度和压力不变的条件下，组分 B 的化学势与 $\ln y_B$ 成正比。当 $y_B=1$ 时，式(2-2-6)就变成式(2-2-3)了。

2. 非理想气体的化学势

1) 单组分非理想气体化学势

计算单组分非理想气体化学势的基本公式仍然是式(2-2-2)，但要用该式计算单组分非理想气体化学势，就必须知道非理想气体的状态方程 $V_m=f(p)$。迄今为止，已提出了数百个非理想气体的状态方程，其中用得比较多的有范德华(van der Waals)方程

$$\left(p+\frac{a}{V_m^2}\right)(V_m-b)=RT \tag{2-2-7}$$

和维里(virial)方程

$$pV_m=RT(1+Bp+Cp^2+Dp^3+\cdots) \tag{2-2-8}$$

在这些方程中，a、b 和 B、C、D 等都是与气体种类有关的常数。当压力趋近于零时，这些状态方程都退化成理想气体的状态方程。若单组分非理想气体服从维里方程，则把式(2-2-8)代入式(2-2-2)积分可得

$$\mu(T,p)=\mu^\ominus(T)+RT\ln\frac{p}{p^\ominus}+RT\int_{p^\ominus}^{p}(B+Cp+Dp^2+\cdots)\mathrm{d}p \tag{2-2-9}$$

这就是单组分非理想气体化学势表示式。注意到式(2-2-9)右边第一项和第二项与单组分理想气体化学势表示式(2-2-3)相同，而第三项则表示了单组分非理想气体化学势相对于单组分理想气体化学势的偏差值，这一项与非理想气体的状态方程有关，还与气体的种类有关。

采用式(2-2-9)来表示单组分非理想气体化学势不仅形式复杂，而且使用起来十分不便。路易斯引入了逸度的概念，用逸度代替压力，使单组分非理想气体化学势在形式上与单组分理想气体化学势非常相似。路易斯将式(2-2-9)写成

$$\mu(T,p)=\mu^\ominus(T)+RT\ln\frac{f}{p^\ominus} \tag{2-2-10}$$

式中，f 称为逸度。逸度又称为校正压力，可表示为

$$f=\varphi p \tag{2-2-11}$$

式中，φ 称为逸度系数。因为一切非理想气体，当压力趋于零时，都应遵守理想气体状态方程，所以有

$$\lim_{p\to 0}\frac{f}{p}=\lim_{p\to 0}\varphi=1 \tag{2-2-12}$$

把式(2-2-11)代入式(2-2-10)得

$$\mu(T,p)=\mu^\ominus(T)+RT\ln\frac{p}{p^\ominus}+RT\ln\varphi \tag{2-2-13}$$

比较式(2-2-12)与式(2-2-3)可以看出，$RT\ln\varphi$ 是单组分非理想气体化学势与单组分理

想气体化学势之差，因此逸度系数 φ 代表了单组分非理想气体相对于单组分理想气体的偏差。

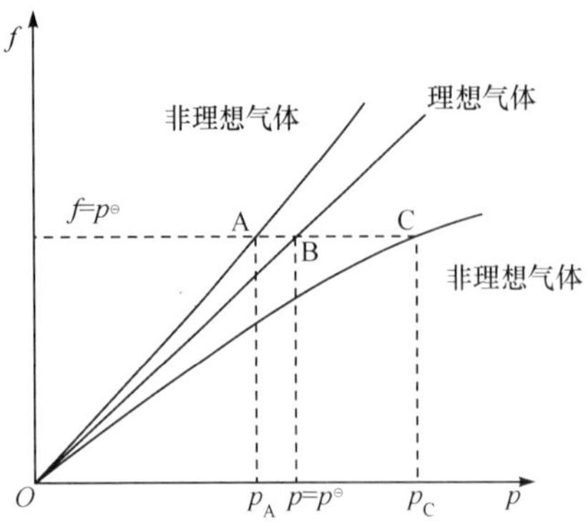

图 2-2-1　单组分非理想气体的标准态

由式(2-2-10)可以得出，当 $f=p^{\ominus}$ 时，$\mu=\mu^{\ominus}$。但是当 $f=p^{\ominus}$ 时，从图 2-2-1 可以看出非理想气体的 p 并不等于 $p^{\ominus}$。按照热力学气体物质标准态的规定，单组分非理想气体的标准态的压力应为 $p^{\ominus}$，所以图 2-2-1中 B 代表非理想气体的标准态，显然这是一个假想态。因此当 $f=p^{\ominus}$ 时的 $\mu^{\ominus}(T)$ 不是单组分非理想气体的标准化学势，仅当 $\varphi=1$、$p=p^{\ominus}$ 时才是单组分非理想气体的标准化学势 $\mu^{\ominus}(T)$。

2）多组分非理想气体化学势

对于多组分非理想气体，路易斯也用逸度代替压力，使多组分非理想气体中组分 B 的化学势在形式上与多组分理想气体中组分 B 的化学势相似，即

$$\mu_B(T,p,y_B)=\mu_B^{\ominus}(T)+RT\ln\frac{f_B}{p^{\ominus}} \tag{2-2-14}$$

逸度的定义为

$$f_B=\varphi_B p_B \tag{2-2-15}$$

因为一切非理想气体，当压力趋于零时，都应遵守理想气体状态方程，所以有

$$\lim_{p\to0}\frac{f_B}{p_B}=\lim_{p\to0}\frac{f_B}{py_B}=\lim_{p\to0}\varphi_B=1 \tag{2-2-16}$$

把式(2-2-15)代入式(2-2-14)中，得

$$\mu_B(T,p,y_B)=\mu_B^{\ominus}(T)+RT\ln\frac{p}{p^{\ominus}}+RT\ln y_B+RT\ln\varphi_B \tag{2-2-17}$$

比较式(2-2-17)与式(2-2-6)可以看出，$RT\ln\varphi_B$ 是非理想气体中组分 B 的化学势与理想气体中组分 B 的化学势之差，逸度系数 φ_B 反映了非理想气体中组分 B 相对于理想气体中组分 B 的偏差。

需要指出，单组分非理想气体的逸度 f 和逸度系数 φ 仅是温度和压力的函数，而多组分非理想气体的逸度 f_B 和逸度系数 φ_B 则是组成、温度和压力的函数。路易斯-兰德尔提出了一个近似的规则，来表示 f 和 f_B 之间的关系。设多组分非理想气体的温度和压力与单组分非理想气体的温度和压力相同，路易斯-兰德尔近似规则认为 f 和 f_B 之间的关系为

$$f_B=y_B f$$

需要指出的是，只有在满足一定的条件时，路易斯-兰德尔近似规则才成立。

3. 液体和固体的化学势

计算液体和固体化学势的基本公式仍然是式(2-2-2)，但要用该式计算液体或固体化学势，就必须知道 $V_m=f(p)$ 的函数关系，也就是必须知道液体或固体的状态方程。一般地说，液体或固体的状态方程比气体的状态方程要复杂得多，所以采用式(2-2-2)来计算液体或固体化学势，使用起来十分不便，而且很多液体或固体根本就没有现成的状态方程。

路易斯提出了一个计算液体或固体化学势的办法。设在温度为 T 和压力为 p 时，液体的饱和蒸气压为 p_l^*。若液体与其气相达到平衡，则物质在气、液两相的化学势相等，即

$$\mu_l(T,p,p_l^*)=\mu_g(T,p,p_l^*) \tag{2-2-18}$$

压力不大时，气相可近似认为是理想气体，此时液体的化学势为

$$\mu_l(T,p,p_l^*)=\mu_g(T,p,p_l^*)=\mu_g^\ominus(T)+RT\ln\frac{p_l^*}{p^\ominus} \tag{2-2-19}$$

因为液体的饱和蒸气压 p_l^* 是温度 T 和压力 p 的函数，所以液体的化学势 $\mu_l(T,p,p_l^*)$ 是温度和压力的函数。在式(2-2-19)中，当 $p=p^\ominus$ 时，记液体在该压力下的饱和蒸气压为 $p_l^\ominus$，则

$$\mu_l^\ominus(T,p^\ominus,p_l^\ominus)=\mu_g^\ominus(T)+RT\ln\frac{p_l^\ominus}{p^\ominus}=\mu_l^\ominus(T) \tag{2-2-20}$$

按物质标准态的规定，这是液体的标准化学势。把式(2-2-20)代入式(2-2-19)得

$$\mu_l(T,p,p_l^*)=\mu_l^\ominus(T)+RT\ln\frac{p_l^*}{p_l^\ominus} \tag{2-2-21}$$

这就是液体在温度为 T、压力为 p、液体的饱和蒸气压为 p_l^* 时的化学势。式(2-2-21)与式(2-2-19)的区别是引入了液体的标准化学势 $\mu_l^\ominus(T)$。当压力较大时，气相就不能认为是理想气体，此时液体的化学势为

$$\mu_l(T,p,p_l^*)=\mu_l^\ominus(T)+RT\ln\frac{f_l^*}{p_l^\ominus} \tag{2-2-22}$$

式中，f_l^* 是气相的逸度。根据式(2-2-12)，只有当压力 $p=p^\ominus$、$\varphi=1$、$p_l^*=p_l^\ominus$ 时才是液体的标准化学势。

设在温度为 T 和压力为 p 时，固体在该温度下的饱和蒸气压为 p_s^*，若固体与其气相达到平衡，则物质在气、固两相的化学势相等，即

$$\mu_s(T,p,p_s^*)=\mu_g(T,p,p_s^*) \tag{2-2-23}$$

压力不大时，气相可近似认为是理想气体，此时固体的化学势为

$$\mu_s(T,p,p_s^*)=\mu_g(T,p,p_s^*)=\mu_g^\ominus(T)+RT\ln\frac{p_s^*}{p^\ominus} \tag{2-2-24}$$

因为固体的饱和蒸气压 p_s^* 是温度 T 和压力 p 的函数，所以固体的化学势 $\mu_s(T,p,p_s^*)$ 是温度和压力的函数。在式(2-2-24)中，当 $p=p^\ominus$ 时，记固体在该压力下的饱和蒸气压为 $p_s^\ominus$，则

$$\mu_s^\ominus(T,p^\ominus,p_s^\ominus)=\mu_g^\ominus(T)+RT\ln\frac{p_s^\ominus}{p^\ominus}=\mu_s^\ominus(T) \tag{2-2-25}$$

按物质标准态的规定，这是固体的标准化学势。把式(2-2-25)代入式(2-2-24)得

$$\mu_s(T,p,p_s^*)=\mu_s^\ominus(T)+RT\ln\frac{p_s^*}{p_s^\ominus} \tag{2-2-26}$$

这就是固体在温度为 T、压力为 p、固体的饱和蒸气压为 p_s^* 时的化学势。式(2-2-26)与式(2-2-24)的区别是引入了固体的标准化学势 $\mu_s^\ominus(T)$。当压力较大时，气相就不能认为是理想气体，此时固体的化学势为

$$\mu_s(T,p,p_s^*)=\mu_s^\ominus(T)+RT\ln\frac{f_s^*}{p_s^\ominus} \tag{2-2-27}$$

式中，f_s^* 是气相的逸度。根据式(2-2-12)，只有当压力 $p=p^\ominus$、$\varphi=1$、$p_s^*=p_s^\ominus$ 时才是固体的标准化学势。

4. 逸度和逸度系数的计算

从上面的讨论可见，非理想气体、液体和固体化学势的计算，都需要计算逸度或逸度系数，下面介绍几种计算单组分非理想气体逸度或逸度系数的方法。

1）逸度计算法

设非理想气体的状态方程为 $V_m=f(p)$，在等温条件下，代入式(2-2-2)积分得

$$\mu(T,p)=\mu^{\ominus}(T)+\int_{p^{\ominus}}^{p}V_m\mathrm{d}p \tag{2-2-28}$$

把式(2-2-28)与式(2-2-10)比较可以得出

$$RT\ln f=\int_{p^{\ominus}}^{p}V_m\mathrm{d}p+RT\ln p^{\ominus} \tag{2-2-29}$$

因此，如果知道非理想气体的状态方程 $V_m=f(p)$ 的具体形式，就可以求得逸度。

2）逸度系数计算法

由式(2-2-29)微分，可以得出

$$RT\mathrm{d}\ln f=V_m\mathrm{d}p \tag{2-2-30}$$

在等温条件下，令

$$\alpha(p)=V_m-\frac{RT}{p} \tag{2-2-31}$$

代入式(2-2-30)，从极小压力 p^* 积分到压力 p 得

$$RT\ln\frac{f(p)}{p}-RT\ln\frac{f(p^*)}{p^*}=\int_{p^*}^{p}\alpha(p)\mathrm{d}p \tag{2-2-32}$$

根据式(2-2-12)，有

$$\lim_{p^*\to 0}RT\ln\frac{f(p^*)}{p^*}=0 \tag{2-2-33}$$

代入式(2-2-32)，并结合式(2-2-11)可以得出

$$RT\ln\frac{f(p)}{p}=RT\ln\varphi=\int_{0}^{p}\left(V_m-\frac{RT}{p}\right)\mathrm{d}p \tag{2-2-34}$$

因此，如果知道非理想气体的状态方程 $V_m=f(p)$ 的具体形式，就可以求得逸度系数。

3）对比状态法

为了计算逸度系数，定义非理想气体的压缩因子为

$$Z\overset{\mathrm{def}}{=\!=}\frac{pV_m}{RT} \tag{2-2-35}$$

由式(2-2-35)可得

$$V_m=Z\frac{RT}{p} \tag{2-2-36}$$

把式(2-2-36)代入式(2-2-34)中，得

$$\ln\varphi=\int_{0}^{p}\frac{(Z-1)}{p}\mathrm{d}p \tag{2-2-37}$$

定义非理想气体的对比压力 p_r、对比温度 T_r 和对比体积 V_r 如下：

$$p_r=\frac{p}{p_c}\qquad T_r=\frac{T}{T_c}\qquad V_r=\frac{V_m}{V_{m,c}} \tag{2-2-38}$$

式中，p_c、T_c 和 $V_{m,c}$ 分别为非理想气体的临界压力、临界温度和临界体积。则非理想气体的压缩因子可以表示为

$$Z=\frac{p_c V_{m,c}}{RT_c}\cdot\frac{p_r V_r}{T_r}=Z_c\frac{p_r V_r}{T_r} \tag{2-2-39}$$

式中，Z_c 称为临界压缩因子。实验发现大多数非理想气体的 Z_c 可近似地等于同一个常数。实验还发现非理想气体的对比变量之间存在一个普遍化的函数关系，即

$$f(p_r,V_r,T_r)=0 \tag{2-2-40}$$

因此 Z 仅为 T_r、p_r 的函数，所以 φ 也仅为 T_r、p_r 的函数。因此式(2-2-37)可以表示为

$$\ln\varphi=\int_0^{p_r}\frac{(Z-1)}{p_r}\mathrm{d}p_r=f(p_r,T_r) \tag{2-2-41}$$

式(2-2-41)表明，对于给定的 T_r，φ 为 p_r 的函数。图 2-2-2 绘出了给定不同的 T_r 时，φ 与 p_r 函数关系的曲线，称为普遍化逸度系数图，又称为牛顿(Newton)图。利用普遍化逸度系数图，可以直接读出非理想气体的逸度系数 φ。

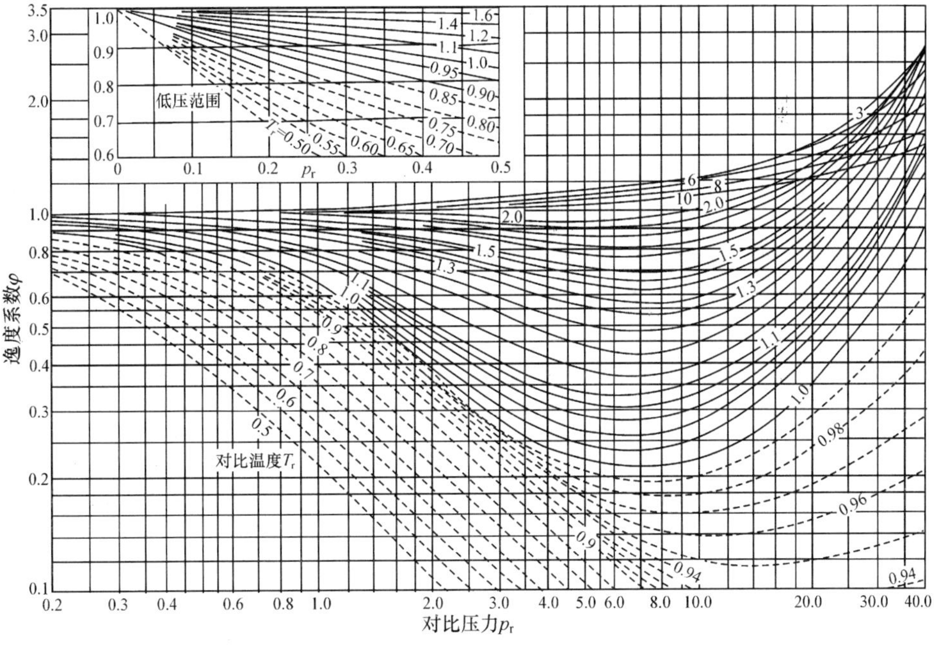

图 2-2-2　普遍化逸度系数图

§2-3　溶液的化学势

1. 拉乌尔定律

许多实验表明，在纯溶剂中加入非挥发性溶质后，会导致溶剂的蒸气压降低。拉乌尔

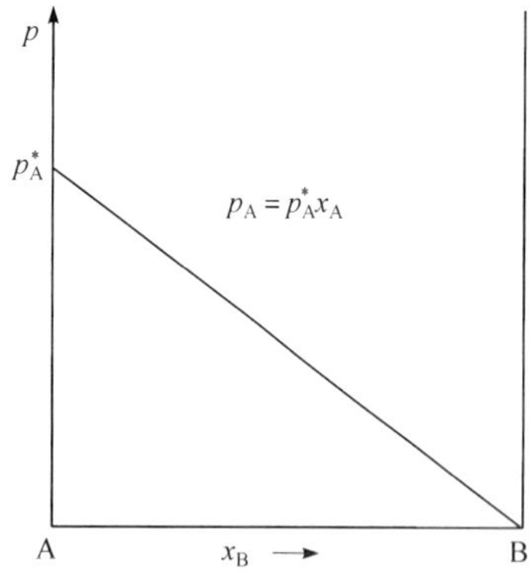

图 2-3-1　拉乌尔定律示意图

(Raoult)在总结了大量的实验结果的基础上，于 1886 年提出了拉乌尔定律：在非挥发性溶质的稀溶液中，溶剂的蒸气压等于该温度下纯溶剂的饱和蒸气压乘以溶液中溶剂的摩尔分数(图 2-3-1)，即

$$p_A=p_A^*x_A \tag{2-3-1}$$

式中，p_A^* 为纯溶剂的饱和蒸气压，它是温度和压力的函数；x_A 为溶剂在溶液中的摩尔分数。使用拉乌尔定律时要注意，在计算溶剂的物质的量时，其摩尔质量应采用气态分子的摩尔质量。例如水在液态时有缔合现象，但计算时摩尔质量仍用 $18.01\times10^{-3}\text{kg}\cdot\text{mol}^{-1}$。

例 2-3-1　在 298.15K 时，纯乙醚的饱和蒸气压为 58.95kPa，今在 0.10kg 乙醚中溶入某非挥发性溶质 0.01kg，乙醚的蒸气压降低到 56.79kPa，试求该非挥发性溶质的摩尔质量。

解

$$p_A=p_A^*(1-x_B)\qquad x_B=1-\frac{p_A}{p_A^*}$$

$$\frac{m_B/M_B}{(m_B/M_B)+(m_A/M_A)}=1-\frac{p_A}{p_A^*}$$

$$\frac{0.01/M_B}{(0.01/M_B)+(0.1/0.074\ 11)}=1-\frac{56.79}{58.95}$$

由上式解出

$$M_B=0.195\text{kg}\cdot\text{mol}^{-1}$$

2. 理想溶液的化学势

若液态溶剂和液态溶质能按任何比例互溶形成溶液，并且溶液中任一组分在整个浓度范围内都服从拉乌尔定律，则这样的溶液称为理想溶液(图 2-3-2)。理想溶液如同理想气体一样，它是真实溶液的一种理想模型。理想溶液中所有分子间作用力完全相同，且分子大小完全相等，即任何分子所处的环境完全相同。真实的理想溶液是不存在的，但某些液态混合物，如光学异构体化合物的混合物，同位素化合物的混合物，同系物中的相邻化合物的混合物等都可以近似地看成理想溶液。

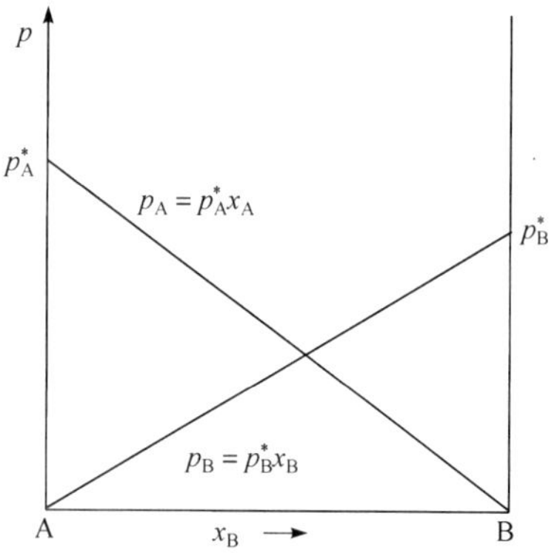

图 2-3-2　理想溶液示意图

下面讨论理想溶液中组分 B 的化学势。在温度 T、压力 p 时，若理想溶液与其气相达到平衡，则组分 B 在气、液两相的化学势相等，即

$$\mu_B(\text{l},T,p,x_B)=\mu_B(\text{g},T,p,y_B) \tag{2-3-2}$$

压力不太大时，气相可近似认为是多组分理想气体，因此有

$$\mu_B(\text{g},T,p,y_B)=\mu_B^\ominus(\text{g},T)+RT\ln\frac{p_B}{p^\ominus}$$

由于理想溶液任一组分在整个浓度范围内都服从拉乌尔定律，所以

$$p_B = p_B^* x_B$$

将以上两式代入式(2-3-2)中，得

$$\mu_B(l,T,p,x_B) = \mu_B^\ominus(g,T) + RT\ln\frac{p_B^*}{p^\ominus} + RT\ln x_B \tag{2-3-3}$$

在式(2-3-3)中，当 $x_B = 1$ 时，理想溶液变成纯 B 液体，根据式(2-2-21)有

$$\mu_B^*(l,T,p) = \mu_B^\ominus(g,T) + RT\ln\frac{p_B^*}{p^\ominus} = \mu_B^\ominus(l,T) + RT\ln\frac{p_B^*}{p_B^\ominus} \tag{2-3-4}$$

式中，μ_B^* 是在温度 T、压力 p、纯 B 液体的饱和蒸气压为 p_B^* 时组分 B 的化学势，因此式(2-3-3)可以写成

$$\mu_B(l,T,p,x_B) = \mu_B^\ominus(l,T) + RT\ln\frac{p_B^*}{p_B^\ominus} + RT\ln x_B = \mu_B^*(l,T,p) + RT\ln x_B \tag{2-3-5}$$

式(2-3-5)可以作为理想溶液的定义，在整个浓度范围内任一组分的化学势都满足式(2-3-5)的溶液称为理想溶液。注意到 p_B^* 是温度和压力的函数，所以 μ_B^* 也是温度和压力的函数。

例 2-3-2　在 373.15K 时，苯和甲苯的饱和蒸气压分别为 179.2kPa 和 74.3kPa。设苯和甲苯混合成为理想溶液。当溶液中苯的摩尔分数为 0.4 时，求气相中甲苯的摩尔分数。

解　记苯为 A，甲苯为 B，根据拉乌尔定律，则有

$$p_B = p_B^* x_B = p_B^*(1-x_A) = [74.3\times(1-0.4)]\text{kPa} = 44.58\text{kPa}$$

$$p_A = p_A^* x_A = (179.2\times 0.4)\text{kPa} = 71.68\text{kPa}$$

$$p_{总} = p_A + p_B = (44.58+71.68)\text{kPa} = 116.26\text{kPa}$$

$$y_B = p_B/p_{总} = 44.58/116.26 = 0.38$$

甲苯在气相中的摩尔分数为 0.38。

3. 非理想溶液的化学势

若溶液中的溶剂和溶质能按任何比例互溶，但溶剂和溶质都不服从拉乌尔定律，则这样的溶液称为非理想溶液。对于非理想溶液来说，溶剂和溶质化学势与浓度之间的关系一般来说是比较复杂的。为了使非理想溶液的化学势表达式在形式上与理想溶液化学势表达式相似，路易斯引入了活度的概念。路易斯认为非理想溶液中组分 B 的蒸气压与活度的关系服从修正的拉乌尔定律，即

$$p_B = p_B^* a_B \tag{2-3-6}$$

式中，a_B 称为活度。活度又称为校正浓度，它等于活度系数乘以浓度，可表示为

$$a_B = \gamma_B x_B \tag{2-3-7}$$

式中，γ_B 称为活度系数。对于非理想溶液来说，当 x_B 趋于 1 时，a_B 应当趋于 1。因此有

$$\lim_{x_B\to 1}\frac{a_B}{x_B} = \lim_{x_B\to 1}\gamma_B = 1 \tag{2-3-8}$$

类似于前面的讨论可得非理想溶液中组分 B 的化学势为

$$\mu_B(l,T,p,x_B) = \mu_B^\ominus(l,T) + RT\ln\frac{p_B^*}{p_B^\ominus} + RT\ln a_B = \mu_B^*(l,T,p) + RT\ln a_B \tag{2-3-9}$$

式(2-3-9)也可以作为非理想溶液的定义，在整个浓度范围内，任一组分的化学势都满足式(2-3-9)的溶液称为非理想溶液。把式(2-3-7)代入式(2-3-9)得

$$\mu_B(l,T,p,x_B)=\mu_B^*(l,T,p)+RT\ln x_B+RT\ln\gamma_B \tag{2-3-10}$$

比较式(2-3-10)与式(2-3-5)可以看出,$RT\ln\gamma_B$ 等于非理想溶液中组分 B 化学势与理想溶液中组分 B 化学势之差,活度系数 γ_B 反映了非理想溶液相对于理想溶液的偏差。

由式(2-3-6)和式(2-3-7)可得组分 B 的活度和活度系数为

$$a_B=p_B/p_B^* \qquad \gamma_B=a_B/x_B \tag{2-3-11}$$

因此在同一温度和压力下,测定非理想溶液中组分 B 的蒸气压 p_B 和纯 B 液体的饱和蒸气压 p_B^*,如果已知浓度 x_B,即可计算组分 B 的活度和活度系数。

§2-4 稀溶液的化学势

1. 亨利定律

许多实验表明,在纯溶剂中加入挥发性溶质,溶质的溶解度与溶质在气相的平衡分压有关。亨利(Henry)在总结了大量的实验结果的基础上,于 1803 年提出了亨利定律:在一等温度下,挥发性溶质的稀溶液中,溶质在气相的平衡分压与液相的浓度成正比,这就是亨利定律(图 2-4-1)。由于溶质的浓度有多种表示法,因而亨利定律也有几种不同的表达形式。若稀溶液浓度用摩尔分数表示时,亨利定律表示为

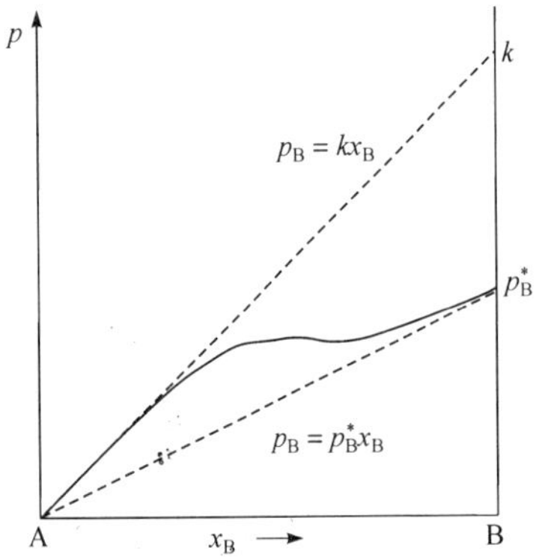

图 2-4-1 亨利定律示意图

$$p_B=k_{x,B}x_B \tag{2-4-1}$$

式中,$k_{x,B}$为用摩尔分数表示的亨利常数,单位为 Pa。若稀溶液浓度用物质的量浓度表示,亨利定律表示为

$$p_B=k_{c,B}c_B \tag{2-4-2}$$

式中,$k_{c,B}$ 为用物质的量浓度表示的亨利常数,单位为 $Pa \cdot mol^{-1} \cdot m^3$,习惯上用 $Pa \cdot mol^{-1} \cdot dm^3$。若稀溶液浓度用质量摩尔浓度表示,亨利定律表示为

$$p_B=k_{b,B}b_B \tag{2-4-3}$$

式中,$k_{b,B}$为用质量摩尔浓度表示的亨利常数,单位为 $Pa \cdot mol^{-1} \cdot kg$。

亨利定律适用于挥发性溶质的稀溶液中的溶质,溶液越稀,溶质在气相中的平衡分压越服从亨利定律。亨利常数与温度、压力、溶质和溶剂的性质有关,表 2-4-1 列出了一些气体在 25℃时的亨利常数。

表 2-4-1 25℃时几种气体在水和苯中的亨利常数 k_x($\times 10^9$ Pa)

气 体	水为溶剂	苯为溶剂
H_2	7.12	0.367
N_2	7.68	0.239
O_2	4.40	
CO	5.79	0.163
CO_2	0.166	0.0114
CH_4	4.18	0.0569

使用亨利定律时要注意以下几点：

(1) 若稀溶液中有多种挥发性溶质，此时气相为混合气体，混合气体在总压不太高时，亨利定律对每一种气体分别适用，p_B 则为组分 B 在气相中的平衡分压。

(2) 溶质在气相和溶相的分子状态必须是相同的。例如 HCl 在气相中呈分子状态，溶解在水中则解离为 H^+ 和 Cl^-，这种情况不能应用亨利定律。

(3) 若温度过低或气体压力过高，则用亨利定律计算会产生较大的偏差。

例 2-4-1　已知在 298.15K 时，氢气和氧气在水中的亨利常数 k_x 分别为 7.12×10^9 Pa 和 4.40×10^9 Pa，如果氢气和氧气在气相中的分压都是 10^5 Pa，试求 298.15K 时溶解于水中的氢气和氧气的摩尔分数。

解　记氢气为 A，氧气为 B，根据亨利定律，则有

$$x_A=\frac{p_A}{k_{x,A}}=\frac{10^5}{7.12\times10^9}=1.4\times10^{-5}$$

$$x_B=\frac{p_B}{k_{x,B}}=\frac{10^5}{4.40\times10^9}=2.3\times10^{-5}$$

可见在相同的温度和分压下，亨利常数大的气体溶解度反而小。

2. 理想稀溶液的化学势

理想稀溶液是指溶剂服从拉乌尔定律，溶质服从亨利定律的稀溶液，理想稀溶液是稀溶液的理想化模型(图 2-4-2)。由于溶质和溶剂服从不同的规律，因此要用不同的方法来处理。

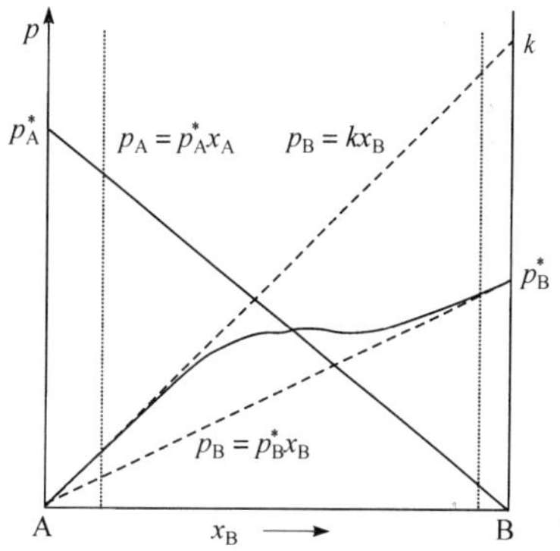

图 2-4-2　理想稀溶液示意图

1) 溶剂的化学势

理想稀溶液的溶剂服从拉乌尔定律，其化学势和理想溶液中组分 A 的化学势相同，即

$$\mu_A(l,T,p,x_A)=\mu_A^*(l,T,p)+RT\ln x_A \qquad (2\text{-}4\text{-}4)$$

2) 溶质的化学势

当气、液两相达到平衡时，溶质在气、液两相的化学势应相等，即

$$\mu_B(l,T,p)=\mu_B(g,T,p_B)$$

若压力不太高，则气体可按理想气体处理，因此有

$$\mu_B(l,T,p)=\mu_B(g,T,p_B)=\mu_B^{\ominus}(g,T)+RT\ln\frac{p_B}{p^{\ominus}} \qquad (2\text{-}4\text{-}5)$$

理想稀溶液中溶质 B 在气相中的平衡分压 p_B 可按亨利定律计算，因为亨利定律有不同的表达形式，所以溶质的化学势也有不同的表达形式。若溶质的浓度用摩尔分数 x_B 表示，则亨利定律为 $p_B=k_{x,B}x_B$，溶质 B 的化学势按式(2-4-5)为

$$\mu_B(l,T,p)=\mu_B^{\ominus}(g,T)+RT\ln\frac{k_{x,B}}{p^{\ominus}}+RT\ln x_B=\mu_{x,B}^*(l,T,p)+RT\ln x_B \qquad (2\text{-}4\text{-}6)$$

式(2-4-6)为理想稀溶液中溶质浓度用 x_B 表示时溶质 B 的化学势表示式，它成立的条件是

$x_B \to 0$。注意到 $k_{x,B}$是温度和压力的函数，所以 $\mu_{x,B}^*$也是温度和压力的函数。

若溶质的浓度用质量摩尔浓度 b_B 表示，则亨利定律为 $p_B = k_{b,B} b_B$，溶质 B 的化学势按式(2-4-5)为

$$\mu_B(l,T,p) = \mu_B^\ominus(g,T) + RT\ln\frac{b^\ominus}{p^\ominus}k_{b,B} + RT\ln\frac{b_B}{b^\ominus} = \mu_{b,B}^*(l,T,p) + RT\ln\frac{b_B}{b^\ominus} \quad (2\text{-}4\text{-}7)$$

式(2-4-7)为理想稀溶液中溶质浓度用 b_B 表示时溶质 B 的化学势表示式，它成立的条件是 $b_B \to 0$，式中 $b^\ominus = 1\text{mol} \cdot \text{kg}^{-1}$。注意到 $k_{b,B}$是温度和压力的函数，所以 $\mu_{b,B}^*$也是温度和压力的函数。

若溶质的浓度用物质的量浓度 c_B 表示，则亨利定律为 $p_B = k_{c,B} c_B$，溶质 B 的化学势按式(2-4-5)为

$$\mu_B(l,T,p) = \mu_B^\ominus(g,T) + RT\ln\frac{c^\ominus}{p^\ominus}k_{c,B} + RT\ln\frac{c_B}{c^\ominus} = \mu_{c,B}^*(l,T,p) + RT\ln\frac{c_B}{c^\ominus} \quad (2\text{-}4\text{-}8)$$

式(2-4-8)为理想稀溶液中溶质的浓度用 c_B 表示时溶质 B 的化学势表示式，它成立的条件是 $c_B \to 0$，式中 $c^\ominus = 1\text{mol} \cdot \text{dm}^{-3}$。注意到 $k_{c,B}$是温度和压力的函数，所以 $\mu_{c,B}^*$也是温度和压力的函数。

以上我们讨论了理想稀溶液中溶质化学势的三种表示式，在化学势的三种表示式中，$\mu_{x,B}^*$、$\mu_{b,B}^*$和 $\mu_{c,B}^*$是不相等的，但按不同的表示式计算的溶质化学势 μ_B 是相等的。所以对理想稀溶液中溶质组分选用任何一种表示式，都不会影响溶质化学势的计算结果。

例 2-4-2 在 298.15K 和压力 p 下，设将少量的挥发性溶质溶入水中形成了理想稀溶液，水的摩尔分数为 0.99。试求纯水的化学势和理想稀溶液中水的化学势之差。

解 理想稀溶液的溶剂服从拉乌尔定律，其化学势和理想溶液中组分 A 的化学势相同，即

$$\mu_A(l,T,p) = \mu_A^*(l,T,p) + RT\ln x_A$$

而在相同温度和压力下，纯水的化学势为 $\mu_A^*(l,T,p)$，因此纯水的化学势和理想稀溶液中水的化学势之差为

$$\mu_A^*(l,T,p) - \mu_A(l,T,p) = -RT\ln x_A = (-8.314 \times 298.15 \times \ln 0.99)\text{J} \cdot \text{mol}^{-1} = 24.91\text{J} \cdot \text{mol}^{-1}$$

3. 非理想稀溶液的化学势

非理想稀溶液是指溶剂服从修正的拉乌尔定律，溶质服从修正的亨利定律的稀溶液。由于溶质和溶剂服从不同的规律，因此在热力学上要用不同的方法来处理。

1）溶剂的化学势

非理想稀溶液的溶剂服从修正的拉乌尔定律，其化学势和非理想溶液中组分 A 的化学势相同，即

$$\mu_A(l,T,p,x_A) = \mu_A^*(l,T,p) + RT\ln a_A \quad (2\text{-}4\text{-}9)$$

2）溶质的化学势

当气、液两相达到平衡时，溶质在气、液两相的化学势应相等，即

$$\mu_B(l,T,p) = \mu_B(g,T,p_B)$$

若压力不太高，则气体可按理想气体处理，因此有

$$\mu_B(l,T,p)=\mu_B(g,T,p_B)=\mu_B^\ominus(g,T)+RT\ln\frac{p_B}{p^\ominus} \tag{2-4-10}$$

非理想稀溶液中溶质 B 在气相中的平衡分压 p_B 按修正的亨利定律计算，因修正的亨利定律有不同的表达形式，所以溶质的化学势也有不同的表达形式。溶质的浓度用 x_B 表示时，修正的亨利定律为

$$p_B=k_{x,B}a_{x,B} \tag{2-4-11}$$

相应的活度 $a_{x,B}$ 和活度系数 $\gamma_{x,B}$ 的定义为

$$a_{x,B}=\gamma_{x,B}x_B \tag{2-4-12}$$

且

$$\lim_{x_B\to 0}\frac{a_{x,B}}{x_B}=\lim_{x_B\to 0}\gamma_{x,B}=1 \tag{2-4-13}$$

溶质 B 的化学势按式(2-4-10)为

$$\mu_B(l,T,p)=\mu_B^\ominus(g,T)+RT\ln\frac{k_{x,B}}{p^\ominus}+RT\ln a_{x,B}=\mu_{x,B}^*(l,T,p)+RT\ln a_{x,B} \tag{2-4-14}$$

由式(2-4-11)和式(2-4-12)可以得到溶质 B 的活度和活度系数为

$$a_{x,B}=\frac{p_B}{k_{x,B}}\qquad \gamma_{x,B}=\frac{a_{x,B}}{x_B} \tag{2-4-15}$$

测定溶质 B 的气相分压和采用外推法求得亨利常数后，即可计算其活度和活度系数。

溶质的浓度用 b_B 表示时，修正的亨利定律为

$$p_B=k_{b,B}a_{b,B} \tag{2-4-16}$$

相应的活度 $a_{b,B}$ 和活度系数 $\gamma_{b,B}$ 的定义为

$$a_{b,B}=\gamma_{b,B}\frac{b_B}{b^\ominus} \tag{2-4-17}$$

且

$$\lim_{b_B\to 0}a_{b,B}\frac{b^\ominus}{b_B}=\lim_{b_B\to 0}\gamma_{b,B}=1 \tag{2-4-18}$$

溶质 B 的化学势按式(2-4-10)为

$$\mu_B(l,T,p)=\mu_B{}^\ominus(g,T)+RT\ln\frac{b^\ominus}{p^\ominus}k_{b,B}+RT\ln a_{b,B}=\mu_{b,B}^*(l,T,p)+RT\ln a_{b,B} \tag{2-4-19}$$

由式(2-4-16)和式(2-4-17)可以得到溶质 B 的活度和活度系数为

$$a_{b,B}=\frac{p_B}{k_{b,B}}\qquad \gamma_{b,B}=\frac{a_{b,B}}{b_B/b^\ominus} \tag{2-4-20}$$

测定溶质 B 的气相分压和采用外推法求得亨利常数后，即可计算其活度和活度系数。

溶质的浓度用 c_B 表示时，修正的亨利定律为

$$p_B=k_{c,B}a_{c,B} \tag{2-4-21}$$

相应的活度 $a_{c,B}$ 和活度系数 $\gamma_{c,B}$ 的定义为

$$a_{c,B}=\gamma_{c,B}\frac{c_B}{c^\ominus} \tag{2-4-22}$$

且

$$\lim_{c_B\to 0}a_{c,B}\frac{c^\ominus}{c_B}=\lim_{c_B\to 0}\gamma_{c,B}=1 \tag{2-4-23}$$

溶质 B 的化学势按式(2-4-10)为

$$\mu_B(l,T,p)=\mu_B^\ominus(g,T)+RT\ln\frac{c^\ominus}{p^\ominus}k_{c,B}+RT\ln a_{c,B}=\mu_{c,B}^*(l,T,p)+RT\ln a_{c,B} \tag{2-4-24}$$

由式(2-4-21)和式(2-4-22)可以得到溶质B的活度和活度系数为

$$a_{c,\mathrm{B}}=\frac{p_{\mathrm{B}}}{k_{c,\mathrm{B}}}\qquad \gamma_{c,\mathrm{B}}=\frac{a_{c,\mathrm{B}}}{c_{\mathrm{B}}/c^{\ominus}} \tag{2-4-25}$$

测定溶质B的气相分压和采用外推法求得亨利常数后，即可计算其活度和活度系数。

以上我们讨论了非理想稀溶液中溶质化学势的三种表示式，在化学势的三种表示式中，$\mu_{x,\mathrm{B}}^{*}$、$\mu_{b,\mathrm{B}}^{*}$和$\mu_{c,\mathrm{B}}^{*}$是不相等的，$a_{x,\mathrm{B}}$、$a_{b,\mathrm{B}}$和$a_{c,\mathrm{B}}$也是不相等的，但按不同的表示式计算的溶质化学势μ_{B}是相等的。所以对非理想稀溶液中溶质组分选用任何一种表示式，都不会影响溶质化学势的计算结果。

§2-5　混合性质和依数性质

1. 气体的混合性质

1) 理想气体的混合性质

理想气体的混合性质是指在等温、等压及$W'=0$条件下，由多种单组分理想气体混合形成多组分理想气体前后，系统的热力学状态函数的变化。

(1) 在等温、等压及$W'=0$条件下，根据偏摩尔量集合公式(2-1-7)有

$$\Delta_{\mathrm{mix}}G=G_{\text{混合后}}-G_{\text{混合前}}=\sum_{\mathrm{B}}n_{\mathrm{B}}\mu_{\mathrm{B}}-\sum_{\mathrm{B}}n_{\mathrm{B}}\mu_{\mathrm{m,B}} \tag{2-5-1}$$

把式(2-2-3)和式(2-2-6)代入上式得

$$\Delta_{\mathrm{mix}}G=RT\sum_{\mathrm{B}}n_{\mathrm{B}}\ln y_{\mathrm{B}}=nRT\sum_{\mathrm{B}}y_{\mathrm{B}}\ln y_{\mathrm{B}} \tag{2-5-2}$$

因为$\ln y_{\mathrm{B}}<0$，所以$\Delta_{\mathrm{mix}}G<0$。由于混合过程是在等温、等压及$W'=0$条件下进行的，故理想气体的混合过程为自发过程。

(2) 在温度和组成不变的条件下，$\Delta_{\mathrm{mix}}G$对p求偏导数有

$$\left(\frac{\partial\Delta_{\mathrm{mix}}G}{\partial p}\right)_{T,y}=\Delta_{\mathrm{mix}}V \tag{2-5-3}$$

根据式(2-5-2)，可得

$$\Delta_{\mathrm{mix}}V=0 \tag{2-5-4}$$

式(2-5-4)表明，理想气体混合前后的总体积是不变的。

(3) 在压力和组成不变条件下，$\Delta_{\mathrm{mix}}G$除以T后再对T求偏导数有

$$\left[\frac{\partial\left(\frac{\Delta_{\mathrm{mix}}G}{T}\right)}{\partial T}\right]_{p,y}=-\frac{\Delta_{\mathrm{mix}}H}{T^{2}} \tag{2-5-5}$$

根据式(2-5-2)，可得

$$\Delta_{\mathrm{mix}}H=0 \tag{2-5-6}$$

式(2-5-6)表明，理想气体混合前后焓不变。因为混合过程是在等压条件下进行，则$Q_{\mathrm{mix}}=\Delta_{\mathrm{mix}}H$，而$\Delta_{\mathrm{mix}}H=0$，表明理想气体混合过程无热效应。

(4) 在压力和组成不变条件下，$\Delta_{\mathrm{mix}}G$对T求偏导数有

$$\left(\frac{\partial\Delta_{\mathrm{mix}}G}{\partial T}\right)_{p,y}=-\Delta_{\mathrm{mix}}S \tag{2-5-7}$$

根据式(2-5-2)，可得

$$\Delta_{\text{mix}} S = -nR \sum_{\text{B}} y_{\text{B}} \ln y_{\text{B}} \tag{2-5-8}$$

因为 $\ln y_{\text{B}} < 0$，所以根据(2-5-6)有

$$\Delta_{\text{mix}} S - \Delta_{\text{mix}} H / T > 0 \tag{2-5-9}$$

式(2-5-9)表明，理想气体混合过程为不可逆过程。

例 2-5-1　在 25℃下，由 0.5mol 的 A 理想气体和 0.5mol 的 B 理想气体形成混合理想气体，试求混合过程的 ΔV、ΔH、ΔS 及 ΔG。

解　根据式(2-5-2)、式(2-5-4)、式(2-5-6)、式(2-5-8)有

$$\Delta_{\text{mix}} G = RT(n_{\text{A}} \ln y_{\text{A}} + n_{\text{B}} \ln y_{\text{B}}) = [8.314 \times 298.15 \times 2 \times (0.5 \times \ln 0.5)]\text{J} = -1.72\text{kJ}$$

$$\Delta_{\text{mix}} V = 0 \qquad \Delta_{\text{mix}} H = 0$$

$$\Delta_{\text{mix}} S = -R(n_{\text{A}} \ln x_{\text{A}} + n_{\text{B}} \ln x_{\text{B}}) = [-8.314 \times 2 \times (0.5 \times \ln 0.5)]\text{J} \cdot \text{K}^{-1} = 5.76\text{J} \cdot \text{K}^{-1}$$

2) 非理想气体的混合性质

非理想气体的混合性质是指在等温、等压及 $W'=0$ 条件下，由多种单组分非理想气体混合形成多组分非理想气体前后，系统的热力学状态函数的变化。

(1) 在等温、等压及 $W'=0$ 条件下，根据偏摩尔量集合公式(2-1-7)有

$$\Delta_{\text{mix}} G = G_{\text{混合后}} - G_{\text{混合前}} = \sum_{\text{B}} n_{\text{B}} \mu_{\text{B}} - \sum_{\text{B}} n_{\text{B}} \mu_{\text{m,B}} \tag{2-5-10}$$

把式(2-2-10)和式(2-2-14)代入上式得

$$\Delta_{\text{mix}} G = RT \sum_{\text{B}} n_{\text{B}} \ln(f_{\text{B}}/f) = nRT \sum_{\text{B}} y_{\text{B}} \ln(f_{\text{B}}/f) \tag{2-5-11}$$

由于混合过程是在等温、等压及 $W'=0$ 条件下进行的，当 $\sum_{\text{B}} y_{\text{B}} \ln(f_{\text{B}}/f) < 0$ 时，非理想气体的混合过程是自发过程，即单组分非理想气体自动地混合形成多组分非理想气体。

(2) 在温度和组成不变的条件下，$\Delta_{\text{mix}} G$ 对 p 求偏导数，得

$$\left(\frac{\partial \Delta_{\text{mix}} G}{\partial p}\right)_{T,y} = \Delta_{\text{mix}} V \tag{2-5-12}$$

根据式(2-5-11)，可得

$$\Delta_{\text{mix}} V = nRT \sum_{\text{B}} y_{\text{B}} \left[\frac{\partial \ln(f_{\text{B}}/f)}{\partial p}\right]_{T,y} \tag{2-5-13}$$

因为逸度 f_{B} 和 f 是压力的函数，所以式(2-5-13)一般不为零。这就是说，非理想气体的混合过程一般会引起体积的变化。

(3) 在压力和组成不变条件下，$\Delta_{\text{mix}} G$ 除以 T 后再对 T 求偏导数，得

$$\left[\frac{\partial\left(\frac{\Delta_{\text{mix}} G}{T}\right)}{\partial T}\right]_{p,y} = -\frac{\Delta_{\text{mix}} H}{T^2} \tag{2-5-14}$$

根据式(2-5-11)，可得

$$\Delta_{\text{mix}}H = -nRT^2\sum_{\text{B}} y_{\text{B}}\left[\frac{\partial \ln(f_{\text{B}}/f)}{\partial T}\right]_{p,y} \tag{2-5-15}$$

因为逸度 f_{B} 和 f 是温度的函数，所以式(2-5-15)一般不为零。这就是说，非理想气体的混合过程一般会引起焓的变化。混合过程是在等压条件下进行，则 $Q_{\text{mix}}=\Delta_{\text{mix}}H$，而 $\Delta_{\text{mix}}H\neq 0$，表明非理想气体混合过程一般有热效应。

(4) 在压力和组成不变条件下，$\Delta_{\text{mix}}G$ 对 T 求偏导数，得

$$\left(\frac{\partial \Delta_{\text{mix}}G}{\partial T}\right)_{p,y} = -\Delta_{\text{mix}}S \tag{2-5-16}$$

根据式(2-5-11)，可得

$$\Delta_{\text{mix}}S = -nR\sum_{\text{B}} y_{\text{B}}\ln(f_{\text{B}}/f) - nRT\sum_{\text{B}} y_{\text{B}}\left[\frac{\partial \ln(f_{\text{B}}/f)}{\partial T}\right]_{p,y} \tag{2-5-17}$$

根据式(2-5-15)，可得

$$\Delta_{\text{mix}}S - \Delta_{\text{mix}}H/T = -nR\sum_{\text{B}} y_{\text{B}}\ln(f_{\text{B}}/f) \tag{2-5-18}$$

式(2-5-18)表明，当 $\sum_{\text{B}} y_{\text{B}}\ln(f_{\text{B}}/f) < 0$ 时，非理想气体的混合过程是不可逆过程。

2. 液体的混合性质

1) 理想溶液的混合性质

理想溶液的混合性质是指在等温、等压及 $W'=0$ 条件下，由多种纯液体混合形成理想溶液前后，系统的热力学状态函数的变化。

(1) 在等温、等压及 $W'=0$ 条件下，根据偏摩尔量集合公式(2-1-7)有

$$\Delta_{\text{mix}}G = G_{\text{混合后}} - G_{\text{混合前}} = \sum_{\text{B}} n_{\text{B}}\mu_{\text{B}} - \sum_{\text{B}} n_{\text{B}}\mu_{\text{m,B}} \tag{2-5-19}$$

把式(2-3-3)和式(2-3-4)代入式(2-5-19)得

$$\Delta_{\text{mix}}G = RT\sum_{\text{B}} n_{\text{B}}\ln x_{\text{B}} = nRT\sum_{\text{B}} x_{\text{B}}\ln x_{\text{B}} \tag{2-5-20}$$

因为 $\ln x_{\text{B}}<0$，所以 $\Delta_{\text{mix}}G<0$。由于混合过程是在等温、等压及 $W'=0$ 条件下进行的，故理想溶液的混合过程为自发过程。

(2) 在温度和组成不变的条件下，$\Delta_{\text{mix}}G$ 对 p 求偏导数有

$$\left(\frac{\partial \Delta_{\text{mix}}G}{\partial p}\right)_{T,x} = \Delta_{\text{mix}}V \tag{2-5-21}$$

根据式(2-5-20)，可得

$$\Delta_{\text{mix}}V = 0 \tag{2-5-22}$$

式(2-5-22)表明，理想溶液混合前后的总体积是不变的。

(3) 在压力和组成不变条件下，$\Delta_{\text{mix}}G$ 除以 T 后再对 T 求偏导数有

$$\left[\frac{\partial\left(\frac{\Delta_{\text{mix}}G}{T}\right)}{\partial T}\right]_{p,x} = -\frac{\Delta_{\text{mix}}H}{T^2} \tag{2-5-23}$$

根据式(2-5-20)，可得

$$\Delta_{\text{mix}}H = 0 \tag{2-5-24}$$

式(2-5-24)表明,理想溶液混合过程前后焓不变。因为混合过程是在等压条件下进行,则 $Q_{\text{mix}}=\Delta_{\text{mix}}H$,而 $\Delta_{\text{mix}}H=0$,表明理想溶液混合过程无热效应。

(4) 在压力和组成不变条件下,$\Delta_{\text{mix}}G$ 对 T 求偏导数有

$$\left(\frac{\partial\Delta_{\text{mix}}G}{\partial T}\right)_{p,x}=-\Delta_{\text{mix}}S \tag{2-5-25}$$

根据式(2-5-20),可得

$$\Delta_{\text{mix}}S=-nR\sum_{\text{B}}x_{\text{B}}\ln x_{\text{B}} \tag{2-5-26}$$

因为 $\ln x_{\text{B}}<0$,所以根据式(2-5-24)有

$$\Delta_{\text{mix}}S-\Delta_{\text{mix}}H/T>0 \tag{2-5-27}$$

式(2-5-27)表明,理想溶液混合过程为不可逆过程。

例 2-5-2　试证明当用等物质的量的 A 和 B 纯液体混合形成理想溶液时,混合过程的 ΔG 最小,混合过程的 ΔS 最大。

解　令 $x_{\text{A}}=x$,则 $x_{\text{B}}=1-x_{\text{A}}=1-x$,式(2-5-20)可改写成

$$\Delta_{\text{mix}}G=nRT[x\ln x+(1-x)\ln(1-x)]$$

当 $x=1/2$ 时

$$\frac{\mathrm{d}\Delta_{\text{mix}}G}{\mathrm{d}x}=nRT[\ln x-\ln(1-x)]\Big|_{x=1/2}=0,\quad \frac{\mathrm{d}^2\Delta_{\text{mix}}G}{\mathrm{d}x^2}=nRT\left(\frac{1}{x}+\frac{1}{1-x}\right)\Big|_{x=1/2}>0$$

所以混合过程的 ΔG 最小。

令 $x_{\text{A}}=x$,则 $x_{\text{B}}=1-x_{\text{A}}=1-x$,式(2-5-26)可改写成

$$\Delta_{\text{mix}}S=-nR[x\ln x-(1-x)\ln(1-x)]$$

当 $x=1/2$ 时

$$\frac{\mathrm{d}\Delta_{\text{mix}}S}{\mathrm{d}x}=-nR[\ln x-\ln(1-x)]\Big|_{x=1/2}=0,\quad \frac{\mathrm{d}^2\Delta_{\text{mix}}S}{\mathrm{d}x^2}=-nR\left(\frac{1}{x}+\frac{1}{1-x}\right)\Big|_{x=1/2}<0$$

所以混合过程的 ΔS 最大。

2) 非理想溶液的混合性质

非理想溶液的混合性质是指在等温、等压及 $W'=0$ 条件下,由多种纯液体混合形成非理想溶液前后,系统的热力学状态函数的变化。

(1) 在等温、等压及 $W'=0$ 条件下,根据偏摩尔量集合公式(2-1-7)有

$$\Delta_{\text{mix}}G=G_{\text{混合后}}-G_{\text{混合前}}=\sum_{\text{B}}n_{\text{B}}\mu_{\text{B}}-\sum_{\text{B}}n_{\text{B}}\mu_{\text{m,B}} \tag{2-5-28}$$

把式(2-3-4)和式(2-3-9)代入式(2-5-28)得

$$\Delta_{\text{mix}}G=RT\sum_{\text{B}}n_{\text{B}}\ln a_{\text{B}}=nRT\sum_{\text{B}}x_{\text{B}}\ln a_{\text{B}} \tag{2-5-29}$$

由于混合过程是在等温、等压及 $W'=0$ 条件下进行的,当 $\sum_{\text{B}}x_{\text{B}}\ln a_{\text{B}}<0$ 时,非理想溶液的混合过程是自发过程,即纯液体自动地混合成非理想溶液;当 $\sum_{\text{B}}x_{\text{B}}\ln a_{\text{B}}>0$ 时,非理想溶液的混合过程是反自发过程,即非理想溶液会自动地分层形成纯液体。

(2) 在温度和组成不变的条件下,$\Delta_{\text{mix}}G$ 对 p 求偏导数有

$$\left(\frac{\partial\Delta_{\text{mix}}G}{\partial p}\right)_{T,x}=\Delta_{\text{mix}}V \tag{2-5-30}$$

根据式(2-5-29),可得

$$\Delta_{\text{mix}}V = nRT\sum_{\text{B}} x_{\text{B}}\left(\frac{\partial \ln a_{\text{B}}}{\partial p}\right)_{T,x} \tag{2-5-31}$$

因为活度 a_{B} 是压力的函数,所以式(2-5-31)一般不为零。这就是说,非理想溶液的混合过程一般会引起体积的变化。

(3) 在压力和组成不变条件下,$\Delta_{\text{mix}}G$ 除以 T 后再对 T 求偏导数有

$$\left[\frac{\partial\left(\frac{\Delta_{\text{mix}}G}{T}\right)}{\partial T}\right]_{p,x} = -\frac{\Delta_{\text{mix}}H}{T^2} \tag{2-5-32}$$

根据式(2-5-29),可得

$$\Delta_{\text{mix}}H = -nRT^2\sum_{\text{B}} x_{\text{B}}\left(\frac{\partial \ln a_{\text{B}}}{\partial T}\right)_{p,x} \tag{2-5-33}$$

因为活度 a_{B} 是温度的函数,所以式(2-5-33)一般不为零。这就是说,非理想溶液的混合过程一般会引起焓的变化。混合过程是在等压条件下进行,则 $Q_{\text{mix}} = \Delta_{\text{mix}}H$,而 $\Delta_{\text{mix}}H \neq 0$,表明混合过程一般有热效应。

(4) 在压力和组成不变条件下,$\Delta_{\text{mix}}G$ 对 T 求偏导数有

$$\left(\frac{\partial \Delta_{\text{mix}}G}{\partial T}\right)_{p,x} = -\Delta_{\text{mix}}S \tag{2-5-34}$$

根据式(2-5-29),可得

$$\Delta_{\text{mix}}S = -nR\sum_{\text{B}} x_{\text{B}}\ln a_{\text{B}} - nRT\sum_{\text{B}} x_{\text{B}}\left(\frac{\partial \ln a_{\text{B}}}{\partial T}\right)_{p,x} \tag{2-5-35}$$

根据式(2-5-33),可得

$$\Delta_{\text{mix}}S - \Delta_{\text{mix}}H/T = -nR\sum_{\text{B}} x_{\text{B}}\ln a_{\text{B}} \tag{2-5-36}$$

式(2-5-36)表明,当 $\sum_{\text{B}} x_{\text{B}}\ln a_{\text{B}} < 0$ 时,纯液体混合成非理想溶液的过程是不可逆过程;当 $\sum_{\text{B}} x_{\text{B}}\ln a_{\text{B}} > 0$ 时,纯液体就不可能混合成非理想溶液。

3. 稀溶液的依数性质

在非挥发性溶质的稀溶液中,当溶剂的种类一定之后,稀溶液具有与溶质的性质无关、只与溶质的摩尔分数有关的一系列性质,这种性质称为稀溶液的依数性质。稀溶液的依数性质有蒸气压降低、凝固点降低、沸点升高和渗透压。

1) 蒸气压降低

实验表明,在非挥发性溶质稀溶液中,随着溶质的增多,溶剂的蒸气压将会降低。这可以用图 2-5-1 说明。

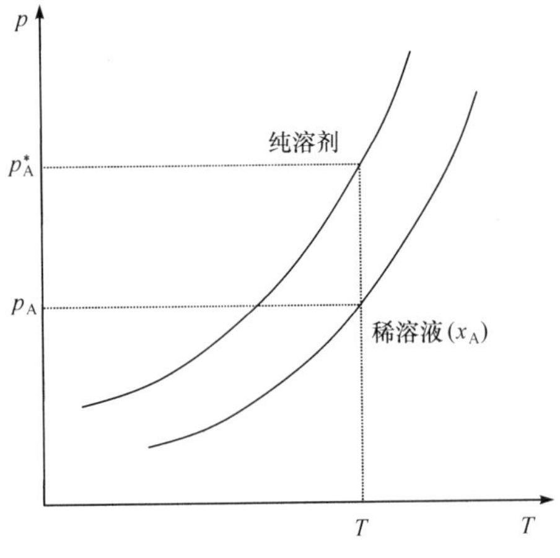

图 2-5-1　稀溶液的蒸气压降低

若稀溶液由溶剂 A 和溶质 B 组成,则根据拉

乌尔定律，稀溶液的蒸气压降低为

$$\Delta p_A = p_A^* - p_A = p_A^*(1-x_A) = p_A^* x_B \tag{2-5-37}$$

式(2-5-37)表明，稀溶液中溶剂的蒸气压降低与非挥发性溶质在溶液中的摩尔分数成正比，且与溶质性质无关，这是拉乌尔定律的另一种表示形式。拉乌尔定律适用于非挥发性溶质的稀溶液中的溶剂，溶液越稀，溶剂的蒸气压越服从式(2-5-37)。

例 2-5-3　在 313.15K 时，乙醇的饱和蒸气压为 17.40kPa，今在乙醇中溶入某非挥发性有机物质，使溶液中乙醇的摩尔分数为 0.95，试求乙醇的蒸气压降低了多少。

解

$$\Delta p_A = p_A^* - p_A = p_A^*(1-x_A) = p_A^* x_B$$

由上式解出

$$\Delta p_A = p_A^*(1-x_A) = [17.40\times(1-0.95)]\text{kPa} = 0.87\text{kPa}$$

2）凝固点降低

在一定的外压下，固、液两相达成平衡的温度称为该液相的凝固点。实验表明，若固相为纯溶剂，则稀溶液的凝固点低于纯溶剂的凝固点，这可以用图 2-5-2 说明。

根据拉乌尔定律，稀溶液中溶剂的蒸气压低于同温度下液态纯溶剂的蒸气压，所以稀溶液中溶剂的蒸气压曲线在液态纯溶剂蒸气曲线的下面。O 点是固态纯溶剂蒸气压曲线与液态纯溶剂蒸气曲线的交点，即在 O 点对应的温度 T_f^* 固、液两相达成平衡，所以 T_f^* 为纯溶剂的凝固点。由于稀溶液中溶剂的蒸压降低，在温度为 T_f^* 时，稀溶液中溶剂的蒸气压低于固态纯溶剂的蒸气压，达不到固、液两相平衡，只有降低温度到 T_f 时，固、液两相才达到平衡，所以 T_f 为稀溶液中溶剂的凝固点，它低于纯溶剂的凝固点 T_f^*。令

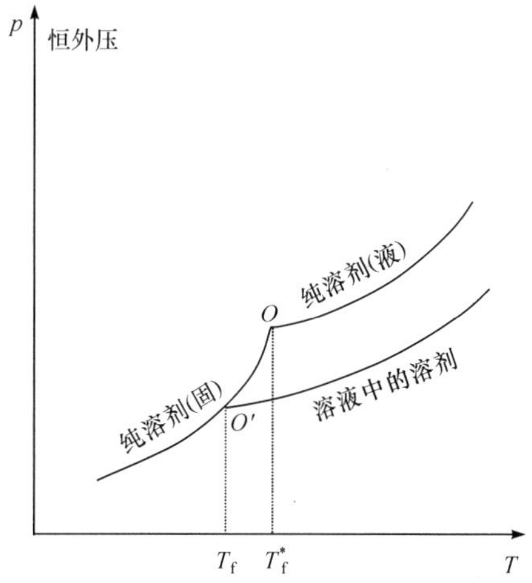

图 2-5-2　稀溶液的凝固点降低

$$\Delta T_f = T_f^* - T_f \tag{2-5-38}$$

式中，ΔT_f 称为稀溶液的凝固点降低。ΔT_f 与稀溶液组成的关系可由热力学导出，其结果为

$$\Delta T_f = \frac{R(T_f^*)^2 M_A}{\Delta_{fus} H_{m,A}^{\ominus}} \cdot b_B = K_f b_B \tag{2-5-39}$$

式中，K_f 称为凝固点降低常数，其数值与溶剂的凝固点 T_f^*、相对分子质量 M_A 和融解热 $\Delta_{fus} H_{m,A}^{\ominus}$ 有关。凝固点降低正比于溶质的质量摩尔浓度，与溶质的性质无关，式(2-5-39)只适用于溶质不挥发的稀溶液。表 2-5-1 列出一些溶剂的凝固点降低常数值。

表 2-5-1　几种溶剂的 K_f 值

溶剂	水	乙酸	苯	萘	环己烷	樟脑	三溴甲烷
$K_f/(\text{K}\cdot\text{mol}^{-1}\cdot\text{kg})$	1.86	3.90	5.10	7.0	20	40	14.4

例 2-5-4　已知乙酸的凝固点为 16.7℃，设某一不挥发的溶质溶于乙酸中而形成稀溶液，稀溶液的凝固点为 15.7℃，求溶质的质量摩尔浓度。

解
$$\Delta T_f = T_f^* - T_f = K_f b_B$$
由上式解出
$$b_B = \frac{T_f^* - T_f}{K_f} = \frac{1}{3.90}\text{mol}\cdot\text{kg}^{-1} = 0.26\text{mol}\cdot\text{kg}^{-1}$$

3）沸点升高

液体的饱和蒸气压等于外压时的温度称为该液体的沸点。实验表明，若溶质不挥发，则稀溶液的沸点比纯溶剂的沸点高，这可以用图 2-5-3 说明。

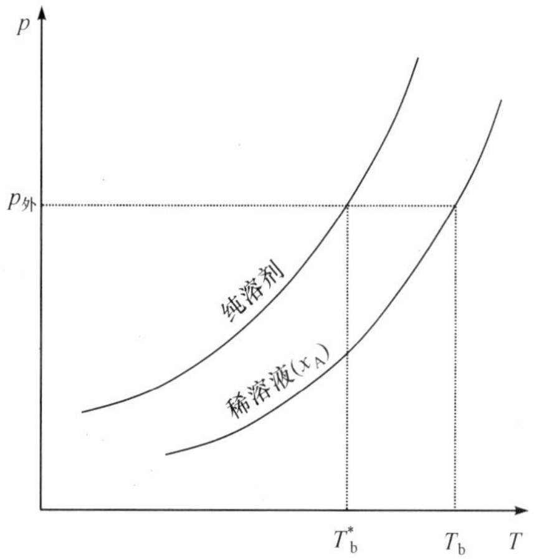

图 2-5-3　稀溶液的沸点升高

当外压为 $p_外$ 时，纯溶剂在 T_b^* 的蒸气压等于外压，T_b^* 为纯溶剂的沸点，稀溶液由于蒸气压降低，在温度为 T_b^* 时，其蒸气压小于外压，只有当温度上升到 T_b 时才等于外压，T_b 是稀溶液沸点，高于纯溶剂的沸点。令

$$\Delta T_b = T_b - T_b^* \qquad (2\text{-}5\text{-}40)$$

式中，ΔT_b 称为稀溶液的沸点升高。ΔT_b 与稀溶液组成的关系可由热力学导出，其结果为

$$\Delta T_b = \frac{R(T_b^*)^2 M_A}{\Delta_{vap}H_{m,A}^{\ominus}} \cdot b_B = K_b b_B \qquad (2\text{-}5\text{-}41)$$

式中，K_b 称为沸点升高常数，其数值与溶剂的沸点 T_b^*、相对分子质量 M_A 和气化热 $\Delta_{vap}H_{m,A}^{\ominus}$ 有关。稀溶液的沸点升高正比于溶质的质量摩尔浓度，与溶质的性质无关。式(2-5-41)也只适用于溶质不挥发的稀溶液。表 2-5-2 列出一些溶剂的K_b 值。

表 2-5-2　几种溶剂的 K_b 值

溶剂	水	甲醇	乙醇	乙醚	丙醇	苯	氯仿	四氯化碳
$K_b/(\text{K}\cdot\text{mol}^{-1}\cdot\text{kg})$	0.52	0.80	1.20	2.11	1.72	2.57	3.88	5.02

例 2-5-5　设某一不挥发的溶质溶于氯仿中形成稀溶液，已知稀溶液的沸点为 63.5℃，溶质的质量摩尔浓度为 0.52mol·kg^{-1}，求氯仿的沸点。

解
$$\Delta T_b = T_b - T_b^* = K_b b_B$$
由上式解出
$$T_b^* = T_b - K_b b_B = (336.65 - 3.88\times 0.52)\text{K} = 334.65\text{K}$$
即氯仿的沸点为 61.5℃。

4）渗透压

如图 2-5-4 所示，在一个 U 形管中有一半透膜将纯溶剂与稀溶液分开，半透膜只允许溶剂分子通过，而溶质分子不能通过。纯溶剂中溶剂分子将渗透穿过半透膜进入稀溶液，直到溶剂在半透膜两边的化学势相等，即达到了渗透平衡。若要阻止溶剂分子进入稀溶液，则必须在稀溶液上方增加压力，使稀溶液上方的总压增加。在溶液上方额外增加的压力称为渗透压，用 Π 表示。

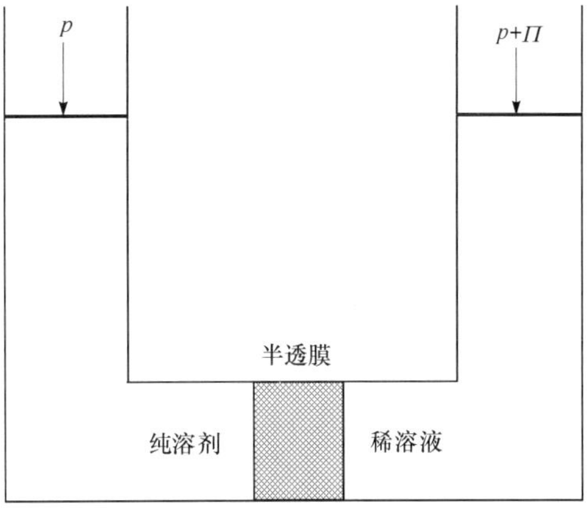

图 2-5-4　渗透平衡示意图

稀溶液渗透压 Π 与溶质的物质的量的关系为

$$\Pi V = n_B RT \qquad (2\text{-}5\text{-}42)$$

或

$$\Pi = c_B RT \qquad (2\text{-}5\text{-}43)$$

式(2-5-42)和式(2-5-43)称为范特霍夫(van't Hoff)方程，c_B 为溶质的物质的量浓度，适用于非挥发性稀溶液。由公式可以看出，稀溶液渗透压与溶液的浓度有关，而与溶质的性质无关。根据以上的讨论可知，若在稀溶液上增加的压力大于渗透压，则溶剂分子将从稀溶液进入纯溶剂，这种现象称为反渗透。反渗透可用于海水淡化及工业废水的处理等。

例 2-5-6　某含有非挥发性溶质的水溶液，在 271.65K 时凝固，求：(1)该溶液的正常沸点。(2)在 298.15K 时的蒸气压(该温度时纯水的蒸气压为 3.178kPa)。(3)298.15K 时的渗透压。

解　(1) 查表得水的 $K_b = 0.52\text{K} \cdot \text{mol}^{-1} \cdot \text{kg}$，　$K_f = 1.86\text{K} \cdot \text{mol}^{-1} \cdot \text{kg}$

$$\Delta T_f = K_f b_B \qquad \Delta T_b = K_b b_B$$

$$\frac{\Delta T_f}{\Delta T_b} = \frac{K_f}{K_b}$$

$$T_b = T_b^* + \Delta T_b = T_b^* + \frac{K_b}{K_f}\Delta T_f = \left(373.15 + \frac{0.52}{1.86} \times 1.5\right)\text{K} = 373.57\text{K}$$

(2)

$$\Delta T_f = K_f b_B$$

$$b_B = \frac{\Delta T_f}{K_f} = \frac{1.5}{1.86}\text{mol} \cdot \text{kg}^{-1} = 0.806\text{mol} \cdot \text{kg}^{-1}$$

$$x_B = \frac{0.806}{0.806 + 1/0.01802} = 0.0143$$

$$p_A = p_A^*(1 - x_B) = [3178 \times (1 - 0.0143)]\text{Pa} = 3133\text{Pa}$$

(3) 以 1kg 稀溶液为基准

$$\Pi = \frac{n_B RT}{V} = \frac{n_B RT}{10^{-3}\text{m}^3} = \left(\frac{0.806 \times 8.314 \times 298.2}{10^{-3}}\right)\text{Pa} = 1.998 \times 10^6\text{Pa}$$

习　题

2-1　NaCl 溶在 1kg 水中形成 NaCl 溶液，如果 NaCl 溶液体积 V 随 NaCl 物质的量 n 的变化关系为

$$V/\text{m}^3 = 1.00 \times 10^{-3} + 1.66 \times 10^{-5} n/\text{mol} + 1.77 \times 10^{-6}(n/\text{mol})^{3/2} + 1.19 \times 10^{-7}(n/\text{mol})^2$$

求当 NaCl 物质的量为 2mol 时，H_2O 和 NaCl 的偏摩尔体积。

2-2　乙醇溶在水中形成乙醇溶液，如果乙醇溶液体积 V 随乙醇物质的量 n 的变化关系为

$$V/\text{m}^3 = 2.14 \times 10^{-5} + 51.84 \times 10^{-6} n/\text{mol} - 6.23 \times 10^{-7}(n/\text{mol})^2 + 1.45 \times 10^{-8}(n/\text{mol})^3$$

求在等温条件下，乙醇溶液中水和乙醇的化学势随压力的变化率。

2-3 1mol 理想气体的温度为 0℃，在恒容条件下从 25℃的大气中吸热升温至平衡。已知该理想气体的 $C_{V,m}$ 为 11.2J · K^{-1} · mol^{-1}，计算此过程理想气体的熵变，并判断此过程是否会自发进行。

2-4 果糖 $C_6H_{12}O_6$(B)溶于水(A)中形成溶液，质量分数 w_B 为 0.095，此溶液在 20℃时的密度 ρ 为 1.0365kg · dm^{-3}。试计算此溶液中果糖的摩尔分数、摩尔浓度和质量摩尔浓度。

2-5 若将 25℃、101.325kPa 纯理想气体的状态定为气体的标准状态，则氧气的标准熵 $S_1^{\ominus}$ 为 205.03J · K^{-1} · mol^{-1}。现将 25℃、100kPa 的纯理想气体作为气体的标准态，氧气的标准熵 $S_m^{\ominus}(O_2, g, 298K)$应为多少？

2-6 在 25℃和组成不变的条件下，若将多组分理想气体系统的压力升高 5 倍，则组分 B 化学势变化是多少？在 25℃和压力不变的条件下，若将组分 B 的摩尔分数增大 5 倍，则组分 B 化学势变化又是多少？

2-7 某非理想气体的状态方程为 $pV_m = RT + BV_m$，其中 B 为常数，求化学势的表达式。

2-8 某非理想气体的状态方程为 $pV_m = RT + Bp$，其中 B 为常数，求逸度系数表达式。

2-9 利用附录五和图 2-2-2 计算 Cl_2 和 SO_2 在 150℃、150MPa 的逸度系数。

2-10 1mol 液体 A 与 2mol 液体 B 在 25℃、101.325kPa 混合形成理想溶液，溶液的蒸气压为 50.663kPa。若在此溶液中再加入 3mol A，则蒸气压增加到 70.928kPa，试求：(1) p_A^* 和 p_B^*；(2)对第一种溶液，气相中 A、B 的摩尔分数各为多少？

2-11 1mol 液体 A 与 2mol 液体 B 在 25℃、101.325kPa 混合形成理想溶液。在保持温度和压力不变的条件下，在此溶液中再加入 3mol A，则溶液中 A 与 B 化学势变化是多少？

2-12 288.15K 时，1mol C_2H_5OH 溶在 4.59mol H_2O 中形成非理想溶液。气相中水蒸气的分压为 596.5Pa，在该温度下，纯水的饱和蒸气压为 1705Pa。求：(1)溶液中水的活度；(2)溶液中水的活度系数；(3)溶液中水的化学势与纯水的化学势的差值。

2-13 273.15K 时氧气在 101.325kPa 的平衡压力下溶解于水中，氧气在水中的溶解度为 4.49×10^{-5} m^3 · kg^{-1}，试求 273.15K 时氧气在水中的亨利常数 $k_{x,B}$ 和 $k_{b,B}$。

2-14 试用吉布斯-杜亥姆方程证明：在稀溶液中，若溶质服从亨利定律，则溶剂必须服从拉乌尔定律。

2-15 将 10g 甲醛在温度和压力恒定为 25℃和 101.325kPa 条件下，溶于 100g 水中形成理想稀溶液，溶液的密度为 1kg · dm^{-3}。求稀溶液中甲醛的 μ_x^* 与 μ_b^* 及 μ_c^* 之间的差值。

2-16 由丙酮(A)和甲醇(B)组成的二组分系统。在 57.2℃、101.325kPa 时测得平衡液相组成 $x_A = 0.400$，气相组成 $y_A = 0.516$。已知在该温度下的饱和蒸气压 $p_A^* = 104.8$kPa，$p_B^* = 68.1$kPa，试计算这两个组分在溶液中的活度与活度系数。

2-17 如果路易斯-兰德尔近似规则成立，对非理想气体混合过程会得出什么结论？

2-18 3mol 苯与 7mol 甲苯在 25℃混合形成理想溶液，试求混合过程的 $\Delta_{mix}V$、$\Delta_{mix}H$、$\Delta_{mix}S$ 及 $\Delta_{mix}G$。

2-19 含有不挥发性溶质的稀水溶液，在 −1.5℃时凝固。已知水的 K_f 为 1.86K · kg · mol^{-1}，稀水溶液的密度为 1kg · dm^{-3}。求：(1)该溶液的沸点；(2)该溶液在 298.15K 时的蒸气压(该温度时纯水的 p^* 为 3.1674kPa)；(3)该溶液在 298.15K 时的渗透压。

2-20 在 101.325kP、20℃下将 68.4g 蔗糖($C_{12}H_{22}O_{11}$)溶于 1kg 水中。已知 20℃时此溶液的密度为 1.024kg · dm^{-3}，纯水的 p^* 为 2.33kPa，水的 K_b 为 0.52K · kg · mol^{-1}。求：(1)此溶液的蒸气压；(2)此溶液的渗透压；(3)此溶液的沸点。

第 3 章　化学反应热力学

化工生产中常常会遇到下述两类问题。第一类问题是有关化学反应的方向和限度问题，即化工生产中希望事先知道：在一定的外界条件下，化学反应自发地向什么方向进行；反应达到化学平衡时，最大产率或转化率是多少；外界条件变化时，化学平衡向什么方向移动。

第二类问题是有关化学反应过程中的能量变化问题，在化学反应过程中常伴随有吸热、放热现象，了解化学反应的热效应对于保证化工过程的安全稳定，能源的合理利用，以及防止意外事故的发生都有重要的意义。

上述两类问题涉及化学反应的可能性和反应物的转化率问题，涉及化学反应中的能量的变化及合理利用的问题。如果能事先从理论上做出正确的判断，则可避免不必要的试验，减小盲目性和增加安全性，这无疑具有重要的现实意义。

把热力学的原理用于研究化学反应以及与化学反应相关的物理现象，就形成了化学反应热力学这样一门学科。化学反应热力学利用热力学第一定律来解决化学反应中的能量变化即化学反应的热效应问题，利用热力学第二定律来解决化学反应的方向和限度问题。

§3-1　化学反应的方向和限度

1. 反应进度

任何化学反应都可以用一个通式来表示，即

$$0 = \sum \nu_B B \tag{3-1-1}$$

式中，B 为参加反应的任何组分；ν_B 是组分 B 在该化学反应方程式中的化学计量数，并规定反应物的 ν_B 为负值，产物的 ν_B 为正值。例如合成氨反应，$3H_2 + N_2 =\!=\!= 2NH_3$ 写成式(3-1-1)的形式则为

$$0 = 2NH_3 - 3H_2 - N_2$$

式中，$\nu_{NH_3} = 2, \nu_{H_2} = -3, \nu_{N_2} = -1$。

假设反应开始时刻，组分 B 的物质的量为 $n_B(0)$，反应进行到 t 时刻，组分 B 的物质的量为 $n_B(t)$，反应进行期间，组分 B 的物质的量的变化为 $\Delta n_B = n_B(t) - n_B(0)$。在反应进行的任一时刻，参加反应的各种组分的 Δn_B 不一定相同。例如，对合成氨的反应来说，当生成 1mol 氨时，$\Delta n_{NH_3} = 1\text{mol}, \Delta n_{H_2} = -1.5\text{mol}$，而 $\Delta n_{N_2} = -0.5\text{mol}$。因此用某个组分的物质的量的变化来描述反应进行的程度是不方便的，但是由于受化学反应计量方程式的制约，各组分的 Δn_B 又不是独立的。例如在合成氨反应中，每消耗 3mol 的 H_2，必然同时消耗 1mol N_2 和生成 2mol 的 NH_3。换言之，在反应进行的任一时刻，参加反应的各组分的 $\Delta n_B/\nu_B$ 是相同的。因此可以用参加反应的某个组分的物质的量的变化与其化学计量数的比值来描述化学反应进行的程度，即定义

$$\xi \overset{\text{def}}{=\!=\!=} \frac{n_B(t) - n_B(0)}{\nu_B} \tag{3-1-2}$$

式中，ξ 称为反应进度；$n_B(t)$ 和 $n_B(0)$ 分别表示 t 时刻和 0 时刻组分 B 的物质的量。式(3-1-2)也可写为

$$n_B(t) - n_B(0) = \nu_B \xi \tag{3-1-3}$$

式(3-1-3)表明反应中组分 B 的物质的量的变化量与反应进度的变化量成正比，因此可用 ξ 来描述化学反应进行的程度。对微小的变化有

$$dn_B = \nu_B d\xi \tag{3-1-4}$$

根据反应进度的定义，ξ 应与 n 具有相同的量纲，单位为 mol。根据式(3-1-3)，当 ξ=1mol 时，各组分的物质的量的变化为 $\nu_B$mol，即称为按给定的化学计量方程式完成了 1mol 的反应。例如合成氨反应，当反应进度为 1mol 时，即有 3mol H_2 和 1mol N_2 反应生成了 2mol NH_3。对于同一个化学反应，由于化学计量方程式可以有不同的写法，在进行相同量的反应时，反应进度是不相同的。例如当合成氨反应写为

$$0 = NH_3 - \frac{1}{2}N_2 - \frac{3}{2}H_2$$

时，同样进行上面所述的生成 2mol 的 NH_3 的反应，则反应进度为 2mol。因此在用 ξ 描述反应进行的程度时，必须给出具体的化学计量方程式。

根据式(2-1-1)，多组分系统中广度性质状态函数的值，与系统中各组分的物质的量有关。所以当化学反应使系统中各组分的物质的量发生变化时，必然会引起多组分系统中广度性质的状态函数（如 V、U、H、S、A、G）发生变化，在等温、等压以及 $W'=0$ 的条件下，结合式(2-1-2)、式(2-1-3)、式(3-1-4)得

$$dX = \sum_B X_B dn_B = \sum_B \nu_B X_B d\xi \tag{3-1-5}$$

式中，X_B 是多组分系统中各组分的偏摩尔量。式(3-1-5)表示由于反应进度发生了微小的变化 $d\xi$，所引起系统的广度性质状态函数 X 的变化为 dX。由式(3-1-5)可得

$$\left(\frac{\partial X}{\partial \xi}\right)_{T,p} = \sum_B \nu_B X_B = \Delta_r X_m \tag{3-1-6}$$

式中，$\Delta_r X_m$ 表示在等温、等压以及 $W'=0$ 的条件下，当反应进度为 ξ 时，发生 1mol 反应引起系统的广度性质状态函数的变化。由于 ξ 与具体的化学计量方程式的写法有关，所以使用 $\Delta_r X_m$ 时必须同时指明所对应的化学计量方程式。

2. 化学反应的自发性判据

设在等温、等压以及 $W'=0$ 的条件下，系统内发生一个化学反应

$$0 = \sum_B \nu_B B$$

由于化学反应的发生，将引起系统的吉布斯函数发生变化。当反应进度变化为 $d\xi$ 时，根据式(3-1-5)，系统的吉布斯函数变化为

$$dG = \sum_B G_B dn_B = \sum_B \nu_B G_B d\xi \tag{3-1-7}$$

式中，G_B 表示在反应系统中各组分的偏摩尔吉布斯函数。根据式(3-1-6)可得

$$\left(\frac{\partial G}{\partial \xi}\right)_{T,p} = \sum_B \nu_B G_B = \Delta_r G_m \tag{3-1-8}$$

式中，$\Delta_r G_m$ 表示在等温、等压以及 $W'=0$ 的条件下，当反应进度为 ξ 时，发生 1mol 反应引起

系统的吉布斯函数变化，称为摩尔反应吉布斯函数。$\Delta_r G_m$ 的单位是 $J \cdot mol^{-1}$ 或 $kJ \cdot mol^{-1}$。由于 ξ 与具体的化学计量方程式的写法有关，所以使用 $\Delta_r G_m$ 时必须同时指明所对应的化学计量方程式。

从第 2 章的讨论已知，反应系统中各组分的偏摩尔吉布斯函数 G_B 又称为化学势，用符号 μ_B 表示。在等温、等压以及 $W'=0$ 的条件下，对于一个多组分单相封闭系统来说，过程的自发和平衡与系统的吉布斯函数变化有关。根据式(2-1-42)，式(3-1-7)为

$$dG = \sum_B \mu_B dn_B = \sum_B \nu_B \mu_B d\xi \leqslant 0 \quad \begin{cases} 自发 \\ 平衡 \end{cases} \tag{3-1-9}$$

这就是在等温、等压以及 $W'=0$ 的条件下，化学反应的自发性判据。

在化学反应过程中，组分 B 的物质的量 n_B 和化学势 μ_B 都随反应进度 ξ 的变化而变化。根据偏摩尔量集合公式(2-1-7)，在等温、等压以及 $W'=0$ 的条件下，反应系统的吉布斯函数 G 是反应进度 ξ 的函数

$$G(\xi) = \sum_B n_B(\xi)\mu_B(\xi) \tag{3-1-10}$$

对于理想气体反应系统，把式(2-2-6)代入式(3-1-10)得

$$G(\xi) = \sum_B n_B(\xi)\left[\mu_B^\ominus(g,T) + RT\ln\frac{p}{p^\ominus} + RT\ln y_B(\xi)\right] \tag{3-1-11}$$

对于理想溶液反应系统，把式(2-3-5)代入式(3-1-10)得

$$G(\xi) = \sum_B n_B(\xi)\left[\mu_B^\ominus(l,T) + RT\ln\frac{p_B^*}{p_B^\ominus} + RT\ln x_B(\xi)\right] \tag{3-1-12}$$

可以证明，式(3-1-11)和式(3-1-12)都是具有一个极小值的函数，即在[0,1]区间存在某一个 ξ 值，使得

$$\left(\frac{\partial G}{\partial \xi}\right)_{T,p} = 0 \qquad \left(\frac{\partial^2 G}{\partial \xi^2}\right)_{T,p} > 0$$

成立，图 3-1-1 给出了反应系统的吉布斯函数 G 随反应进度 ξ 变化的图像。

由图 3-1-1 可以看出，从反应开始到达到平衡之前 $G(\xi)$ 是单调下降的，对于 $G(\xi)$ 曲线上任何一点都有 $\left(\frac{\partial G}{\partial \xi}\right)_{T,p}<0$，反应能够自发进行。当 $G(\xi)$ 降到最小值时 $\left(\frac{\partial G}{\partial \xi}\right)_{T,p}=0$，反应自发进行的趋势为零，即反应达到了平衡。过了平衡点以后 $G(\xi)$ 是单调上升的，对于 $G(\xi)$ 曲线上任何一点都有 $\left(\frac{\partial G}{\partial \xi}\right)_{T,p}>0$，反应不能自发进行。因此根据 $\left(\frac{\partial G}{\partial \xi}\right)_{T,p}$ 的符号，可以判断化学反应自发进行方向和是否到达平衡，即

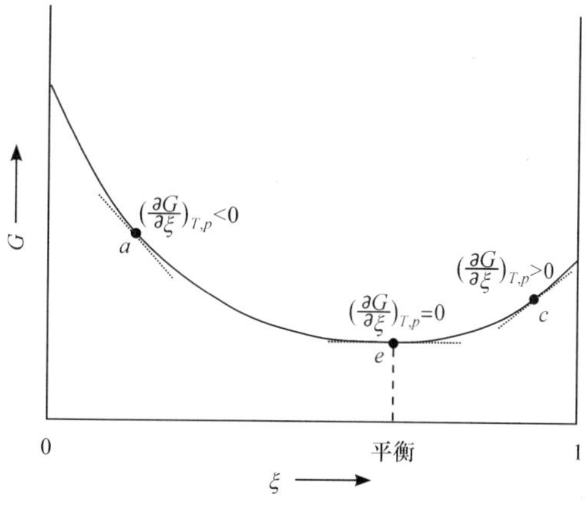

图 3-1-1　G 与反应进度 ξ 的关系

$$\left(\frac{\partial G}{\partial \xi}\right)_{T,p} = \sum_B \nu_B \mu_B = \Delta_r G_m \leqslant 0 \quad \begin{cases} 自发 \\ 平衡 \end{cases} \tag{3-1-13}$$

因此摩尔反应吉布斯函数可以用作化学反应的自发性判据。

3. 气相反应的化学平衡

我们先以理想气体为例，导出理想气体化学平衡的基本方程。假设反应系统中所有的反应物和产物都是理想气体，把式(2-2-6)代入式(3-1-13)中得

$$\Delta_r G_m = \sum_B \nu_B \left(\mu_B^\ominus + RT\ln\frac{p_B}{p^\ominus}\right) = \sum_B \nu_B \mu_B^\ominus + RT\ln\prod_B\left(\frac{p_B}{p^\ominus}\right)^{\nu_B} \tag{3-1-14}$$

令

$$\Delta_r G_m^\ominus = \sum_B \nu_B \mu_B^\ominus \qquad J_p = \prod_B\left(\frac{p_B}{p^\ominus}\right)^{\nu_B} \tag{3-1-15}$$

则式(3-1-14)可改写为

$$\Delta_r G_m = \Delta_r G_m^\ominus + RT\ln J_p \tag{3-1-16}$$

式(3-1-16)称为理想气体反应的等温方程。J_p 称为压力商，它与参加反应各组分的分压 p_B 有关。若参加反应的各组分都处于温度 T、压力 $p_B=p^\ominus$ 的纯理想气体的标准态，则

$$J_p = 1 \qquad \Delta_r G_m = \Delta_r G_m^\ominus = \sum_B \nu_B \mu_B^\ominus \tag{3-1-17}$$

由此可见，$\Delta_r G_m^\ominus$ 表示参加反应的各组分都处于温度为 T 的标准态时，进行 1mol 反应引起系统的吉布斯函数的变化，$\Delta_r G_m^\ominus$ 称为标准摩尔反应吉布斯函数，令

$$\Delta_r G_m^\ominus = -RT\ln K_p^\ominus \tag{3-1-18}$$

式中，$K_p^\ominus$ 称为理想气体反应的标准平衡常数。因为 $\mu_B^\ominus$ 只是温度的函数，所以 $\Delta_r G_m^\ominus$ 只是温度的函数，$K_p^\ominus$ 也只是温度的函数。由于 $\Delta_r G_m^\ominus$ 和 $K_p^\ominus$ 与具体的化学计量方程式的写法有关，所以使用 $\Delta_r G_m^\ominus$ 和 $K_p^\ominus$ 时必须同时指明所对应的化学计量方程式。理想气体反应到达平衡时 $\Delta_r G_m=0$，根据式(3-1-16)和式(3-1-18)有

$$\Delta_r G_m = -RT\ln K_p^\ominus + RT\ln(J_p)_{平衡} = 0 \tag{3-1-19}$$

可以得出

$$K_p^\ominus = (J_p)_{平衡} = \left[\prod_B\left(\frac{p_B}{p^\ominus}\right)^{\nu_B}\right]_{平衡} \tag{3-1-20}$$

由此可见，理想气体反应的标准平衡常数是反应到达平衡时的压力商。

在实际的气相反应中，反应系统中所有的反应物和产物都是非理想气体，下面导出非理想气体化学平衡的基本方程。把式(2-2-14)代入式(3-1-13)中得

$$\Delta_r G_m = \sum_B \nu_B \left(\mu_B^\ominus + RT\ln\frac{f_B}{p^\ominus}\right) = \sum_B \nu_B \mu_B^\ominus + RT\ln\prod_B\left(\frac{f_B}{p^\ominus}\right)^{\nu_B} \tag{3-1-21}$$

令

$$\Delta_r G_m^\ominus = \sum_B \nu_B \mu_B^\ominus \qquad J_f = \prod_B\left(\frac{f_B}{p^\ominus}\right)^{\nu_B} \tag{3-1-22}$$

则式(3-1-21)可改写为

$$\Delta_r G_m = \Delta_r G_m^\ominus + RT\ln J_f \tag{3-1-23}$$

式(3-1-23)称为非理想气体反应的等温方程。J_f 称为逸度商，它与参加反应各组分的逸度 f_B 有关。由第 2 章已知，多组分非理想气体中组分 B 的逸度为 $f_B=\varphi_B p_B$，代入式(3-1-22)得

$$J_f = \left[\prod_B \varphi_B{}^{\nu_B}\right]\left[\prod_B\left(\frac{p_B}{p^\ominus}\right)^{\nu_B}\right] \tag{3-1-24}$$

若参加非理想气体反应的各组分都处于温度为 T、压力 $p_B=p^\ominus$、$\varphi_B=1$ 的纯理想气体的标

准态，则

$$J_f = 1 \qquad \Delta_r G_m = \Delta_r G_m^{\ominus} = \sum_B \nu_B \mu_B^{\ominus} \tag{3-1-25}$$

由此可见，$\Delta_r G_m^{\ominus}$ 表示参加反应的各非理想气体都处于温度为 T 的标准态时，进行 1mol 反应引起系统的吉布斯函数的变化。实际上，它就是理想气体反应的等温方程式(3-1-16)中的 $\Delta_r G_m^{\ominus}$。非理想气体反应到达平衡时 $\Delta_r G_m = 0$，根据式(3-1-18)和式(3-1-23)有

$$\Delta_r G_m^{\ominus} = -RT\ln K_p^{\ominus} = -RT\ln (J_f)_{平衡} \tag{3-1-26}$$

可以得出

$$K_p^{\ominus} = (J_f)_{平衡} = \left[\prod_B \varphi_B{}^{\nu_B}\right]_{平衡}\left[\prod_B \left(\frac{p_B}{p^{\ominus}}\right)^{\nu_B}\right]_{平衡} \tag{3-1-27}$$

由此可见，非理想气体反应的标准平衡常数与反应到达平衡时的压力商有关，还与反应到达平衡时的逸度系数商有关，令

$$K_\varphi = \left[\prod_B \varphi_B{}^{\nu_B}\right]_{平衡} \qquad K_p = \left[\prod_B \left(\frac{p_B}{p^{\ominus}}\right)^{\nu_B}\right]_{平衡} \tag{3-1-28}$$

根据式(2-2-16)有

$$\lim_{p\to 0} K_\varphi = 1 \qquad \lim_{p\to 0} K_p = K_p^{\ominus} \tag{3-1-29}$$

由此可见，只有在极低压力的情况下，非理想气体反应的平衡压力商才与理想气体反应的平衡压力商相同。而在通常压力的情况下，非理想气体反应的平衡压力商与理想气体反应的平衡压力商是不同的，这个差别会影响到气相反应的平衡组成。

例 3-1-1　在等温、等压条件下，已知反应 $N_2(g)+O_2(g)=\!=\!=2NO(g)$ 的 $K_p^{\ominus}=0.62$，$K_\varphi=0.31$。设反应开始时 $N_2(g)$ 和 $O_2(g)$ 都是 1mol，平衡时系统压力为 p，分别求该反应视为理想气体反应系统时和非理想气体反应系统时的平衡组成。

解

	$N_2(g)$	$+O_2(g)=\!=\!=$	$2NO(g)$
开始	0.5	0.5	0
平衡	$0.5-y$	$0.5-y$	$2y$

如果该反应视为理想气体反应系统，则

$$K_p^{\ominus} = \frac{(2yp/p^{\ominus})^2}{[(0.5-y)p/p^{\ominus}][(0.5-y)p/p^{\ominus}]} = \frac{4y^2}{(0.5-y)^2} = 0.62$$

解得 $y=0.141$，故视为理想气体反应系统的平衡组成为 $y_{N_2}=0.359$，$y_{O_2}=0.359$，$y_{NO}=0.282$。

如果该反应视为非理想气体反应系统，则

$$K_p^{\ominus} = K_\varphi K_p = K_\varphi \frac{(2yp/p^{\ominus})^2}{[(0.5-y)p/p^{\ominus}][(0.5-y)p/p^{\ominus}]} = 0.31\times\frac{4y^2}{(0.5-y)^2} = 0.62$$

解得 $y=0.207$，故视为非理想气体反应系统的平衡组成为 $y_{N_2}=0.293$，$y_{O_2}=0.293$，$y_{NO}=0.414$。

4. 液相反应的化学平衡

下面首先导出理想溶液化学平衡的基本方程。我们假设反应系统中反应物和产物混合组成理想溶液，把式(2-3-5)代入式(3-1-13)中得

$$\Delta_r G_m = \sum_B \nu_B\left(\mu_B^{\ominus} + RT\ln\frac{p_B^*}{p_B^{\ominus}} + RT\ln x_B\right) \tag{3-1-30}$$

令

$$\Delta_r G_m^* = \sum_B \nu_B\left(\mu_B^{\ominus} + RT\ln\frac{p_B^*}{p_B^{\ominus}}\right) \qquad J_x = \prod_B (x_B)^{\nu_B} \tag{3-1-31}$$

则式(3-1-30)可改写为

$$\Delta_r G_m = \Delta_r G_m^* + RT\ln J_x \quad (3\text{-}1\text{-}32)$$

式(3-1-32)称为理想溶液反应的等温方程。J_x 称为浓度商,它与参加反应各组分的液相浓度 x_B 有关。

由第 2 章已知,$\mu_B^\ominus$ 是在温度 T 和压力 $p^\ominus$ 时纯 B 液体的标准化学势,而当压力 $p=p^\ominus$ 时有 $p_B^*=p_B^\ominus$,若参加理想溶液反应的各组分都处于温度为 T、$p=p^\ominus$、$x_B=1$ 的纯液体标准态时,则

$$J_x = 1 \qquad \Delta_r G_m = \Delta_r G_m^\ominus = \sum_B \nu_B \mu_B^\ominus \quad (3\text{-}1\text{-}33)$$

由此可见 $\Delta_r G_m^\ominus$ 表示参加反应的各组分都处于温度为 T、$p=p^\ominus$、$x_B=1$ 的纯液体标准态时,进行 1mol 反应引起系统的吉布斯函数的变化。$\Delta_r G_m^\ominus$ 称为标准摩尔反应吉布斯函数,令

$$\Delta_r G_m^\ominus = -RT\ln K_x^\ominus \quad (3\text{-}1\text{-}34)$$

式中,$K_x^\ominus$ 称为理想溶液反应的标准平衡常数。因为 $\mu_B^\ominus$ 只是温度的函数,所以 $\Delta_r G_m^\ominus$ 也只是温度的函数,$K_x^\ominus$ 也只是温度的函数。由于 $\Delta_r G_m^\ominus$ 和 $K_x^\ominus$ 与具体的化学计量方程式的写法有关,所以使用 $\Delta_r G_m^\ominus$ 和 $K_x^\ominus$ 时必须同时指明所对应的化学计量方程式。理想溶液反应到达平衡时 $\Delta_r G_m=0$,如果 p 与 $p^\ominus$ 相差不大,则 p_B^* 与 $p_B^\ominus$ 就相差不大,可以认为 $\Delta_r G_m^* = \Delta_r G_m^\ominus$,根据式(3-1-32)和式(3-1-34)有

$$\Delta_r G_m = -RT\ln K_x^\ominus + RT\ln(J_x)_{平衡} = 0 \quad (3\text{-}1\text{-}35)$$

可以得出

$$K_x^\ominus = (J_x)_{平衡} = \left[\prod_B (x_B)^{\nu_B}\right]_{平衡} \quad (3\text{-}1\text{-}36)$$

由此可见,理想溶液反应的标准平衡常数与反应到达平衡时的液相浓度商有关。

在实际的液相反应中,我们假设反应系统中反应物和产物混合组成非理想溶液,下面导出非理想溶液化学平衡的基本方程。把式(2-3-9)代入式(3-1-13)中得

$$\Delta_r G_m = \sum_B \nu_B \left(\mu_B^\ominus + RT\ln\frac{p_B^*}{p_B^\ominus} + RT\ln a_B\right) \quad (3\text{-}1\text{-}37)$$

令

$$\Delta_r G_m^* = \sum_B \nu_B \left(\mu_B^\ominus + RT\ln\frac{p_B^*}{p_B^\ominus}\right) \qquad J_a = \prod_B (a_B)^{\nu_B} \quad (3\text{-}1\text{-}38)$$

则式(3-1-37)可改写为

$$\Delta_r G_m = \Delta_r G_m^* + RT\ln J_a \quad (3\text{-}1\text{-}39)$$

式(3-1-39)称为非理想溶液反应的等温方程。J_a 称为活度商,它与参加反应各组分的活度 a_B 有关。

由第 2 章已知,$\mu_B^\ominus$ 是在温度 T 和压力 $p^\ominus$ 时纯 B 液体的标准化学势,而当压力 $p=p^\ominus$ 时有 $p_B^*=p_B^\ominus$,若参加非理想溶液反应的各组分都处于温度为 T、$p=p^\ominus$、$x_B=1$、$\gamma_B=1$ 的纯液体标准态,则

$$J_a = 1 \qquad \Delta_r G_m = \Delta_r G_m^\ominus = \sum_B \nu_B \mu_B^\ominus \quad (3\text{-}1\text{-}40)$$

由此可见,$\Delta_r G_m^\ominus$ 表示参加反应的各组分都处于温度为 T、$p=p^\ominus$、$x_B=1$、$\gamma_B=1$ 的纯液体标准态时,进行 1mol 反应引起系统的吉布斯函数的变化。实际上,它就是理想溶液反应中的 $\Delta_r G_m^\ominus$。非理想溶液反应到达平衡时 $\Delta_r G_m=0$,如果 p 与 $p^\ominus$ 相差不大,则 p_B^* 与 $p_B^\ominus$ 就相差不大,可以认为 $\Delta_r G_m^* = \Delta_r G_m^\ominus$,根据式(3-1-39)和式(3-1-34)有

$$\Delta_r G_m = -RT\ln K_x^\ominus + RT\ln(J_a)_{平衡} = 0 \quad (3\text{-}1\text{-}41)$$

由第2章已知，非理想溶液中组分B的活度为 $a_B=\gamma_B x_B$，可以得出

$$K_x^{\ominus}=(J_a)_{平衡}=\left[\prod_B \gamma_B{}^{\nu_B}\right]_{平衡}\left[\prod_B x_B{}^{\nu_B}\right]_{平衡} \tag{3-1-42}$$

由此可见，非理想溶液反应的标准平衡常数与反应到达平衡时的浓度商有关，还与反应到达平衡时的活度系数商有关。令

$$K_\gamma=\left[\prod_B \gamma_B{}^{\nu_B}\right]_{平衡} \qquad K_x=\left[\prod_B x_B{}^{\nu_B}\right]_{平衡} \tag{3-1-43}$$

根据式(2-3-8)有

$$\lim_{x_B\to 1}K_\gamma=1 \qquad \lim_{x_B\to 1}K_x=K_x^{\ominus} \tag{3-1-44}$$

由此可见，只有在每个组分为极大浓度的情况下，非理想溶液反应的平衡浓度商才与理想溶液反应的平衡浓度商相同。而在通常浓度的情况下，非理想溶液反应的平衡浓度商与理想溶液反应的平衡浓度商是不同的，这个差别会影响到液相反应的平衡组成。

例 3-1-2 在等温、等压条件下，设有反应 $C_6H_6(l)+CH_3OH(l)=\!=\!=C_6H_5CH_3(l)+H_2O(l)$ 达到平衡，反应开始时 $C_6H_6(l)$ 和 $CH_3OH(l)$ 都是 1mol。如果反应分别视为理想溶液反应系统和非理想溶液反应系统，$C_6H_6(l)$ 的平衡组成分别为 0.125 和 0.225，求该反应的 $K_x^{\ominus}$，K_x 和 K_γ。

解

	$C_6H_6(l)$	$+CH_3OH(l)=\!=\!=$	$C_6H_5CH_3(l)$	$+H_2O(l)$
开始	0.5	0.5	0	0
平衡	$0.5-x$	$0.5-x$	x	x

如果该反应视为理想溶液反应系统，则

$$0.5-x=0.125 \qquad x=0.375$$

$$K_x^{\ominus}=\frac{x^2}{(0.5-x)^2}=\frac{0.375^2}{0.125^2}=9$$

如果该反应视为非理想溶液反应系统，则

$$0.5-x=0.225 \qquad x=0.275$$

$$K_x=\frac{x^2}{(0.5-x)^2}=\frac{0.275^2}{0.225^2}=1.49$$

$$K_\gamma=K_x^{\ominus}/K_x=9/1.49=6.04$$

5. 多相反应的化学平衡

多相反应是指有气体、液体和固体同时参加的反应。这里我们仅讨论只有气体和液体参加的多相反应，并假设反应系统中的气体混合组成理想气体，液体混合组成理想溶液。气液多相反应可以用一个通式来表示，即

$$0=\sum_A \nu_A A+\sum_B \nu_B B$$

式中，A为参加反应的液相组分；ν_A 是组分A在该化学反应方程式中的化学计量数；B为参加反应的气相组分；ν_B 是组分B在该化学反应方程式中的化学计量数。

下面导出气液多相反应化学平衡的基本方程，把式(2-2-6)和式(2-3-5)代入式(3-1-13)中得

$$\Delta_r G_m=\sum_A \nu_A\left(\mu_A^{\ominus}+RT\ln\frac{p_A^*}{p_A^{\ominus}}+RT\ln x_A\right)+\sum_B \nu_B\left(\mu_B^{\ominus}+RT\ln\frac{p_B}{p^{\ominus}}\right) \tag{3-1-45}$$

令

$$\Delta_r G_m^*=\sum_A \nu_A\left(\mu_A^{\ominus}+RT\ln\frac{p_A^*}{p_A^{\ominus}}\right)+\sum_B \nu_B\mu_B^{\ominus} \qquad J_{xp}=\left[\prod_A x_A{}^{\nu_A}\right]\left[\prod_B\left(\frac{p_B}{p^{\ominus}}\right)^{\nu_B}\right] \tag{3-1-46}$$

则式(3-1-45)可改写为

$$\Delta_r G_m = \Delta_r G_m^* + RT\ln J_{xp} \tag{3-1-47}$$

式(3-1-47)称为气液多相反应的等温方程。J_{xp}称为浓度压力商，它与参加反应的各液相组分的浓度 x_A 和各气相组分的分压 p_B 有关。

若在气液多相反应中，各液相组分都处于温度为 T、$p=p^\ominus$、$x_B=1$ 的纯液体标准态，各气相组分都处于温度为 T、$p_B=p^\ominus$ 的纯理想气体的标准态，则

$$J_{xp} = 1 \qquad \Delta_r G_m = \Delta_r G_m^\ominus = \sum_A \nu_A \mu_A^\ominus + \sum_B \nu_B \mu_B^\ominus \tag{3-1-48}$$

由此可见，$\Delta_r G_m^\ominus$ 表示参加反应的各组分都处于温度为 T 的标准态时，进行 1mol 反应引起系统的吉布斯函数的变化。$\Delta_r G_m^\ominus$ 称为标准摩尔反应吉布斯函数，令

$$\Delta_r G_m^\ominus = -RT\ln K_{xp}^\ominus \tag{3-1-49}$$

$K_{xp}^\ominus$称为气液多相反应的标准平衡常数。因为 $\mu_A^\ominus$ 和 $\mu_B^\ominus$ 只是温度的函数，所以 $\Delta_r G_m^\ominus$ 也只是温度的函数，$K_{xp}^\ominus$也只与温度有关。由于 $\Delta_r G_m^\ominus$ 和 $K_{xp}^\ominus$与具体的化学计量方程式的写法有关，所以使用 $\Delta_r G_m^\ominus$ 和 $K_{xp}^\ominus$时必须同时指明所对应的化学计量方程式。气液多相反应到达平衡时 $\Delta_r G_m=0$，如果 p 与 $p^\ominus$ 相差不大，则 p_A^* 与 $p_A^\ominus$ 相差不大，可以认为 $\Delta_r G_m^* = \Delta_r G_m^\ominus$，根据式(3-1-47)和式(3-1-49)有

$$\Delta_r G_m = -RT\ln K_{xp}^\ominus + RT\ln(J_{xp})_{平衡} = 0 \tag{3-1-50}$$

可以得出

$$K_{xp}^\ominus = (J_{xp})_{平衡} = \left[\prod_A x_A{}^{\nu_A}\right]_{平衡}\left[\prod_B \left(\frac{p_B}{p^\ominus}\right)^{\nu_B}\right]_{平衡} \tag{3-1-51}$$

由此可见，气液多相反应的标准平衡常数与反应到达平衡时的液相浓度商和气相压力商有关。特别是如果气液多相反应系统中只有一种液相组分，则有

$$\left[\prod_A x_A{}^{\nu_A}\right]_{平衡} = 1 \qquad K_{xp}^\ominus = \left[\prod_B \left(\frac{p_B}{p^\ominus}\right)^{\nu_B}\right]_{平衡} = K_p^\ominus \tag{3-1-52}$$

由此可见，这时气液多相反应的标准平衡常数只与气相组分的平衡分压有关，而与液相组分无关。如果气液多相反应系统中有多种液相组分，只要液相组分之间不能混合形成溶液，则式(3-1-52)也成立。

同理，在气固多相反应中，如果反应系统中的气体混合组成理想气体，但只有一种固相组分，则式(3-1-52)成立。如果气固多相反应系统中有多种固相组分，只要固相组分之间不能混合形成固态溶液，则式(3-1-52)也成立。

例 3-1-3 试写出反应(1)$HCHO(g)+CH_4(g)$══$C_2H_5OH(l)$；(2)$NH_4I(s)$══$NH_3(g)+HI(g)$；(3)$2/3C_6H_6(l)+5O_2(g)$══$4CO_2(g)+2H_2O(l)$；(4)$CaCO_3(s)$══$CaO(s)+CO_2(g)$的标准平衡常数的表达式。

解

(1) $K_{xp}^\ominus = [x_{C_2H_5OH}]_{平衡}\left[\left(\frac{p_{HCHO}}{p^\ominus}\right)^{-1}\left(\frac{p_{CH_4}}{p^\ominus}\right)^{-1}\right]_{平衡} = \left[\left(\frac{p_{HCHO}}{p^\ominus}\right)^{-1}\left(\frac{p_{CH_4}}{p^\ominus}\right)^{-1}\right]_{平衡} = K_p^\ominus$

(2) $K_{xp}^\ominus = [x_{NH_4I}]_{平衡}\left[\left(\frac{p_{NH_3}}{p^\ominus}\right)\left(\frac{p_{HI}}{p^\ominus}\right)\right]_{平衡} = \left[\left(\frac{p_{NH_3}}{p^\ominus}\right)\left(\frac{p_{HI}}{p^\ominus}\right)\right]_{平衡} = K_p^\ominus$

(3) $K_{xp}^\ominus = \left[\frac{x_{H_2O}^2}{x_{C_6H_6}^{2/3}}\right]_{平衡}\left[\left(\frac{p_{CO_2}}{p^\ominus}\right)^4\left(\frac{p_{O_2}}{p^\ominus}\right)^{-5}\right]_{平衡} = \left[\left(\frac{p_{CO_2}}{p^\ominus}\right)^4\left(\frac{p_{O_2}}{p^\ominus}\right)^{-5}\right]_{平衡} = K_p^\ominus$

(4) $K_{xp}^\ominus = \left[\frac{x_{CaO}}{x_{CaCO_3}}\right]_{平衡}\left[\left(\frac{p_{CO_2}}{p^\ominus}\right)\right]_{平衡} = \left[\left(\frac{p_{CO_2}}{p^\ominus}\right)\right]_{平衡} = K_p^\ominus$

§3-2　化学反应的焓变

1. 标准摩尔反应焓

设在等温、等压以及 $W'=0$ 的条件下，系统内发生了一个化学反应

$$0=\sum_{B}\nu_{B}B$$

由于化学反应的发生，系统的焓发生变化。当反应进度变化为 $d\xi$ 时，根据式(3-1-5)，系统的焓变为

$$dH=\sum_{B}H_{B}dn_{B}=\sum_{B}\nu_{B}H_{B}d\xi \tag{3-2-1}$$

式中，H_B 表示在反应系统中各物质的偏摩尔焓。根据式(3-1-6)可得

$$\left(\frac{\partial H}{\partial \xi}\right)_{T,p}=\sum_{B}\nu_{B}H_{B}=\Delta_{r}H_{m} \tag{3-2-2}$$

$\Delta_r H_m$ 表示在等温、等压以及 $W'=0$ 的条件下，当反应进度为 ξ 时，发生 1mol 反应引起系统的焓变，称为摩尔反应焓。$\Delta_r H_m$ 的单位是 $J\cdot mol^{-1}$ 或 $kJ\cdot mol^{-1}$。由于 ξ 与具体的化学计量方程式的写法有关，所以使用 $\Delta_r H_m$ 时必须同时指明所对应的化学计量方程式。

化学反应的热效应是指反应在等温以及 $W'=0$ 的条件下进行时，反应过程中系统吸收或放出的热。若反应在等温、等压以及 $W'=0$ 的条件下进行，这时的热效应称为等压反应热。从第 1 章的讨论已知，等压反应热在数值上等于反应的焓变，因此我们可以通过计算等压反应的焓变来得到等压反应热。

若一个化学反应系统中的每种物质均处于标准状态，它的摩尔反应焓就称为该反应的标准摩尔反应焓，用 $\Delta_r H_m^{\ominus}(T)$ 表示，即

$$\Delta_{r}H_{m}^{\ominus}(T)=\sum_{B}\nu_{B}H_{m,B}^{\ominus}(T) \tag{3-2-3}$$

由于各物质在标准状态下的摩尔焓 $H_{m,B}^{\ominus}(T)$ 仅是温度的函数，所以任何化学反应的标准摩尔反应焓 $\Delta_r H_m^{\ominus}(T)$ 也只是温度的函数。

需要指出的是 $\Delta_r H_m^{\ominus}(T)$ 与 $\Delta_r H_m(T)$ 是不同的，这个不同反映了理想反应系统和实际反应系统的差别：理想反应系统中各物质均处于热力学标准状态，而实际反应系统中各物质不是都处于热力学标准状态。在实际的工程技术中，就必须考虑 $\Delta_r H_m^{\ominus}(T)$ 与 $\Delta_r H_m(T)$ 的差异。

2. 标准摩尔生成焓

由式(3-2-3)可知，当知道各物质的 $H_{m,B}^{\ominus}(T)$ 值时，不难求出反应的 $\Delta_r H_m^{\ominus}(T)$。然而由于各物质的 $H_{m,B}^{\ominus}(T)$ 值是无法确定的，所以实际上无法用式(3-2-3)计算 $\Delta_r H_m^{\ominus}(T)$。为了解决这一矛盾，化学反应热力学中采用规定一个相对标准的方法来解决 $\Delta_r H_m^{\ominus}(T)$ 的计算问题。

化学反应热力学规定，在指定的温度 T，由处于标准状态的稳定态单质生成 1mol 标准状态下指定相态的化合物的反应焓变，称为该化合物在此温度 T 时的标准摩尔生成焓，用符号 $\Delta_f H_{m,B}^{\ominus}(T)$ 表示，单位是 $kJ\cdot mol^{-1}$，式中下标“f”表示生成。例如，已知氯化氢生成反应：

$$\frac{1}{2}Cl_2(g)+\frac{1}{2}H_2(g)=\!=\!=HCl(g)$$

的标准摩尔反应焓 $\Delta_r H_m^{\ominus}(298.15K)=-92.31kJ\cdot mol^{-1}$，则按照上述规定，HCl(g)的标准摩

尔生成焓 $\Delta_f H_m^\ominus(HCl, 298.15K) = -92.31kJ \cdot mol^{-1}$。本书附录中列出了部分化合物的标准摩尔生成焓 $\Delta_f H_{m,B}^\ominus(298.15K)$的值。

关于标准摩尔生成焓的规定作如下几点说明：

(1) 标准态的压力规定为 $p^\ominus = 100kPa$。但标准态的温度并不是一个确定的温度，通常在各种手册中查到的是某一指定温度的标准摩尔生成焓数据 $\Delta_f H_{m,B}^\ominus(T)$，由此计算的 $\Delta_r H_m^\ominus(T)$ 是这个指定温度下的标准摩尔反应焓。

(2) 稳定态单质是指在标准状态下，各种单质能够稳定存在的相态。例如，在 298.15K，$p^\ominus$下，碳单质的稳定相是石墨而不是金刚石，氧则是 $O_2(g)$而不是 $O_2(l)$，根据上面的规定，稳定态单质的标准摩尔生成焓应该为零，而不稳定态单质的标准摩尔生成焓不为零。

对于一般的化学反应 $0 = \sum_B \nu_B B$，利用标准摩尔生成焓，就可计算标准摩尔反应焓

$$\Delta_r H_m^\ominus(T) = \sum_B \nu_B \Delta_f H_{m,B}^\ominus(T) \tag{3-2-4}$$

即化学反应的标准摩尔反应焓等于产物的标准摩尔生成焓之和减去反应物的标准摩尔生成焓之和。由上式和附录中化合物的标准摩尔生成焓可算出化学反应的标准摩尔反应焓。

例 3-2-1 试计算在 298.15K 时，反应 $C_2H_5OH(l) + 3O_2(g) \longrightarrow 2CO_2(g) + 3H_2O(l)$的标准摩尔反应焓。

解 由式(3-2-4)得

$$\Delta_r H_m^\ominus(298.15K) = 2\Delta_f H_m^\ominus(CO_2, g, 298.15K) + 3\Delta_f H_m^\ominus(H_2O, l, 298.15K) - \Delta_f H_m^\ominus(C_2H_5OH, l, 298.15K)$$

由附录查得

$$\Delta_f H_m^\ominus(CO_2, g, 298.15K) = -393.51kJ \cdot mol^{-1}$$

$$\Delta_f H_m^\ominus(H_2O, l, 298.15K) = -285.83kJ \cdot mol^{-1}$$

$$\Delta_f H_m^\ominus(C_2H_5OH, l, 298.15K) = -277.6kJ \cdot mol^{-1}$$

代入得

$$\Delta_r H_m^\ominus(298.15K) = [2\times(-393.51) + 3\times(-285.83) - (-277.6)]kJ \cdot mol^{-1} = -1366.9kJ \cdot mol^{-1}$$

3. 标准摩尔燃烧焓

许多有机物难以由单质一步合成，但是这些有机物在氧气中容易完全燃烧，并且容易测得燃烧的反应热，因此常用标准摩尔燃烧焓来计算有机物反应的 $\Delta_r H_m^\ominus(T)$。

化学反应热力学规定，在标准状态下，1mol 指定相态的纯物质在指定的温度 T 下完全氧化(燃烧)，其标准摩尔反应焓称为该物质的标准摩尔燃烧焓，用符号 $\Delta_c H_{m,B}^\ominus(T)$表示，本书附录中列出了部分化合物的 $\Delta_c H_{m,B}^\ominus(298.15K)$的值。

所谓完全氧化是指该物质中的 C 被氧化为 $CO_2(g)$，H 被氧化为 $H_2O(l)$，S 被氧化为 $SO_2(g)$，N 以 $N_2(g)$存在。按照上述规定，例 3-2-1 中计算的 $\Delta_r H_m^\ominus(298.15K)$即为乙醇的标准摩尔燃烧焓。

对于一般的化学反应 $0 = \sum_B \nu_B B$，利用标准摩尔燃烧焓，就可计算标准摩尔反应焓

$$\Delta_r H_m^\ominus(T) = -\sum_B \nu_B \Delta_c H_{m,B}^\ominus(T) \tag{3-2-5}$$

即标准摩尔反应焓等于反应物的标准摩尔燃烧焓之和减去产物的标准摩尔燃烧焓之和。由上式和附录中化合物的标准摩尔燃烧焓可以算出化学反应的标准摩尔反应焓。

例 3-2-2　试计算在 298.15K 时，反应 $HCHO(g)+CH_4(g)=\!=\!=C_2H_5OH(l)$ 的标准摩尔反应焓。

解　由式(3-2-5)得

$$\Delta_r H_m^\ominus(298.15K)=\Delta_c H_m^\ominus(HCHO,g,298.15K)+\Delta_c H_m^\ominus(CH_4,g,298.15K)-\Delta_c H_m^\ominus(C_2H_5OH,l,298.15K)$$

由附录查得

$$\Delta_c H_m^\ominus(HCHO,g,298.15K)=-571kJ\cdot mol^{-1}$$

$$\Delta_c H_m^\ominus(CH_4,g,298.15K)=-891kJ\cdot mol^{-1}$$

$$\Delta_c H_m^\ominus(C_2H_5OH,l,298.15K)=-1367kJ\cdot mol^{-1}$$

代入得

$$\Delta_r H_m^\ominus(298.15K)=[(-571)+(-891)-(-1367)]kJ\cdot mol^{-1}=-95kJ\cdot mol^{-1}$$

4. 反应焓变与温度的关系

由于在各种手册上能查到的大多是 298.15K 时的 $\Delta_f H_{m,B}^\ominus$ 和 $\Delta_c H_{m,B}^\ominus$ 数据，因此利用这些数据只能计算出 298.15K 时的 $\Delta_r H_m^\ominus(298.15K)$。但在许多实际问题中反应不是在 25℃的条件下进行的，所以为了得到在其他温度下的 $\Delta_r H_m^\ominus(T)$，需要知道标准摩尔反应焓与温度的关系。

为求得温度为 $T(T\neq 298.15K)$ 时，化学反应 $aA(\alpha)+bB(\beta)=\!=\!=lL(\gamma)+mM(\delta)$ 的 $\Delta_r H_m^\ominus(T)$，可设计下列途径：

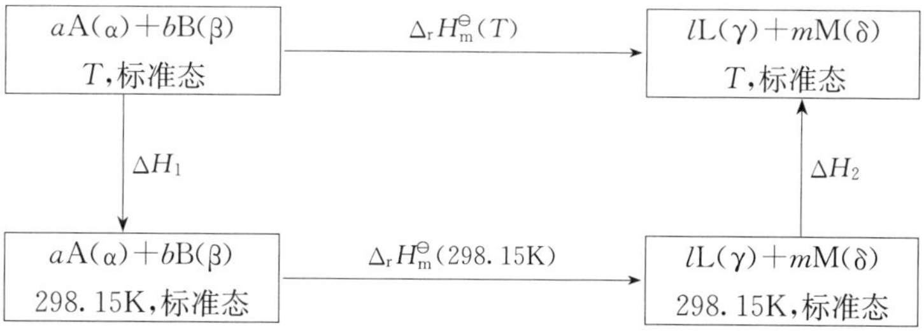

然后根据系统的热力学状态函数的增量仅仅与指定的始态和末态有关，与具体途径无关的这个基本性质，来计算温度为 $T(T\neq 298.15K)$ 时的 $\Delta_r H_m^\ominus$。根据上面框图所示的途径，有

$$\Delta_r H_m^\ominus(T)=\Delta H_1+\Delta_r H_m^\ominus(298.15K)+\Delta H_2 \tag{3-2-6}$$

式中，ΔH_1 是反应物在等压条件下由温度 T 变到 298.15K 的焓变；ΔH_2 则是产物在等压条件下由 298.15K 变到温度 T 的焓变。因此有：

$$\left.\begin{aligned}\Delta H_1 &= \int_T^{298.15K}[aC_{p,m}(A,\alpha)+bC_{p,m}(B,\beta)]dT\\ \Delta H_2 &= \int_{298.15K}^{T}[lC_{p,m}(L,\gamma)+mC_{p,m}(M,\delta)]dT\end{aligned}\right\} \tag{3-2-7}$$

令

$$\Delta_r C_{p,m}=lC_{p,m}(L,\gamma)+mC_{p,m}(M,\delta)-aC_{p,m}(A,\alpha)-bC_{p,m}(B,\beta)$$

可以更一般地写成

$$\Delta_r C_{p,m}=\sum_B \nu_B C_{p,m}(B) \tag{3-2-8}$$

$\Delta_r C_{p,m}$ 为进行 1mol 反应时，反应系统中物质的等压热容之代数和。将式(3-2-7)及式(3-2-8)代入式(3-2-6)得

$$\Delta_r H_m^\ominus(T)=\Delta_r H_m^\ominus(298.15K)+\int_{298.15K}^{T}\Delta_r C_{p,m}dT \tag{3-2-9}$$

此式即是标准摩尔反应焓与温度的关系式，这是 1858 年由基尔霍夫(Kirchhoff)提出的，称为基尔霍夫公式。利用这个公式可由 298.15K 时的标准摩尔反应焓计算其他温度下的标准摩尔反应焓。在使用基尔霍夫公式计算时，应注意在 298.15K 到 T 的温度变化范围内，参加反应的各物质不能有相变化，若不满足这一条件，则应分段计算 ΔH_1 或 ΔH_2。

基尔霍夫公式也可以由热容的定义直接导出。因为$(\partial H/\partial T)_p = C_p$，所以由式(3-2-9)得

$$\left[\frac{\partial \Delta_r H_m^\ominus(T)}{\partial T}\right]_p = \Delta_r C_{p,m} \tag{3-2-10}$$

这是基尔霍夫公式的微分形式。由于标准摩尔反应焓 $\Delta_r H_m^\ominus(T)$ 仅是温度的函数，所以式(3-2-10)也可以写成

$$\frac{d\Delta_r H_m^\ominus}{dT} = \Delta_r C_{p,m} \tag{3-2-11}$$

将式(3-2-11)从 298.15K 到 T 积分，就可以得到式(3-2-9)。

例 3-2-3　合成甲醇的反应为 $CO(g)+2H_2(g)$══$CH_3OH(g)$，试计算 298.15K 和 423.15K 时合成甲醇反应的 $\Delta_r H_m^\ominus$。

解　由附录查得 $CO(g)$、$H_2(g)$ 和 $CH_3OH(g)$ 的 $\Delta_f H_m^\ominus(298.15K)$ 的值分别为 -110.53、0 和 $-201.0kJ \cdot mol^{-1}$。$CO(g)$、$H_2(g)$和 $CH_3OH(g)$的 $C_{p,m}$分别为 29.14、28.84 和 44.1$J \cdot K^{-1} \cdot mol^{-1}$。代入式(3-2-4)得

$$\begin{aligned}\Delta_r H_m^\ominus(298.15K) &= \Delta_f H_m^\ominus(CH_3OH,g) - \Delta_f H_m^\ominus(CO,g) - 2\Delta_f H_m^\ominus(H_2,g)\\ &= (-201.0+110.53)kJ \cdot mol^{-1} = -90.47kJ \cdot mol^{-1}\end{aligned}$$

又

$$\begin{aligned}\Delta C_{p,m} &= C_{p,m}(CH_3OH,g) - C_{p,m}(CO,g) - 2C_{p,m}(H_2,g)\\ &= (44.1-29.14-2\times 28.84)J \cdot K^{-1} \cdot mol^{-1} = -42.7J \cdot K^{-1} \cdot mol^{-1}\end{aligned}$$

代入式(3-2-9)得

$$\begin{aligned}\Delta_r H_m^\ominus(423.15K) &= \Delta_r H_m^\ominus(298.15K) + \int_{298.15K}^{423.15K} \Delta C_{p,m} dT\\ &= [-90.47+(-42.7)\times(423.15-298.15)\times 10^{-3}]kJ \cdot mol^{-1} = -95.81kJ \cdot mol^{-1}\end{aligned}$$

§3-3　化学反应的熵变

1. 标准摩尔反应熵

设在等温、等压以及 $W'=0$ 的条件下，系统内发生了一个化学反应

$$0 = \sum_B \nu_B B$$

由于化学反应的发生，系统的熵发生变化。当反应进度变化为 $d\xi$ 时，根据式(3-1-5)系统的熵变为

$$dS = \sum_B S_B dn_B = \sum_B \nu_B S_B d\xi \tag{3-3-1}$$

式中，S_B 表示在反应系统中各物质的偏摩尔熵。根据式(3-1-6)可得

$$\left(\frac{\partial S}{\partial \xi}\right)_{T,p} = \sum_B \nu_B S_B = \Delta_r S_m \tag{3-3-2}$$

$\Delta_r S_m$ 表示在等温、等压以及 $W'=0$ 的条件下，当反应进度为 ξ 时，发生 1mol 反应引起系统的熵变，称为化学反应的摩尔反应熵。$\Delta_r S_m$ 的单位是 $J \cdot mol^{-1} \cdot K^{-1}$。由于 ξ 与具体的化学计量方程式的写法有关，所以使用 $\Delta_r S_m$ 时必须同时指明所对应的化学计量方程式。

若一个化学反应系统中的每种物质均处于标准状态，它的摩尔反应熵就称为该反应的标准摩尔反应熵，用 $\Delta_r S_m^\ominus(T)$ 表示，即

$$\Delta_r S_m^\ominus(T) = \sum_B \nu_B S_{m,B}^\ominus(T) \tag{3-3-3}$$

由于各物质在标准状态下的摩尔熵 $S_{m,B}^\ominus(T)$ 仅是温度的函数，所以任一化学反应的标准摩尔反应熵 $\Delta_r S_m^\ominus(T)$ 也只是温度的函数。

需要指出的是 $\Delta_r S_m^\ominus(T)$ 与 $\Delta_r S_m(T)$ 是不同的，这个不同反映了理想反应系统和实际反应系统的差别：理想反应系统中各物质均处于热力学标准状态，而实际反应系统中各物质不是都处于热力学标准状态。在实际的工程技术中，就必须考虑 $\Delta_r S_m^\ominus(T)$ 与 $\Delta_r S_m(T)$ 的差异。

2. 热力学第三定律

如果化学反应能在等温条件下可逆地进行，则利用实验测得的可逆过程的反应热 Q_r，就可以计算反应的熵变 $\Delta_r S_m$。然而实际发生的化学反应过程都是热力学不可逆过程，因此由实验测得的反应热是不可逆过程的热效应，所以不能用于反应的熵变计算。

由式(3-3-3)可知，若知道各物质在标准状态下的熵值 $S_{m,B}^\ominus(T)$，不难求出反应的标准摩尔反应熵。在化学反应热力学中，就是利用热力学第三定律来求得各物质在标准状态下的熵值 $S_{m,B}^\ominus(T)$，解决标准摩尔反应熵 $\Delta_r S_m^\ominus(T)$ 的计算问题。

20 世纪初，理查兹(Richards)从许多低温下凝聚系统电池反应的研究中发现：随着温度的降低，反应的熵变 $\Delta_r S$ 逐渐减小。能斯特(Nernst)在此基础上提出了一个假定："当温度趋于绝对零度时，凝聚系统中任何等温化学反应的熵变均趋于零"，即

$$\lim_{T\to 0K} \Delta_r S = 0 \tag{3-3-4}$$

式(3-3-4)称为能斯特热定理。普朗克(M. Planck)在 1912 年进一步假定，在 0K 时纯物质晶体的熵值为零，即

$$\lim_{T\to 0K} S = 0 \tag{3-3-5}$$

若普朗克的假定是正确的，则能斯特的热定理是必然的结果。在此基础上建立了热力学第三定律，它可以表述为："任何纯物质的完美晶体在绝对零度时的熵值为零。"这就是热力学第三定律的普朗克说法。所谓完美晶体是指在晶体中，分子或原子只有一种排列方式，例如，若在 NO 晶体中有"NONONONO…"和"NOONNONOON…"两种排列方式，这就不是完美晶体。

热力学第三定律也存在否定说法，这就是"不可能通过有限次的操作达到绝对零度。"

3. 规定熵和标准熵

以热力学第三定律为基础，可以求得任何指定状态下 1mol 纯物质的熵值，并把它称为该物质在指定状态下的规定摩尔熵，用符号 $S_{m,B}(T)$ 表示。如果 1mol 纯物质从完美晶体、0K 的状态变到温度为 T 的指定状态，过程的熵变为

$$\Delta S = S_{m,B}(T) - S_{m,B}(0K) \tag{3-3-6}$$

根据热力学第三定律，有 $S_{m,B}(0K) = 0$，所以

$$\Delta S = S_{m,B}(T) \tag{3-3-7}$$

若从 0K 到 T 的过程中物质无相变化，则 ΔS 可以由第 2 章中介绍的熵变计算的方法

求得

$$S_{m,B}(T)=\Delta S=\int_0^T \frac{C_{p,m}}{T}dT \tag{3-3-8}$$

可以由实验测定的$\frac{C_{p,m}}{T}$-T 曲线,用图解积分的方法获得 $S_{m,B}(T)$。应当指出的是若在 0K 到 T 的过程中有相变化,则必须分段计算 $S_{m,B}(T)$。

如果指定的状态为温度 T、压力为 $p^\ominus$ 的该物质的标准态,则该物质的规定摩尔熵 $S_{m,B}(T)$ 就称为该物质在温度 T 时的标准摩尔熵,用符号 $S^\ominus_{m,B}(T)$表示。本书附录列出了部分物质的 $S^\ominus_{m,B}(298.15K)$值,由式(3-3-3)和附录中的化合物的标准摩尔熵可以计算 298.15K 时的标准摩尔反应熵。

例 3-3-1　试计算在 298.15K 时,反应 $CO(g)+2H_2(g)$══$CH_3OH(l)$的标准摩尔反应熵。

解　由式(3-3-3)得

$$\Delta_r S^\ominus_m(298.15K)=S^\ominus_m(CH_3OH,l,298.15K)-S^\ominus_m(CO,g,298.15K)-2S^\ominus_m(H_2,g,298.15K)$$

由附录查得 $CO(g)$、$H_2(g)$和 $CH_3OH(l)$在 298.15K 时的标准摩尔熵 $S^\ominus_m$ 分别为 197.769、130.789 和 126.8J · K^{-1} · mol^{-1}。代入上式得

$$\Delta_r S^\ominus_m(298.15K)=(126.8-197.769-2\times130.789)J\cdot K^{-1}\cdot mol^{-1}=-332.5J\cdot K^{-1}\cdot mol^{-1}$$

4. 反应熵变与温度的关系

由于在各种手册上能查到的大多是 298.15K 时的 $S^\ominus_{m,B}$的数据,因此利用这些数据只能计算出 298.15K 时的 $\Delta_r S^\ominus_m$。但在实际生产过程中许多反应都不是在 298.15K 进行的,所以为了得到在其他温度下的 $\Delta_r S^\ominus_m(T)$,需要知道标准摩尔反应熵与温度的关系。

为求得温度为 $T(T\neq298.15K)$时,化学反应 $aA(\alpha)+bB(\beta)$══$lL(\gamma)+mM(\delta)$的 $\Delta_r S^\ominus_m$,可设计下列途径:

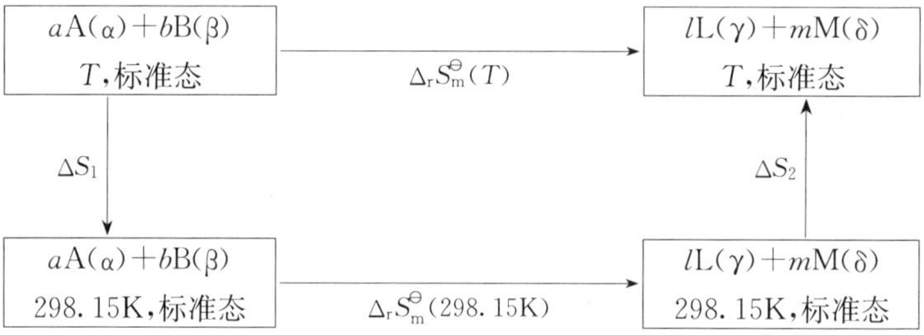

然后根据系统的热力学状态函数的增量仅仅与指定的始态和末态有关,与具体途径无关的这个基本性质,来计算温度为 $T(T\neq298.15K)$时的 $\Delta_r S^\ominus_m(T)$。根据上面框图所示的途径,有

$$\Delta_r S^\ominus_m(T)=\Delta S_1+\Delta_r S^\ominus_m(298.15K)+\Delta S_2 \tag{3-3-9}$$

式中,ΔS_1 是反应物在等压条件下由温度 T 变到 298.15K 的熵变;ΔS_2 则是产物在等压条件下由 298.15K 变到温度 T 的熵变。因此有:

$$\left.\begin{aligned}\Delta S_1&=\int_T^{298.15K}\left[a\frac{C_{p,m}(A,\alpha)}{T}+b\frac{C_{p,m}(B,\beta)}{T}\right]dT\\ \Delta S_2&=\int_{298.15K}^{T}\left[l\frac{C_{p,m}(L,\gamma)}{T}+m\frac{C_{p,m}(M,\delta)}{T}\right]dT\end{aligned}\right\} \tag{3-3-10}$$

将式(3-3-10)代入式(3-3-9)并利用式(3-2-8)，进而得到

$$\Delta_r S_m^\ominus(T) = \Delta_r S_m^\ominus(298.15\text{K}) + \int_{298.15\text{K}}^{T} \frac{\Delta_r C_{p,m}}{T} dT \tag{3-3-11}$$

利用式(3-3-11)可由 298.15K 时的标准摩尔反应熵计算其他温度下的标准摩尔反应熵。使用式(3-3-11)时，各物质在 298.15K 到 T 的温度区间内不能有相变化。若不满足这一条件，则应分段计算 ΔS_1 或 ΔS_2。类似于式(3-2-11)，可以导出式(3-3-11)的微分形式

$$\frac{d\Delta_r S_m^\ominus}{dT} = \frac{\Delta_r C_{p,m}}{T} \tag{3-3-12}$$

将式(3-3-12)从 298.15K 到 T 积分，就可以得到式(3-3-11)

例 3-3-2　合成甲醇的反应为 $CO(g)+2H_2(g)$ ══ $CH_3OH(g)$，试计算 298.15K 和 423.15K 时合成甲醇反应的 $\Delta_r S_m^\ominus$。

解　由附录查得 $CO(g)$、$H_2(g)$ 和 $CH_3OH(g)$ 的 $S_m^\ominus(298.15\text{K})$ 的值分别为 197.769、130.789 和 240.0J · K^{-1} · mol^{-1}。$CO(g)$、$H_2(g)$ 和 $CH_3OH(g)$ 的 $C_{p,m}$ 分别为 29.14、28.84 和 44.1J · K^{-1} · mol^{-1}。代入式(3-3-3)得

$$\begin{aligned}\Delta_r S_m^\ominus(298.15\text{K}) &= S_m^\ominus(CH_3OH,g,298.15\text{K}) - S_m^\ominus(CO,g,298.15\text{K}) - 2S_m^\ominus(H_2,g,298.15\text{K})\\ &= (240.0-197.769-2\times130.789)\text{J}\cdot\text{K}^{-1}\cdot\text{mol}^{-1} = -219.3\text{J}\cdot\text{K}^{-1}\cdot\text{mol}^{-1}\end{aligned}$$

又

$$\begin{aligned}\Delta C_{p,m} &= C_{p,m}(CH_3OH,g) - C_{p,m}(CO,g) - 2C_{p,m}(H_2,g)\\ &= (44.1-29.14-2\times28.84)\text{J}\cdot\text{K}^{-1}\cdot\text{mol}^{-1} = -42.7\text{J}\cdot\text{K}^{-1}\cdot\text{mol}^{-1}\end{aligned}$$

代入式(3-3-11)得

$$\begin{aligned}\Delta_r S_m^\ominus(423.15\text{K}) &= \Delta_r S_m^\ominus(298.15\text{K}) + \int_{298.15\text{K}}^{423.15\text{K}} \frac{\Delta C_{p,m}}{T} dT\\ &= \left[-219.3+(-42.7)\times\ln\frac{423.15}{298.15}\right]\text{J}\cdot\text{K}^{-1}\cdot\text{mol}^{-1} = -234.3\text{J}\cdot\text{K}^{-1}\cdot\text{mol}^{-1}\end{aligned}$$

§ 3-4　化学平衡的计算

1. 标准平衡常数的计算

前面定义了化学反应的标准平衡常数，下面介绍计算标准平衡常数的三种方法。

1) 由标准摩尔生成吉布斯函数计算标准平衡常数

指定温度下，由标准态的稳定单质生成 1mol 标准态的指定相态化合物，该反应的吉布斯函数变化称为该化合物的标准摩尔生成吉布斯函数，用符号 $\Delta_f G_{m,B}^\ominus(T)$ 表示。按此定义，稳定状态单质的标准摩尔生成吉布斯函数为零。与由标准摩尔生成焓计算标准摩尔反应焓一样，也可以由标准摩尔生成吉布斯函数计算标准摩尔反应吉布斯函数

$$\Delta_r G_m^\ominus(T) = \sum_B \nu_B \Delta_f G_{m,B}^\ominus(T) \tag{3-4-1}$$

即化学反应的标准摩尔反应吉布斯函数等于产物的标准摩尔生成吉布斯函数之和减去反应物的标准摩尔生成吉布斯函数之和。本书附录中列出了部分化合物在 298.15K 的标准摩尔生成吉布斯函数 $\Delta_f G_{m,B}^\ominus(298.15\text{K})$ 的值。由上式和附录中化合物的标准摩尔生成吉布斯函数可算出在 298.15K 化学反应的标准摩尔反应吉布斯函数。$\Delta_r G_m^\ominus$ 计算出来后，就可以计算标准平衡常数了。

例 3-4-1　利用附录中标准摩尔生成吉布斯函数值，计算反应 $CH_3OH(g)+1/2\ O_2(g)═HCHO(g)+H_2O(g)$ 在 298.15K 的标准平衡常数。

解　由附录查得各物质在 298.15K 的标准摩尔生成吉布斯函数 $\Delta_f G^{\ominus}_{m,B}$ 如下：

物　质	$CH_3OH(g)$	$O_2(g)$	$HCHO(g)$	$H_2O(g)$
$\Delta_f G^{\ominus}_{m,B}/(kJ\cdot mol^{-1})$	−162.2	0	−112.5	−228.59

$$\begin{aligned}\Delta_r G^{\ominus}_m &= \Delta_f G^{\ominus}_m(HCHO,g,298.15K)+\Delta_f G^{\ominus}_m(H_2O,g,298.15K)-\\&\quad \Delta_f G^{\ominus}_m(CH_3OH,g,298.15K)-\frac{1}{2}\Delta_f G^{\ominus}_m(O_2,g,298.15K)\\&=[-112.5-228.59-(-162.2)-0]kJ\cdot mol^{-1}=-178.9kJ\cdot mol^{-1}\end{aligned}$$

$$\ln K^{\ominus}_p=-\frac{\Delta_r G^{\ominus}_m}{RT}=-\frac{(-178.9\times10^3)}{8.314\times298.15}=72.17\qquad K^{\ominus}_p=2.21\times10^{31}$$

例 3-4-2　利用附录中标准摩尔生成吉布斯函数值，计算反应 $CH_3CH_2OH(l)+CH_3COOH(l)═CH_3CH_2COOCH_3(l)+H_2O(l)$ 在 298.15K 的标准平衡常数。

解　由附录查得各物质在 298.15K 的标准摩尔生成吉布斯函数 $\Delta_f G^{\ominus}_{m,B}$ 如下：

物　质	$CH_3CH_2OH(l)$	$CH_3COOH(l)$	$CH_3CH_2COOCH_3(l)$	$H_2O(l)$
$\Delta_f G^{\ominus}_{m,B}/(kJ\cdot mol^{-1})$	−174.7	−390.1	−332.5	−237.09

$$\begin{aligned}\Delta_r G^{\ominus}_m &= \Delta_f G^{\ominus}_m(CH_3CH_2COOCH_3,l,298.15K)+\Delta_f G^{\ominus}_m(H_2O,l,298.15K)-\\&\quad \Delta_f G^{\ominus}_m(CH_3CH_2OH,l,298.15K)-\Delta_f G^{\ominus}_m(CH_3COOH,l,298.15K)\\&=[-332.5-237.09-(-174.7)-(-390.1)]kJ\cdot mol^{-1}=-4.8kJ\cdot mol^{-1}\end{aligned}$$

$$\ln K^{\ominus}_x=-\frac{\Delta_r G^{\ominus}_m}{RT}=\frac{4800}{8.314\times298.15}=1.9\qquad K^{\ominus}_x=6.7$$

2）由标准摩尔生成焓和标准摩尔熵计算标准平衡常数

等温时，根据式(1-5-7)可得

$$dG=dH-TdS \tag{3-4-2}$$

在标准状态下，根据式(3-1-8)、式(3-2-2)和式(3-3-2)，上式可以写成

$$\Delta_r G^{\ominus}_m=\Delta_r H^{\ominus}_m-T\Delta_r S^{\ominus}_m \tag{3-4-3}$$

其中，$\Delta_r H^{\ominus}_m$ 由 $\Delta_f H^{\ominus}_{m,B}$ 或 $\Delta_c H^{\ominus}_{m,B}$ 计算，$\Delta_r S^{\ominus}_m$ 由 $S^{\ominus}_{m,B}$ 计算。$\Delta_r G^{\ominus}_m$ 计算出来后，就可以计算标准平衡常数了。

例 3-4-3　利用附录的标准摩尔生成焓和标准摩尔熵数据，计算反应 $CO(g)+2H_2(g)═CH_3OH(l)$ 在 298.15K 的标准平衡常数。

解　由附录查得各物质在 298.15K 的 $\Delta_f H^{\ominus}_{m,B}$ 和 $S^{\ominus}_{m,B}$ 如下：

物　质	$CO(g)$	$H_2(g)$	$CH_3OH(l)$
$\Delta_f H^{\ominus}_{m,B}/(kJ\cdot mol^{-1})$	−110.53	0	−239.1
$S^{\ominus}_{m,B}/(J\cdot K^{-1}\cdot mol^{-1})$	197.769	130.789	126.8

$$\begin{aligned}\Delta_r H^{\ominus}_m &= \Delta_f H^{\ominus}_m(CH_3OH,l,298.15K)-\Delta_f H^{\ominus}_m(CO,g,298.15K)-2\Delta_f H^{\ominus}_m(H_2,g,298.15K)\\&=[-239.1-(-110.53)-0]kJ\cdot mol^{-1}=-128.6kJ\cdot mol^{-1}\end{aligned}$$

$$\begin{aligned}\Delta_r S^{\ominus}_m &= S^{\ominus}_m(CH_3OH,l,298.15K)-S^{\ominus}_m(CO,g,298.15K)-2S^{\ominus}_m(H_2,g,298.15K)\\&=(126.8-197.769-2\times130.789)J\cdot K^{-1}\cdot mol^{-1}=-332.5J\cdot K^{-1}\cdot mol^{-1}\end{aligned}$$

$\Delta_r G_m^\ominus = \Delta_r H_m^\ominus - T\Delta_r S_m^\ominus$

$= [-128.6 - 298.15 \times (-332.5) \times 10^{-3}] J \cdot mol^{-1} = -29.5 kJ \cdot mol^{-1}$

$\ln K_p^\ominus = -\frac{\Delta_r G_m^\ominus}{RT} = \frac{29.5 \times 10^3}{8.314 \times 298.15} = 11.9 \qquad K_p^\ominus = 1.47 \times 10^5$

例 3-4-4　利用附录中标准摩尔生成焓和标准摩尔熵值，计算反应 $NH_4Cl(s) = NH_3(g) + HCl(g)$ 在 298.15K 的标准平衡常数。

解　由附录查得各物质在 298.15K 的 $\Delta_f H_{m,B}^\ominus$ 和 $S_{m,B}^\ominus$ 如下：

物　质	$NH_4Cl(s)$	$NH_3(g)$	$HCl(g)$
$\Delta_f H_{m,B}^\ominus/(kJ \cdot mol^{-1})$	−314.5	−45.94	−92.31
$S_{m,B}^\ominus/(J \cdot K^{-1} \cdot mol^{-1})$	94.6	192.885	187.011

$\Delta_r H_m^\ominus = \Delta_f H_m^\ominus(NH_3, g, 298.15K) + \Delta_f H_m^\ominus(HCl, g, 298.15K) - \Delta_f H_m^\ominus(NH_4Cl, s, 298.15K)$

$= [-45.94 - 92.31 - (-314.5)] kJ \cdot mol^{-1} = 176.3 kJ \cdot mol^{-1}$

$\Delta_r S_m^\ominus = S_m^\ominus(NH_3, g, 298.15K) + S_m^\ominus(HCl, g, 298.15K) - S_m^\ominus(NH_4Cl, s, 298.15K)$

$= (192.885 + 187.011 - 94.6) J \cdot K^{-1} \cdot mol^{-1} = 285.3 J \cdot K^{-1} \cdot mol^{-1}$

$\Delta_r G_m^\ominus = \Delta_r H_m^\ominus - T\Delta_r S_m^\ominus$

$= (176.3 - 298.15 \times 285.3 \times 10^{-3}) J \cdot mol^{-1} = 91.2 kJ \cdot mol^{-1}$

$\ln K_p^\ominus = -\frac{\Delta_r G_m^\ominus}{RT} = -\frac{91.2 \times 10^3}{8.314 \times 298.15} = -36.8 \qquad K_p^\ominus = 1.08 \times 10^{-21}$

3）由已知的标准平衡常数计算未知的标准平衡常数

我们通过下面的例子来说明如何由已知的标准平衡常数计算未知的标准平衡常数。

例 3-4-5　已知 298K 时反应

(1) $CH_4(g) + H_2O(g) = CO(g) + 3H_2(g) \qquad K_{p,1}^\ominus = 1.2 \times 10^{-25}$

(2) $CH_4(g) + 2H_2O(g) = CO_2(g) + 4H_2(g) \qquad K_{p,2}^\ominus = 1.3 \times 10^{-20}$

求反应(3) $CH_4(g) + CO_2(g) = 2CO(g) + 2H_2(g)$ 的标准平衡常数 $K_{p,3}^\ominus$。

解　反应(3)=2(1)−(2)，因为

$$\Delta_r G_{m,3}^\ominus = 2\Delta_r G_{m,1}^\ominus - \Delta_r G_{m,2}^\ominus$$

所以

$$-RT\ln K_{p,3}^\ominus = -2RT\ln K_{p,1}^\ominus - (-RT\ln K_{p,2}^\ominus)$$

$$K_{p,3}^\ominus = \frac{(K_{p,1}^\ominus)^2}{K_{p,2}^\ominus} = \frac{(1.2 \times 10^{-25})^2}{1.3 \times 10^{-20}} = 1.1 \times 10^{-30}$$

例 3-4-6　已知 298K 时反应

(1) $O_2(g) + 2H_2(g) = 2H_2O(l) \qquad K_{p,1}^\ominus = 3.5 \times 10^{41}$

(2) $CO(g) + 2H_2(g) = CH_3OH(l) \qquad K_{p,2}^\ominus = 1.2 \times 10^6$

求反应(3) $CH_3OH(l) + O_2(g) = CO(g) + 2H_2O(l)$ 的标准平衡常数 $K_{xp}^\ominus$。

解　反应(3)=(1)−(2)，因为

$$\Delta_r G_{m,3}^\ominus = \Delta_r G_{m,1}^\ominus - \Delta_r G_{m,2}^\ominus$$

所以

$$-RT\ln K_{xp}^\ominus = -RT\ln K_{p,1}^\ominus - (-RT\ln K_{p,2}^\ominus)$$

$$K_{xp}^\ominus = \frac{K_{p,1}^\ominus}{K_{p,2}^\ominus} = \frac{3.5 \times 10^{41}}{1.2 \times 10^6} = 2.9 \times 10^{35}$$

2. 等压反应热和等容反应热

实验测量化学反应的热效应，是在一个称为量热计的定容反应器中进行，因此由量热计测量

到的热效应是等容反应热。而通常化工生产中的化学反应是在等压条件下进行，反应热效应是等压反应热，一般说来，化学反应的等压反应热和等容反应热是不相等的，所以需要知道二者的关系。

设在系统内发生了一个化学反应，由于化学反应的发生，将引起系统的热力学能和体积变化，一般可表示为

$$dU=\left(\frac{\partial U}{\partial T}\right)_{p,\xi}dT+\left(\frac{\partial U}{\partial p}\right)_{T,\xi}dp+\left(\frac{\partial U}{\partial \xi}\right)_{T,p}d\xi \tag{3-4-4}$$

$$dV=\left(\frac{\partial V}{\partial T}\right)_{p,\xi}dT+\left(\frac{\partial V}{\partial p}\right)_{T,\xi}dp+\left(\frac{\partial V}{\partial \xi}\right)_{T,p}d\xi \tag{3-4-5}$$

热力学能的变化也可以表示为

$$dU=\left(\frac{\partial U}{\partial T}\right)_{V,\xi}dT+\left(\frac{\partial U}{\partial V}\right)_{T,\xi}dV+\left(\frac{\partial U}{\partial \xi}\right)_{T,V}d\xi \tag{3-4-6}$$

把式(3-4-5)代入式(3-4-6)得

$$dU=\left[\left(\frac{\partial U}{\partial T}\right)_{V,\xi}+\left(\frac{\partial U}{\partial V}\right)_{T,\xi}\left(\frac{\partial V}{\partial T}\right)_{p,\xi}\right]dT+\left(\frac{\partial U}{\partial V}\right)_{T,\xi}\left(\frac{\partial V}{\partial p}\right)_{T,\xi}dp+\left[\left(\frac{\partial U}{\partial \xi}\right)_{T,V}+\left(\frac{\partial U}{\partial V}\right)_{T,\xi}\left(\frac{\partial V}{\partial \xi}\right)_{T,p}\right]d\xi \tag{3-4-7}$$

把式(3-4-4)与式(3-4-7)比较可得

$$\left(\frac{\partial U}{\partial \xi}\right)_{T,p}=\left(\frac{\partial U}{\partial \xi}\right)_{T,V}+\left(\frac{\partial U}{\partial V}\right)_{T,\xi}\left(\frac{\partial V}{\partial \xi}\right)_{T,p} \tag{3-4-8}$$

把 $H=U+pV$ 代入式(3-4-8)得

$$\left(\frac{\partial H}{\partial \xi}\right)_{T,p}-\left(\frac{\partial U}{\partial \xi}\right)_{T,V}=\left[\left(\frac{\partial U}{\partial V}\right)_{T,\xi}+p\right]\left(\frac{\partial V}{\partial \xi}\right)_{T,p} \tag{3-4-9}$$

其中

$$\left(\frac{\partial H}{\partial \xi}\right)_{T,p}=Q_{p,\mathrm{r}} \qquad \left(\frac{\partial U}{\partial \xi}\right)_{T,V}=Q_{V,\mathrm{r}} \tag{3-4-10}$$

$Q_{p,\mathrm{r}}$和 $Q_{V,\mathrm{r}}$分别是化学反应的等压反应热与等容反应热。在等温、等压以及 $W'=0$ 的条件下，当反应进度为 ξ 时，根据式(3-1-5)反应系统的体积变化为

$$dV=\sum_{\mathrm{B}}V_{\mathrm{B}}dn_{\mathrm{B}}=\sum_{\mathrm{B}}\nu_{\mathrm{B}}V_{\mathrm{B}}d\xi \tag{3-4-11}$$

式中，V_{B} 表示在反应系统中各物质的偏摩尔体积。根据式(3-1-6)有

$$\left(\frac{\partial V}{\partial \xi}\right)_{T,p}=\sum_{\mathrm{B}}\nu_{\mathrm{B}}V_{\mathrm{B}}=\Delta_{\mathrm{r}}V_{\mathrm{m}} \tag{3-4-12}$$

式中，$\Delta_{\mathrm{r}}V_{\mathrm{m}}$ 表示在等温、等压以及 $W'=0$ 的条件下，当反应进度为 ξ 时，发生 1mol 反应引起系统的体积变化，称为化学反应的摩尔反应体积。把式(1-5-23)、式(3-4-10)和式(3-4-12)代入式(3-4-9)得

$$Q_{p,\mathrm{r}}-Q_{V,\mathrm{r}}=\left[\left(\frac{\partial U}{\partial V}\right)_{T,\xi}+p\right]\Delta_{\mathrm{r}}V_{\mathrm{m}}=T\left(\frac{\partial p}{\partial T}\right)_{V,\xi}\Delta_{\mathrm{r}}V_{\mathrm{m}} \tag{3-4-13}$$

这就是化学反应的等压反应热 $Q_{p,\mathrm{r}}$ 与等容反应热 $Q_{V,\mathrm{r}}$ 二者的一般关系。对于理想气体反应，式(3-4-13)为

$$Q_{p,\mathrm{r}}-Q_{V,\mathrm{r}}=RT\sum_{\mathrm{B}}\nu_{\mathrm{B}} \tag{3-4-14}$$

此式给出了理想气体等压反应热 $Q_{p,\mathrm{r}}$ 与等容反应热 $Q_{V,\mathrm{r}}$ 的关系。由式(3-4-14)可见，当 $\sum_{\mathrm{B}}\nu_{\mathrm{B}}>0$

时，$Q_{p,\mathrm{r}}>Q_{V,\mathrm{r}}$；当 $\sum_{\mathrm{B}}\nu_{\mathrm{B}}<0$ 时，$Q_{p,\mathrm{r}}<Q_{V,\mathrm{r}}$；当 $\sum_{\mathrm{B}}\nu_{\mathrm{B}}=0$ 时，$Q_{p,\mathrm{r}}=Q_{V,\mathrm{r}}$。对于非理想气体反应，因为要计算偏导数 $\left(\frac{\partial p}{\partial T}\right)_{V,\xi}$，则需要知道反应系统的状态方程，因此非理想气体反应没有类似式(3-4-14)的一般关系式。

对于液相反应，无论是理想溶液反应还是非理想溶液反应，由于反应引起的体积变化可以忽略，即可以认为 $\Delta_{\mathrm{r}}V_{\mathrm{m}}\approx 0$，所以

$$Q_{p,\mathrm{r}}-Q_{V,\mathrm{r}}\approx 0 \tag{3-4-15}$$

对于气液多相反应，如果反应系统中的气相可看成是理想气体，式(3-4-14)也成立，但 $\sum_{\mathrm{B}}\nu_{\mathrm{B}}$ 中只包含化学计量方程式中气相组分的计量系数。同理，对于气固多相反应，如果反应系统中的气相可看成是理想气体，式(3-4-14)也成立，但 $\sum_{\mathrm{B}}\nu_{\mathrm{B}}$ 中只包含化学计量方程式中气相组分的计量系数。

例 3-4-7　实验测得在等温、等压和 $W'=0$ 的条件下，反应 $\mathrm{CO(g)}+2\mathrm{H_2(g)}=\!=\!=\mathrm{CH_3OH(l)}$ 放出 128kJ 的热。假设反应中的气体都是理想气体，求反应的 $Q_{p,\mathrm{r}}$ 和 $Q_{V,\mathrm{r}}$。

解　由题可见反应过程满足等温、等压和 $W'=0$ 的条件，即有 $Q_{p,\mathrm{r}}=-128\mathrm{kJ\cdot mol^{-1}}$，根据化学计量方程式，有 $\sum\nu_{\mathrm{B}}=0-3=-3$，所以

$$Q_{V,\mathrm{r}}=Q_{p,\mathrm{r}}-RT\sum_{\mathrm{B}}\nu_{\mathrm{B}}=[-128-8.314\times 298.15\times(-3)\times 10^{-3}]\mathrm{kJ\cdot mol^{-1}}=-121\mathrm{kJ\cdot mol^{-1}}$$

3. 影响化学平衡的因素

影响化学平衡的因素有温度、压力、惰性气体、物料变化等。本节将以理想气体反应为例，依次讨论这些因素对化学平衡的影响。

1) 温度对化学平衡的影响

由前面的讨论可知，标准平衡常数仅仅是温度的函数，下面讨论标准平衡常数随温度的变化。对于理想气体反应，由式(3-1-18)两边除以 T 后，在等压下对 T 求偏导数得

$$\left[\frac{\partial\left(\frac{\Delta_{\mathrm{r}}G_{\mathrm{m}}^{\ominus}}{T}\right)}{\partial T}\right]_p=-R\left[\frac{\partial\ln K_p^{\ominus}}{\partial T}\right]_p \tag{3-4-16}$$

把式(3-1-17)代入式(3-4-16)，并根据式(2-1-23)可得

$$\left[\frac{\partial\left(\frac{\Delta_{\mathrm{r}}G_{\mathrm{m}}^{\ominus}}{T}\right)}{\partial T}\right]_p=\sum_{\mathrm{B}}\nu_{\mathrm{B}}\left[\frac{\partial\left(\frac{\mu_{\mathrm{B}}^{\ominus}}{T}\right)}{\partial T}\right]_p=-\frac{\sum_{\mathrm{B}}\nu_{\mathrm{B}}H_{\mathrm{B}}^{\ominus}}{T^2}=-\frac{\Delta_{\mathrm{r}}H_{\mathrm{m}}^{\ominus}}{T^2}$$

代入式(3-4-16)后得

$$\left[\frac{\partial\ln K_p^{\ominus}}{\partial T}\right]_p=\frac{\Delta_{\mathrm{r}}H_{\mathrm{m}}^{\ominus}}{RT^2} \tag{3-4-17}$$

式(3-4-17)称为化学反应的等压方程，又称为范特霍夫方程。因为 $K_p^{\ominus}$ 只是温度的函数，式(3-4-17)也可以写为

$$\frac{\mathrm{d}\ln K_p^{\ominus}}{\mathrm{d}T}=\frac{\Delta_{\mathrm{r}}H_{\mathrm{m}}^{\ominus}}{RT^2} \tag{3-4-18}$$

由式(3-4-18)可知,若反应吸热,则随温度的升高,标准平衡常数增大;若反应放热,则随温度的升高,标准平衡常数减小。若反应的 $\Delta_r H_m^\ominus$ 与 T 无关,或者 $\Delta_r H_m^\ominus$ 可近似当作常数时,由式(3-4-18)积分后可得

$$\ln\frac{K_{p,2}^\ominus}{K_{p,1}^\ominus}=-\frac{\Delta_r H_m^\ominus}{R}\left(\frac{1}{T_2}-\frac{1}{T_1}\right) \tag{3-4-19}$$

式(3-4-19)表明,若已知两个温度的 $K_p^\ominus$,可求该反应的 $\Delta_r H_m^\ominus$。若已知反应的 $\Delta_r H_m^\ominus$ 和一个温度的 $K_p^\ominus$,可求另一温度的 $K_p^\ominus$。

例 3-4-8 已知反应 $C_2H_4(g)+H_2O(g)=\!=\!=C_2H_5OH(g)$ 在 298K 和 400K 的标准平衡常数分别为 27.33 和 0.24。求该反应的 $\Delta_r H_m^\ominus$ 和 350K 的标准平衡常数,假设该反应的 $\Delta_r H_m^\ominus$ 与 T 无关。

解 (1) 求反应的 $\Delta_r H_m^\ominus$

$$\ln\frac{K_2^\ominus}{K_1^\ominus}=-\frac{\Delta_r H_m^\ominus}{R}\left(\frac{1}{T_2}-\frac{1}{T_1}\right)$$

$$\Delta_r H_m^\ominus=\frac{RT_1T_2\ln\frac{K_2^\ominus}{K_1^\ominus}}{T_2-T_1}=\left[\frac{8.314\times298\times400\times\ln\frac{0.24}{27.33}}{400-298}\right]\text{J}\cdot\text{mol}^{-1}=-46\text{kJ}\cdot\text{mol}^{-1}$$

(2) 求在 350K 反应的 $K_{350K}^\ominus$

$$\ln K^\ominus=-\frac{46\times10^3}{8.314}\left(\frac{1}{350}-\frac{1}{298}\right)-\ln 27.33=0.3148$$

$$K_{350K}^\ominus=1.73$$

2) 压力对化学平衡的影响

对于理想气体反应,根据式(3-1-20)有

$$K_p^\ominus=\left[\prod_B\left(\frac{p_B}{p^\ominus}\right)^{\nu_B}\right]_{平衡}=\left[\prod_B\left(\frac{p}{p^\ominus}\right)^{\nu_B}{y_B}^{\nu_B}\right]_{平衡}=K_y\left[\left(\frac{p}{p^\ominus}\right)^{\sum\nu_B}\right]_{平衡} \tag{3-4-20}$$

其中用摩尔分数表示的平衡常数 K_y 为

$$K_y=\left[\prod_B {y_B}^{\nu_B}\right]_{平衡} \tag{3-4-21}$$

从式(3-4-20)可以看出压力对化学平衡的影响。因为 $K_p^\ominus$ 只与温度有关,当温度一定时,$K_y(p/p^\ominus)^{\sum\nu_B}$ 应为一常数。若 $\sum\nu_B=0$,即分子数不变的反应,压力对 K_y 无影响。若 $\sum\nu_B>0$,即分子数增加的反应,则总压 p 增大,K_y 将减小,平衡向左移动;总压 p 降低,K_y 将增大,平衡向右移动。若 $\sum\nu_B<0$,即分子数减少的反应,则总压 p 增大,K_y 也增大,平衡向右移动;总压减小,K_y 也减小,平衡向左移动。归结起来说,增加压力不利于分子数增加的反应,有利于分子数减少的反应;而减小压力有利于分子数增加的反应,不利于分子数减少的反应。

例 3-4-9 45℃时反应 $N_2O_4(g)=\!=\!=2NO_2(g)$ 的 $K_p^\ominus=0.647$。求 100kPa 和 1000kPa 的解离度 α。

解

	$N_2O_4(g)$	$=\!=\!=2NO_2(g)$	
开始	1	0	
平衡	$1-\alpha$	2α	$\sum n=1+\alpha$

$$K_p^\ominus=K_y\left(\frac{p}{p^\ominus}\right)^{\sum\nu_B}=\left(\frac{1-\alpha}{1+\alpha}\right)^{-1}\left(\frac{2\alpha}{1+\alpha}\right)^2\left(\frac{p}{p^\ominus}\right)=0.647$$

代入压力值,当 $p=100$kPa 时,$\alpha_1=0.373$;当 $p=1000$kPa 时,$\alpha_2=0.126$。可见增大压力对分子数增加的反应不利。

3）惰性气体对化学平衡的影响

对于理想气体反应，根据式(3-1-20)有

$$K_p^\ominus=\left[\prod_B\left(\frac{p}{p^\ominus}\right)^{\nu_B}y_B{}^{\nu_B}\right]_{平衡}=\left[\prod_B\left(\frac{p}{p^\ominus}\right)^{\nu_B}\left(\frac{n_B}{\sum n_B}\right)^{\nu_B}\right]_{平衡}=K_n\left[\left(\frac{p}{\sum n_B p^\ominus}\right)^{\sum\nu_B}\right]_{平衡} \quad (3\text{-}4\text{-}22)$$

其中用物质的量表示的平衡常数 K_n 为

$$K_n=\left[\prod_B n_B{}^{\nu_B}\right]_{平衡} \quad (3\text{-}4\text{-}23)$$

惰性气体是指不参加反应的气体，惰性气体虽然不参加反应，但要计入物质的总量 $\sum n_B$ 中。从式(3-4-22)可以看出惰性气体对化学平衡的影响。因为 $K_p^\ominus$ 只与温度有关，当温度一定时，$K_n(p/\sum n_B p^\ominus)^{\sum\nu_B}$ 应为一常数。惰性气体的加减使 $\sum n_B$ 发生了变化，增加惰性气体相当于降低压力的作用，而减少惰性气体相当于升高压力的作用。根据上面的讨论，减少惰性气体不利于分子数增加的反应，有利于分子数减少的反应；而增加惰性气体有利于分子数增加的反应，不利于分子数减少的反应。

例 3-4-10　900K 时乙烷脱氢反应 $C_2H_6(g)═C_2H_4(g)+H_2(g)$ 的 $K_p^\ominus=0.0502$，计算：(1) 100kPa 时乙烷的转化率；(2) 若加入水蒸气，使 $n_{C_2H_6}:n_{H_2O}=1:10$ 时，100kPa 下乙烷的转化率。

解

	$C_2H_6(g)$	$═C_2H_4(g)$	$+H_2(g)$	
开始	1	0	0	
平衡	$1-\alpha_1$	α_1	α_1	$\sum n=1+\alpha_1$

$$K_p^\ominus=K_n\left(\frac{p}{p^\ominus\sum n}\right)^{\sum\nu_B}=\frac{\alpha_1^2}{1-\alpha_1}\frac{1}{1+\alpha_1}=0.0502$$

解出 $\alpha_1=0.0219$。若加入水蒸气，使 $n_{C_2H_6}:n_{H_2O}=1:10$，则 $\sum n=11+\alpha_2$

$$K_p^\ominus=\frac{\alpha_2^2}{1-\alpha_2}\frac{1}{11+\alpha_2}=0.0502$$

解出 $\alpha_2=0.524$。可见惰性气体的加入使乙烷的转化率增加。

4）物料变化对化学平衡的影响

对于理想气体反应，当反应在等温下达到平衡时，根据式(3-1-19)有

$$\Delta_r G_m=-RT\ln K_p^\ominus+RT\ln(J_p)_{平衡}=0 \quad (3\text{-}4\text{-}24)$$

由式(3-4-24)可以看出，如果此时加入反应物，将使 J_p 减小，则 $K_p^\ominus>J_p$，使得 $\Delta_r G_m<0$，系统不再处于平衡态，反应自发向右进行，这将使 J_p 又增大，直到 $K_p^\ominus=J_p$，系统达到一个新的平衡态；如果此时加入产物，将使 J_p 增大，则 $K_p^\ominus<J_p$，使得 $\Delta_r G_m>0$，系统不再处于平衡态，反应自发向左进行，这将使 J_p 又减小，直到 $K_p^\ominus=J_p$，系统达到一个新的平衡态。归结起来说，增加反应物将使得平衡向生成产物的方向移动，增加产物将使得平衡向生成反应物的方向移动。

例 3-4-11　已知反应 $CO(g)+H_2O(g)═H_2(g)+CO_2(g)$ 在 800℃时 $K_p^\ominus=1$。(1) 若反应开始时 CO(g) 和 $H_2O(g)$ 均为 1mol，求平衡组成；(2) 若反应达到平衡后再加入 1mol CO(g) 和 $H_2O(g)$，求平衡组成。

解　(1)

	$CO(g)$	$+H_2O(g)$	$═H_2(g)$	$+CO_2(g)$
开始	1	1	0	0
平衡	$1-\alpha$	$1-\alpha$	α	α

因为 $\sum \nu_B = 0$，所以

$$K_p^{\ominus} = K_n = \frac{\alpha^2}{(1-\alpha)^2} = 1$$

解得　$\alpha = 0.5$　$n_{CO} = 0.5$　$n_{H_2O} = 0.5$　$n_{H_2} = 0.5$　$n_{CO_2} = 0.5$

(2)

$$CO(g) + H_2O(g) = H_2(g) + CO_2(g)$$

开始	1.5	1.5	0.5	0.5
平衡	$1.5-\alpha$	$1.5-\alpha$	$0.5+\alpha$	$0.5+\alpha$

因为 $\sum \nu_B = 0$，所以

$$K_p^{\ominus} = K_n = \frac{(0.5+\alpha)^2}{(1.5-\alpha)^2} = 1$$

解得　$\alpha = 0.5$　$n_{CO} = 1$　$n_{H_2O} = 1$　$n_{H_2} = 1$　$n_{CO_2} = 1$

可见若反应达到平衡后再加入反应物，将使得平衡向生成产物的方向移动，但平衡常数不变。

4. 平衡移动原理

上节以理想气体反应系统为例，讨论了影响化学平衡的因素。对于不是理想气体的反应系统，可以根据平衡移动原理来讨论影响化学平衡的因素。法国化学家勒夏特列在1884年提出了平衡移动原理，该原理可叙述为"一个达到平衡态的系统，当外界的作用使得系统的某一热力学变量发生改变时，系统的平衡态将向着减弱外界作用的方向移动，直到达到新的平衡为止"。在研究化学平衡问题时，这个原理被广泛地引用，下面根据热力学关系式，证明平衡移动原理的正确性，并说明平衡移动原理的使用范围。

在前面的讨论中，我们定义了摩尔反应吉布斯函数 $\left(\frac{\partial G}{\partial \xi}\right)_{T,p}$。一般来说，$\left(\frac{\partial G}{\partial \xi}\right)_{T,p}$ 是 T、p、ξ 的函数，即

$$\mathrm{d}\left[\left(\frac{\partial G}{\partial \xi}\right)_{T,p}\right] = \left[\frac{\partial}{\partial T}\left(\frac{\partial G}{\partial \xi}\right)_{T,p}\right]_{p,\xi}\mathrm{d}T + \left[\frac{\partial}{\partial p}\left(\frac{\partial G}{\partial \xi}\right)_{T,p}\right]_{T,\xi}\mathrm{d}p + \left[\frac{\partial}{\partial \xi}\left(\frac{\partial G}{\partial \xi}\right)_{T,p}\right]_{T,p}\mathrm{d}\xi \qquad (3\text{-}4\text{-}25)$$

根据麦克斯韦关系式，可得

$$\left[\frac{\partial}{\partial T}\left(\frac{\partial G}{\partial \xi}\right)_{T,p}\right]_{p,\xi} = \left[\frac{\partial}{\partial \xi}\left(\frac{\partial G}{\partial T}\right)_{p,\xi}\right]_{T,p} = -\left(\frac{\partial S}{\partial \xi}\right)_{T,p}$$

$$\left[\frac{\partial}{\partial p}\left(\frac{\partial G}{\partial \xi}\right)_{T,p}\right]_{T,\xi} = \left[\frac{\partial}{\partial \xi}\left(\frac{\partial G}{\partial p}\right)_{T,\xi}\right]_{T,p} = \left(\frac{\partial V}{\partial \xi}\right)_{T,p}$$

式(3-4-25)变为

$$\mathrm{d}\left[\left(\frac{\partial G}{\partial \xi}\right)_{T,p}\right] = -\left(\frac{\partial S}{\partial \xi}\right)_{T,p}\mathrm{d}T + \left(\frac{\partial V}{\partial \xi}\right)_{T,p}\mathrm{d}p + \left(\frac{\partial^2 G}{\partial \xi^2}\right)_{T,p}\mathrm{d}\xi \qquad (3\text{-}4\text{-}26)$$

由前面的讨论得知，化学平衡条件是

$$\left(\frac{\partial G}{\partial \xi}\right)_{T,p} = 0 \qquad \left(\frac{\partial^2 G}{\partial \xi^2}\right)_{T,p} > 0$$

即达到化学平衡时，G 为极小值。在系统保持化学平衡且压力不变时，式(3-4-26)变为

$$\mathrm{d}\left[\left(\frac{\partial G}{\partial \xi}\right)_{T,p}\right] = -\left(\frac{\partial S}{\partial \xi}\right)_{T,p}\mathrm{d}T + \left(\frac{\partial^2 G}{\partial \xi^2}\right)_{T,p}\mathrm{d}\xi = 0$$

可得

$$\left(\frac{\partial \xi}{\partial T}\right)_p=\frac{1}{T}\left(\frac{\partial H}{\partial \xi}\right)_{T,p}\Bigg/\left(\frac{\partial^2 G}{\partial \xi^2}\right)_{T,p}=\frac{\Delta_r H_m}{T}\Bigg/\left(\frac{\partial^2 G}{\partial \xi^2}\right)_{T,p} \tag{3-4-27}$$

$\left(\frac{\partial \xi}{\partial T}\right)_p$ 代表在保持化学平衡且压力不变条件下，反应进度随温度的变化率。如果 $\Delta_r H_m>0$，即化学反应是吸热的，则升高温度，有 $\left(\frac{\partial \xi}{\partial T}\right)_p>0$，即平衡会向产物增加的方向移动；如果 $\Delta_r H_m<0$，即化学反应是放热的，则升高温度，有 $\left(\frac{\partial \xi}{\partial T}\right)_p<0$，即平衡会向产物减少的方向移动。

在系统保持化学平衡且温度不变时，式(3-4-26)变为

$$d\left[\left(\frac{\partial G}{\partial \xi}\right)_{T,p}\right]=\left(\frac{\partial V}{\partial \xi}\right)_{T,p}dp+\left(\frac{\partial^2 G}{\partial \xi^2}\right)_{T,p}d\xi=0$$

可得

$$\left(\frac{\partial \xi}{\partial p}\right)_T=-\left(\frac{\partial V}{\partial \xi}\right)_{T,p}\Bigg/\left(\frac{\partial^2 G}{\partial \xi^2}\right)_{T,p}=-\Delta_r V_m\Bigg/\left(\frac{\partial^2 G}{\partial \xi^2}\right)_{T,p} \tag{3-4-28}$$

$\left(\frac{\partial \xi}{\partial p}\right)_T$ 代表在保持化学平衡且温度不变条件下，反应进度随压力的变化率。如果 $\Delta_r V_m>0$，即反应是导致体积增加的，则升高压力，有 $\left(\frac{\partial \xi}{\partial p}\right)_T<0$，即平衡会向产物减少的方向移动；如果 $\Delta_r V_m<0$，即反应是导致体积减少的，则升高压力，有 $\left(\frac{\partial \xi}{\partial p}\right)_T>0$，即平衡会向产物增加的方向移动。

由前面的讨论得知，平衡移动原理的适用条件是一个已达到化学平衡的封闭系统，只要满足这个条件，对于任何理想和非理想的多组分多相反应系统，平衡移动原理都是适用的。但是对未达化学平衡的系统，平衡移动原理是不适用的。对于敞开系统，平衡移动原理也是不适用的，因此对于加入或移走反应系统中某种物质，而导致的平衡移动问题，不能用平衡移动原理讨论。另外，只有对于封闭系统单一热力学变量改变的情况，平衡移动原理才适用，若封闭系统有两个热力学变量同时改变，平衡移动原理是不适用的。

习　题

3-1　当反应进度为 ξ 时，$3H_2(g)+N_2(g)$══$2NH_3(g)$ 和 $6H_2(g)+2N_2(g)$══$4NH_3(g)$ 发生了 1mol 反应，写出系统广度性质状态函数 V、U、H、S、A、G 变化的表达式。

3-2　讨论在等温、等压以及 $W'=0$ 的条件下，理想气体和理想溶液反应过程中混合作用的贡献。

3-3　在等温、等压条件下，设有反应 $Cl_2(g)+H_2(g)$══$2HCl(g)$ 达到平衡，反应开始时 $Cl_2(g)$ 和 $H_2(g)$ 都是 1mol。如果反应分别视为理想气体反应系统和非理想气体反应系统，HCl(g)的平衡摩尔分数分别为 0.137 和 0.246，求该反应的 $K_p^\ominus$ 和 K_φ。

3-4　在等温、等压条件下，已知反应 $CH_3CH_2OH(l)+CH_3COOH(l)$══$CH_3CH_2COOCH_3(l)+H_2O(l)$ 的 $K_x^\ominus=0.75$，$K_\gamma=0.25$。设反应开始时 $CH_3CH_2OH(l)$ 和 $CH_3COOH(l)$ 都是 1mol，分别求该反应视为理想溶液反应系统时和非理想溶液反应系统时的平衡组成。

3-5　写出反应(1) $2H_2(g)+O_2(g)$══$2H_2O(l)$；(2) $C(s)+2H_2(g)$══$CH_4(g)$；(3) $FeO(s)+CO(g)$══$Fe(s)+CO_2(g)$；(4) $CH_3OH(l)+O_2(g)$══$CO(g)+2H_2O(l)$ 的标准平衡常数的表达式。

3-6　利用附录数据，计算在 298.15K 和 498.15K 时反应 $N_2(g)+O_2(g)$══$2NO(g)$ 的 $\Delta_r H_m^\ominus$。

3-7 利用附录中 $C_2H_5CHO(l)$的 $\Delta_c H_m^{\ominus}$ 数据，计算在 298.15K 时 $C_2H_5CHO(l)$的 $\Delta_f H_m^{\ominus}$。

3-8 利用附录数据，计算在 298.15K 和 498.15K 时反应 $N_2(g)+O_2(g)=\!=\!=2NO(g)$的 $\Delta_r S_m^{\ominus}$。

3-9 利用附录的标准摩尔生成吉布斯函数数据，计算反应 $FeO(s)+CO(g)=\!=\!=Fe(s)+CO_2(g)$在 298.15K 的标准平衡常数。

3-10 利用附录的标准摩尔生成焓和标准摩尔熵数据，计算反应 $CH_3OH(l)+O_2(g)=\!=\!=CO(g)+2H_2O(l)$在 298.15K 的标准平衡常数。

3-11 已知 $Si(s)+O_2(g)=\!=\!=SiO_2(s)$的 $\Delta_r G_m^{\ominus}(T)/(J\cdot mol^{-1})=-8.715\times10^5+181.09T/K$，$2C(s)+O_2(g)=\!=\!=2CO(g)$的 $\Delta_r G_m^{\ominus}(T)/(J\cdot mol^{-1})=-2.234\times10^5-175.41T/K$。在 1300K 和 100kPa 条件下，Si(s)能否将 CO(g)还原为 C(s)?

3-12 已知 $2Ag_2O(s)=\!=\!=4Ag(s)+O_2(g)$的 $\Delta_r G_m^{\ominus}(T)/(J\cdot mol^{-1})=58\ 576-122T/K$。(1) 求在 100kPa 纯氧气中 $Ag_2O(s)$开始分解的温度；(2) 求在氧气分压为 21%的 100kPa 空气中 $Ag_2O(s)$开始分解的温度。

3-13 实验测得在等温、等容和 $W'=0$ 的条件下，反应 $2/3C_6H_6(l)+5O_2(g)=\!=\!=4CO_2(g)+2H_2O(l)$放出 350kJ 的热。假设反应中的气体都是理想气体，求反应的 $Q_{p,r}$和 $Q_{V,r}$。

3-14 在工业上常用燃烧乙炔产生的高温来焊接或切割金属，乙炔燃烧的化学反应为 $2C_2H_2(g)+5O_2(g)=\!=\!=4CO_2(g)+2H_2O(g)$。设在 25℃、101.325kPa 条件下将乙炔在空气中燃烧，设所有气体均可按理想气体处理，试估算燃烧乙炔能达到的最高温度。

3-15 在 25℃、101.325kPa 条件下，1mol H_2 与过量 50%空气混合，若点火使该混合气体在刚性密闭容器中燃烧，设所有气体均可按理想气体处理，试估算燃烧 H_2 所能达到的最高温度与压力。

3-16 已知反应 $N_2(g)+3H_2(g)=\!=\!=2NH_3(g)$的 $\Delta_r G_m^{\ominus}(298K)$为 $-33.26kJ\cdot mol^{-1}$，$\Delta_r H_m^{\ominus}(298K)$为 $-92.38kJ\cdot mol^{-1}$，假设此反应的 $\Delta_r H_m^{\ominus}$ 不随 T 而变化，试求算此反应的 $\Delta_r G_m^{\ominus}(500K)$，并说明温度升高对此反应是否有利。

3-17 已知在 1000K 及 1200K 时，反应 $C(s)+H_2O(g)=\!=\!=H_2(g)+CO(g)$的 $K_p^{\ominus}$ 分别为 2.472 及 37.58，假设此反应的 $\Delta_r H_m^{\ominus}$ 不随 T 而变化。(1) 计算该反应在此温度范围内的 $\Delta_r H_m^{\ominus}$；(2) 计算 1100K 时该反应的 $K_p^{\ominus}$。

3-18 已知在 900K 时，反应 $C_6H_5C_2H_5(g)=\!=\!=C_6H_5C_2H_3(g)+H_2(g)$的 $K_p^{\ominus}$ 为 1.51。分别计算压力为 100kPa 和 10kPa 时乙苯的平衡转化率。

3-19 已知 500K 时反应 $C_2H_4(g)+H_2O(g)=\!=\!=C_2H_5OH(g)$的 $\Delta_r G_m^{\ominus}$ 为 $17\ 480J\cdot mol^{-1}$。(1) 反应开始时有 2mol $C_2H_4(g)$和 2mol $H_2O(g)$，计算 $C_2H_4(g)$的平衡转化率；(2) 反应开始时有 2mol $C_2H_4(g)$、2mol $H_2O(g)$和 6mol 惰性气体，计算 $C_2H_4(g)$的平衡转化率。

3-20 已知 200℃时反应 $PCl_5(g)=\!=\!=PCl_3(g)+Cl_2(g)$的 $K_p^{\ominus}$ 为 0.312。(1) 计算 200℃、200kPa 条件下 1mol $PCl_5(g)$的解离度；(2) 若前述反应达到平衡后，再加入 1mol $PCl_5(g)$，计算 200℃、200kPa 条件下 $PCl_5(g)$的解离度。

第 4 章 化学反应动力学

前面我们从热力学的基本原理出发，讨论了化学反应的方向和限度，从而解决了化学反应的可能性问题。但实践经验告诉我们，某些在热力学上判断可以自发进行的化学反应，实际上却没有发生。例如，按热力学的结论，在 298.15K 的标准状态下，合成氨反应是可以自发进行的，然而人们却无法在常温常压下合成氨。但这并不是热力学的结论是错误的，实际上豆科植物就能在常温常压下合成氨，只是目前还不能按工业化的方式实现，这说明化学反应还存在一个动力学的可行性问题。因此，要全面了解化学反应的问题，就必须了解化学反应的可能性问题和可行性问题，除了要了解化学反应的方向和限度，还要了解化学反应的速率和机理，了解各种影响反应速率的因素，这就是化学动力学要讨论的主要内容。

在实际生产中，既要考虑化学反应的热力学问题，也要考虑化学反应的动力学问题。如果一个反应在热力学上判断是可能发生的，就需要从动力学上考虑如何使可能性变成可行性。例如，从热力学已知在常温常压由 H_2 和 N_2 自发地合成 NH_3 是可能的，因此人们一直在从动力学上探讨在常温常压下合成氨的可行性。但是如果一个反应在热力学上已经判断是不可能发生的，再探讨动力学可行性就无意义了。例如，从热力学已知在常温常压由 H_2O 自发地分解成 H_2 和 O_2 是不可能的，因此就没有必要研究在常温常压下分解水的动力学问题。

实际上一个化学反应的平衡问题和速率问题这二者是互相关联的，从原则上讲可以从反应速率导出化学平衡，但反过来不能从化学平衡导出反应速率，因此化学反应动力学比化学反应热力学更为基础。但遗憾的是化学反应动力学的发展还远远不及化学反应热力学，目前化学反应热力学已能比较精确地告诉我们关于化学反应的方向和限度，而化学反应动力学只能相当粗略地告诉我们关于化学反应的速率和机理。

§4-1 化学反应的速率和机理

1. 反应速率

对于任何化学反应来说，化学计量方程式

$$0=\sum \nu_B B$$

一般表示反应物与产物之间的计量关系。按照在反应进行的任何时刻 t，反应物和产物是否按化学计量方程式的计量系数比同时消耗或生成，可以把化学反应分成非依时反应和依时反应两类。在非依时反应中，反应物是直接转化为产物的，因此在反应进行的任何时刻 t，反应物和产物都是按化学计量方程式的计量系数比同时消耗或生成。在依时反应中，反应物首先转化为化学计量方程式中没有出现的中间物，然后转化为产物。可以想到，在反应开始后的一段时间，我们可以观测到有反应物消耗，但是观测不到有产物生成。因此在依时反应中，不能保证在反应进行的任何时刻 t，反应物和产物都是按化学计量方程式的计量系数比同时消耗或生成的。

在化学反应热力学中，化学反应是否依时并不重要，因为热力学只与始末态有关而与过程无关，只要足够长的时间，反应物消耗的数量和产物生成的数量最终会达到化学计量方程式的计量系数比，因此我们可以假设所有反应过程都是非依时的。但在化学动力学中，反应物和产物在反应过程中是否按化学计量方程式的计量系数比同时消耗或生成，是化学动力学首先要考虑的问题，本书只讨论非依时反应的化学动力学问题。根据上面所述，对于非依时反应，在反应进行的任何时刻 t 都有

$$\xi=\frac{n_B(t)-n_B(0)}{\nu_B} \tag{4-1-1}$$

成立。反应速率的定义是

$$\dot{\xi}\overset{\text{def}}{=\!=\!=}\frac{d\xi}{dt} \tag{4-1-2}$$

式中，ξ 是反应进度；t 是反应时间。因此按式(4-1-2)定义的反应速率是反应进度随时间的变化率。式(4-1-2)又可写为

$$\dot{\xi}=\frac{1}{\nu_B}\frac{dn_B}{dt} \tag{4-1-3}$$

根据前面对化学反应方程式中化学计量系数的规定，对反应物而言，ν_B 和 dn_B 均为负值，对产物而言，ν_B 和 dn_B 均为正值。因此 $\dot{\xi}$ 恒为正值，单位为 mol(反应)·[时间]$^{-1}$。因为化学计量方程式有不同的写法，所以用 $\dot{\xi}$ 表示的反应速率与化学计量方程式的写法有关。

反应速率还可从另一角度给出定义。当反应过程中系统的体积 V 恒定时，以浓度定义的反应速率 v 为

$$v\overset{\text{def}}{=\!=\!=}\dot{\xi}/V=\frac{1}{\nu_B V}\frac{dn_B}{dt} \tag{4-1-4}$$

即用单位时间单位体积内的反应进度来定义反应速率 v。由于 $dc_B=dn_B/V$，则式(4-1-4)可写为

$$v=\frac{1}{\nu_B}\frac{dc_B}{dt} \tag{4-1-5}$$

式中，c_B 为组分 B 的物质的量浓度。v 的单位是[浓度]·[时间]$^{-1}$。以反应 $3H_2(g)+N_2(g)=\!=\!=2NH_3(g)$ 为例，如果该反应为非依时反应，其反应速率可表示为

$$\dot{\xi}=-\frac{1}{3}\frac{dn_{H_2}}{dt}=-\frac{1}{1}\frac{dn_{N_2}}{dt}=\frac{1}{2}\frac{dn_{NH_3}}{dt} \tag{4-1-6}$$

或

$$v=-\frac{1}{3}\frac{dc_{H_2}}{dt}=-\frac{1}{1}\frac{dc_{N_2}}{dt}=\frac{1}{2}\frac{dc_{NH_3}}{dt} \tag{4-1-7}$$

从式(4-1-6)和式(4-1-7)中可以看出，对于同一个反应，各种组分的量(或浓度)随时间的变化率是不同的，即

$$-\frac{dn_{N_2}}{dt}:-\frac{dn_{H_2}}{dt}:\frac{dn_{NH_3}}{dt}=1:3:2$$

或

$$-\frac{dc_{N_2}}{dt}:-\frac{dc_{H_2}}{dt}:\frac{dc_{NH_3}}{dt}=1:3:2$$

但引入反应速率的概念后，就在同一个反应各组分的量(或浓度)随时间的变化率之间建立了一个关系，尽管各种组分的量(或浓度)随时间的变化率不同，但是根据式(4-1-6)和式(4-1-7)，我们只需讨论反应速率或某一种反应组分的量随时间的变化率就可以了。

2. 反应速率的实验测定

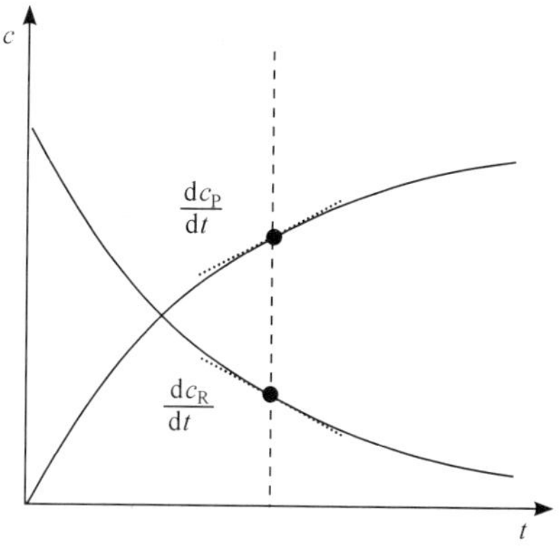

图 4-1-1　反应物或产物的浓度变化曲线

根据 v 的定义，欲测定某反应在某时刻的反应速率，则必须测定出反应物（或产物）在不同时刻的浓度，然后绘制出如图 4-1-1 所示的浓度随时间的变化曲线。从曲线上找出某时刻 t 时的斜率 dc_B/dt 之值，再代入式（4-1-5）即可求得该时刻的反应速率 v。一般说来，当反应开始后，反应物浓度不断减小，产物的浓度不断增大，而且在大多数反应中，反应物（或产物）的浓度随时间的变化不是线性关系，因此在反应进行中各时刻的反应速率是不同的。

测定反应物（或产物）的浓度一般有化学方法和物理方法。化学方法是在反应进行中的某一时刻取出一部分物质，采用骤冷、冲淡等方法使这部分物质之间的反应迅速停止，然后用化学分析或仪器分析的方法测出各物质的浓度。化学方法可直接得到反应物和产物浓度的数值，但操作较繁。物理方法则是在反应过程中连续测定某些与物质浓度有关的物理量（如压力、体积、折射率、电导率、光谱等）的变化，然后根据这些物理量与浓度的关系，求出物质浓度的变化，从而绘制出 c-t 曲线。物理方法不需要干扰反应的进行，可以自动进行测量和记录，因而在动力学研究中得到广泛应用。此外还常采用流动法测量浓度的变化，即反应物自管式反应器的一端流入，而产物自另一端流出，测定在管子不同位置的物质浓度，即可绘制 c-t 曲线，在工业上常采用这种方法。由于反应速率受温度影响较大，因此无论用上述何种方法测定反应速率，在测定过程中均须保持反应系统温度的恒定。

3. 反应机理

化学反应实际进行的过程中，反应物分子通常并不是直接就变成产物分子，总要经过若干个生成中间物分子的反应步骤，才能转化为产物分子。这个过程中的每一个反应步骤称为一个基元反应（或基元过程），例如氢气与碘的气相反应

$$H_2(g)+I_2(g)=\!=\!=2HI(g)$$

实验和理论证明，生成 HI 的反应经历了以下几个反应步骤

（1）$I_2+M^* \longrightarrow I+I+M^0$

（2）$H_2+I+I \longrightarrow 2HI$

（3）$I+I+M^0 \longrightarrow I_2+M^*$

式中，M^* 为气体中存在的高能分子；M^0 为低能分子（在不影响理解的情况下，M^* 和 M^0 可以不写出来）；I 为碘原子。上述每一个反应步骤，在化学动力学中都称为一个基元反应，而将 $H_2+I_2 =\!=\!= 2HI$ 称为总包反应。组成总包反应的基元反应集合代表了反应所经历的步骤，在化学动力学上称为反应机理或反应历程。上述 $H_2+I_2 =\!=\!= 2HI$ 的反应机理表明，在反应过程中，首先是 I_2 分子与高能分子 M^* 碰撞获取能量而解离成 I 原子，然后 I 原子与 H_2 分子反应生成 HI 分子，另外解离的 I 原子也可以通过与低能分子 M^0 碰撞进行能量转移后重新结合成 I_2 分子，I 原子就是反应机理中的中间物分子。

应该强调，我们通常书写的化学计量方程式并不代表该化学反应进行的实际过程，例如卤素与氢气的反应

$$I_2(g)+H_2(g)=\!=\!=2HI(g)$$
$$Br_2(g)+H_2(g)=\!=\!=2HBr(g)$$
$$Cl_2(g)+H_2(g)=\!=\!=2HCl(g)$$

的化学计量方程式是非常类似的，但化学动力学研究表明它们的反应机理是非常不同的。除上述的 HI(g)生成反应的反应机理外，经实验证明，HBr(g)生成反应的反应机理为

(1) $Br_2+M^* \longrightarrow 2Br+M^0$

(2) $Br+H_2 \longrightarrow HBr+H$

(3) $H+Br_2 \longrightarrow HBr+Br$

(4) $H+HBr \longrightarrow H_2+Br$

(5) $2Br+M^0 \longrightarrow Br_2+M^*$

经实验证明，HCl(g)的生成反应的反应机理为

(1) $Cl_2+M^* \longrightarrow 2Cl+M^0$

(2) $Cl+H_2 \longrightarrow H+HCl$

(3) $H+Cl_2 \longrightarrow Cl+HCl$

(4) $2Cl+M^0 \longrightarrow Cl_2+M^*$

显而易见，生成 HI(g)、HBr(g)、HCl(g)的反应机理是不相同的，因此它们的反应动力学上也存在明显的区别。生成 HF(g)的反应因为反应速率太快，反应机理中的中间物分子很难确定，所以生成 HF(g)的反应机理至今还不确定。

在化学动力学中，有一类由大量反复循环进行的基元反应所组成的反应机理，称为链反应(或连锁反应)。很多重要的化工生产过程，例如橡胶的合成，塑料及其他一些高分子化合物的制备，石油的裂解，烃类的氧化和卤化等，都与链反应有关。因此对链反应的研究，有着重要的实际意义。链反应的特点是在反应中有大量的中间物分子(自由基或自由原子)产生。所有的链反应不管其形式如何，都是由链的引发、链的传递、链的终止三个基本步骤组成的。现以上面给出的 HCl(g)的生成反应为例，说明链反应的机理及特点。

基元反应(1)是反应物 Cl_2 分子和气体中存在的高能分子 M^* 碰撞，从而获得足够大的能量而发生 Cl_2 分子解离，产生活泼的自由原子 Cl。这是反应活性组分的最初来源，是链反应的开始步骤，称为链的引发。一般来说，由于这个反应需要断裂分子的化学键，当然也是最慢的步骤。

基元反应(2)和(3)是由自由原子 Cl 及 H 与反应物分子 H_2 和 Cl_2 交互作用，生成产物分子 HCl 和新的自由原子 Cl 及 H 的过程。在这个过程中，旧的自由原子不断消失，同时新的自由原子不断产生，使反应能连续不断地、自动地进行下去，称为链的传递。这是链反应的主体部分。由于自由原子有较强的反应能力，因此这一步骤容易进行。

在基元反应(4)中，两个自由原子 Cl 和气体中存在的低能分子 M^0 碰撞，它们把能量传递给低能分子而结合成稳定的 Cl_2 分子。由于在这步反应中，没有新的自由原子产生，因而这一条链就被中断了，称为链的终止。低能分子 M^0 也可以是器壁分子，因此改变反应器器壁的形状或表面涂料及填充料等，均可能影响反应速率，称为器壁效应。这是链反应区别于其他类型反应的特点之一。

上述 HCl 的生成反应中，在链的传递阶段，每一步反应中自由原子的消耗数目与产生数目是相等的。例如，在反应(2)中，每消耗一个 Cl，则产生一个 H；在反应(3)中，每消耗一个 H，则产生一个 Cl。这类链反应称为直链反应，可示意表示为→→→。不难看出 HBr 的生成

反应的反应机理也具有链反应的特征，其中(1)是链的引发，(2)、(3)、(4)是链的传递，而(5)是链的终止。

还有一类链反应，在链的传递过程中，每消耗一个中间物分子，能产生两个或两个以上的新中间物分子，也就是说，中间物分子产生的数目大于消耗的数目。这样的链反应称为支链反应。H_2 与 O_2 生成水的反应是人们最熟知的反应之一，迄今为止，对该反应的机理尚无统一的结论，但有一点是已取得共识的，即该反应是一个支链反应。其中某些可能的反应步骤如下：

(1) $H_2 + M^* \longrightarrow 2H + M^0$　　链的引发

(2) $H + O_2 + H_2 \longrightarrow H_2O + OH$
(3) $OH + H_2 \longrightarrow H_2O + H$
(4) $H + O_2 \longrightarrow OH + O$
(5) $O + H_2 \longrightarrow OH + H$
链的传递（(2)～(5)）

(6) $2H + M^0 \longrightarrow H_2 + M^*$
(7) $OH + H + M^0 \longrightarrow H_2O + M^*$
链的终止（(6)～(7)）

在基元反应(4)和(5)中，每消耗一个中间物分子(H 或 O)，则生成两个中间物分子(OH 和 O 或 OH 和 H)，其结果是反应系统中的中间物分子越来越多，反应速率越来越快，以至最终引起爆炸。支链反应过程可示意如下：

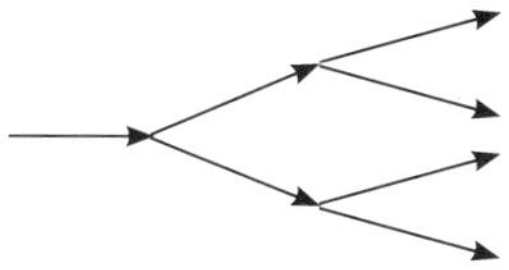

爆炸是一种常见现象，是化学反应以极快速率在瞬间完成的结果。引起爆炸的原因有两类。一类是当强烈的放热反应在有限的空间进行时，由于放出的热不能及时传递到环境，而引起反应系统温度急剧升高，温度升高又促使反应速率加快，单位时间内放出的热更多，这样恶性循环，最后使反应速率迅速增大到无法控制的地步而引起爆炸，这类爆炸称为热爆炸。另一类爆炸如 H_2、O_2 混合气在一定条件下的爆炸，则是由于支链反应引起的爆炸。这种爆炸是由于支链反应中的中间物分子一变二、二变四，其数目急剧增加，从而反应速率迅速加快，最后形成爆炸，这类爆炸称为支链爆炸。

通过对爆炸现象的反应机理的研究，深化了对爆炸本质的理解，人们可以通过控制反应机理中的某些基元反应来避免爆炸现象发生，这对于化学实验和化工生产的安全性具有重要的意义。另一方面，人们可以通过促进反应机理中的某些基元反应来加剧和加快爆炸现象，这对于研制高能和高效炸药具有重要的意义。

4. 反应机理的实验研究

一个化学反应速率的特征，本质上取决于反应机理。从这个角度说，反应速率是微观机理的宏观表现。所以，要从更高层次上了解化学反应的规律，掌握各种化学反应速率千差万别的内在原因，就必须研究反应机理。如果能正确地拟定出一个反应的机理，就会对有效地控制化学反应速率提出指导性意见。

正确地拟定一个反应的机理是一件难度很大的工作。首先要查阅资料和文献，了解前人在反应机理方面所做的工作，还要有目的、有计划地进行化学的定性实验和定量实验，给拟定机理提供更详尽的资料。正确地拟定一个反应的机理，还与物质结构的知识密切相关，主要目的是获得一些实验难以确定的信息。到目前为止，人们对反应机理的认识还是十分肤浅的，下面只简单介绍拟定反应机理的一般步骤。一般来说，拟定一个反应的机理可分为鉴别中间物分子和拟定机理两个阶段：

1）鉴别中间物分子

确立反应机理很重要的甚至于是关键性的步骤是检测反应过程中可能出现的中间物分子。对于稳定的中间物分子，应设法将它们分离出来。对于不稳定的中间物分子，特别是自由原子或自由基，通常采用下列方法：

(1) 化学法：向反应系统中加入易于捕获不稳定中间物分子的物质，例如甲基（$—CH_3$）能与 Zn、Cd、Bi、Tl、Pb 等反应生成 $M(CH_3)_n$，又如亚甲基（$—CH_2—$）能与 Te 反应生成聚碲基甲醛 $(CH_2Te)_x$。在玻璃管壁涂上这些金属，称为金属镜，当气体在高温下流经时金属镜发生位移，可证明有上述自由基的存在。

(2) 波谱法：利用紫外光谱、红外光谱、核磁共振、电子自旋共振等，不仅可以通过特征谱推测某些中间物分子的存在，并得到它们的浓度，还可得到许多不稳定的自由基如 OH、NH、NH_2、CH、CN、C_2、HO_2、HCO、SH、BH、ClO、CF_2 等的信息。

(3) 计算法：应该指出，即使通过大量的实验工作，也难以发现所有的中间物分子，特别是不稳定的中间物分子。因此基于量子化学和结构化学的理论分析和计算常能提供许多有价值的信息。

通过以上准备工作，获得了反应过程的中间物分子的信息，就为推测反应机理提供了依据。

2）拟定反应机理

根据在上述阶段获得的知识，就可以拟定反应机理了，拟定反应机理时必须考虑如下几个因素：

(1) 速率因素：按所拟定的反应机理推导出的反应速率必须与动力学实验结果相一致。

(2) 能量因素：需要提供能量越低的基元反应发生的概率越大。

(3) 结构因素：所拟定的反应机理中的所有基元反应都应与结构化学的规律相符合。

所拟定的反应机理必须同时满足上述三个因素才可能正确，也就是说，不满足上述三个因素的反应机理一定是不正确的。例如，在前面提到的 HI 生成反应，开始认为它的总包反应 $H_2+I_2=\!=\!=2HI$ 就是一个基元反应，经过上述的三个因素研究，发现它的总包反应并非是一个基元反应，才提出了如下反应机理：

$$I_2 \underset{k_{-1}}{\overset{k_1}{\rightleftharpoons}} 2I$$

$$H_2+2I \xrightarrow{k_2} 2HI$$

该反应机理与前述的三个因素相符，因此目前得到了较广泛的承认。

应该指出的是，在拟定反应机理过程中，如果由拟定的反应机理导出的反应速率与化学动力学实验结果相符合，只能说明此反应机理有可能正确；若与化学动力学实验结果不符合，则可以肯定该反应机理是不正确的。从这个意义上讲，肯定一个反应机理要比否定一个反应机理困难得多，因为要否定一个反应机理只要有一个实验证据就足够了，而要肯定一个反应机理需要考虑所有的可能性。在化学动力学的发展史上常常发生两种现象：一种是有些反应机理在提出的当时与实验事实相符合，并认为是正确的，但是随着科学理论与实验技术的进一步发展，发现以前的反应机理是错误的，于是代之以新的反应机理；另一种现象是，几个不同的反应机理都能解释同一个反应的化学动力学实验，但是长期无法判断这些反应机理中哪些正确，哪些不正确。因此，在化学动力学的发展史上流传一句名言："不能证明一个反应机理的正确，只能反证一个反应机理的不正确。"它反映了反应机理研究的这种状况。然而，近些年来随着分子反应动力学理论的发展、分子束等实验技术的应用，为证明反应机理带来了希望，反应机理之谜是一定能揭开的。

§ 4-2　基元反应的速率方程

1. 质量作用定律

影响化学反应速率的因素有浓度、温度、催化剂等。在温度、催化剂等因素不变的条件下，表示化学反应的速率与浓度关系的方程式，或表示浓度与时间关系的方程式称为化学反应的速率方程式，简称速率方程，又称为动力学方程。确定速率方程是动力学研究的重要内容，而确定速率方程的依据是化学反应机理。

基元反应中反应物(包括分子、原子、离子等)数目称为基元反应的分子数，根据分子数的多少可将基元反应分为三类：单分子反应，双分子反应和三分子反应。绝大多数基元反应为双分子反应，目前尚未发现三分子反应以上的基元反应。

实验证明，基元反应的反应速率与各反应物的浓度的幂函数的乘积成正比，其中各反应物的浓度的幂指数为基元反应中各反应物化学计量数的绝对值。这称为质量作用定律，它是化学反应动力学中一个非常重要的定律。根据质量作用定律可以直接写出基元反应的速率方程，例如对于单分子反应：$\mathrm{A} \longrightarrow$ 产物，则有

$$v=kc_{\mathrm{A}} \tag{4-2-1}$$

对于异种分子的双分子反应：$\mathrm{A}+\mathrm{B} \longrightarrow$ 产物，则有

$$v=kc_{\mathrm{A}}c_{\mathrm{B}} \tag{4-2-2}$$

对于同种分子的双分子反应：$\mathrm{A}+\mathrm{A} \longrightarrow$ 产物，则有

$$v=kc_{\mathrm{A}}^{2} \tag{4-2-3}$$

依此类推，对于基元反应：

$$a\mathrm{A}+b\mathrm{B}+c\mathrm{C} \longrightarrow \text{产物}$$

其速率方程应为

$$v=kc_{\mathrm{A}}^{a}c_{\mathrm{B}}^{b}c_{\mathrm{C}}^{c} \tag{4-2-4}$$

式中，c_{A}、c_{B}、c_{C} 分别为反应系统中反应物的浓度。a、b、c 是基元反应中反应物的分子数，也是相应物质浓度的幂指数，称为这些反应物的分级数。反应的总级数 n 为各分级数的代数和：$n=a+b+c$，总级数可简称级数，其大小表示反应物浓度对反应速率的影响程度。总级数越大，则反应速率受反应物浓度的影响越大。需要指出，基元反应是具有整数级数的反应，但是具有整数级数的反应并不一定就是基元反应。

式(4-2-4)中的 k 是一个与浓度无关的比例系数，称为速率常数。速率常数是温度的函数，当温度一定时，速率常数为一确定值。它的大小直接反映了反应速率的快慢程度，体现了反应的速率特征，是化学动力学中一个重要的物理量。速率常数的单位与反应级数有关，若反应级数为 n，则 k 的单位为$[\text{浓度}]^{1-n}\cdot[\text{时间}]^{-1}$。因此若已知 k 的单位，就可以推知反应级数。

式(4-2-4)给出了基元反应的速率方程式的一种形式，它常被称为是速率方程的微分形

式，表示出了浓度对反应速率的影响。但在实际运用时，常常需要了解在反应过程中反应物或产物的浓度随时间的变化情况，或者了解反应物达到一定的转化率所需的反应时间。这就需要将微分形式的速率方程式(4-2-4)积分，得到反应物的浓度与时间的函数关系式

$$c=f(k,t) \tag{4-2-5}$$

式(4-2-5)称为速率方程的积分形式，速率方程的微分形式和积分形式从不同的侧面反映出化学反应的动力学特征。

应当注意，式(4-2-4)中的 k 是以反应速率 v 表示的速率方程中的速率常数。当用基元反应中不同的组分的浓度变化率表示反应速率时，其数值与相应的化学计量数成正比，因此速率常数也必然与相对应的计量数成正比。例如某基元反应为

$$2A+B\longrightarrow 3D$$

其速率方程由式(4-2-4)可得为

$$v=kc_A^2c_B$$

当反应速率分别用组分 A、B 和 D 的浓度变化来表示时，则由上式和式(4-1-5)可得

$$-\frac{dc_A}{dt}=2v=2kc_A^2c_B=k_Ac_A^2c_B$$

$$-\frac{dc_B}{dt}=v=kc_A^2c_B=k_Bc_A^2c_B$$

$$\frac{dc_D}{dt}=3v=3kc_A^2c_B=k_Dc_A^2c_B$$

由此可见不同的速率常数之间的关系为

$$k=k_A/2=k_B=k_D/3$$

k 的下标表示以什么组分的浓度变化率来表示反应速率时的速率常数，因此，只有在不引起混淆时，才可以忽略不写。

2. 单分子反应

基元反应中反应物分子数是 1 的反应称为单分子反应，如前面反应机理讨论中的 $I_2\longrightarrow 2I$，$Br_2\longrightarrow 2Br$ 等均为单分子反应。对于单分子反应

$$A\longrightarrow \text{产物}$$

其速率方程的微分形式如下

$$-\frac{dc_A}{dt}=kc_A \quad 或 \quad -\frac{dc_A}{c_A}=k\,dt \tag{4-2-6}$$

所以 k 的单位是[时间]$^{-1}$，这是单分子反应的第一个特征。设反应开始时($t=0$)反应物 A 的浓度为 $c_{A,0}$(又称初浓度)，在 t 时刻反应物 A 的浓度为 c_A，积分式(4-2-6)

$$-\int_{c_{A,0}}^{c_A}\frac{dc_A}{c_A}=\int_0^t k\,dt \tag{4-2-7}$$

得

$$\ln\frac{c_{A,0}}{c_A}=kt \quad 或 \quad \ln c_A=-kt+\ln c_{A,0} \tag{4-2-8}$$

或

$$c_A=c_{A,0}e^{-kt} \tag{4-2-9}$$

用 $\ln c_A$ 对 t 作图，可得一条直线，如图 4-2-1 所示，即反应物浓度的对数与反应时间成比例，这是单分子反应的第二个特征。由直线的斜率 m 可求出速率常数 k，即 $k=-m$。

若反应物 A 在 t 时刻的转化率为 x_A，则 x_A 的定义为

$$x_A \xlongequal{\text{def}} \frac{(c_{A,0}-c_A)}{c_{A,0}} \tag{4-2-10}$$

则 $c_A=c_{A,0}(1-x_A)$，代入式(4-2-8)得

$$\ln\frac{1}{1-x_A}=kt \tag{4-2-11}$$

由此可见对于单分子反应而言，达到一定转化率所需的时间与初浓度 $c_{A,0}$ 无关。反应物 A 消耗一半($x_A=1/2$)所需的时间，称为反应的半衰期，用 $t_{1/2}$ 表示。由式(4-2-11)可得

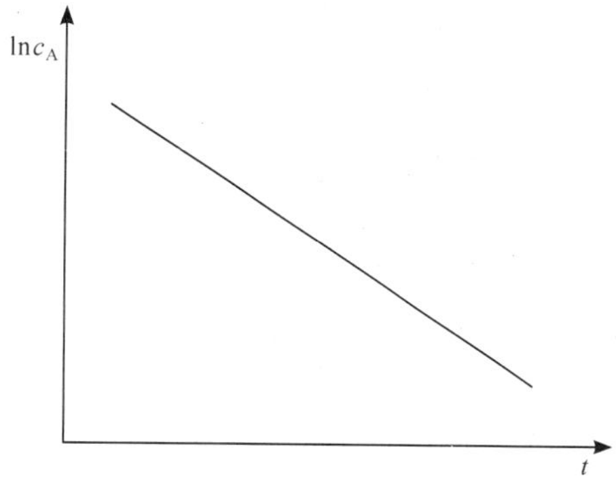

图 4-2-1　单分子反应浓度与时间的关系

$$t_{1/2}=\frac{\ln 2}{k} \tag{4-2-12}$$

即单分子反应的半衰期仅与速率常数有关，而与初浓度无关，这是单分子反应的第三个特征。

例 4-2-1　已知某气相基元反应 A ⟶ B+C 在 320℃时 $k=2.2\times10^{-5}\,s^{-1}$，在 320℃反应 90min 后 A 的分解百分数为多少？

解　求 A 的分解百分数就是求 A 的转化率。由题给条件可知此反应为单分子反应，将题给数据代入式(4-2-11)，得

$$\ln\frac{1}{1-x_A}=kt=2.2\times10^{-5}\times(60\times90)=0.12$$

$$1-x_A=0.8880\qquad x_A=0.1120$$

所以 A 的分解百分数为 11.20%。

3. 双分子反应

基元反应中反应物分子数是 2 的反应称为双分子反应。双分子反应是最常见的基元反应，如前面反应机理讨论中的 $Cl+H_2 \longrightarrow HCl+H$，$O_2+H \longrightarrow OH+O$ 等均为双分子反应。双分子反应有以下两种类型：

(1) 2A ⟶ 产物　　$-\frac{dc_A}{dt}=kc_A^2$

(2) A+B ⟶ 产物　　$-\frac{dc_A}{dt}=kc_Ac_B$

下面分别讨论这两种类型双分子反应的速率方程。若反应物分子只有一种，则反应速率与反应物浓度的平方成正比

$$-\frac{dc_A}{dt}=kc_A^2 \tag{4-2-13}$$

根据与单分子反应相同的讨论方法，可得速率方程的积分形式为

$$\frac{1}{c_A}-\frac{1}{c_{A,0}}=kt \tag{4-2-14}$$

或

$$\frac{x_A}{c_{A,0}(1-x_A)}=kt \tag{4-2-15}$$

式中，$c_{A,0}$、c_A、x_A 的意义与单分子反应相同。根据速率方程，得此类双分子反应的三个基本特征：

(1) k 的单位为[浓度]$^{-1}$ · [时间]$^{-1}$；

(2) 将浓度的倒数 $1/c_A$ 对时间 t 作图，可得一条直线(图 4-2-2)，直线的斜率为 k；

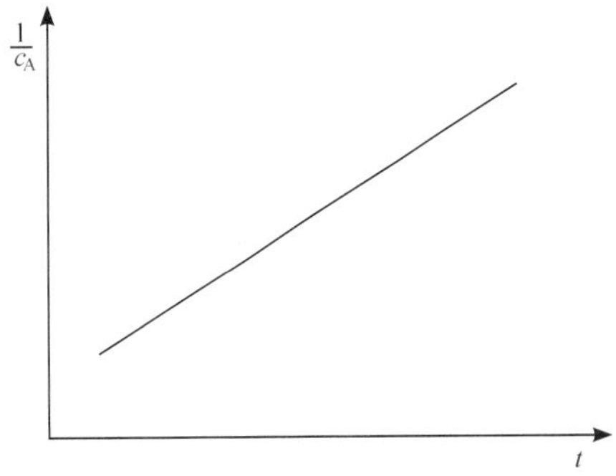

图 4-2-2　双分子反应浓度与时间的关系

(3) 该反应中反应物 A 的半衰期与初浓度和速率常数成反比，即

$$t_{1/2}=\frac{1}{kc_{A,0}} \tag{4-2-16}$$

对有两种反应物分子参加的双分子反应，则速率方程的微分形式为

$$-\frac{dc_A}{dt}=kc_Ac_B \tag{4-2-17}$$

下面分两种情况讨论式(4-2-17)的积分形式。

(1) 如果反应物 A 和 B 的初浓度与其化学计量系数成正比，即 $c_{A,0}:c_{B,0}=1:1$，那么在反应的任一时刻，A 和 B 的浓度均可保持此比例不变，即 $c_A:c_B=1:1$，则有

$$c_A=c_B \tag{4-2-18}$$

将上式代入式(4-2-17)有

$$-\frac{dc_A}{dt}=kc_A^2 \tag{4-2-19}$$

其形式与式(4-2-13)完全相同，因此积分后也可得到与式(4-2-14)～(4-2-16)相同的形式和结论。

(2) 如果反应物 A 和 B 的初浓度不相等，即 $c_{A,0}\neq c_{B,0}$，速率方程可写作

$$-\frac{dc_A}{dt}=k(c_{A,0}-y)(c_{B,0}-y) \tag{4-2-20}$$

式中，y 为 t 时刻反应物消耗的浓度，又因 $c_A=c_{A,0}-y$，所以 $dc_A=-dy$，代入上式得

$$\frac{dy}{(c_{A,0}-y)(c_{B,0}-y)}=kdt$$

对上式作定积分

$$\int_0^y\frac{dy}{(c_{A,0}-y)(c_{B,0}-y)}=\int_0^t kdt$$

得

$$\frac{1}{c_{A,0}-c_{B,0}}\ln\frac{c_{B,0}(c_{A,0}-y)}{c_{A,0}(c_{B,0}-y)}=kt \tag{4-2-21}$$

或

$$\ln\frac{c_{A,0}-y}{c_{B,0}-y}=(c_{A,0}-c_{B,0})kt+\ln\frac{c_{A,0}}{c_{B,0}} \tag{4-2-22}$$

由式(4-2-22)可以看出，将 $\ln(c_{A,0}-y)/(c_{B,0}-y)$ 对 t 作图，可以得到一条直线，其斜率 $m=(c_{A,0}-c_{B,0})k$。由于这类反应 A、B 的初浓度不同，但反应过程中消耗的量相等，因此 A、B 消耗一半所需的时间也不相同，即 A、B 的半衰期不等，对整个反应无半衰期可言。

例 4-2-2　已知某气相基元反应 $A+B\longrightarrow C$ 是双分子反应，实验测定在 150℃和反应物 A 的初始浓度 $c_{A,0}=0.5mol\cdot dm^{-3}$ 条件下，60min 后反应物 A 的浓度下降 75%，求该反应的速率常数 k 并计算 80min 后反应物 A 的剩余量。

解　由题给条件可知此反应为双分子反应，将题给数据代入式(4-2-15)

$$k=\frac{x_A}{tc_{A,0}(1-x_A)}=\frac{0.75}{60\times0.5\times(1-0.75)}=0.1mol^{-1}\cdot dm^3\cdot min^{-1}$$

$$\frac{x_A}{1-x_A}=ktc_{A,0}=0.1\times80\times0.5=4$$

$$x_A=0.8\quad 1-x_A=0.2$$

所以 80min 后反应物 A 的剩余量为 20%。

4. 三分子反应

基元反应中反应物分子数为 3 的反应称为三分子反应，三分子反应并不多见，这是因为三个分子同时碰撞在一起的机会不多，前面反应机理讨论中的 $2I+H_2 \longrightarrow 2HI$，$H+O_2+H_2 \longrightarrow H_2O+OH$ 等均为三分子反应。三分子反应有以下三种类型：

（1）$3A \longrightarrow$ 产物　　$-\dfrac{dc_A}{dt}=kc_A^3$

（2）$2A+B \longrightarrow$ 产物　　$-\dfrac{dc_A}{dt}=kc_A^2c_B$

（3）$A+B+C \longrightarrow$ 产物　　$-\dfrac{dc_A}{dt}=kc_Ac_Bc_C$

下面分别讨论这三种类型的三分子反应的速率方程。若反应物分子只有一种，则反应速率与反应物浓度的立方成正比

$$-\frac{dc_A}{dt}=kc_A^3 \tag{4-2-23}$$

根据与单分子反应相似的讨论方法，可得到速率方程的积分形式

$$\frac{1}{2}\left(\frac{1}{c_A^2}-\frac{1}{c_{A,0}^2}\right)=kt \tag{4-2-24}$$

或

$$\frac{x_A(2-x_A)}{2c_{A,0}^2(1-x_A)^2}=kt \tag{4-2-25}$$

式中，$c_{A,0}$、c_A、x_A 的意义与单分子反应相同。根据速率方程，得此类三分子反应的三个基本特征：

（1）k 的单位为[浓度]$^{-2}$ ·[时间]$^{-1}$；

（2）将浓度的倒数 $1/c_A^2$ 对时间 t 作图，可得一条直线，直线的斜率为 $2k$；

（3）该反应中反应物 A 的半衰期为

$$t_{1/2}=\frac{3}{2kc_{A,0}^2} \tag{4-2-26}$$

若反应物分子有两种，则速率方程的微分形式为

$$-\frac{dc_A}{dt}=kc_A^2c_B \tag{4-2-27}$$

如果反应物 A 和 B 的初始浓度与其化学计量系数成正比，即 $c_{A,0}:c_{B,0}=2:1$，则在反应进行的任何时刻均有

$$c_A=2c_B \tag{4-2-28}$$

将上式代入式(4-2-27)得

$$-\frac{dc_A}{dt}=(k/2)c_A^3=k'c_A^3 \tag{4-2-29}$$

其形式与式(4-2-23)完全相同，因此积分后也可得到与式(4-2-24)～(4-2-26)相同的形式和结论。对于 A 和 B 的初始浓度与其化学计量系数不成正比的情况，数学处理要复杂一些，可参考有关资料。

若反应物分子有三种，则速率方程的微分形式为

$$-\frac{dc_A}{dt}=kc_Ac_Bc_C \tag{4-2-30}$$

如果反应物A、B、C的初浓度与其化学计量系数成正比，即 $c_{A,0}:c_{B,0}:c_{C,0}=1:1:1$，则在反应进行的任何时刻均有

$$c_A=c_B=c_C \tag{4-2-31}$$

将上式代入式(4-2-30)得

$$-\frac{dc_A}{dt}=kc_A^3 \tag{4-2-32}$$

式(4-2-32)与式(4-2-23)完全相同，因此积分后也可得到与式(4-2-24)～(4-2-26)完全相同的形式和结论。对于A、B、C的初浓度与其化学计量系数不成正比的情况，数学处理要复杂一些，可参考有关资料。

例 4-2-3　已知某基元反应 $aA \longrightarrow B+D$ 中，反应物A的初始浓度 $c_{A,0}=1.00\text{mol}\cdot\text{dm}^{-3}$，初始反应速率 $v_0=0.01\text{mol}\cdot\text{dm}^{-3}\cdot\text{s}^{-1}$。如果假定此反应中A的计量数 a 分别为1、2、3，试求各不同分子数反应的速率常数 k，半衰期 $t_{1/2}$ 和反应物A消耗掉90%所需的时间。

解　(1) 单分子反应

$$v=kc_A$$

$t=0$ 时，$k=\frac{v_0}{c_{A,0}}=\frac{0.01}{1.00}\text{s}^{-1}=0.01\text{s}^{-1}$，反应速率方程的积分形式为

$$\ln\frac{c_{A,0}}{c_A}=kt \qquad t_{1/2}=\frac{\ln 2}{k}=\frac{0.693}{0.01}\text{s}=69.3\text{s}$$

反应物A消耗90%所需时间为　$t=\frac{1}{k}\ln\frac{c_{A,0}}{0.1c_{A,0}}=\frac{\ln 10}{k}=\frac{2.303}{0.01}\text{s}=230.3\text{s}$。

(2) 双分子反应

$$v=kc_A^2$$

$t=0$ 时，$k=\frac{v_0}{c_{A,0}^2}=\frac{0.01}{1.00^2}\text{mol}^{-1}\cdot\text{dm}^3\cdot\text{s}^{-1}=0.01\text{mol}^{-1}\cdot\text{dm}^3\cdot\text{s}^{-1}$，反应速率方程的积分形式为

$$\frac{1}{c_A}-\frac{1}{c_{A,0}}=kt \qquad t_{1/2}=\frac{1}{kc_{A,0}}=\frac{1}{0.01\times1.00}\text{s}=100\text{s}$$

反应物A消耗90%所需时间为　$t=\frac{1}{k}\left(\frac{1}{0.1c_{A,0}}-\frac{1}{c_{A,0}}\right)=\frac{9}{kc_{A,0}}=\frac{9}{0.01\times1.00}\text{s}=900\text{s}$。

(3) 三分子反应

$$v=kc_A^3$$

$t=0$ 时，$k=\frac{v_0}{c_{A,0}^3}=\frac{0.01}{1.00^3}\text{mol}^{-2}\cdot\text{dm}^6\cdot\text{s}^{-1}=0.01\text{mol}^{-2}\cdot\text{dm}^6\cdot\text{s}^{-1}$，反应速率方程的积分形式为

$$\frac{1}{c_A^2}-\frac{1}{c_{A,0}^2}=2kt \qquad t_{1/2}=\frac{3}{2kc_{A,0}^2}=\frac{3}{2\times0.01\times1.00^2}\text{s}=150\text{s}$$

反应物A消耗90%所需时间为　$t=\frac{1}{2k}\left[\frac{1}{(0.1c_{A,0})^2}-\frac{1}{c_{A,0}^2}\right]=\frac{10^2-1}{2kc_{A,0}^2}=\frac{10^2-1}{2\times0.01\times1.00^2}\text{s}=4950\text{s}$。

由以上计算可见，在初浓度和初速率相同的情况下，反应分子数越大，则消耗掉同样数量的反应物所需要的时间越长。这是因为反应分子数越大，反应速率随反应物浓度减小而衰减得越快。这一点也可以从以上不同级数反应中 t 与 $t_{1/2}$ 之比可以看出。例如，对单分子反应来说，反应物A消耗90%所需时间 t 是 $t_{1/2}$ 的3.3倍，而对双分子反应来说，反应物A消耗90%所需时间 t 则是 $t_{1/2}$ 的9倍。

5. 阿伦尼乌斯公式

1）阿伦尼乌斯公式

大量的实验事实表明，对于同一化学反应，当温度变化时，其反应速率也随之变化，这说明温度能够影响化学反应的速率。从速率方程来看，温度只能是通过速率常数来影响反应速率，即当温度变化时，速率常数随之发生变化，这说明 $k=f(T)$，所以研究温度对反应速率的影响，实际上就是讨论 k 与 T 的关系。

范特霍夫曾提出了一个表示反应速率常数 k-T 关系的经验规则：对于一个化学反应，温度每升高 10K，反应速率常数增加为原来的 2～4 倍，即

$$k_{T+10\mathrm{K}}/k_T=2\sim4$$

按此规则，在 400K 时 1min 即可完成的反应，在 300K 时少则要 17h，多则需要近 2a 才能完成，这说明温度对反应速率的影响远远超过浓度对反应速率的影响。实际上在化学实验和化工生产中，为了加快反应速率，采用升温的办法比采用增加反应物浓度的办法更为有效。另一方面，这个规则也极不精确，只能对反应速率常数作出粗略的估算。

1898 年，阿伦尼乌斯（Arrhenius）在总结前人实验的基础上，提出了一个更为精确地描述 k-T 关系的经验公式

$$k=k_0\mathrm{e}^{-\frac{E_a}{RT}} \tag{4-2-33}$$

这就是著名的阿伦尼乌斯公式。式中，k_0 和 E_a 是两个经验常数。k_0 称为指前因子，又称为频率因子，其单位与 k 相同。E_a 称为活化能，是一个大于零的正数，单位是 $\mathrm{kJ\cdot mol^{-1}}$。后来研究发现这两个经验常数都有一定的物理意义。式(4-2-33)又称为阿伦尼乌斯公式的指数形式。将式(4-2-33)两边取对数，得

$$\ln k=\ln k_0-\frac{E_a}{RT} \tag{4-2-34}$$

式(4-2-34)表明，用 $\ln k$ 对 $1/T$ 作图，得一条直线，直线的斜率为 $-E_a/R$，截距为 $\ln k_0$。从而可以用多组实验数据求得反应的活化能和指前因子。式(4-2-34)又称为阿伦尼乌斯公式的对数形式。对式(4-2-34)求导，得

$$\frac{\mathrm{d}\ln k}{\mathrm{d}T}=\frac{E_a}{RT^2} \tag{4-2-35}$$

由于 E_a 恒大于零，因此当温度增加时，速率常数 k 增加。式(4-2-35)又称为阿伦尼乌斯公式的微分形式。将式(4-2-35)在 T_1 和 T_2 之间作定积分，得

$$\ln\frac{k_2}{k_1}=\frac{E_a}{R}\left(\frac{1}{T_1}-\frac{1}{T_2}\right) \tag{4-2-36}$$

这个定积分式可以在已知某一温度下的速率常数和反应的活化能时，求算另一温度下的速率常数。式(4-2-36)又称为阿伦尼乌斯公式的积分形式。式(4-2-33)～(4-2-36)是阿伦尼乌斯公式的几种不同的表示形式。在进行速率常数 k 的定量计算时常用积分形式和对数形式，而在讨论问题和证明问题时则常用到微分形式和指数形式。

例 4-2-4　已知某基元反应的活化能为 $100\mathrm{kJ\cdot mol^{-1}}$，试估算：①温度由 300K 上升 10K，②由 400K 上升 10K，速率常数 k 各增大几倍，并说明为什么二者增大倍数不同。若活化能为 $150\mathrm{kJ\cdot mol^{-1}}$，再作同样计算，比较二者增大的倍数，说明原因。对比活化能不同会产生什么效果。估算中可设指前因子 k_0 相同。

解 (1) $E_a=100\text{kJ}\cdot\text{mol}^{-1}$,设 k_T 代表温度 T 下的速率常数,则

① $$\frac{k_{310}}{k_{300}}=\frac{k_0\text{e}^{-\frac{E_a}{310R}}}{k_0\text{e}^{-\frac{E_a}{300R}}}=\text{e}^{-\frac{E_a}{R}\times\frac{300-310}{310\times300}}=\text{e}^{-\frac{100\,000}{8.314}\times\frac{(-10)}{310\times300}}\approx3.6$$

② $$\frac{k_{410}}{k_{400}}=\text{e}^{-\frac{100\,000}{8.314}\times\frac{(-10)}{410\times400}}\approx2.1$$

同是上升 10K,原始温度高的 k 值增大得少,这是因为按式(4-2-35),$\ln k$ 随 T 的变化率与 T^2 成反比。

(2) $E_a=150\text{kJ}\cdot\text{mol}^{-1}$

① $$\frac{k_{310}}{k_{300}}=\text{e}^{-\frac{150\,000}{8.314}\times\frac{(-10)}{310\times300}}\approx7$$

② $$\frac{k_{410}}{k_{400}}=\text{e}^{-\frac{150\,000}{8.314}\times\frac{(-10)}{410\times400}}\approx3$$

同是上升 10K,原始温度高的 k 值仍然增大较少,原因同上。但与(1)对比,(2)的活化能高,k 增大的倍数更多一些,即活化能高的反应对温度更敏感一些,这也是式(4-2-35)的必然结果,由本例还可以看出,范特霍夫的经验规则是相当粗略的。

例 4-2-5 已知某基元反应的速率常数在 60℃和 10℃时分别为 $5.484\times10^{-2}\text{s}^{-1}$ 和 $1.080\times10^{-4}\text{s}^{-1}$。(1)求该反应的活化能以及该反应的 k-T 关系式。(2)该反应在 30℃时进行 1000s,转化率为多少?

解 (1) 将已知数据代入式(4-2-36),得

$$\ln\frac{1.080\times10^{-4}}{5.484\times10^{-2}}=\frac{-E_a}{8.314}\left(\frac{1}{283.15}-\frac{1}{333.15}\right)$$

由此式可求得

$$E_a=97\,730\text{J}\cdot\text{mol}^{-1}$$

将求得的 E_a 和 10℃时的 k 代入式(4-2-34),得

$$\ln(1.080\times10^{-4})=-\frac{97\,730}{8.314\times283.15}+\ln(k_0/\text{s}^{-1})$$

所以 $$\ln(k_0/\text{s}^{-1})=32.374$$

这样就可写出该反应的 k-T 关系式

$$\ln k=-\frac{97\,730}{8.314T}+32.374$$

(2) 求 30℃时的转化率,则需先求 30℃时的 k,将 $T=303.15\text{K}$ 代入该反应的 k-T 关系式,求出 $k_{30℃}=1.66\times10^{-3}\text{s}^{-1}$。欲求反应进行 1000s 的转化率 x_A,则需确定是几分子反应。由题给的 k 的单位是 s^{-1},可以断定该反应为单分子反应,因此其速率方程积分形式为式(4-2-11)。将 $t=1000\text{s}$ 代入此式,得

$$1000=\frac{1}{1.66\times10^{-3}}\ln\frac{1}{1-x_A}$$

解出 $$x_A=0.810$$

2) 活化能

从上面的例题中可以看到活化能对反应速率的影响。在 300K 时,若两个反应的指前因子相同,而活化能仅差 $10\text{kJ}\cdot\text{mol}^{-1}$时,两个反应的速率常数之比为

$$k_2/k_1=\text{e}^{-(E_2-E_1)/RT}=\text{e}^{-10\,000/8.314\times300}=1/55$$

即两个反应的速率常数相差 55 倍,而 $10\text{kJ}\cdot\text{mol}^{-1}$仅占一般反应的活化能($40\sim400\text{kJ}\cdot\text{mol}^{-1}$)的 25%~2.5%,这足以说明活化能对反应速率的影响之大。活化能对反应速率的影响为什么这么大?它的物理意义是什么?这里仅作初步介绍。

为了解释 E_a 的物理意义，阿伦尼乌斯认为，普通的反应物分子之间并不能发生反应而生成产物分子，为了能发生化学反应，普通反应物分子必须吸收足够的能量先变成活化反应物分子，活化的反应物分子之间才可能发生反应生成产物分子并放出能量，阿伦尼乌斯将普通反应物分子变成活化反应物分子需要吸收的能量称为活化能。

例如，对于基元反应 $2HI \longrightarrow H_2 + 2I$，由图 4-2-3 可看出，反应物 2HI 须先吸收 $180kJ \cdot mol^{-1}$ 的活化能，才能达到活化状态[I…H…H…I]，在这个状态下，因吸收了足够的能量，克服了两个 H 原子间的斥力，使它们靠得足够近，新键即将生成；吸收的能量同时也克服了 H—I 键的引力，使 H—I 键距离拉长，旧键即将断裂。由图还可看出，吸收 $180kJ \cdot mol^{-1}$ 的活化能，达到活化状态后再变成产物，并放出 $21kJ \cdot mol^{-1}$ 的能量。净余结果是等容反应热 $\Delta_r U$ 为 $(180-21)kJ \cdot mol^{-1} = 159kJ \cdot mol^{-1}$。这个反应的活化能是 $180kJ \cdot mol^{-1}$。同理，逆反应 $H_2 + 2I \longrightarrow 2HI$ 的活化能为 $21kJ \cdot mol^{-1}$，即至少要吸收这么多的能量，反应物 H_2 和 2I 才能达到活化状态[I…H…H…I]而发生反应，变为产物后放出 $180kJ \cdot mol^{-1}$ 的能量，净余结果是等容反应热 $\Delta_r U$ 为 $(21-180)kJ \cdot mol^{-1} = -159kJ \cdot mol^{-1}$。

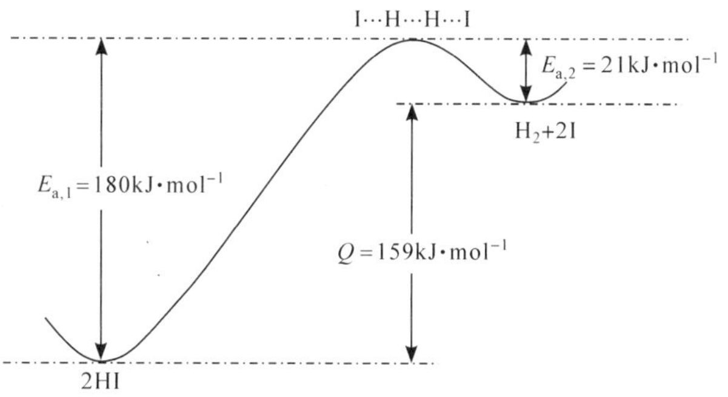

图 4-2-3　反应活化能示意图

由此可见化学反应一般需要有一个活化的过程，也就是一个吸收足够的能量以克服反应能峰的过程。在一般情况下，通过升高温度增加分子动能来使分子活化，这称为热活化，此外还有光活化和电活化等。所以一定温度下，反应活化能越大，则具有活化能量的分子数就越少，因而反应就越慢。对于一定的反应活化能，若温度越高则具有活化能量的分子数就越多，因而反应就越快。

后来托尔曼(Tolman)较严格地证明了上述所定义的阿伦尼乌斯活化能 E_a 确实等于活化反应物分子平均能量与普通反应物分子平均能量之差。这说明由 k-T 数据按阿伦尼乌斯方程算出的 E_a，对基元反应来说的确具有能峰的意义。也可以说，若某基元反应速率常数随温度变化的关系符合阿伦尼乌斯方程，则认为该基元反应是一个需要翻越能峰为 E_a 的反应。

实践经验告诉我们，有些在热力学上判断可能自发进行的化学反应，实际上却没有发生，这并不说明热力学的结论是错误的。而是因为这些化学反应的反应机理中，某个基元反应可能存在一个特别大的反应活化能，因此这个基元反应的反应速率就特别小，成为整个化学反应的控制步骤，阻碍了整个化学反应的进行。以合成氨反应为例，在合成氨反应的反应机理中，N_2 分解成 2N 的基元反应就有特别大的反应活化能，因此这个基元反应的反应速率特别小，成为整个合成氨反应的控制步骤，阻碍了整个化学反应的进行。目前工业化合成氨反应要解决的关键问题就是降低 N_2 分解成 2N 的基元反应的反应活化能。

§4-3　复杂反应的速率方程

前面我们讨论了基元反应，把基元反应进行简单组合，就可以得到一些复杂反应，下面讨论几种典型的复杂反应的机理和速率方程，以及这些复杂反应的特点。

1. 对行反应

在正、逆两方向都能进行的反应称为对行反应，又称对峙反应。下面以一个简单的正、逆反应均为单分子反应的对行反应为例，讨论其速率方程及其特点。由两个单分子反应组成的对行反应可写作

$$A \underset{k_{-1}}{\overset{k_1}{\rightleftharpoons}} B$$

式中，k_1 和 k_{-1}分别为正、逆反应的速率常数。设反应开始时，A 的浓度为 $c_{A,0}$，B 的浓度为 0，反应过程中 A、B 的浓度变化如下：

$$\begin{array}{lll} & A \underset{k_{-1}}{\overset{k_1}{\rightleftharpoons}} & B \\ t=0 & c_{A,0} & 0 \\ t=t & c_A & c_B \\ t=\infty & c_{A,e} & c_{B,e} \end{array}$$

上面所列各量中，$c_{A,e}$、$c_{B,e}$分别为反应达到平衡时 A、B 的浓度。根据质量作用定律，正向和逆向反应的速率方程分别为

$$v_1=k_1c_A \qquad v_{-1}=k_{-1}c_B$$

则对行反应过程中 A、B 的速率方程分别为

$$\frac{dc_A}{dt}=-v_1+v_{-1}=-k_1c_A+k_{-1}c_B \tag{4-3-1}$$

$$\frac{dc_B}{dt}=-v_{-1}+v_1=-k_{-1}c_B+k_1c_A \tag{4-3-2}$$

联立求解式(4-3-1)和式(4-3-2)组成的微分方程组，可得

$$c_A=\frac{c_{A,0}}{k_1+k_{-1}}\left[k_{-1}+k_1e^{-(k_1+k_{-1})t}\right] \tag{4-3-3}$$

$$c_B=\frac{c_{A,0}}{k_1+k_{-1}}\left[k_1-k_1e^{-(k_1+k_{-1})t}\right] \tag{4-3-4}$$

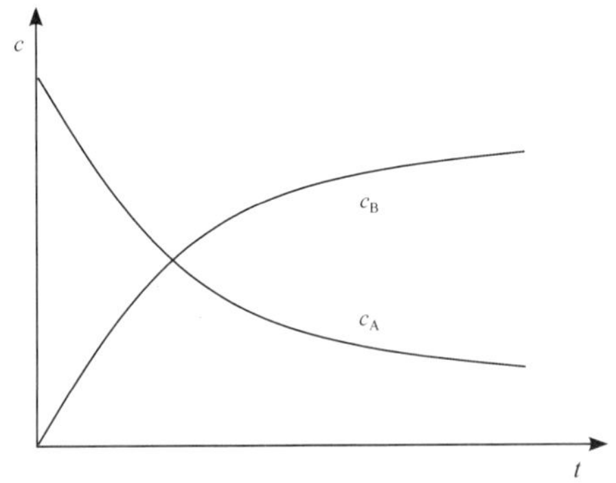

图 4-3-1　对行反应的 c-t 曲线

将式(4-3-3)和式(4-3-4)所表示的 c-t 关系绘成曲线，则如图 4-3-1 所示。

当 $t\rightarrow\infty$时，对行反应达到平衡，根据式(4-3-3)和式(4-3-4)有

$$c_{A,e}=\frac{c_{A,0}}{k_1+k_{-1}}k_{-1} \tag{4-3-5}$$

$$c_{B,e}=\frac{c_{A,0}}{k_1+k_{-1}}k_1 \tag{4-3-6}$$

由式(4-3-5)和式(4-3-6)可得

$$\frac{k_1}{k_{-1}}=\frac{c_{B,e}}{c_{A,e}}$$

令

$$K=\frac{c_{B,e}}{c_{A,e}}=\frac{k_1}{k_{-1}} \tag{4-3-7}$$

K 为对行反应达平衡时，产物与反应物浓度之比，即反应平衡常数。将式(4-3-6)与式(4-3-7)联立，并结合实验数据即可求得 k_1 及 k_{-1}。

例 4-3-1　已知某对行反应

$$A \underset{k_{-1}}{\overset{k_1}{\rightleftharpoons}} B$$

的 $k_1=0.1\text{min}^{-1}$，$k_{-1}=0.2\text{min}^{-1}$，$c_{A,0}=1.00\text{mol}\cdot\text{dm}^{-3}$，$c_{B,0}=0\text{mol}\cdot\text{dm}^{-3}$。试求反应平衡常数 K，反应 10min 后 c_A 和 c_B 的值以及 A 和 B 的平衡浓度。

解　根据式(4-3-7)

$$K=\frac{k_1}{k_{-1}}=\frac{0.1}{0.2}=\frac{1}{2}$$

将题给数据分别代入式(4-3-3)～(4-3-6)，得

$$c_A=\frac{c_{A,0}}{k_1+k_{-1}}[k_{-1}+k_1 e^{-(k_1+k_{-1})t}]$$

$$=\frac{1.00}{0.1+0.2}\times[0.2+0.1\times e^{-(0.1+0.2)\times 10}]\text{mol}\cdot\text{dm}^{-3}=0.68\text{mol}\cdot\text{dm}^{-3}$$

$$c_B=\frac{c_{A,0}}{k_1+k_{-1}}[k_1-k_1 e^{-(k_1+k_{-1})t}]$$

$$=\frac{1.00}{0.1+0.2}\times[0.1+0.1\times e^{-(0.1+0.2)\times 10}]\text{mol}\cdot\text{dm}^{-3}=0.32\text{mol}\cdot\text{dm}^{-3}$$

$$c_{A,e}=\frac{c_{A,0}}{k_1+k_{-1}}k_{-1}=\frac{1.00}{0.1+0.2}\times 0.2\text{mol}\cdot\text{dm}^{-3}=0.67\text{mol}\cdot\text{dm}^{-3}$$

$$c_{B,e}=\frac{c_{A,0}}{k_1+k_{-1}}k_1=\frac{1.00}{0.1+0.2}\times 0.1\text{mol}\cdot\text{dm}^{-3}=0.33\text{mol}\cdot\text{dm}^{-3}$$

2. 平行反应

在给定的反应条件下，反应物能同时进行几个不同的反应，这种反应称为平行反应。通常将目标产物称为主产品，而将其他产物称为副产品。由两个单分子反应组成的平行反应可写作

$$B \xleftarrow{k_1} A \xrightarrow{k_2} D$$

式中，k_1、k_2 分别为两个基元反应的速率常数。根据质量作用定律，两个基元反应的速率方程为

$$v_1=k_1c_A \qquad v_2=k_2c_A$$

则平行反应过程中 A、B、D 的速率方程分别为

$$-\frac{dc_A}{dt}=v_1+v_2=(k_1+k_2)c_A \tag{4-3-8}$$

$$\frac{dc_B}{dt}=v_1=k_1c_A \tag{4-3-9}$$

$$\frac{dc_D}{dt}=v_2=k_2c_A \tag{4-3-10}$$

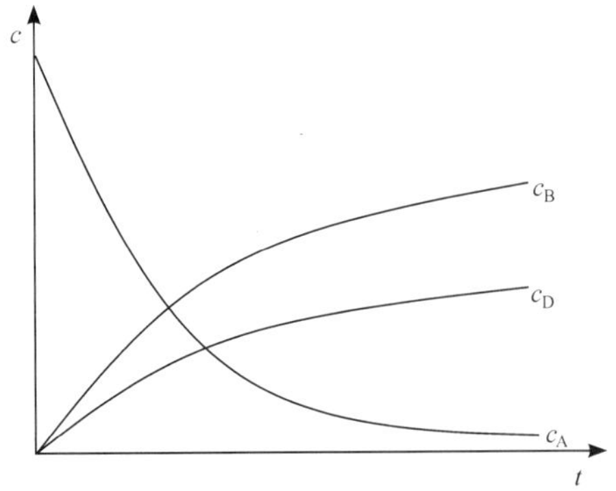

图 4-3-2　平行反应的 c-t 曲线

设反应开始时 A 的浓度为 $c_{A,0}$，B、D 的浓度为 0，联立求解式(4-3-8)～(4-3-10)组成的微分方程组，可得

$$c_A = c_{A,0}e^{-(k_1+k_2)t} \tag{4-3-11}$$

$$c_B = \frac{k_1}{k_1+k_2}c_{A,0}[1-e^{-(k_1+k_2)t}] \tag{4-3-12}$$

$$c_D = \frac{k_2}{k_1+k_2}c_{A,0}[1-e^{-(k_1+k_2)t}] \tag{4-3-13}$$

将式(4-3-11)～(4-3-13)所表示的 c-t 关系绘成曲线，则如图 4-3-2 中所示。

式(4-3-8)与式(4-3-11)分别为平行反应过程中 A 的速率方程的微分形式和积分形式，其形式与单分子反应速率方程的微分形式和积分形式完全相同，只是总反应的速率常数为组成平行反应的各基元反应的速率常数之和而已。若将式(4-3-12)和式(4-3-13)的两式相除，可得

$$\frac{c_B}{c_D} = \frac{k_1}{k_2} \tag{4-3-14}$$

式(4-3-14)表明，级数相同的平行反应，在反应的任一时刻，各反应的产物之比保持为一个常数，即为各反应的速率常数之比，这也是平行反应的特点。在实际生产中，人们总是希望提高产物混合物中主产物的比例，式(4-3-14)指出了改变产物比例的途径。因为速率常数 k 是温度的函数，我们可以采用调节反应温度的方法，来改变 k 的比值，从而达到改变平行反应产物比例的目的。将式(4-3-11)与式(4-3-14)联立，并结合实验数据即可求得 k_1 及 k_2。

例 4-3-2　已知某平行反应

$$B \xleftarrow{k_1} A \xrightarrow{k_2} D$$

若 $k_1=0.1\text{min}^{-1}$，$k_2=0.2\text{min}^{-1}$，$c_{A,0}=1.00\text{mol}\cdot\text{dm}^{-3}$，$c_{B,0}=c_{D,0}=0\text{mol}\cdot\text{dm}^{-3}$，试求出反应产物中 c_B/c_D 之值及反应 10min 后 c_A、c_B、c_D 之值。

解　根据式(4-3-14)

$$\frac{c_B}{c_D} = \frac{k_1}{k_2} = \frac{0.1}{0.2} = \frac{1}{2}$$

将题给数据分别代入式(4-3-11)～(4-3-13)，得

$$c_A = c_{A,0}e^{-(k_1+k_2)t} = 1.00\times e^{-(0.1+0.2)\times 10}\text{mol}\cdot\text{dm}^{-3} = 0.05\text{mol}\cdot\text{dm}^{-3}$$

$$c_B = \frac{k_1}{k_1+k_2}c_{A,0}[1-e^{-(k_1+k_2)t}]$$

$$= \frac{0.1\times 1.00}{0.1+0.2}\times[1-e^{-(0.1+0.2)\times 10}]\text{mol}\cdot\text{dm}^{-3} = 0.32\text{mol}\cdot\text{dm}^{-3}$$

$$c_D = \frac{k_2}{k_1+k_2}c_{A,0}[1-e^{-(k_1+k_2)t}]$$

$$= \frac{0.2\times 1.00}{0.1+0.2}\times[1-e^{-(0.1+0.2)\times 10}]\text{mol}\cdot\text{dm}^{-3} = 0.63\text{mol}\cdot\text{dm}^{-3}$$

3. 连串反应

有很多化学反应是经过连续几步才完成的，前一步反应的产物是下一步反应的反应物，这种反应称为连串反应。由两个单分子反应组成的连串反应可写作

$$A \xrightarrow{k_1} B \xrightarrow{k_2} D$$

式中，k_1、k_2 分别为两个基元反应的速率常数。根据质量作用定律，两个基元反应的速率方程为

$$v_1 = k_1 c_A \qquad v_2 = k_2 c_B$$

则连串反应过程中 A、B、D 的速率方程分别为

$$-\frac{dc_A}{dt} = v_1 = k_1 c_A \tag{4-3-15}$$

$$\frac{dc_B}{dt} = v_1 - v_2 = k_1 c_A - k_2 c_B \tag{4-3-16}$$

$$\frac{dc_D}{dt} = v_2 = k_2 c_B \tag{4-3-17}$$

设反应开始时 A 的浓度为 $c_{A,0}$，B、D 的浓度为 0。联立求解式(4-3-15)～(4-3-17)组成的微分方程组，可得

$$c_A = c_{A,0} e^{-k_1 t} \tag{4-3-18}$$

$$c_B = \frac{k_1 c_{A,0}}{k_2 - k_1}(e^{-k_1 t} - e^{-k_2 t}) \tag{4-3-19}$$

$$c_D = c_{A,0}\left[1 - \frac{1}{k_2 - k_1}(k_2 e^{-k_1 t} - k_1 e^{-k_2 t})\right] \tag{4-3-20}$$

将式(4-3-18)～(4-3-20)所表示的 c-t 关系绘成曲线，则如图 4-3-3 所示。

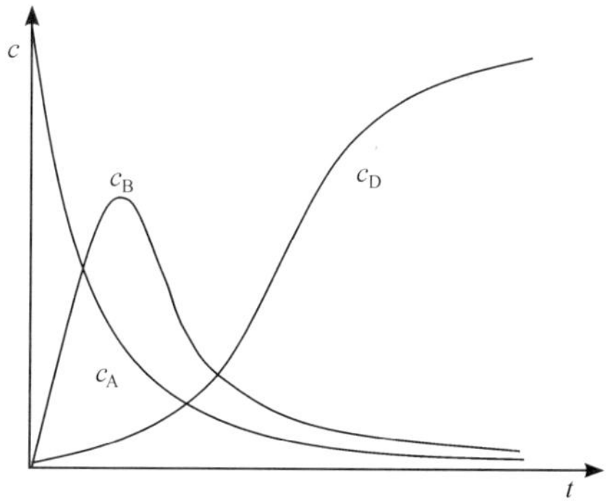

图 4-3-3　连串反应的 c-t 曲线

由图 4-3-3 可见，随着反应时间的延长，反应物 A 的浓度越来越小，产物 D 的浓度越来越大，而中间物 B 的浓度在反应前期先增加，在某一时刻达到最大值，然后逐渐减小。这是因为在反应的前期 A 的浓度远远大于 B 的浓度，因此连串反应中第一步反应的速率远远大于第二步的速率，其结果使第一步反应的产物 B 的浓度不断增大，第二步反应的速率便逐渐加快，与此同时第一步反应速率则由于 A 的浓度的下降而逐渐减慢。当反应进行到一定时刻，第二步的速率超过第一步时，B 的消耗速率超过了其生成速率，则 B 的浓度开始逐渐减少，这也是连串反应的主要特征。c_B 达到极大值 $c_{B,m}$ 的时间 t_m，称为最佳反应时间。连串反应在 c_B-t 曲线的极大值处有 $dc_B/dt=0$，根据式(4-3-19)，可得极大值 t_m

$$t_m = \frac{\ln k_2 - \ln k_1}{k_2 - k_1} \tag{4-3-21}$$

还可得中间物 B 的最大浓度 $c_{B,m}$

$$c_{B,m} = c_{A,0}\left(\frac{k_1}{k_2}\right)^{\frac{k_2}{k_2 - k_1}} = c_{A,0} e^{-k_2 t_m} \tag{4-3-22}$$

在实际生产中，对有些连串反应，人们希望获得尽可能多的中间物 B，式(4-3-22)指出了获得尽可能多的中间物 B 的途径。因为速率常数 k 是温度的函数，我们可以采用调节反应温度的方法，来改变 k 的比值，从而达到获得尽可能多的中间物 B 的目的。将式(4-3-18)与式(4-3-22)联立，并结合实验数据即可求得 k_1 及 k_2。

例 4-3-3　已知某连串反应为

$$A \xrightarrow{k_1} B \xrightarrow{k_2} D$$

若 $k_1=0.1\text{min}^{-1}$，$k_2=0.2\text{min}^{-1}$，$c_{A,0}=1.00\text{mol}\cdot\text{dm}^{-3}$，$c_{B,0}=c_{D,0}=0\text{mol}\cdot\text{dm}^{-3}$，试求出 t_m 及此时 c_A、c_B、c_D 之值。

解　将题给数据分别代入式(4-3-21)和式(4-3-18)～(4-3-20)，得

$$t_m=\frac{\ln(0.1/0.2)}{0.1-0.2}\text{min}=6.93\text{min}$$

$$c_A=c_{A,0}e^{-k_1t}=(1.00\times e^{-0.1\times 6.93})\text{mol}\cdot\text{dm}^{-3}=0.50\text{mol}\cdot\text{dm}^{-3}$$

$$c_B=\frac{k_1c_{A,0}}{k_2-k_1}(e^{-k_1t}-e^{-k_2t})$$

$$=\left[\frac{0.1\times 1.00}{0.2-0.1}\times(e^{-0.1\times 6.93}-e^{-0.2\times 6.93})\right]\text{mol}\cdot\text{dm}^{-3}=0.25\text{mol}\cdot\text{dm}^{-3}$$

$$c_D=c_{A,0}\left[1-\frac{1}{k_2-k_1}(k_2e^{-k_1t}-k_1e^{-k_2t})\right]$$

$$=1.00\times\left[1-\frac{1}{0.2-0.1}\times(0.2\times e^{-0.1\times 6.93}-0.1\times e^{-0.2\times 6.93})\right]\text{mol}\cdot\text{dm}^{-3}=0.25\text{mol}\cdot\text{dm}^{-3}$$

4. 循环反应

在连串反应中，如果产物 D 又通过单分子反应生成反应 A，这就构成了一个循环反应。

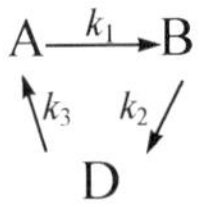

k_1、k_2、k_3 分别为三个基元反应的速率常数。根据质量作用定律，三个基元反应的速率方程为

$$v_1=k_1c_A\qquad v_2=k_2c_B\qquad v_3=k_3c_D$$

则循环反应过程中 A、B、D 的速率方程分别为

$$\frac{dc_A}{dt}=v_3-v_1=k_3c_D-k_1c_A \tag{4-3-23}$$

$$\frac{dc_B}{dt}=v_1-v_2=k_1c_A-k_2c_B \tag{4-3-24}$$

$$\frac{dc_D}{dt}=v_2-v_3=k_2c_B-k_3c_D \tag{4-3-25}$$

显然当

$$v_1=v_2=v_3\neq 0 \tag{4-3-26}$$

时会出现反应单向进行，但 A、B、D 的浓度不再随时间变化的状态，这称为循环平衡。这种循环平衡可能实现吗？如前所述，基元反应是反应物分子间碰撞的描述。物理学研究表明，分子间碰撞的正过程和逆过程是同时存在的，这在物理学中称为微观可逆性原理。在化学中可以把微观可逆性原理表述为：每个基元反应必定存在一个逆反应，基元反应的逆反应必定也是基元反应。因此，判断一个反应是否为基元反应，也可以从微观可逆性原理入手。例如，下列反应肯定不是基元反应

$$2NH_3 \longrightarrow N_2+3H_2$$

因为它的逆反应

$$N_2+3H_2 \longrightarrow 2NH_3$$

是一个四分子反应，而在基元反应中不存在四分子反应。

根据微观可逆性原理，当一个化学反应达到平衡时，这个化学反应包含的每一个基元反应

都要和它的逆反应达到平衡，这称为细致平衡原理。根据细致平衡原理，循环反应要达到平衡，只能是每一个基元反应和它的逆反应达到对行平衡，而循环平衡是不允许的，即循环反应的平衡是由三个对行反应的平衡构成

$$A \underset{k_{-1}}{\overset{k_1}{\rightleftharpoons}} B \qquad B \underset{k_{-2}}{\overset{k_2}{\rightleftharpoons}} D \qquad D \underset{k_{-3}}{\overset{k_3}{\rightleftharpoons}} A$$

如前所述，每个对行反应都有一个平衡常数

$$K_1 = \frac{k_1}{k_{-1}} \qquad K_2 = \frac{k_2}{k_{-2}} \qquad K_3 = \frac{k_3}{k_{-3}} \tag{4-3-27}$$

而循环反应的平衡常数 K 与三个对行反应的平衡常数的关系为

$$K = K_1 \cdot K_2 \cdot K_3 = \frac{k_1}{k_{-1}} \frac{k_2}{k_{-2}} \frac{k_3}{k_{-3}} \tag{4-3-28}$$

5. 近似方法

对于反应机理已知的总包反应，可以根据反应机理建立该总包反应的速率方程组。假设某总包反应的反应机理中包含有 m 个组分，n 个基元反应，则总包反应的速率方程组是由 m 个速率方程组成的，通常用矩阵乘积的形式表示为

$$\begin{pmatrix} \mathrm{d}c_1/\mathrm{d}t \\ \mathrm{d}c_2/\mathrm{d}t \\ \vdots \\ \mathrm{d}c_\mathrm{m}/\mathrm{d}t \end{pmatrix} = \begin{pmatrix} a_{11} & a_{12} & \cdots & a_{1n} \\ a_{21} & a_{22} & \cdots & a_{2n} \\ \vdots & \vdots & & \vdots \\ a_{m1} & a_{m2} & \cdots & a_{mn} \end{pmatrix} \begin{pmatrix} v_1 \\ v_2 \\ \vdots \\ v_n \end{pmatrix} \tag{4-3-29}$$

式中，$\mathrm{d}c_i/\mathrm{d}t$ 代表第 i 个组分的生成速率或消耗速率；a_{ij} 代表第 i 个组分在第 j 个基元反应中的计量系数；v_j 是第 j 个基元反应的反应速率，它可以根据质量作用定律写出。

例 4-3-4　已知总包反应 $H_2(g) + Cl_2(g) = 2HCl(g)$ 的反应机理为

$$Cl_2 \xrightarrow{k_1} 2Cl$$

$$Cl + H_2 \xrightarrow{k_2} HCl + H$$

$$H + Cl_2 \xrightarrow{k_3} HCl + Cl$$

$$2Cl \xrightarrow{k_4} Cl_2$$

试写出该总包反应的速率方程组。

解　根据式(4-3-29)和质量作用定律可以写出

$$\begin{pmatrix} \mathrm{d}c_{H_2}/\mathrm{d}t \\ \mathrm{d}c_{Cl_2}/\mathrm{d}t \\ \mathrm{d}c_{HCl}/\mathrm{d}t \\ \mathrm{d}c_{H}/\mathrm{d}t \\ \mathrm{d}c_{Cl}/\mathrm{d}t \end{pmatrix} = \begin{pmatrix} 0 & -1 & 0 & 0 \\ -1 & 0 & -1 & 1 \\ 0 & 1 & 1 & 0 \\ 0 & 1 & -1 & 0 \\ 2 & -1 & 1 & -2 \end{pmatrix} \begin{pmatrix} v_1 \\ v_2 \\ v_3 \\ v_4 \end{pmatrix} = \begin{pmatrix} 0 & -1 & 0 & 0 \\ -1 & 0 & -1 & 1 \\ 0 & 1 & 1 & 0 \\ 0 & 1 & -1 & 0 \\ 2 & -1 & 1 & -2 \end{pmatrix} \begin{pmatrix} k_1 c_{Cl_2} \\ k_2 c_{Cl} c_{H_2} \\ k_3 c_H c_{Cl_2} \\ k_4 c_{Cl}^2 \end{pmatrix}$$

得

$$\begin{cases} \mathrm{d}c_{H_2}/\mathrm{d}t = -k_2 c_{Cl} c_{H_2} \\ \mathrm{d}c_{Cl_2}/\mathrm{d}t = -k_1 c_{Cl_2} - k_3 c_H c_{Cl} + k_4 c_{Cl}^2 \\ \mathrm{d}c_{HCl}/\mathrm{d}t = k_2 c_{Cl} c_{H_2} + k_3 c_H c_{Cl} \\ \mathrm{d}c_H/\mathrm{d}t = k_2 c_{Cl} c_{H_2} - k_3 c_H c_{Cl} \\ \mathrm{d}c_{Cl}/\mathrm{d}t = 2k_1 c_{Cl_2} - k_2 c_{Cl} c_{H_2} + k_3 c_H c_{Cl} - 2k_4 c_{Cl}^2 \end{cases}$$

由此可见，总包反应的速率方程组一般是一个非线性的常微分方程组，而解析求解非线性的常微分方程组在数学上常常是非常困难的。也可以采用一些近似方法将求解问题简化，通过近似处理，可以得到化学动力学的近似解，这些近似解在一定程度上可以满足实际问题的需要。

1）控制步骤法

在一个总包反应的反应机理中，如果某个基元反应的反应速率远大于或远小于其他基元反应的反应速率，则整个化学反应的快慢就取决于这个基元反应的反应速率，这个决定整个化学反应快慢的基元反应称为控制步骤。例如在连串反应

$$A \xrightarrow{k_1} B \xrightarrow{k_2} D$$

中，若 $k_1 \gg k_2$，则式(4-3-20)变成

$$c_D = c_{A,0}(1 - e^{-k_2 t}) \tag{4-3-30}$$

它是速率方程

$$\frac{dc_D}{dt} = v_2 = k_2 c_B = k_2 c_{A,0} e^{-k_2 t} \tag{4-3-31}$$

的解。若 $k_2 \gg k_1$，则式(4-3-20)变成

$$c_D = c_{A,0}(1 - e^{-k_1 t}) \tag{4-3-32}$$

它是速率方程

$$\frac{dc_D}{dt} = v_1 = k_1 c_A = k_1 c_{A,0} e^{-k_1 t} \tag{4-3-33}$$

的解。以上讨论表明，连串反应的总反应速率由最慢的一个基元反应的反应速率决定。

又如在平行反应

$$B \xleftarrow{k_1} A \xrightarrow{k_2} D$$

中，若 $k_1 \gg k_2$，则式(4-3-11)变成

$$c_A = c_{A,0} e^{-k_1 t} \tag{4-3-34}$$

它是速率方程

$$-\frac{dc_A}{dt} = v_1 = k_1 c_A \tag{4-3-35}$$

的解。若 $k_2 \gg k_1$，则式(4-3-11)变成

$$c_A = c_{A,0} e^{-k_2 t} \tag{4-3-36}$$

它是速率方程

$$-\frac{dc_A}{dt} = v_2 = k_2 c_A \tag{4-3-37}$$

的解。以上讨论表明，平行反应的总反应速率由最快的一个基元反应的反应速率决定。

2）稳态近似法

在一个化学反应的反应机理中，如果某个中间物 B 的浓度很小并且基本不随时间变化，则称这个中间物 B 的浓度处于稳态，就可以对这个中间物 B 的浓度采用稳态近似法。例如在连串反应

$$A \xrightarrow{k_1} B \xrightarrow{k_2} C$$

中，如果中间物 B 的浓度很小并且基本不随时间变化，就可以对这个中间物 B 采用稳态近似法

$$\frac{\mathrm{d}c_B}{\mathrm{d}t}=k_1c_A-k_2c_B=0 \tag{4-3-38}$$

得

$$c_B=\frac{k_1}{k_2}c_A=\frac{k_1}{k_2}c_{A,0}\mathrm{e}^{-k_1t} \tag{4-3-39}$$

代入式(4-3-17)解得

$$c_D=c_{A,0}(1-\mathrm{e}^{-k_1t}) \tag{4-3-40}$$

这样由稳态近似法得到的 c_D 与控制步骤法中式(4-3-32)完全相同，而控制步骤法中 $k_2\gg k_1$ 的条件，保证了中间物 B 的浓度很小并且基本不随时间变化的条件成立。

3）平衡近似法

在一个化学反应的反应机理中，如果

$$A+B\underset{k_{-1}}{\overset{k_1}{\rightleftharpoons}}C \qquad \text{快平衡}$$

$$C\xrightarrow{k_2}D \qquad \text{慢反应}$$

第一步是一个对行反应，能迅速达到平衡，则有

$$K=\frac{c_C}{c_Ac_B} \qquad c_C=Kc_Ac_B \tag{4-3-41}$$

第二步是一个慢反应，根据控制步骤法，第二步 C 转化成 D 的反应速率决定整个反应的速率，故整个反应的速率为

$$\frac{\mathrm{d}c_D}{\mathrm{d}t}=k_2c_C=k_2Kc_Ac_B=k_2'c_Ac_B \tag{4-3-42}$$

这就是应用平衡近似由反应机理推导反应速率方程的方法。由此得到的速率方程与前面讨论过的双分子反应的速率方程在形式上完全相同，因此可以利用前面已得到的结论来处理这个反应。

随着计算机硬件和软件技术的快速发展，对于反应机理已知的化学反应，目前已采用计算软件在计算机上求解速率方程组的数值解。在实际问题中，化学动力学的数值解与解析解是完全等价的，因此在工程技术中，采用计算机技术求解化学动力学问题的方法已得到广泛的应用。

§4-4　表观反应动力学

1. 表观速率方程

在化工生产中所涉及的化学反应的反应机理一般是不知道的，因此根据反应机理建立化学反应的速率方程组的方法是行不通的。为了解决化工生产中的动力学问题，通常把化工生产中的动力学速率方程表示成类似于(4-2-4)的形式：

$$v=kc_A^{\alpha}c_B^{\beta}c_C^{\gamma}\cdots \tag{4-4-1}$$

式中，c_A、c_B、c_C…分别为反应系统中每个反应组分（包括所有的反应物和生成物）的浓度；α、β、γ…则是相应浓度的幂指数，称为这些反应组分的分级数，它们可以是分数、负数或是零，并不一定和反应方程式中相应反应组分的化学计量数相等。反应的总级数 n 为各分级数的代数和

$$n=\alpha+\beta+\gamma+\cdots \tag{4-4-2}$$

总级数可简称级数。形如式(4-4-1)这样的速率方程称为表观速率方程。表观速率方程中的参数 $k,\alpha,\beta,\gamma,\cdots,n$ 并无真实的物理意义,我们只能类比地称它们为表观速率常数和表观反应级数。

表观速率方程的参数只能通过动力学实验确定,动力学实验方案包括测定一组 c-t 数据或测定多组 c-t 数据,然后利用动力学实验数据来确定表观速率常数和表观反应级数。例如由动力学实验确定 $H_2(g)+Cl_2(g)=\!=\!=2HCl(g)$ 反应的表观速率方程为

$$v=\frac{dc_{HCl}}{dt}=kc_{H_2}c_{Cl_2}^{1/2}$$

对 H_2 的表观分级数为 1,对 Cl_2 的表观分级数为 0.5,反应的表观级数为 1.5,通常则称此反应为 1.5 级反应。在许多情况下,由实验确定的表观速率方程与化工生产中的实际情况是相符合的。

应该指出的是,尽管式(4-4-1)这种形式比较简单,便于使用,但并不是在化工生产中所涉及的所有化学反应的表观速率方程都可以写成这种形式。例如由动力学实验确定 $H_2(g)+Br_2(g)=\!=\!=2HBr(g)$ 反应的表观速率方程为

$$v=\frac{dc_{HBr}}{dt}=\frac{kc_{H_2}c_{Br_2}^{1/2}}{1+k'c_{HBr}/c_{Br_2}}$$

显然这个表观速率方程就无法写成式(4-4-1)这种形式,下面仅讨论可以写成式(4-4-1)形式的表观速率方程的表观速率常数和表观反应级数的确定问题。

2. 微分法

式(4-4-1)这种形式的表观速率方程的最简单的形式是

$$v=kc_A^n \tag{4-4-3}$$

微分法是利用表观速率方程的微分形式来确定式(4-4-3)的表观反应级数和表观速率常数的方法,微分法又包括计算法和作图法两类方法。

对式(4-4-3)两边取对数得

$$\ln v=\ln k+n\ln c_A \tag{4-4-4}$$

如果由实验测定了表观反应的 v-t 和 c_A-t 数据,则可以取在两个不同时刻的两组 v 和 c_A 的数据,代入式(4-4-4)得

$$\ln v_1=\ln k+n\ln c_{A,1}$$
$$\ln v_2=\ln k+n\ln c_{A,2}$$

两式相减即可得

$$n=\ln(v_1/v_2)/\ln(c_{A,1}/c_{A,2}) \tag{4-4-5}$$

由式(4-4-5)解出 n 后,再将 v 和 c_A 的数据以及 n 值代入式(4-4-4),就可以求出 k 来。除了计算法,也可以用作图法得到 n 和 k。从式(4-4-4)可知将实验测定的 v-t 和 c_A-t 数据取对数,然后用 $\ln v$ 对 $\ln c_A$ 作图,应得到一条直线,其斜率即为表观反应级数 n,其截距即为表观速率常数 k 的对数值。

微分法的优点是既可以处理整数级数的反应,也可以处理非整数级数的反应,同时得到 n 和 k。只要 v-t 和 c_A-t 的数据准确,该方法的结论就是可靠的,因此微分法也是表观反应动力学中最常用的方法。

例 4-4-1 丁二烯二聚反应:

$$2C_4H_6=\!=\!=(C_4H_6)_2$$

在等容和等温条件下,实验测得表观反应速率与丁二烯的浓度的 n 次方成正比,并由实验测得 v-t 和 c_A-t 数据如下:

t/min	10	30	50	70	85
$c_A/(\mathrm{mol\cdot dm^{-3}})$	73.6	58.0	48.3	41.7	37.9
$v/(\mathrm{mol\cdot dm^{-3}\cdot min^{-1}})$	0.96	0.59	0.40	0.29	0.27

试求表观反应级数和表观速率常数。

解　(1) 用计算法。

将第一组及第三组数据代入式(4-4-5)，得

$$n=\frac{\ln(v_1/v_2)}{\ln(c_{A,1}/c_{A,2})}=\frac{\ln(0.96/0.59)}{\ln(73.6/58.0)}=2.0$$

将第二组及第四组数据代入式(4-4-5)，得

$$n=\frac{\ln(v_1/v_2)}{\ln(c_{A,1}/c_{A,2})}=\frac{\ln(0.59/0.29)}{\ln(58.0/41.7)}=2.1$$

$n\approx2$，故该反应为二级反应。下面计算表观速率常数 k，此题表观速率方程为

$$v=kc^2_{C_4H_6}\quad 或 \quad k=v/c^2_{C_4H_6}$$

将第一组数据代入上式得

$$k_1=\frac{0.96}{73.6^2}\mathrm{mol^{-1}\cdot dm^3\cdot min^{-1}}=1.772\times10^{-4}\mathrm{mol^{-1}\cdot dm^3\cdot min^{-1}}$$

将第二组数据代入上式得

$$k_1=\frac{0.59}{58.0^2}\mathrm{mol^{-1}\cdot dm^3\cdot min^{-1}}=1.754\times10^{-4}\mathrm{mol^{-1}\cdot dm^3\cdot min^{-1}}$$

k_1 和 k_2 比较接近。再将其他组数据代入上式，求得 k 值分别为 1.715×10^{-4}、1.668×10^{-4}、$1.879\times10^{-4}\mathrm{mol^{-1}\cdot dm^3\cdot min^{-1}}$。以上 k 值基本一致，求得 k 的平均值为

$$k=\frac{1}{5}(1.772+1.754+1.715+1.668+1.879)\times10^{-4}\mathrm{mol^{-1}\cdot dm^3\cdot min^{-1}}$$

$$=1.758\times10^{-4}\mathrm{mol^{-1}\cdot dm^3\cdot min^{-1}}$$

(2) 用作图法。

求出不同时刻的 $\ln c_{C_4H_6}$ 和 $\ln v$，列表如下：

t/min	10	30	50	70	85
$\ln c_A/(\mathrm{mol\cdot dm^{-3}})$	4.2986	4.0604	3.8774	3.7305	3.6349
$\ln v/(\mathrm{mol\cdot dm^{-3}\cdot min^{-1}})$	−0.0408	−0.5276	−0.9163	−1.2379	−1.3093

由 $\ln c_{C_4H_6}$ 对 $\ln v$ 作图得一直线，见图 4-4-1。其斜率即为反应级数 n 的倒数，而速率常数 k 可以由截距求出。

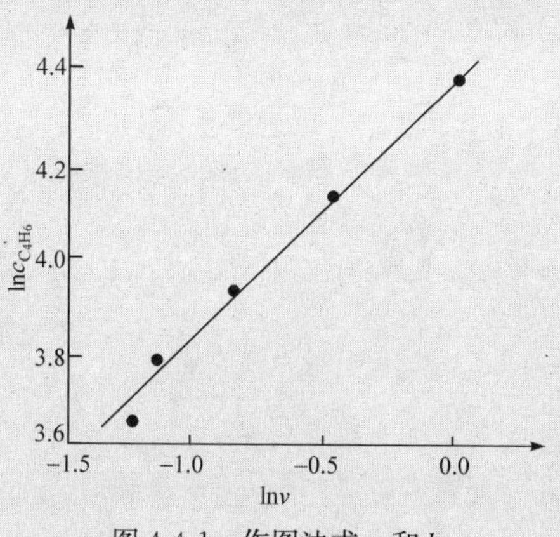

图 4-4-1　作图法求 n 和 k

3. 积分法

积分法是利用表观速率方程的积分形式来确定表观反应级数和表观速率常数的方法，在式(4-4-3)中取 $v=-\mathrm{d}c_A/\mathrm{d}t$，当 $n=0、1、2、3$ 时，积分表观速率方程得表 4-4-1。

表 4-4-1　*n* 级反应的表观速率方程及其特征

反应级数	速率方程		特　征		
	微分式	积分式	$t_{1/2}$	线性关系	k 的单位$[k]$
0	$-\dfrac{\mathrm{d}c_A}{\mathrm{d}t}=k$	$kt=c_{A,0}-c_A$	$\dfrac{c_{A,0}}{2k}$	c_A-t	[浓度]·[时间]$^{-1}$
1	$-\dfrac{\mathrm{d}c_A}{\mathrm{d}t}=kc_A$	$kt=\ln\dfrac{c_{A,0}}{c_A}$	$\dfrac{\ln 2}{k}$	$\ln c_A$-t	[时间]$^{-1}$
2	$-\dfrac{\mathrm{d}c_A}{\mathrm{d}t}=kc_A^2$	$kt=\dfrac{1}{c_A}-\dfrac{1}{c_{A,0}}$	$\dfrac{1}{kc_{A,0}}$	$\dfrac{1}{c_A}$-t	[浓度]$^{-1}$·[时间]$^{-1}$
3	$-\dfrac{\mathrm{d}c_A}{\mathrm{d}t}=kc_A^3$	$kt=\dfrac{1}{2}\left(\dfrac{1}{c_A^2}-\dfrac{1}{c_{A,0}^2}\right)$	$\dfrac{3}{2}\dfrac{1}{kc_{A,0}^2}$	$\dfrac{1}{c_A^2}$-t	[浓度]$^{-2}$·[时间]$^{-1}$

积分法也包括计算法和作图法两类方法。将实验测得的 c_A-t 数据代入表 4-4-1 的每个表观速率方程的积分式中，计算表观速率常数 k 值。如果不同的 c_A-t 数据按某个积分式计算出的表观速率常数 k 值基本相同，那么该反应就是此级数的反应。也可以将实验测得的 c_A-t 数据代入表 4-4-1 的每个线性关系中作图，如果不同的 c_A-t 数据按某个线性关系作图得到一条直线，那么该反应就是此级数的反应。

积分法的优点是只需要 c_A-t 试验数据而不需要 v-t 试验数据，便可求出表观反应级数 n 和表观速率常数 k；缺点是仅适用于表观反应级数是零和正整数的表观反应，当表观反应级数不是零和正整数时，就不适用了。

例 4-4-2　乙酸乙酯在碱性溶液中的反应如下：

$$CH_3COOC_2H_5+OH^- \longrightarrow CH_3COO^- + C_2H_5OH$$

此反应在 25℃下进行，OH^- 的起始浓度为 $6.40\times10^{-2}\mathrm{mol\cdot dm^{-3}}$。如果实验测得表观反应速率与溶液中 OH^- 浓度的 n 次方成正比，并由实验测得 OH^- 浓度的 c_A-t 数据如下：

t/min	0.00	5.00	15.00	25.00	35.00	55.00
$[OH^-]/(\mathrm{mol\cdot dm^{-3}})$	0.0640	0.0410	0.0250	0.0170	0.0140	0.0090

试求表观反应级数及表观速度常数。

解　(1) 用计算法。

将第二组及第六组数据代入表 4-4-1 中一级反应速率方程的积分式，解得

$$k_1=\frac{1}{t}\ln\frac{c_{A,0}}{c_A}=\left(\frac{1}{5.00}\ln\frac{6.40\times10^{-2}}{4.10\times10^{-2}}\right)\mathrm{min^{-1}}=8.91\times10^{-2}\mathrm{min^{-1}}$$

$$k_2=\frac{1}{t}\ln\frac{c_{A,0}}{c_A}=\left(\frac{1}{55.00}\ln\frac{6.40\times10^{-2}}{9.0\times10^{-3}}\right)\mathrm{min^{-1}}=3.57\times10^{-2}\mathrm{min^{-1}}$$

所得 k 不一致，因此反应不是一级反应。将上述两组数据代入表 4-4-1 中二级反应速率方程的积分式，解得

$$k_1=\frac{1}{t}\left(\frac{1}{c_A}-\frac{1}{c_{A,0}}\right)=\left[\frac{1}{5.00}\left(\frac{1}{4.10\times10^{-2}}-\frac{1}{6.40\times10^{-2}}\right)\right]\mathrm{mol^{-1}\cdot dm^3\cdot min^{-1}}$$
$$=1.75\mathrm{mol^{-1}\cdot dm^3\cdot min^{-1}}$$

$$k_2=\frac{1}{t}\left(\frac{1}{c_A}-\frac{1}{c_{A,0}}\right)=\left[\frac{1}{55.00}\left(\frac{1}{9.0\times10^{-3}}-\frac{1}{6.40\times10^{-2}}\right)\right]\mathrm{mol^{-1}\cdot dm^3\cdot min^{-1}}$$
$$=1.74\mathrm{mol^{-1}\cdot dm^3\cdot min^{-1}}$$

k_1、k_2 比较接近。再将其他组数据代入二级反应速率方程的积分式，求得 k 值分别为 1.71、1.73、1.60$mol^{-1} \cdot dm^3 \cdot min^{-1}$。以上 k 值基本一致，故可确定此反应为二级反应，k 的平均值为

$$k=\frac{1}{5}\times(1.75+1.74+1.71+1.73+1.60)mol^{-1}\cdot dm^3\cdot min^{-1}=1.71mol^{-1}\cdot dm^3\cdot min^{-1}$$

(2) 用作图法。

求出不同时刻的$(c_A/c^\ominus)$、$\ln(c_A/c^\ominus)$、$c^\ominus/c_A$，列表如下：

t/min	0.00	5.00	15.00	25.00	35.00	55.00
$c_A/c^\ominus$	0.0640	0.0410	0.0250	0.0170	0.0140	0.0090
$\ln(c_A/c^\ominus)$	−2.749	−3.194	−3.689	−4.075	−4.269	−4.711
$c^\ominus/c_A$	15.6	24.4	40.0	58.8	71.4	111.1

分别以$(c_A/c^\ominus)$、$\ln(c_A/c^\ominus)$、$c^\ominus/c_A$ 对 t 作图，如图 4-4-2 所示。

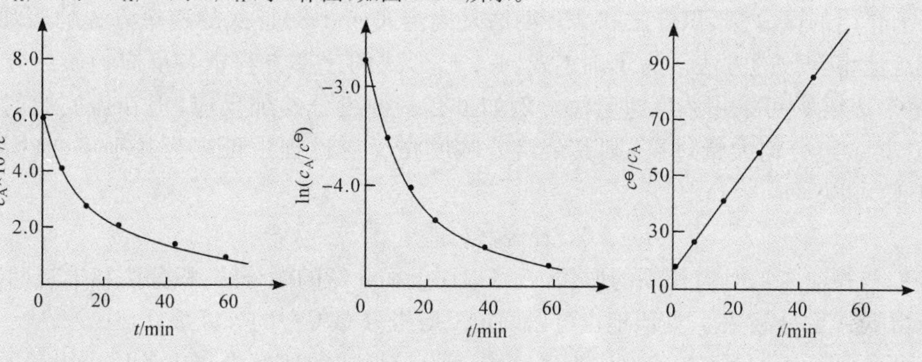

图 4-4-2　作图法求 n 和 k

由图可见，只有 $c^\ominus/c_A$ 与 t 呈线性关系，因此该反应为二级反应，由直线斜率可求得 k。

4. 半衰期法

由表 4-4-1 可以看到，对于表观速率方程为 $v=kc_A^n$ 的反应，其半衰期 $t_{1/2}$ 与 A 初始浓度 $c_{A,0}$ 的$(n-1)$次幂成反比，即

$$t_{1/2}=B/c_{A,0}^{n-1} \tag{4-4-6}$$

式中，B 为比例系数，对于不同级数的反应 B 不同。式(4-4-6)表明，若从实验中求得一系列不同的 $c_{A,0}$-$t_{1/2}$ 数据，从中任取两组代入式(4-4-6)可以得到

$$\frac{t_{1/2}}{t'_{1/2}}=\left(\frac{c'_{A,0}}{c_{A,0}}\right)^{n-1}$$

或

$$n=1+\left(\lg\frac{t_{1/2}}{t'_{1/2}}\right)\Big/\lg\left(\frac{c'_{A,0}}{c_{A,0}}\right) \tag{4-4-7}$$

因此利用式(4-4-7)可以计算出 n。此种方法不仅限于半衰期，也可用反应物消耗掉 1/4、1/8 等所需时间来代替半衰期。对式(4-4-6)两边取对数，得

$$\lg t_{1/2}=\lg B+(1-n)\lg c_{A,0} \tag{4-4-8}$$

上式表明，若从实验中求得一系列不同的 $c_{A,0}$-$t_{1/2}$ 数据，并用 $\lg t_{1/2}$ 对 $\lg c_{A,0}$ 作图，得到一条直线，直线的斜率即为$(1-n)$，从而可求出 n。半衰期法的优点是既可以处理整数级数的反应，也可以处理非整数级数的反应，缺点是只能得到 n 而不能直接得到 k。

例 4-4-3 已知在 780K 和 p_0 为 101.325kPa 时，某碳氢化合物的气相热分解反应的半衰期为 2s。若 p_0 降为 10.1325kPa，半衰期为 20s。求该反应的表观反应级数和表观速率常数。

解 将题中所给数据代入式(4-4-7)，得

$$n=1+\frac{\lg\dfrac{t_{1/2}}{t'_{1/2}}}{\lg\left(\dfrac{p'_0}{p_0}\right)}=1+\frac{\lg\dfrac{2}{20}}{\lg\dfrac{10.1325}{101.325}}=2$$

则该反应为二级反应，利用表 4-4-1 中所给二级反应速率方程的积分式求 k_p 值

$$k_p=\frac{1}{p_0 t_{1/2}}=\frac{1}{101.325\times 2}\text{kPa}^{-1}\cdot\text{s}^{-1}=4.93\times 10^{-3}\text{kPa}^{-1}\cdot\text{s}^{-1}$$

5. 浓度过量法和初速率法

以上介绍的微分法、积分法和半衰期法是确定式(4-4-3)形式的速率方程的表观反应级数和表观速率常数的方法。为了确定式(4-4-1)形式的速率方程中各反应物质的分级数 α，$\beta\cdots$和速率常数 k，可采用浓度过量法。例如虽有多种组分参加反应，但在做实验时除组分 A 外，让其余组分均大量过剩，则其余组分浓度在反应过程中可视为几乎不变的常量，故式(4-4-1)可以写成

$$v=kc_A^{\alpha}c_B^{\beta}c_C^{\gamma}\cdots=k(c_B^{\beta}c_C^{\gamma}\cdots)c_A^{\alpha}=k'c_A^{\alpha} \tag{4-4-9}$$

式(4-4-9)与式(4-4-3)具有相同的形式，就可以用上面介绍的微分法、积分法和半衰期法，来确定反应物质 A 的分级数 α，类似地也可以确定反应组分 B，C…的分级数 β，$\gamma\cdots$。

也可采用下面介绍的初速率法来确定式(4-4-1)形式的速率方程中各反应组分的分级数 α，$\beta\cdots$。如果某反应的表观速率方程与反应组分 A、B 的浓度关系为

$$v=kc_A^{\alpha}c_B^{\beta} \tag{4-4-10}$$

首先在保持 $c_{B,0}$ 不变的情况下，改变 $c_{A,0}$，实验测得两种不同 $c_{A,0}$ 下的反应初始速率 v_0，代入上式可得

$$v_0(1)=kc_{A,0}^{\alpha}(1)c_{B,0}^{\beta}$$

$$v_0(2)=kc_{A,0}^{\alpha}(2)c_{B,0}^{\beta}$$

将两式相除，得

$$\frac{v_0(1)}{v_0(2)}=\left[\frac{c_{A,0}(1)}{c_{A,0}(2)}\right]^{\alpha}$$

则

$$\alpha=\frac{\lg[v_0(1)/v_0(2)]}{\lg[c_{A,0}(1)/c_{A,0}(2)]}$$

这是反应物 A 的表观分级数 α。然后保持 $c_{A,0}$ 不变而改变 $c_{B,0}$，实验测得两种不同 $c_{B,0}$ 下的反应初始速率 v_0，可求得反应物 B 的表观分级数 β

$$\beta=\frac{\lg[v_0(1)/v_0(2)]}{\lg[c_{B,0}(1)/c_{B,0}(2)]}$$

在确定了 α 和 β 之后，将 v_0 和 $c_{A,0}$、$c_{B,0}$ 的数据以及 α 和 β 的值代入

$$v_0=kc_{A,0}^{\alpha}c_{B,0}^{\beta}$$

就可以得到表观速率常数 k 为

$$k=v_0/c_{A,0}^{\alpha}c_{B,0}^{\beta}$$

例 4-4-4　已知某均相反应的表观速率方程为 $v=kc_A^\alpha c_B^\beta$。在等温(300K)和恒容条件下测得的动力学数据如下

实验编号	1	2	3
$c_{A,0}/(mol\cdot m^{-3})$	1200	1200	600
$c_{B,0}/(mol\cdot m^{-3})$	500	300	500
$v_0/(mol\cdot m^{-3}\cdot s^{-1})$	108.0	64.8	27.0

试确定 α 和 β 的值,并计算表观速率常数 k。

解　由实验 1 和实验 3 可以得出

$$\alpha=\frac{\lg[v_0(1)/v_0(3)]}{\lg[c_{A,0}(1)/c_{A,0}(3)]}=\frac{\lg(108.0/27.0)}{\lg(1200/600)}=2$$

由实验 1 和实验 2 可以得出

$$\beta=\frac{\lg[v_0(1)/v_0(2)]}{\lg[c_{B,0}(1)/c_{B,0}(2)]}=\frac{\lg(108.0/64.8)}{\lg(500/300)}=1$$

由实验(1)可以得出

$$k_1=v_0(1)/c_{A,0}^2(1)c_{B,0}(1)=\frac{108.0}{1200^2\times500}mol^{-2}\cdot m^{-6}\cdot s^{-1}=1.5\times10^{-7}mol^{-2}\cdot m^{-6}\cdot s^{-1}$$

由实验(2)可以得出

$$k_2=v_0(2)/c_{A,0}^2(2)c_{B,0}(2)=\frac{64.8}{1200^2\times300}mol^{-2}\cdot m^{-6}\cdot s^{-1}=1.5\times10^{-7}mol^{-2}\cdot m^{-6}\cdot s^{-1}$$

由实验(3)可以得出

$$k_3=v_0(3)/c_{A,0}^2(3)c_{B,0}(3)=\frac{27.0}{600^2\times500}mol^{-2}\cdot m^{-6}\cdot s^{-1}=1.5\times10^{-7}mol^{-2}\cdot m^{-6}\cdot s^{-1}$$

所以表观速率常数 k 的均值为 $1.5\times10^{-7}mol^{-2}\cdot m^{-6}\cdot s^{-1}$。

习　题

4-1　写出下列基元反应的反应速率方程,并用各种物质的反应速率分别表示。

(1) $A+B\xrightarrow{k}2P$　　(2) $2A+B\xrightarrow{k}2P$

(3) $A+2B\xrightarrow{k}P+2S$　　(4) $2Cl+M^0\xrightarrow{k}Cl_2+M^*$

4-2　气相单分子反应 $A\xrightarrow{k}B+C$,500K 时将 0.0122mol A 放入 0.76dm^3 的真空容器中,经 1000s 后测得系统总压 $p_{总}=119\ 990Pa$,试计算该温度下反应的速率常数 k 和半衰期 $t_{1/2}$。

4-3　在恒容反应器中有气相双分子反应 $2A\xrightarrow{k}P$,反应速率可表示为 $-\frac{dc_A}{dt}=k_c c_A^2$,速率常数可表示为 $k_c/(mol^{-1}\cdot dm^3\cdot s^{-1})=1.2\times10^{10}\exp(-132kJ\cdot mol^{-1}/RT)$。如果反应速率表示为 $-\frac{dp_A}{dt}=k_p p_A^2$,求 600K 时的速率常数 k_p。

4-4　双分子反应 $A+B\xrightarrow{k}P$ 在 298K 时的速率常数 k 为 $6.6mol^{-1}\cdot dm^3\cdot s^{-1}$。(1)A 和 B 的初始浓度分别为 $0.006mol\cdot dm^{-3}$ 和 $0.003mol\cdot dm^{-3}$,求 B 反应掉 99% 所需时间;(2)A 和 B 的初始浓度分别为 $0.003mol\cdot dm^{-3}$ 和 $0.006mol\cdot dm^{-3}$,求 A 反应掉 99%所需时间。

4-5　求三分子反应(1)$A+B+C\xrightarrow{k}P(c_{A,0}=c_{B,0}\neq c_{C,0})$和(2)$A+B+C\xrightarrow{k}P(c_{A,0}\neq c_{B,0}\neq c_{C,0})$的速率方程积分式。

4-6 已知在初始浓度相同的条件下，某单分子反应在 340K 时的转化率达 20%需时 3.20min，在 300K 时的转化率达 20%需时 12.6min，试计算该基元反应的活化能。

4-7 已知双分子反应 $2A \xrightarrow{k} 2B + C$ 在 900K 时的初始浓度为 39.2mol · dm^{-3}，半衰期为 1520s；在 1000K 时的初始浓度为 48.0mol · dm^{-3}，半衰期为 212s。(1)计算该基元反应的 k(900K)和 k(1000K)；(2)计算该基元反应的活化能。

4-8 如果对行反应 $A \underset{k_{-1}}{\overset{k_1}{\rightleftharpoons}} B$ 开始只有 A，其初始浓度为 2.0mol · dm^{-3}，10min 时 B 的浓度为 0.5mol · dm^{-3}，B 的平衡浓度为 1.0mol · dm^{-3}。求速率常数 k_1 和 k_{-1}。

4-9 如果平行反应 $B \xleftarrow{k_1} A \xrightarrow{k_2} D$ 开始只有 A，其初始浓度为 2.0mol · dm^{-3}，10min 时 A 的浓度为 1.0mol · dm^{-3}，B 的浓度为 0.6mol · dm^{-3}。求速率常数 k_1 和 k_2。

4-10 如果连串反应 $A \xrightarrow{k_1} B \xrightarrow{k_2} D$ 开始只有 A，其初始浓度为 2.0mol · dm^{-3}，10min 时 A 的浓度为 1.2mol · dm^{-3}，B 的最大浓度为 0.6mol · dm^{-3}，达到最大浓度的时间为 6min。求速率常数 k_1 和 k_2。

4-11 对于连串反应 $A \xrightarrow{k_1} B \xrightarrow{k_2} D$，试证明 $c_{B,m} = c_{A,0}\left(\dfrac{k_1}{k_2}\right)^{\frac{k_2}{k_2-k_1}}$。

4-12 假设乙醛的气相热分解反应 $CH_3CHO(g) = CH_4(g) + CO(g)$ 的反应机理为

(1) $CH_3CHO \xrightarrow{k_1} CH_3 + CHO$　　(2) $CH_3 + CH_3CHO \xrightarrow{k_2} CH_4 + CH_3CO$

(3) $CH_3CO \xrightarrow{k_3} CH_3 + CO$　　(4) $CH_3 + CHO \xrightarrow{k_4} CH_3CHO$

试写出该总包反应对应的速率方程组。

4-13 假设 CH_4 生成的反应机理为

(1) $C_2H_6 \underset{k_{-1}}{\overset{k_1}{\rightleftharpoons}} 2CH_3$　快平衡　　(2) $CH_3 + H_2 \xrightarrow{k_2} CH_4 + H$　慢反应

(3) $H + C_2H_6 \xrightarrow{k_3} CH_4 + CH_3$　快反应

用控制步骤法求 CH_4 的生成速率。

4-14 假设 NO_3 分解的反应机理为

(1) $N_2O_5 \underset{k_{-1}}{\overset{k_1}{\rightleftharpoons}} NO_3 + NO_2$　快平衡　　(2) $NO_3 \xrightarrow{k_2} O_2 + NO$　慢反应

(3) $NO_3 \xrightarrow{k_3} O + NO_2$　快反应

用控制步骤法求 NO_3 的分解速率。

4-15 假设 O_3 消失的反应机理为

(1) $O_3 \underset{k_{-1}}{\overset{k_1}{\rightleftharpoons}} O_2 + O$　　(2) $O + O_3 \xrightarrow{k_2} 2O_2$

其中 O 是活泼自由原子，用稳态近似法求 O_3 的消失速率。

4-16 假设 NO_2 生成的反应机理为

(1) $2NO \underset{k_{-1}}{\overset{k_1}{\rightleftharpoons}} N_2O_2$　　(2) $N_2O_2 + O_2 \xrightarrow{k_2} 2NO_2$

用平衡近似法求 NO_2 的生成速率。

4-17 对于反应 $2NO_2 = N_2 + 2O_2$，测得如下动力学数据，用 A 代表 NO_2，设表观速率方程为 $v = kc_A^n$，试确定表观反应级数和表观速率常数。

v/(mol · dm^{-3} · s^{-1})	1.58	1.01	0.57	0.25
c_A/(mol · dm^{-3})	0.10	0.08	0.06	0.04

4-18　对于反应 $C_2H_6 = C_2H_4 + H_2$，测得如下动力学数据，用 A 代表 C_2H_6，设表观速率方程为 $v = kc_A^n$，试确定表观反应级数和表观速率常数。

t/min	4	8	12	16
c_A/(mol · dm^{-3})	0.480	0.326	0.222	0.151

4-19　对于反应 $NH_4OCN = CO(NH_2)_2$，测得如下动力学数据，用 A 代表 NH_4OCN，设表观速率方程为 $v = kc_A^n$，试确定表观反应级数和表观速率常数。

$t_{1/2}$/min	0.05	0.10	0.20	0.30
$c_{A,0}$/(mol · dm^{-3})	24.00	12.15	6.02	4.00

4-20　对于反应 $CH_4 + CO = C_2H_4O$，测得如下动力学数据，用 A 代表 CH_4 和 B 代表 CO，设表观速率方程为 $v = kc_A^{\alpha}c_B^{\beta}$，试确定表观反应级数 α 和 β，以及表观速率常数。

实验编号	1	2	3	4	5
v_0/(mol · dm^{-3} · s^{-1})	0.15	0.30	0.45	0.15	0.15
$c_{A,0}$/(mol · dm^{-3})	1.0	2.0	3.0	1.0	1.0
$c_{B,0}$/(mol · dm^{-3})	1.0	1.0	1.0	2.0	3.0

第 5 章　相变热力学

在化工和冶金的生产中涉及大量的相变问题，诸如化工生产中的各种分离提纯操作，从熔化的金属混合物中形成合金，从盐水和卤水中析出各种盐类，从熔融的氧化物中得到无机非金属材料等，这些问题涉及系统的温度、压力、浓度等与相态和相组成的关系。相变热力学就是在探索和解决这一系列实践问题中逐步上升为系统的理论，并在生产实践的基础上得以深化和完善。

相是指系统中物理性质、化学性质相同而且均匀的部分。例如仅由水蒸气组成的系统是一个单相系统，而由水蒸气和水组成的系统则是一个多相系统，虽然水和水蒸气的化学性质相同，但它们的物理性质不同，所以系统内存在一个相界面和两个相。又如石墨与金刚石均由碳原子构成，化学性质相同，但两者的晶体结构不同，物理性质差异极大，故金刚石与石墨是两个不同的相。

相变过程是物质从一个相转移到另一相的过程，相平衡状态是它的极限，此时宏观上没有任何物质在相间转移。按不同的相态，相平衡可区分为气液平衡、气固平衡、液液平衡、液固平衡、固固平衡等。若系统中有两个以上的相，则还有气液固平衡、气液液平衡、液固固平衡等，以至更复杂的相态组合。

相变热力学研究中常用的有两个基本方法：解析方法和几何方法。前者是根据热力学的基本原理用热力学方程的形式来描述相平衡的规律，后者是用几何图形（相图）来表示相平衡的规律。解析方法有简明和定量化的特点，而相图有直观和整体性的特点，这两种方法在研究相变问题时具有异曲同工之美。

§5-1　相变焓和相变熵

1. 相变进度

相变过程可以看成是一种广义的化学反应，也可以用一个通式来表示，即

$$0=\sum \nu_\alpha \mathrm{A}(\alpha) \tag{5-1-1}$$

式中，$\mathrm{A}(\alpha)$为参加相变的物质；ν_α 是物质 $\mathrm{A}(\alpha)$在相变计量方程式中的相变计量数，并规定相变计量方程式左边物质的 ν_α 为负值，右边物质的 ν_α 为正值。ν_α 的单位是 $\mathrm{mol}(\alpha)\cdot\mathrm{mol}(相变)^{-1}$。例如水变成水蒸气的相变过程，计量方程式为 $H_2O(l)=\!=\!=H_2O(g)$，写成式(5-1-1)的形式则为 $0=H_2O(g)-H_2O(l)$，式中 $\nu_g=1$，$\nu_l=-1$。

设相变开始时刻，α 相物质的量为 $n_\alpha(0)$，相变进行到 t 时刻，该相物质的量为 $n_\alpha(t)$，相变进行期间该相物质的量的变化为 $\Delta n_\alpha=n_\alpha(t)-n_\alpha(0)$。在相变进行的任一时刻，由于受相变计量方程式的制约，各相物质的 Δn_α 不是独立的。例如在水变成水蒸气的相变过程中，液相每减少 1mol 的 $H_2O(l)$，气相必然同时增加 1mol $H_2O(g)$。换言之，在相变进行的任一时刻参加相变的各相物质的 $\Delta n_\alpha/\nu_\alpha$ 是相同的。因此可以用参加相变的 α 相物质的量的变化与其相变计量数的比值来描述相变进行的程度，即定义

$$\zeta \xlongequal{\text{def}} \frac{n_\alpha(t)-n_\alpha(0)}{\nu_\alpha} \tag{5-1-2}$$

式中，ζ称为相变进度；$n_\alpha(t)$和$n_\alpha(0)$分别表示t时刻和0时刻α相的物质的量。式(5-1-2)也可写为

$$n_\alpha(t)-n_\alpha(0)=\nu_\alpha\zeta \tag{5-1-3}$$

式(5-1-3)表明相变中α相物质的量的变化量与相变进度的变化量成正比，因此可用ζ来描述相变进行的程度。对微小的变化有

$$\mathrm{d}n_\alpha=\nu_\alpha\mathrm{d}\zeta \tag{5-1-4}$$

根据相变进度的定义，ζ应与n具有相同的量纲，单位为mol。根据式(5-1-3)，当ζ=1mol时，各相物质的量的变化为$\nu_\alpha$mol，即称为发生了1mol的相变，或者说按给定的相变计量方程式完成了1mol的相变。例如对水变成水蒸气的相变过程，当相变进度为1mol时，即有1mol $H_2O(l)$相变成了1mol $H_2O(g)$。

根据式(2-1-26)，多相单组分系统的广度性质状态函数的值与多相单组分系统中各相物质的量有关。所以当相变过程中各相物质的量发生变化时，必然会引起多相单组分系统中广度性质的状态函数（如V、U、H、S、A、G）发生变化，在等温、等压以及$W'=0$的条件下，把式(5-1-4)代入式(2-1-26)得

$$\mathrm{d}X=\sum_\alpha X_\alpha\mathrm{d}n_\alpha=\sum_\alpha \nu_\alpha X_\alpha\mathrm{d}\zeta \tag{5-1-5}$$

式(5-1-5)表示由于相变进度发生了微小的变化dζ，所引起系统的广度性质状态函数X的变化为dX。由式(5-1-5)可得

$$\left(\frac{\partial X}{\partial \zeta}\right)_{T,p}=\sum_\alpha \nu_\alpha X_\alpha=\Delta_{\mathrm{pt}}X_{\mathrm{m}} \tag{5-1-6}$$

$\Delta_{\mathrm{pt}}X_{\mathrm{m}}$表示在等温、等压以及$W'=0$的条件下，当相变进度为$\zeta$时，发生1mol相变引起系统的广度性质状态函数的变化。

2. 摩尔相变焓

1) 摩尔相变焓的定义

设在等温、等压以及$W'=0$的条件下，系统内发生了一个相变过程

$$0=\sum \nu_\alpha \mathrm{A}(\alpha)$$

由于相变过程的发生，系统的焓发生变化。当相变进度变化为dζ时，根据式(5-1-5)系统的焓变为

$$\mathrm{d}H=\sum_\alpha H_\alpha\mathrm{d}n_\alpha=\sum_\alpha \nu_\alpha H_\alpha\mathrm{d}\zeta \tag{5-1-7}$$

根据式(5-1-6)可得

$$\left(\frac{\partial H}{\partial \zeta}\right)_{T,p}=\sum_\alpha \nu_\alpha H_\alpha=\Delta_{\mathrm{pt}}H_{\mathrm{m}} \tag{5-1-8}$$

$\Delta_{\mathrm{pt}}H_{\mathrm{m}}$表示在等温、等压以及$W'=0$的条件下，当相变进度为$\zeta$时，发生1mol相变引起系统的焓变，称为相变过程的摩尔相变焓。$\Delta_{\mathrm{pt}}H_{\mathrm{m}}$的单位是$\mathrm{J\cdot mol^{-1}}$或$\mathrm{kJ\cdot mol^{-1}}$。

从第1章的讨论已知，等压热在数值上等于过程的焓变，因此我们可以通过计算相变焓来得到相变热。在等温、等压以及$W'=0$的条件下，物质的量为n的某物质的相变焓可用下式计算

$$\Delta_{pt}H=n\Delta_{pt}H_m=Q_p \tag{5-1-9}$$

化工和冶金生产中，常常有蒸发、冷凝、熔化、凝固等相变过程发生。当物质由液体变为同温度下的蒸气时，必须供给能量，因此蒸发应为吸热过程。反之，冷凝则为放热过程。当物质由固体变为同温度下的液体时，也必须供给能量，因此熔化也是吸热过程。反之，凝固或结晶则为放热过程。当物质由固体变为同温度下的蒸气时，也必须供给能量，因此升华也是吸热过程。反之，凝华则为放热过程。固体晶形转变时也有能量变化。因此可以一般地定义

摩尔蒸发焓 $$\Delta_{vap}H_m \xlongequal{def} H_m(g)-H_m(l)=\Delta_l^g H_m \tag{5-1-10}$$

摩尔熔化焓 $$\Delta_{fus}H_m \xlongequal{def} H_m(l)-H_m(s)=\Delta_s^l H_m \tag{5-1-11}$$

摩尔升华焓 $$\Delta_{sub}H_m \xlongequal{def} H_m(g)-H_m(s)=\Delta_s^g H_m \tag{5-1-12}$$

摩尔转变焓 $$\Delta_{trs}H_m \xlongequal{def} H_m(Cr,2)-H_m(Cr,1)=\Delta_{Cr,1}^{Cr,2} H_m \tag{5-1-13}$$

式中，下标“vap”、“fus”、“sub”、“trs”分别指蒸发、熔化、升华和晶形转变；Cr，1、Cr，2 指第一种和第二种晶形。不言而喻，摩尔冷凝焓为 $-\Delta_{vap}H_m$，摩尔结晶焓为 $-\Delta_{fus}H_m$，摩尔凝华焓为 $-\Delta_{sub}H_m$。例如，当在温度为 100℃、压力为 101.325kPa 下的 1mol 水变为同温、同压的水蒸气的焓变，称为水在该条件下的摩尔蒸发焓，用符号 $\Delta_{vap}H_m(373K)$ 表示。反之，若在温度为 100℃、压力为 101.325kPa 下的 1mol 水蒸气变为同温、同压的水的焓变，称为水蒸气在该条件下的摩尔冷凝焓，用符号 $-\Delta_{vap}H_m(373K)$ 表示。

为了计算各种相变过程的热效应，需从化学化工手册上查找摩尔相变焓的实验数据。摩尔相变焓在数值上等于 1mol 纯物质在等温、等压以及 $W'=0$ 的条件下发生相变时的热效应。化学化工手册上给出一般是在压力为 101.325kPa 下的摩尔相变焓值，压力变化对熔化和晶形转变过程的影响很小，因此压力变化对摩尔熔化焓和摩尔转变焓值的影响也很小。压力变化对蒸发和升华过程的影响很大，因此压力变化对摩尔蒸发焓和摩尔升华焓值的影响也很大。在使用摩尔相变焓数据时要注意数据的温度和压力条件。

例 5-1-1 在 101.325kPa 下，汞的沸点为 630K，汞蒸发过程为

$$Hg(l) \xlongequal{} Hg(g)$$

蒸发时吸热 291.6kJ · kg^{-1}，求 1.00mol 汞在此过程的 W、Q、ΔU 及 ΔH。设汞蒸气在此温度下为理想气体，液体汞的体积可以忽略。($M_{Hg}=200.6g\cdot mol^{-1}$)

解 $\Delta H=n\Delta_{vap}H_m=(1.00\times291.6\times200.6\times10^{-3})kJ=58.5kJ$

$W=-p(V_g-V_l)=-pV_g=-nRT=(-1.00\times8.314\times630kJ)=-5.24kJ$

$Q_p=\Delta H=58.5kJ$

$\Delta U=Q_p+W=(58.5-5.24)kJ=53.3kJ$

2）相变焓与温度的关系

由于物质的焓是温度与压力的函数，故摩尔相变焓也应为温度与压力的函数。化学化工手册上一般是给出压力为 101.325kPa、指定温度 T_1 下物质的摩尔相变焓值，但是有时需要知道压力为 101.325kPa、任意温度 T_2 下物质的摩尔相变焓值。这样就必须知道如何在压力不变的条件下，由温度 T_1 的摩尔相变焓值求任意温度 T_2 的摩尔相变焓值，下面说明如何计算。

若有 1mol 物质 A 在 p、T_1 条件下由 α 相转变为 β 相，已知其摩尔相变焓为 $\Delta_{pt}H_m(T_1)$，求在 p、T_2 条件下由 α 相转变为 β 相的摩尔相变焓 $\Delta_{pt}H_m(T_2)$。求解 T_2 温度下的摩尔相变焓问题，可以利用状态函数增量只与始末态有关而与途径无关的特点，设计如下的过程：

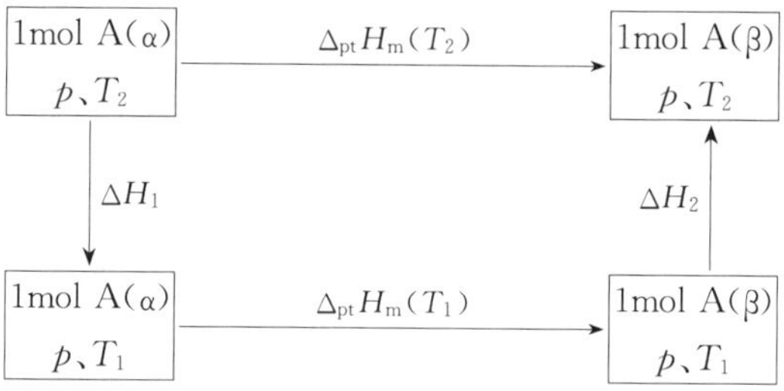

将 p、T_2 条件下 1mol A(α)的状态定为始态，p、T_2 条件下 1mol A(β)的状态定为末态，则有

$$\Delta_{pt}H_m(T_2)=\Delta H_1+\Delta H_2+\Delta_{pt}H_m(T_1)$$

式中，ΔH_1 表示在等压下温度从 T_2 变至 T_1 时 α 相的焓变；ΔH_2 表示在等压下温度从 T_1 变至 T_2 时 β 相的焓变。这样

$$\begin{aligned}\Delta_{pt}H_m(T_2) &= \Delta_{pt}H_m(T_1)+\int_{T_2}^{T_1}C_{p,m}(\alpha)\mathrm{d}T+\int_{T_1}^{T_2}C_{p,m}(\beta)\mathrm{d}T\\ &= \Delta_{pt}H_m(T_1)+\int_{T_1}^{T_2}[C_{p,m}(\beta)-C_{p,m}(\alpha)]\mathrm{d}T\end{aligned}\qquad(5\text{-}1\text{-}14)$$

这就是在压力不变的条件下，由指定温度 T_1 的摩尔相变焓求任意温度 T_2 的摩尔相变焓的公式。式(5-1-14)表明，$\Delta_{pt}H_m$ 随温度不同而不同的原因在于 $C_{p,m}(\alpha)$ 与 $C_{p,m}(\beta)$ 不等。

例 5-1-2 已知水在 100℃、101.325kPa 下其摩尔蒸发焓 $\Delta_{vap}H_m(100℃)=40.63\text{kJ}\cdot\text{mol}^{-1}$，水与水蒸气的平均摩尔等压热容分别为 $C_{p,m}(\text{l})=76.56\text{J}\cdot\text{mol}^{-1}\cdot\text{K}^{-1}$，$C_{p,m}(\text{g})=34.56\text{J}\cdot\text{mol}^{-1}\cdot\text{K}^{-1}$。设水蒸气为理想气体，试求水在 142.9℃、101.325kPa 下的摩尔蒸发焓 $\Delta_{vap}H_m(142.9℃)$。

解　根据式(5-1-14)进行计算：

$$\begin{aligned}\Delta_{vap}H_m(142.9℃) &= \Delta_{vap}H_m(100℃)+\int_{373.2}^{416.1}[C_{p,m}(\text{g})-C_{p,m}(\text{l})]\mathrm{d}T\\ &= \Delta_{vap}H_m(100℃)+[C_{p,m}(\text{g})-C_{p,m}(\text{l})](T_2-T_1)\\ &=[40.63+(34.56-76.56)\times(416.1-373.2)\times10^{-3}]\text{kJ}\cdot\text{mol}^{-1}\\ &=38.83\text{kJ}\cdot\text{mol}^{-1}\end{aligned}$$

3. 摩尔相变熵

1）相变熵的定义

设在等温、等压以及 $W'=0$ 的条件下，系统内发生了一个相变过程

$$0=\sum\nu_\alpha \text{A}(\alpha)$$

由于相变过程的发生，系统的熵发生变化。当相变进度变化为 $\mathrm{d}\zeta$ 时，根据式(5-1-5)系统的熵变为

$$\mathrm{d}S=\sum_\alpha S_\alpha \mathrm{d}n_\alpha=\sum_\alpha \nu_\alpha S_\alpha \mathrm{d}\zeta \qquad(5\text{-}1\text{-}15)$$

根据式(5-1-6)可得

$$\left(\frac{\partial S}{\partial \zeta}\right)_{T,p}=\sum_\alpha \nu_\alpha S_\alpha=\Delta_{pt}S_m \qquad(5\text{-}1\text{-}16)$$

$\Delta_{pt}S_m$ 表示在等温、等压以及 $W'=0$ 的条件下，当相变进度为 ζ 时，发生 1mol 相变引起系统的熵变，称为相变过程的摩尔相变熵。$\Delta_{pt}S_m$ 的单位是 $J \cdot K^{-1} \cdot mol^{-1}$。类似于式(5-1-10)～(5-1-13)，可以一般地定义

摩尔蒸发熵 $$\Delta_{vap}S_m \stackrel{def}{=\!=} S_m(g)-S_m(l)=\Delta_l^g S_m \quad (5\text{-}1\text{-}17)$$

摩尔熔化熵 $$\Delta_{fus}S_m \stackrel{def}{=\!=} S_m(l)-S_m(s)=\Delta_s^l S_m \quad (5\text{-}1\text{-}18)$$

摩尔升华熵 $$\Delta_{sub}S_m \stackrel{def}{=\!=} S_m(g)-S_m(s)=\Delta_s^g S_m \quad (5\text{-}1\text{-}19)$$

摩尔转变熵 $$\Delta_{trs}S_m \stackrel{def}{=\!=} S_m(Cr,2)-S_m(Cr,1)=\Delta_{Cr,1}^{Cr,2} S_m \quad (5\text{-}1\text{-}20)$$

式中，下标的含意与式(5-1-10)～(5-1-13)相同。不言而喻，摩尔冷凝熵为 $-\Delta_{vap}S_m$，摩尔结晶熵为 $-\Delta_{fus}S_m$，摩尔凝华熵为 $-\Delta_{sub}S_m$。

2）可逆相变过程的相变熵

在等温、等压、$W'=0$ 以及两相化学势相等的条件下进行的相变过程称为可逆相变过程。在指定压力下，温度为熔点温度的固液相变、温度为沸点温度的气液相变等都是可逆相变。例如在 101.325kPa 时，水的沸点温度为 373.15K，如果有水与水蒸气两相共存，这时水与水蒸气两相化学势相等。若在保持两相化学势相等的条件下，使水蒸气冷凝成水，或者使水蒸发成水蒸气就是可逆相变过程。

在指定温度下，气体压力为饱和蒸气压的气固相变、气液相变等也是可逆相变。例如在 273.15K、水蒸气的饱和蒸气压为 610.5Pa 时，如果有水蒸气与冰两相共存，这时水蒸气与冰两相化学势相等。若在保持两相化学势相等的条件下，使水蒸气凝华成冰，或者使冰升华成水蒸气就是可逆相变过程。

如果 1mol 物质在等温、等压以及 $W'=0$ 的条件下进行可逆相变，则利用相变过程的热 Q_r，就可以计算相变过程的摩尔相变熵 $\Delta_{pt}S_m$。已知可逆相变热 Q_r 在数值上等于相变过程的摩尔相变焓 $\Delta_{pt}H_m$，根据熵变的定义式，可逆相变的摩尔相变熵为

$$\Delta_{pt}S_m=\Delta_{pt}H_m/T \quad (5\text{-}1\text{-}21)$$

例 5-1-3 当压力为 101.325kPa 时，甲苯的沸点温度为 110℃，计算 1mol 甲苯完全蒸发为蒸气的过程的摩尔相变熵 $\Delta_{pt}S_m$。已知 $\Delta_{pt}H_m$(甲苯)$=33.5kJ \cdot mol^{-1}$。

解 题中给出的甲苯沸点温度为 110℃，就是说 101.325kPa、110℃ 的液体甲苯蒸发为 110℃、101.325kPa 的甲苯蒸气是可逆相变过程。所以其摩尔相变熵 $\Delta_{pt}S_m$ 的计算可用式(5-1-21)，即

$$\Delta_{pt}S_m=\Delta_{pt}H_m/T=(33\,500/383.15)J \cdot K^{-1} \cdot mol^{-1}=87.43J \cdot K^{-1} \cdot mol^{-1}$$

3）不可逆相变过程的相变熵

所谓不可逆相变过程是指在等温、等压以及 $W'=0$，但两相化学势不等条件下进行的相变过程。例如，在 473.15K、101.325kPa 时，如果有水与水蒸气两相共存，这时水相化学势大于水蒸气相化学势，水蒸发成水蒸气的过程会自动发生，这就是不可逆相变过程。又如，在 273.15K，水蒸气的蒸气压为 1kPa 时，如果有水蒸气与冰两相共存，这时水蒸气相化学势大于冰相化学势，水蒸气凝华成冰的过程会自动发生，这也是不可逆相变过程。

如果 1mol 物质在等温、等压以及 $W'=0$ 的条件下进行不可逆相变，就要利用状态函数增量只与始末态有关而与途径无关的特点，在不可逆相变的始末态之间设计一个可逆相变过程，

来计算不可逆相变过程的相变熵，下面说明如何计算。

已知 1mol 物质 A 在 p、T_1 条件下，由 α 相可逆相变为 β 相的摩尔相变熵为 $\Delta_{pt}S_m(T_1)$，求在 p、T_2 条件下由 α 相不可逆相变为 β 相的摩尔相变熵 $\Delta_{pt}S_m(T_2)$。求解不可逆相变过程的摩尔相变熵问题，可以设计如下的过程：

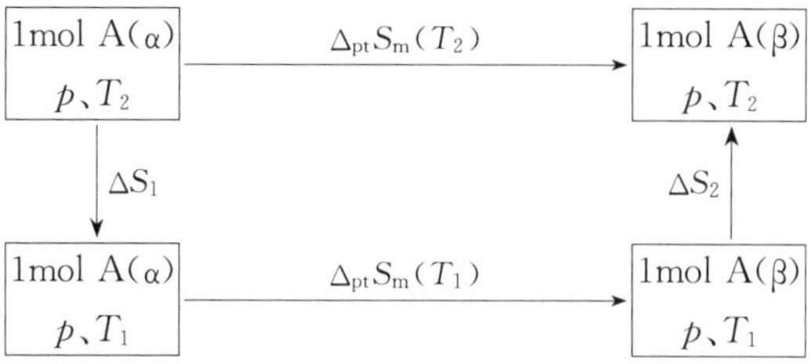

将 T_2、p 之下 1mol A(α)的状态定为始态，T_2、p 之下 1mol A(β)的状态定为末态，则

$$\Delta_{pt}S_m(T_2)=\Delta S_1+\Delta S_2+\Delta_{pt}S_m(T_1)$$

ΔS_1 表示在等压下温度从 T_2 变至 T_1 时 α 相的熵变，ΔS_2 表示在等压下温度从 T_1 变至 T_2 时 β 相的熵变。这样

$$\begin{aligned}\Delta_{pt}S_m(T_2) &= \Delta_{pt}S_m(T_1)+\int_{T_2}^{T_1}\frac{C_{p,m}(\alpha)}{T}dT+\int_{T_1}^{T_2}\frac{C_{p,m}(\beta)}{T}dT \\ &= \Delta_{pt}S_m(T_1)+\int_{T_1}^{T_2}\left[\frac{C_{p,m}(\beta)}{T}-\frac{C_{p,m}(\alpha)}{T}\right]dT \qquad (5\text{-}1\text{-}22)\end{aligned}$$

这就是由可逆相变过程的摩尔相变熵求不可逆相变过程的摩尔相变熵的公式。

例 5-1-4　计算 101.325kPa、50℃的 1mol $H_2O(l)$不可逆相变成 101.325kPa、50℃的 1mol $H_2O(g)$的 $\Delta_{vap}S_m$。已知 $C_{p,m}(H_2O,l)=73.5J\cdot K^{-1}\cdot mol^{-1}$，$C_{p,m}(H_2O,g)=33.6J\cdot K^{-1}\cdot mol^{-1}$，100℃、101.325kPa 下可逆相变过程的摩尔相变焓 $\Delta_{vap}H_m=40.59kJ\cdot mol^{-1}$。

解　不可逆相变过程的 $\Delta_{vap}S_m$ 不能直接求取，为此设计出如下的可逆过程：

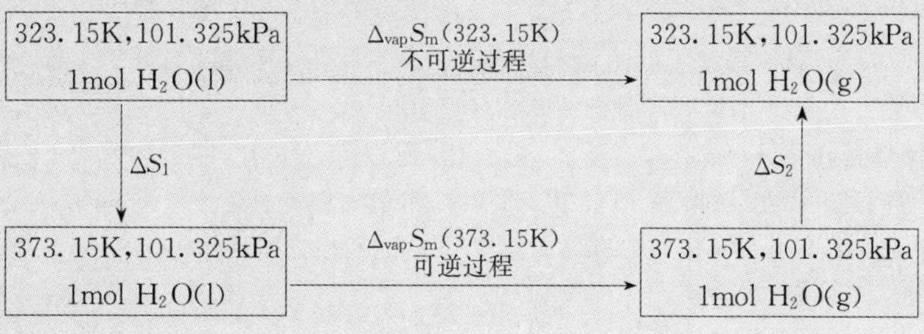

根据式(5-1-22)进行计算：

$$\begin{aligned}\Delta_{vap}S_m(323.15K) &= \Delta_{vap}S_m(373.15K)+\int_{373.15}^{323.15}\left[\frac{C_{p,m}(g)}{T}-\frac{C_{p,m}(l)}{T}\right]dT \\ &= \frac{\Delta_{vap}H_m(373.15K)}{373.15}+[C_{p,m}(g)-C_{p,m}(l)]\ln\frac{323.15}{373.15} \\ &= \left[\frac{40.59\times10^3}{373.15}+(33.6-73.5)\times\ln\frac{323.15}{373.15}\right]J\cdot K^{-1}\cdot mol^{-1} \\ &= 114.51J\cdot K^{-1}\cdot mol^{-1}\end{aligned}$$

4. 相变过程的自发性判据

为了判断在指定条件下一个相变过程能否自发进行，我们需要热力学判据。这样的热力

学判据有两个：一个是把系统和环境看成是一个孤立系统，分别计算出系统和环境的熵变后，应用孤立系统的熵变作为判据来判断过程的自发性；另一个是分别计算出系统的焓变和熵变后，再计算系统的吉布斯函数增量，应用封闭系统在等温、等压以及 $W'=0$ 条件下的吉布斯函数的增量作为判据来判断过程的自发性。

例 5-1-5　求 1mol 过冷水在 101.325kPa 及 -10℃ 时凝固过程的 ΔS，并判断过程的自发性。已知 0℃、101.325kPa 下冰的摩尔熔化焓为 6024.6J·mol^{-1}，水和冰的摩尔等压热容分别为 $C_p(H_2O,l)=75.312$J·mol^{-1}·K^{-1}，$C_p(H_2O,s)=37.656$J·mol^{-1}·K^{-1}。

解　过冷水的凝固是一个不可逆相变过程，要计算其 ΔS，可在同样始末态间设计可逆途径来进行。

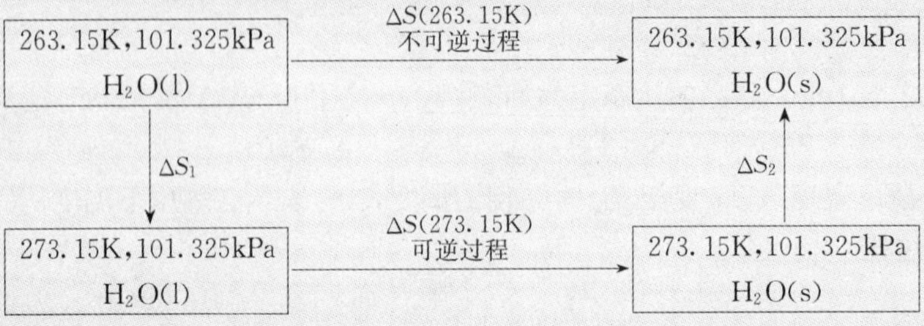

过冷水凝固过程的 ΔS，根据式(5-1-22)进行计算：

$$\Delta S(263.15\text{K}) = \Delta S(273.15\text{K}) + \int_{273.15}^{263.15}\left[\frac{nC_{p,\text{m}}(\text{s})}{T} - \frac{nC_{p,\text{m}}(\text{l})}{T}\right]\text{d}T$$

$$= \frac{n\Delta H_\text{m}(273.15\text{K})}{273.15} + [nC_{p,\text{m}}(\text{s}) - nC_{p,\text{m}}(\text{l})]\ln\frac{263.15}{273.15}$$

$$= \left[-\frac{1\times 6024.6}{273.15} + 1\times(37.656-75.312)\times\ln\frac{263.15}{273.15}\right]\text{J}\cdot\text{K}^{-1}$$

$$= -20.66\text{J}\cdot\text{K}^{-1}$$

上面计算了系统的熵变，下面计算环境的熵变。过冷水凝固过程的 ΔH，根据式(5-1-14)进行计算：

$$\Delta H(263.15\text{K}) = n\Delta H_\text{m}(273.15\text{K}) + \int_{273.15}^{263.15}[nC_{p,\text{m}}(\text{s}) - nC_{p,\text{m}}(\text{l})]\text{d}T$$

$$= [-1\times 6024.6 + 1\times(37.656-75.312)\times(263.15-273.15)]\text{J}$$

$$= -5648.04\text{J}$$

上述各过程都是在等压下(101.325kPa)进行的，所以 $Q_p=\Delta H$，即过冷水结冰过程中系统放出 5648.04J 的热，也就是环境在此过程中吸收了 5648.04J 的热。相对于系统来说，可以认为环境为无穷大，因此环境吸收 5648.04J 的热并不能改变环境的温度和压力，所以根据式(2-1-37)，有

$$\Delta S_{环境} = \frac{5648.04}{263.15}\text{J}\cdot\text{K}^{-1} = 21.46\text{J}\cdot\text{K}^{-1}$$

如果要判断过程的自发性，根据式(2-1-36)，应计算孤立系统的熵变，即

$$\Delta S_{孤立} = \Delta S_{系统} + \Delta S_{环境} = (-20.66+21.46)\text{J}\cdot\text{K}^{-1} = 0.8\text{J}\cdot\text{K}^{-1} > 0$$

由此可见，过冷水凝固成冰是自发过程，这说明 -10℃ 时液态水不稳定，而固态冰稳定。

过冷水凝固成冰的过程虽然是一个不可逆的相变过程，但是过程满足封闭系统等温、等压以及 $W'=0$ 的条件，因此可以用吉布斯函数的增量来判断相变过程的自发性。设在等温、等压以及 $W'=0$ 的条件下，系统内发生了一个相变过程

$$0 = \sum \nu_\alpha \text{A}(\alpha)$$

在等温、等压以及 $W'=0$ 的条件下，对于一个单组分多相系统来说，相变过程的自发和平衡与系统的吉布斯函数变化有关。由于相变过程的发生，系统的吉布斯函数发生变化。当相变进

度变化为 $d\zeta$ 时，根据式(5-1-5)系统的吉布斯函数变化为

$$dG = \sum_{\alpha} G_{\alpha} dn_{\alpha} = \sum_{\alpha} \nu_{\alpha} G_{\alpha} d\zeta \tag{5-1-23}$$

根据式(5-1-6)可得

$$\left(\frac{\partial G}{\partial \zeta}\right)_{T,p} = \sum_{\alpha} \nu_{\alpha} G_{\alpha} = \Delta_{pt} G_m \tag{5-1-24}$$

$\Delta_{pt}G_m$ 表示在等温、等压以及 $W'=0$ 的条件下，当相变进度为 ζ 时，发生 1mol 相变引起系统的吉布斯函数变化，称为相变过程的摩尔相变吉布斯函数。$\Delta_{pt}G_m$ 的单位是 $J\cdot mol^{-1}$ 或 $kJ\cdot mol^{-1}$。

从第二章的讨论已知，相变系统中各相物质的偏摩尔吉布斯函数 G_α 又称为化学势，可用符号 μ_α 表示，则式(5-1-23)为

$$dG = \sum_{\alpha} \mu_{\alpha} dn_{\alpha} = \sum_{\alpha} \nu_{\alpha} \mu_{\alpha} d\zeta \tag{5-1-25}$$

根据式(2-1-43)，有

$$dG = \sum_{\alpha} \mu_{\alpha} dn_{\alpha} = \sum_{\alpha} \nu_{\alpha} \mu_{\alpha} d\zeta \leqslant 0 \quad \begin{cases} \text{自发} \\ \text{平衡} \end{cases} \tag{5-1-26}$$

因为 $\left(\frac{\partial G}{\partial \zeta}\right)_{T,p}$ 与 dG 符号相同，所以式(5-1-26)可以写成

$$\left(\frac{\partial G}{\partial \zeta}\right)_{T,p} = \sum_{\alpha} \nu_{\alpha} \mu_{\alpha} = \Delta_{pt} G_m \leqslant 0 \quad \begin{cases} \text{自发} \\ \text{平衡} \end{cases} \tag{5-1-27}$$

即 $\Delta_{pt}G_m$ 可以作为判断相变过程的自发进行方向和是否到达平衡的判据。

由(1-5-7)可知，在等温、等压及 $W'=0$ 的条件下，对任何过程有 $\Delta G=\Delta H-T\Delta S$。对于相变过程，式(5-1-27)则可以写成

$$\Delta_{pt}G_m = \Delta_{pt}H_m - T\Delta_{pt}S_m \leqslant 0 \quad \begin{cases} \text{自发} \\ \text{平衡} \end{cases} \tag{5-1-28}$$

因此利用 $\Delta_{pt}H_m$ 和 $\Delta_{pt}S_m$ 可以判断一个指定条件下的相变过程能否自发进行。

例 5-1-6 已知 $H_2O(l)$ 在 101.325kPa、263.15K 条件下凝结为 $H_2O(s)$ 的 $\Delta H_m=-5648.04J\cdot mol^{-1}$，$\Delta S_m=-20.66J\cdot K^{-1}\cdot mol^{-1}$，试计算该相变过程的 ΔG_m，并判断该相变过程能否自发进行。

解 $\Delta G_m=\Delta H_m-T\Delta S_m=[-5648.04-263.15\times(-20.66)]J\cdot mol^{-1}=-211.36J\cdot mol^{-1}$

因为 $\Delta G_m<0$，根据式(5-1-28)，在 101.325kPa、263.15K 条件下水凝结成冰的相变过程能够自发进行。

§5-2 单组分系统相平衡

1. 基本概念及定义

1）相数

多相系统在达到平衡时共存相的数目称为相数，用符号 P 表示。例如混合气体为单相，$P=1$；水与冰共存的平衡系统为两相，$P=2$；盐的水溶液与冰共存的平衡系统也是两相，$P=2$；盐水、冰和盐粒共存的平衡系统则为三相(一个液相，两个固相)，$P=3$。

2）物种数

多相系统在达到平衡时包含的化学物质的数目称为物种数，用符号 S 表示。例如水与冰共存的平衡系统物种数为 $S=1$；盐的水溶液与冰共存的平衡系统物种数为 $S=2$；盐水、冰和盐粒共存的平衡系统物种数也为 $S=2$。

3）组分数

多相系统中可独立改变其物质的量的物种数称为独立组分数或简称组分数，用符号 C 表示。在不发生化学反应时，组分数 C 一般等于系统中的物种数 S，若系统中发生了化学反应，则在达到化学平衡时，参与反应的各组分的物质的量之间的比例关系必须满足平衡常数 $K^\ominus$，因此各物质的量之间存在着一种依存关系。有一个独立的化学反应，就有一个平衡常数 $K^\ominus$，因此组分数 C 应为物种数 S 减去独立化学反应数 R。以含 H_2、I_2 和 HI 的气相系统为例，如果发生反应 $H_2+I_2 = 2HI$，则平衡时 H_2、I_2 和 HI 的物质的量之间的比例关系必须满足平衡常数 $K_p^\ominus$，三种组分中只有两个可独立改变其物质的量，即组分数应为 $C=3-1=2$。有时系统中还存在其他组成限制条件 R'，例如，如果上述气相反应系统中 H_2 和 I_2 的物质的量在反应开始时为 1∶1 的比例，则从反应式可知平衡后其相对量仍然是 1∶1，即分压 p_{H_2} 始终与 p_{I_2} 相等，故此时 $C=3-1-1=1$。但应注意组成限制条件只限于存在于同一相中的物质，且不包括 $\sum_B x_B=1$ 这一条件。独立组分数 C 由下式定义：

$$C \overset{\text{def}}{=\!=} S-R-R' \tag{5-2-1}$$

式中，S 是物种数；R 是独立化学反应数；R' 是指除同一相中各物质的摩尔分数之和为 1 这个关系以外的组成限制条件。

4）自由度数

在保持平衡相数不变的条件下，可以独立变动的强度因素（温度、压力、组成等）的数目称为自由度数，用符号 F 表示。例如在 101.325kPa、100℃下水与水蒸气两相平衡共存，若将温度降为 90℃，则水蒸气会全部冷凝成水，气相会消失。如果仍要保持水、汽两相共存，必须将压力相应地降低到 70.12kPa。同理，若将压力降低到 70.12kPa，而温度保持 100℃不变，则水将全部蒸发为水蒸气，液相会消失。如果仍要保持水、汽两者共存，必须同时将温度降至 90℃。由此可见，对单组分两相系统，要保持两相平衡共存，温度与压力两者只有一个可以独立变动，即自由度数 $F=1$。

2. 相律的推导

相律是吉布斯根据热力学原理导出的相平衡基本定律，是所有多相多组分平衡系统都遵循的普遍规律。它描述了多相多组分平衡系统中相数、组分数以及影响系统状态的独立变量（如温度、压力、组成等）之间的关系。

对于一个多相多组分系统，如果已达到反应和相变平衡，为计算这个多相多组分平衡系统的自由度数，需导出一个自由度数的数学表示式。由代数定理可知，如果 M 个变量之间存在 N 个独立的关系式，则只有 $M-N$ 个变量是独立的。因此，系统状态的总变量数与关联这些变量之间的独立关系式的个数之差，就是独立变量数，也就是自由度数，可表示为

$$\text{自由度数}=\text{总变量数}-\text{独立关系式数} \tag{5-2-2}$$

设多相多组分平衡系统中有 S 个物种，存在于 P 个相的每一个相中，用英文字母 A、B…分别代表各种不同的组分，用希腊字母 α、β…分别代表各个不同的平衡相，并假设任一物质在各相中具有相同的分子形式，用摩尔分数表示各相的组成。

(1) 平衡时，多相多组分平衡系统中的总变量数。

多相多组分平衡系统中第 α 个相共有：T^{α}、p^{α}，x_{A}^{α}、x_{B}^{α}，…，x_{S}^{α} 等 $2+S$ 个变量，因为多相多组分平衡系统中共有 P 个相，所以多相多组分平衡系统中的总变量数为 $(2+S)P$。

(2) 平衡时，多相多组分平衡系统中各变量间的独立关系式数。

(i) 平衡时各相温度相等，即

$$T^{\alpha}=T^{\beta}=\cdots=T^{P} \qquad \text{共有}(P-1)\text{个独立关系式}$$

(ii) 平衡时各相压力相等，即

$$p^{\alpha}=p^{\beta}=\cdots=p^{P} \qquad \text{共有}(P-1)\text{个独立关系式}$$

(iii) 每相中物质的摩尔分数之和等于 1，即

$$\sum_{B=1}^{S} x_{B}^{\alpha}=1 \qquad \text{共有 } P \text{ 个独立关系式}$$

(iv) 平衡时，每种物质在各相中的化学势相等，即

$$\left.\begin{array}{c} \mu_{A}^{\alpha}=\mu_{A}^{\beta}=\cdots=\mu_{A}^{P} \\ \cdots\cdots \\ \mu_{S}^{\alpha}=\mu_{S}^{\beta}=\cdots=\mu_{S}^{P} \end{array}\right\} \text{共有 } S(P-1)\text{个独立关系式}$$

(v) 设独立反应数为 R 和独立组成限制条件为 R'，共有 $R+R'$ 个独立关系式。

所以平衡时，多相多组分系统中的总变量数为 $(2+S)P$，变量间的独立关系式数为 $(2+S)(P-1)+P+R+R'$，根据式(5-2-2)，得

$$F=(S+2)P-[(2+S)(P-1)+P+R+R']=(S-R-R')-P+2 \tag{5-2-3}$$

将式(5-2-1)代入上式，得

$$F=C-P+2 \tag{5-2-4}$$

这就是著名的吉布斯相律。式中，F 代表自由度。此式表明多相多组分平衡系统中的独立可变因素为温度、压力和用摩尔分数表示的 $C-P$ 个物质的组成。自由度数是多相多组分平衡系统的独立变量数，当独立变量选定之后，相律告诉我们系统的其他变量与独立变量之间必然存在一定的函数关系，但是不能告知函数关系式的具体形式。

关于吉布斯相律，需要作几点说明：

(1) 不论 S 个物种是否能同时存在于各相中，都不影响相律的形式。这是因为若某相中不含某种物质，则该物质在各相化学势相等的独立关系式数也相应地减少一个。也就是说，总变量数减少一个，独立关系式数也相应地减少一个，故 $F=C-P+2$ 仍然成立。

(2) $F=C-P+2$ 式中的“2”表示整个系统的 T、p 相同，不符合此条件的系统则不适用。如在渗透系统中，膜两侧的平衡压力不同，则应改为 $F=C-P+3$。若除 T、p 之外，还需要考虑其他外界因素（如电场、磁场、重力场等）对平衡系统的影响，可设 n 为包含 T、p 及各种外界影响因素的数目，则相律的形式应为

$$F=C-P+n$$

(3) 外压对固液相变、固固相变系统的影响很小，如果不考虑外压对相平衡的影响，这时系统的自由度数为

$$F'=C-P+1 \tag{5-2-5}$$

此时 F' 称为条件自由度。

例 5-2-1 试确定 $H_2(g)+I_2(g)$ ══ $2HI(g)$ 的平衡系统中，在下述情况下的独立组分数：(1)反应前只有 HI(g)；(2)反应前 $H_2(g)$ 及 $I_2(g)$ 两种气体的物质的量相等；(3)反应前有任意量的 $H_2(g)$ 与 $I_2(g)$。

解 由式(5-2-1)，有 $C=S-R-R'$

(1) 因为 $S=3, R=1, R'=1$，所以 $C=3-1-1=1$。

(2) 因为 $S=3, R=1, R'=1$，所以 $C=3-1-1=1$。

(3) 因为 $S=3, R=1, R'=0$，所以 $C=3-1-0=2$。

例 5-2-2 在一个真空容器中放有过量的固态 NH_4I，且存在下列反应平衡：$NH_4I(s)$ ══ $NH_3(g)+HI(g)$。求此系统的自由度数。

解 此系统有气、固两个相，故 $P=2$；有三种物质，故 $S=3$；有一个化学反应式，故 $R=1$；有一个独立的浓度限制条件，$p_{NH_3}=p_{HI}$，故 $R'=1$。$C=S-R-R'=3-1-1=1$，$F=C-P+2=1$，表明系统的温度和压力二者之中只有一个可以在维持系统相数不变的情况下在一定范围内独立变化。

例 5-2-3 在一个抽空的容器中放有过量的 $NH_4I(s)$，同时存在下列平衡：$NH_4I(s)$ ══ $NH_3(g)+HI(g)$；$2HI(g)$ ══ $H_2(g)+I_2(g)$。求此系统的自由度数。

解 此系统的 $P=2, S=5, R=2$，四种气体的分压之间存在下列定量关系式：

$$p_{NH_3}=p_{HI}+2p_{H_2} \qquad p_{H_2}=p_{I_2}$$

分压的限制条件也就是气相组成的限制条件，故 $R'=2$，所以

$$C=S-R-R'=5-2-2=1 \qquad F=C-P+2=1-2+2=1$$

自由度数 F 为 1，说明题给多相平衡系统中，p、T 及四种气体的分压六个变量中，只有其中一个可以在维持系统相数不变的情况下在一定范围内独立变化。

例 5-2-4 Na_2CO_3 与 H_2O 可以生成如下几种水化物：$Na_2CO_3 \cdot H_2O(s)$，$Na_2CO_3 \cdot 7H_2O(s)$，$Na_2CO_3 \cdot 10H_2O(s)$。试指出，在标准压力 $p^{\ominus}$ 下，与 Na_2CO_3 的水溶液、冰 $H_2O(s)$ 平衡共存的水化物最多可以有几种。

解 由式(5-2-1)，有 $C=S-R-R'$。因为 $S=5, R=3, R'=0$（水与 Na_2CO_3 均为任意量），所以 $C=S-R-R'=5-3-0=2$。因为压力已固定为 $p^{\ominus}$，由式(5-2-5)，有 $F'=C-P+1$，因为 $F'=0$ 时 P 最大，所以

$$0=C-P+1=2-P+1=3-P \qquad P=3$$

这三个相中，除 Na_2CO_3 的水溶液（液相）及冰 $H_2O(s)$ 外，还有一个相，这就是 $Na_2CO_3(s)$ 的水化物，即最多只能有一种 $Na_2CO_3(s)$ 的水化物与 Na_2CO_3 水溶液及冰平衡共存。

3. 单组分系统两相平衡热力学方程

对于单组分系统（$C=1$），吉布斯相律表示为

$$F=C-P+2=3-P$$

当系统中只有一个相时，$P=1, F=2$，即 T、p 可以同时独立改变而不会使相数发生变化，这就是双变量单相系统。当系统中有两个相时，$P=2, F=1$，即 T、p 中只有一个能独立改变，且 p 与 T 互为函数关系，这就是单变量两相系统。当系统中有三相时，$P=3, F=0$，即 T、p 不能改变，这就是零变量三相系统。对于任何系统，自由度 F 的最小值只能是零，所以单组分系统最多只可能有三个相平衡共存。

对于一个由 α 和 β 两相组成的 $A(\alpha)$ ══ $A(\beta)$ 相变系统，由式(5-1-27)可知，在等温、等压

及 $W'=0$ 条件下有

$$\Delta_{pt}G_m=\mu_\beta-\mu_\alpha\leqslant 0\quad\begin{cases}自发\\平衡\end{cases}\tag{5-2-6}$$

若 $\mu_\alpha>\mu_\beta$，则 $\Delta_{pt}G_m<0$，物质 A 将自动地从化学势高的 α 相向化学势低的 β 相转移，由此可见，化学势可以量度物质相转移的趋势。若 $\mu_\alpha=\mu_\beta$，则 $\Delta_{pt}G_m=0$，物质 A 在两相达到平衡，可逆相变实际上就是相变系统中的 α 和 β 两相平衡共存。

在单组分系统 α 和 β 两相平衡共存条件下，当温度从 T 改变到 $T+dT$，若要继续保持两相平衡，根据相律，压力 p 必须相应地改变到 $p+dp$。此时两相的化学势分别改变为 $\mu_\alpha+d\mu_\alpha$ 和 $\mu_\beta+d\mu_\beta$，在新的两相平衡下化学势仍应相等，即

$$\mu_\alpha+d\mu_\alpha=\mu_\beta+d\mu_\beta\tag{5-2-7}$$

因为

$$d\mu_\alpha=dG_\alpha=-S_\alpha dT+V_\alpha dp\qquad d\mu_\beta=dG_\beta=-S_\beta dT+V_\beta dp$$

由此可得

$$\frac{dp}{dT}=\frac{S_\beta-S_\alpha}{V_\beta-V_\alpha}=\frac{\Delta_\alpha^\beta S_m}{\Delta_\alpha^\beta V_m}$$

已知可逆相变时 $\Delta_\alpha^\beta S_m=\Delta_\alpha^\beta H_m/T$，代入上式即得

$$\frac{dp}{dT}=\frac{\Delta_\alpha^\beta H_m}{T\Delta_\alpha^\beta V_m}\tag{5-2-8}$$

式(5-2-8)称为克拉佩龙(Clapeyron)方程。式中，$\Delta_\alpha^\beta S_m$ 和 $\Delta_\alpha^\beta H_m$ 为相变过程(α 相→β 相)的摩尔相变熵和摩尔相变焓；$\Delta_\alpha^\beta V_m$ 为摩尔相变体积变化。克拉佩龙方程用文字表述为："单组分系统两相平衡时的压力随温度的变化率与摩尔相变焓成正比，与温度和摩尔相变体积变化的乘积成反比。"

克拉佩龙方程的推导过程未作任何假设，它对任何单组分两相平衡系统(固固，固液，固气，液气等)都适用。从公式看，只有在 $\Delta_\alpha^\beta H_m\neq 0$，$\Delta_\alpha^\beta V_m\neq 0$ 时克位佩龙方程才有意义。另外 dp/dT 的正负及大小与各种物质的特性有关，对大多数物质，当 $\Delta_s^l H_m>0$ 时 $\Delta_s^l V_m>0$，故 $dp/dT>0$，即当由固相转变为液相时体积膨胀，当由液相转变为固相时体积收缩。对固气及液气平衡，结论与此相似。

为了对式(5-2-8)进行积分，需要知道 $\Delta_\alpha^\beta H_m$、$\Delta_\alpha^\beta V_m$ 与 T 或 p 的具体函数关系，一般说来，对固固、固液相变，在压力变化不大时，可将 $\Delta_\alpha^\beta H_m$ 及 $\Delta_\alpha^\beta V_m$ 当作常数而不会产生明显的误差，于是积分式(5-2-8)可得：

$$\ln\frac{T_2}{T_1}=\frac{\Delta_\alpha^\beta V_m}{\Delta_\alpha^\beta H_m}(p_2-p_1)\tag{5-2-9}$$

由式(5-2-9)可知，对大多数物质的固固、固液相变增大压力($p_2>p_1$)，温度将升高。

例 5-2-5　在 273K 和 101.325kPa 时，冰的摩尔熔化焓 $\Delta_s^l H_m$ 为 $6003J\cdot mol^{-1}$，冰的密度 ρ_s 为 $0.9168g\cdot cm^{-3}$，水的密度 ρ_l 为 $0.9998g\cdot cm^{-3}$，试计算冰的熔点随压力的变化率。

解　用克拉佩龙方程计算：$dT/dp=T\Delta_s^l V_m/\Delta_s^l H_m$，已知：$T=273K$，$p=101.325kPa$，$\Delta_s^l H_m(H_2O)=6003J\cdot mol^{-1}$，$\rho_s=0.9168g\cdot cm^{-3}$，$\rho_l=0.9998g\cdot cm^{-3}$。

$$\Delta_s^l V_m=\left(\frac{18}{\rho_l}-\frac{18}{\rho_s}\right)\times 10^{-6}m^3\cdot mol^{-1}=-1.630\times 10^{-6}m^3\cdot mol^{-1}$$

$$\frac{dT}{dp}=\frac{T\Delta_s^l V_m}{\Delta_s^l H_m}=-7.41\times 10^{-8}K\cdot Pa^{-1}(实验值：-7.38\times 10^{-8}K\cdot Pa^{-1})$$

以上计算表明，在 273K，压力每增加 1Pa，冰的熔点降低 $7.41\times 10^{-8}K$。

当物质达到三相(α、β、γ)平衡时,即

$$A(\alpha)=\!=\!=A(\beta)=\!=\!=A(\gamma)$$

可写出两个独立的相平衡条件,即

$$\mu_\alpha(T,p)=\mu_\beta(T,p) \qquad \mu_\alpha(T,p)=\mu_\gamma(T,p)$$

由此可写出两个独立的克拉佩龙方程,联立方程求解所得的 T 和 p 为三相平衡的温度和压力,称为物质的三相点,如冰、水和水蒸气的三相点为 273.16K 和 610.5Pa。

对于有气相参加的多相平衡,如蒸发或升华及其逆过程,由于气体的体积 $V_m(g)$ 远大于 $V_m(l)$ 或 $V_m(s)$,故后者常可忽略不计。例如对于气液平衡,如果蒸气可以看成是理想气体,则

$$\Delta_{vap}V_m=V_m(g)-V_m(l)\approx V_m(g)=\frac{RT}{p}$$

将此关系代入式(5-2-8),整理后得

$$\frac{d\ln p}{dT}=\frac{\Delta_{vap}H_m}{RT^2} \tag{5-2-10}$$

式(5-2-10)称为克拉佩龙-克劳修斯方程。式中,$\Delta_{vap}H_m$ 为摩尔蒸发焓。它表明温度对饱和蒸气压的影响,也可表示外压对液体沸点的影响。将式(5-2-10)积分

$$\int_{p_1}^{p_2} d\ln p=\int_{T_1}^{T_2}\frac{\Delta_{vap}H_m}{RT^2}dT \tag{5-2-11}$$

若在 T_1 到 T_2 的温度范围内 $\Delta_{vap}H_m$ 可以看成常数,定积分后可得

$$\ln\frac{p_2}{p_1}=\frac{\Delta_{vap}H_m}{R}\left(\frac{1}{T_1}-\frac{1}{T_2}\right) \tag{5-2-12}$$

如果作不定积分,则得

$$\ln(p/\text{kPa})=-\frac{\Delta_{vap}H_m}{RT}+B \tag{5-2-13}$$

式中,B 为积分常数。若已知一定温度下的饱和蒸气压,可代入此式求出 B 值。利用式(5-2-13)可算出指定温度下液体的饱和蒸气压,故此式也称为饱和蒸气压公式。

例 5-2-6 求在水的沸点 100℃附近,沸点随外压的改变率。已知在 101.325kPa、100℃下水的摩尔蒸发焓是 40 690J·mol^{-1},液态水的摩尔体积为 0.019×10^{-3}m^3·mol^{-1},水蒸气的摩尔体积为 30.199×10^{-3}m^3·mol^{-1}。

解 $$\frac{dp}{dT}=\frac{\Delta_{vap}H_m}{T(V_g-V_l)}=\frac{40\,690}{373.15\times(30.199-0.019)\times10^{-3}}\text{Pa}\cdot\text{K}^{-1}=3613\text{Pa}\cdot\text{K}^{-1}$$

因此 $\frac{dT}{dp}=\frac{1}{3613\text{Pa}\cdot\text{K}^{-1}}=2.768\times10^{-4}\text{K}\cdot\text{Pa}^{-1}$,即压力每改变 1Pa,水的沸点改变 2.768×10^{-4}K。

尽管克拉佩龙-克劳修斯方程不如克拉佩龙方程精确,但在通常条件下,仍是一个广泛应用的方程。由于克拉佩龙-克劳修斯方程将蒸气压、相变温度(通常为正常相变点)及 $\Delta_l^gH_m$ 联系在一起,因此可以求不同蒸气压下的相变温度,或不同温度下两相平衡的蒸气压,特别是利用不同温度时的蒸气压求蒸发焓 $\Delta_l^gH_m$,这比量热实验要简便。

4. 单组分系统相图

物质处于不同的状态,其热力学变量之间的关系可以用函数的形式表达,如前面所讨论的克拉佩龙方程等,也可用几何图形方式表达,这就是下面介绍的相图。对于单组分系统,吉布

斯相律的具体形式为

$$F=3-P$$

当系统中只有一个相时，$P=1$，$F=2$，这就是双变量单相系统，在由 T 和 p 为坐标的相图上为一个平面，称为单相面。当系统中有两个相时，$P=2$，$F=1$，这就是单变量两相系统，在 T、p 为坐标的相图上是一条线，称为两相线。当系统中有三个相时，$P=3$，$F=0$，这就是零变量三相系统，在 T、p 为坐标的相图上是一个点，称为三相点。单组分系统相图就是由单相面、两相线及三相点这些几何元素所构成。学习相图要熟悉相图所包含的物质相态及其变化的各种信息，要理解相图中每一个点、线和面所隐含的热力学意义，要了解根据实验数据制作相图的方法。

H_2O 在通常压力下可以以气(水蒸气)、液(水)、固(冰)三种不同的相态存在，相应存在冰$\rightleftharpoons$水、冰$\rightleftharpoons$水蒸气及水$\rightleftharpoons$水蒸气三种两相平衡。实验测得三组两相平衡的温度和压力数据后，根据这些实验数据，可以作出水的相图，示意图见图 5-2-1。

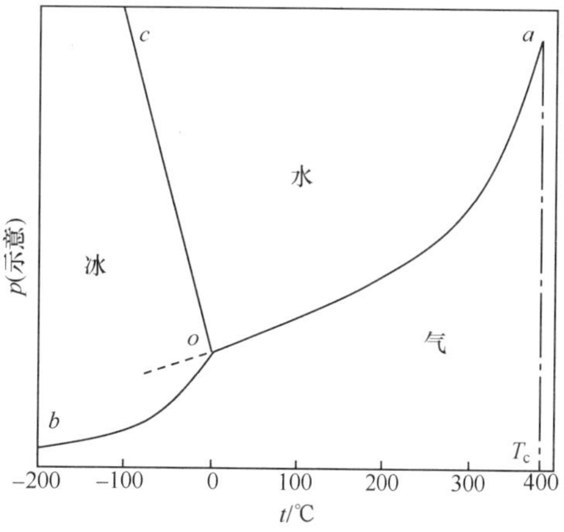

图 5-2-1　水的相图示意图

下面说明图 5-2-1 中几何元素的物理意义：

(1) 单相面。图 5-2-1 中由 oa 线和 ob 线围成了一个平面，平面中不同点代表系统处于不同温度与压力的气相，即水蒸气相。由 oa 线和 oc 线围成了一个平面，平面中不同点代表系统处于不同温度与压力的液相，即水相。由 ob 线和 oc 线围成了一个平面，平面中不同点代表系统处于不同温度与压力的固相，即冰相。

(2) 两相线。图 5-2-1 中 oa 线是气液平衡曲线，它反映了保持水与水蒸气两相平衡共存时温度与压力的依赖关系，也表示水的饱和蒸气压随温度的变化。需要指出，oa 线不能无限延长，当达到 a 点时，气液相差别就消失了，oa 线也就中断了。

图 5-2-1 中 ob 线是气固平衡曲线，它反映了保持冰与水蒸气两相平衡共存时温度与压力的依赖关系，也表示冰的饱和蒸气压随温度的变化。需要指出，ob 线向下延伸将交于坐标系的原点，即 ob 线的理论终点为绝对零度(0K)。

图 5-2-1 中 oc 线是固液平衡曲线，它反映了保持水与冰两相平衡共存时温度与压力的依赖关系，也表示冰的熔点随外压的变化。需要指出，oc 线上每个点的斜率为负，即 $\mathrm{d}p/\mathrm{d}T<0$，根据克拉佩龙方程，即为冰变为水时体积收缩，水变为冰时体积膨胀，这称为反常相变。

(3) 三相点。图 5-2-1 中 oa、ob、oc 三线的交点是一个三相点，三相点的压力是 610.5Pa，温度是 0.01℃，在这个温度与压力条件下，水、冰、水蒸气三相平衡共存于一个系统中，相互之间都达到两相平衡。

(4) 亚稳平衡。除了 oa、ob、oc 三条线外，在图 5-2-1 中还有一段虚线，虚线是气液平衡曲线，它是 oa 线向低温方向的延长线。本来 oa 线过了三相点后，液相(水)应该消失而只有固相(冰)，但是因为产生新的固相(由水变为冰)往往有困难，因此过了三相点后，还可以有液态水存在，称为过冷水。虚线反映了过冷水和过冷水蒸气两相平衡共存时温度与压力的依赖关系，也表示过冷水的饱和蒸气压随温度的变化。

过冷水的热力学稳定性比同样温度和压力下冰的热力学稳定性差，进行轻微的搅拌或加入少许冰晶，过冷水会立刻凝固成冰。如果一个平衡态在经过扰动后，变为同样温度和压力下更稳定的另一平衡态，则称原来的平衡态为亚稳平衡态。过冷水处于亚稳平衡态，因此虚线称为亚稳平衡线。

（5）临界状态。前面已指出，*oa* 线不能无限延伸而中止于 *a* 点，因此 *a* 点是水的临界点，临界压力 $p_c=22.112\text{MPa}$，临界温度 $T_c=647.4\text{K}$，一旦超过临界点（$p>p_c$，$T>T_c$），气液两相界面消失而处于一种超临界状态，这是物质存在的另一种状态。基于超临界状态的超临界流体萃取技术，在许多工业部门都有广阔的应用前景。

图 5-2-2 是水在更大压力下的相图。由图可见，固体冰在不同温度和压力范围内存在着Ⅰ、Ⅱ、Ⅲ、Ⅴ、Ⅵ、Ⅶ六种晶形（晶形Ⅳ曾被认为是存在的，后被否定），其中晶型Ⅰ就是通常的冰。

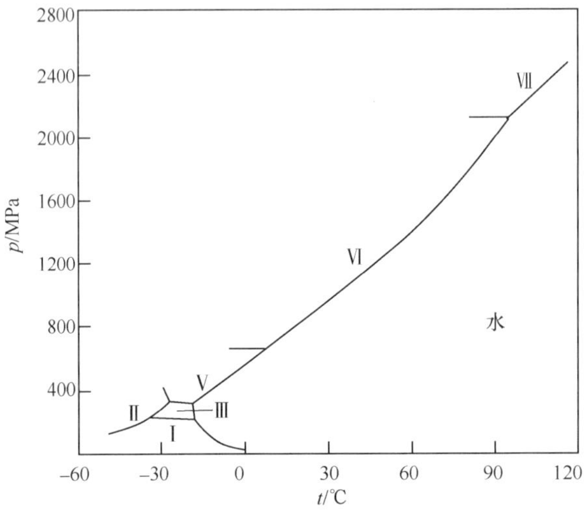

图 5-2-2　水的相图（高压部分）

图 5-2-3 是 CO_2 的相图，根据以上对水相图的分析可以对 CO_2 相图进行类似地分析。在 CO_2 相图上也存在临界点（$T_c=304.3\text{K}$，$p_c=7.4\times10^3\text{kPa}$），由于 T_c 及 p_c 均不高，在工业上较易达到，因此 CO_2 的超临界流体萃取技术应用十分普遍。

如果物质的固体存在两个以上的晶形，其相图从形式上看要复杂一些，但规律仍与图 5-2-1 一样。图 5-2-4 是硫的相图，它的固体有单斜晶形与正交晶形两种。图 5-2-4 中各面所代表的相已经注明。例如温度、压力处于 *ABC* 以内为单斜硫。每一条线代表线两边所属的相共存并达到平衡时，温度与压力的依赖关系。其中 *BC* 是单斜硫的熔点随压力的变化，*AB* 是单斜硫的饱和蒸气压随温度的变化，*AC* 则为单斜硫与正交硫的转变温度随压力的变化。*A*、*B*、*C* 分别为三个三相点。由于晶形转变比较困难，当很快加热正交硫时，即使温度超过 *AC* 线，也不致转变为单斜硫，而是在 *CG* 虚线处直接熔化或在 *AG* 虚线处直接气化。这时正交硫与液体或气体的平衡是亚稳平衡，相应虚线是亚稳平衡线，*AGC* 区是过热的正交硫，*CGB* 区是过冷的液体硫，*AGB* 区是过冷的硫蒸气，*G* 则是亚稳平衡三相点。当正交硫、液体与气体三相亚稳平衡时，温度、压力坐标必定落在 *G* 点上。

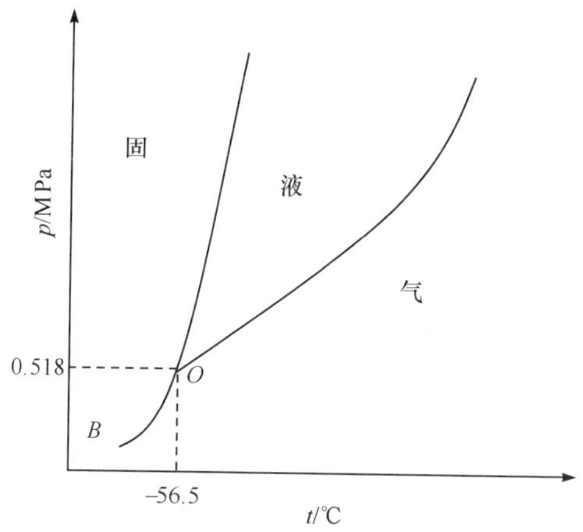

图 5-2-3　CO_2 的相图

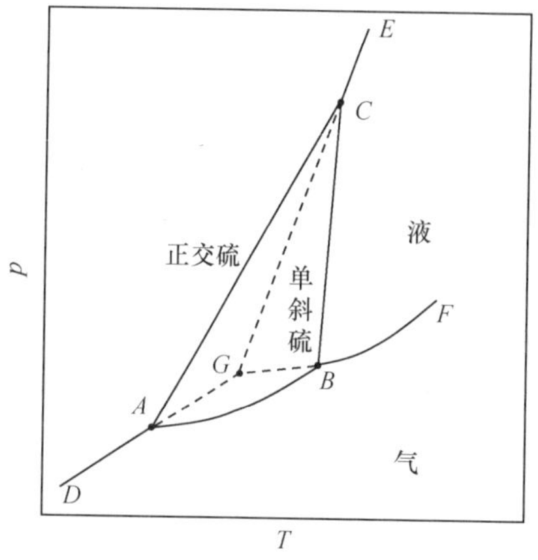

图 5-2-4　硫的相图

5. 超临界流体萃取

超临界流体(supercritical fluid,SF)是指温度、压力高于临界温度 T_c 及临界压力 p_c 的流体。利用物质在临界点附近的奇异性质和相平衡理论而产生的超临界流体萃取(supercritical fluid extraction,SFE)技术是分离物质的新方法,有广阔的发展前景。能够作为超临界流体萃取的物质应具有临界压力和临界温度低,惰性(与萃取的物质不发生反应或称低反应性),低毒性及低价格,来源广等特点。下面表 5-2-1 列出几个常见的超临界流体物质的临界参数:

表 5-2-1　常见超临界流体物质的临界参数

物种	CO_2	NH_3	Xe	Ar	H_2O	CCl_2F_2
T_c/K	304.5	405.7	289.8	424.1	647.3	385.0
p_c/101.325kPa	72.9	112.5	58.4	48.0	217.7	40.7

综合各种性能,CO_2 是作为超临界流体的首选物质,因而受到较深入的研究和应用。超临界流体 CO_2 萃取技术有一系列优点,由于采用无毒、无味、惰性、价廉的 CO_2 为萃取剂,在常温、高压、无氧、密封条件下进行萃取,因此在很多方面优于传统的有机溶剂提取法,主要表现在:

(1) 从天然产物中萃取中药、保健品、饮料等有效成分,其活性、浓度很高,而且保持纯天然性,不存在有机溶剂残留。

(2) 萃取与分离两个过程合为一体,CO_2 循环使用,工艺简单,操作方便。

(3) 萃取速率快、生产周期短,生产过程的同时高压灭菌。

(4) 不产生“三废”,不污染环境,是绿色化工工艺。

超临界流体兼有液体和气体的双重特性,黏度接近气体,扩散系数为一般液体的 10 倍,因此传质速率快;密度接近液体,因此有很强的溶解力,并可通过压力、温度及加入其他助溶物质来调节溶解度。

除了压力的改变使超临界流体整体的密度改变以致影响溶解度外,还有溶质分子周围溶剂局域密度的影响。研究表明,在以 CO_2 作为溶剂的超临界萃取中,溶质分子周围 CO_2 溶剂的密度大于本体密度，而且这种“局部密度升高”在临界压力 p_c 附近最强烈，因此在 p_c 附近，压力一方面引起超临界流体 CO_2 本体密度迅速上升，另一方面引起“局部密度升高”，使溶质分子周围的溶剂密度上升更快，所以溶解能力迅速增强。

作为一种溶剂，SF-CO_2 只能萃取非极性或弱极性的物质，如烷烃、萜、醛、酯、醇。如果在化合物中引入吸电子取代基，如—NO_2、—CN 以及形成氢键，都将使溶解度大大降低，但是为了促进极性物质在非极性的 SF-CO_2 中溶解，可采用添加共溶剂的方法。实验表明，向 SF-CO_2 中加入摩尔分数仅为 0.028 的甲醇，对苯二酚的溶解度提高约 10 倍，这是因为甲醇可作为路易斯酸或路易斯碱使溶剂的极性增加；加入摩尔分数为 0.02 的三正丁基磷酸酯(TBP)可使对苯二酚的溶解度提高 250 倍，这是因为 TBP 与溶质分子(酸、醇、酚等)以氢键形成复合物，由于 TBP 在非极性溶剂 SF-CO_2 中易溶解，由于氢键形成的复合物也易溶，从而大大提高溶解度。特别应指出的是，水的 pH 对超临界萃取的影响，当水与 SF-CO_2 接触时 pH 降低到 2.8～2.9。由于大多数样品是含水的，因此水的作用对萃取是不能忽视的。有人提出，SF-CO_2 的酸碱化学是十分重要的问题，其本质即水对溶解度的作用。

温度对其溶解能力也有影响，特别对于高聚物。相对分子质量一定的物质随温度升高溶解度下降，定性地说，温度升高，SF-CO_2 密度减小，故溶解能力下降。从热力学上看，混合吉布斯自由能 $\Delta_{mix}G_m = \Delta_{mix}H_m - T\Delta_{mix}S_m$，在溶解过程中超临界“气体”分子被大分子所限制，$\Delta_{mix}S_m < 0$，故温度升高，溶解能力下降。

超临界流体在化学中的应用，已从提取天然产物(中药、保健品、化妆品、香精、色素等)到杂质清除、粗产品精制等，因此有人提出，超临界流体萃取是分离科学中有划时代意义的科学进步，并进一步向纵深发展，主要是：①扩大萃取范围，当前向提取金属方面发展；②制备超微粉，缓释药物；③利用超临界流体作为化学反应的体系，研究的领域有金属有机反应、多相催化反应、高分子化学合成、超临界水氧化技术等，由于在超临界状态下的化学平衡和化学反应机理及速率等有出乎意外的规律，因此产生了许多意想不到的效果。

§5-3 二组分系统的气液平衡

对于二组分系统($C=2$)，吉布斯相律表示为

$$F=C-P+2=4-P$$

当系统中只有一个相时，$P=1$，$F=3$，即 T、p 和某一个组分的摩尔分数 x_A 可以在一定的范围内独立改变而不改变系统的相数，这就是三变量单相系统。当系统中有两个相时，$P=2$，$F=2$，即系统中只有两个变量是独立的，这就是二变量两相系统。当系统中有三个相时，$P=3$，$F=1$，即系统中只有一个变量是独立的，这就是单变量三相系统。当系统中有四个相时，$P=4$，$F=0$，即系统中没有变量是独立的。换句话说，当二组分系统四相平衡共存时，所有的变量都只能取定值。对于任何系统，自由度 F 的最小值只能是零，所以二组分系统最多只可能有四个相平衡共存。

1. 二组分系统两相平衡热力学方程

如前所述，二组分系统两相平衡时共有六个强度变量 T、p、x_A^α、x_B^α、x_A^β 和 x_B^β，但依据吉布斯相律，其中只有两个强度变量是独立的，那么这六个热力学强度变量之间存在着什么样的四个独立关系式呢？首先由于存在独立关系式 $x_A^\alpha + x_B^\alpha = 1$、$x_A^\beta + x_B^\beta = 1$，这两个独立关

系式就使得强度变量数从六个减少成四个。此外二组分系统两相平衡时还存在独立关系式：

$$\left.\begin{array}{l}\mu_A^\alpha(T,p,x_A^\alpha)=\mu_A^\beta(T,p,x_A^\beta)\\ \mu_B^\alpha(T,p,x_B^\alpha)=\mu_B^\beta(T,p,x_B^\beta)\end{array}\right\} \tag{5-3-1}$$

这两个独立关系式就使得强度变量数从四个减少成两个。根据独立关系式 $x_A^\alpha+x_B^\alpha=1, x_A^\beta+x_B^\beta=1$，式(5-3-1)也可以写成

$$\left.\begin{array}{l}\mu_A^\alpha(T,p,x_A^\alpha)=\mu_A^\beta(T,p,x_A^\beta)\\ \mu_B^\alpha(T,p,x_A^\alpha)=\mu_B^\beta(T,p,x_A^\beta)\end{array}\right\} \tag{5-3-2}$$

式(5-3-2)就是在相平衡条件下四个强度变量 T、p、x_A^α、x_A^β 之间的两个函数关系式。改变强度变量使两相平衡发生移动，则根据式(5-3-2)必有

$$\left.\begin{array}{l}d\mu_A^\alpha(T,p,x_A^\alpha)=d\mu_A^\beta(T,p,x_A^\beta)\\ d\mu_B^\alpha(T,p,x_A^\alpha)=d\mu_B^\beta(T,p,x_A^\beta)\end{array}\right\} \tag{5-3-3}$$

按全微分展开

$$\left(\frac{\partial\mu_A^\alpha}{\partial T}\right)_{p,x_A^\alpha}dT+\left(\frac{\partial\mu_A^\alpha}{\partial p}\right)_{T,x_A^\alpha}dp+\left(\frac{\partial\mu_A^\alpha}{\partial x_A^\alpha}\right)_{T,p}dx_A^\alpha=\left(\frac{\partial\mu_A^\beta}{\partial T}\right)_{p,x_A^\beta}dT+\left(\frac{\partial\mu_A^\beta}{\partial p}\right)_{T,x_A^\beta}dp+\left(\frac{\partial\mu_A^\beta}{\partial x_A^\beta}\right)_{T,p}dx_A^\beta$$

$$\left(\frac{\partial\mu_B^\alpha}{\partial T}\right)_{p,x_A^\alpha}dT+\left(\frac{\partial\mu_B^\alpha}{\partial p}\right)_{T,x_A^\alpha}dp+\left(\frac{\partial\mu_B^\alpha}{\partial x_A^\alpha}\right)_{T,p}dx_A^\alpha=\left(\frac{\partial\mu_B^\beta}{\partial T}\right)_{p,x_A^\beta}dT+\left(\frac{\partial\mu_B^\beta}{\partial p}\right)_{T,x_A^\beta}dp+\left(\frac{\partial\mu_B^\beta}{\partial x_A^\beta}\right)_{T,p}dx_A^\beta$$

根据 $(\partial\mu/\partial T)_p=-S_m$，$(\partial\mu/\partial p)_T=V_m$，上面两式可改写为

$$\left.\begin{array}{l}-S_A^\alpha dT+V_A^\alpha dp+\left(\dfrac{\partial\mu_A^\alpha}{\partial x_A^\alpha}\right)_{T,p}dx_A^\alpha=-S_A^\beta dT+V_A^\beta dp+\left(\dfrac{\partial\mu_A^\beta}{\partial x_A^\beta}\right)_{T,p}dx_A^\beta\\ -S_B^\alpha dT+V_B^\alpha dp+\left(\dfrac{\partial\mu_B^\alpha}{\partial x_A^\alpha}\right)_{T,p}dx_A^\alpha=-S_B^\beta dT+V_B^\beta dp+\left(\dfrac{\partial\mu_B^\beta}{\partial x_A^\beta}\right)_{T,p}dx_A^\beta\end{array}\right\} \tag{5-3-4}$$

根据吉布斯偏摩尔量的吉布斯-杜亥姆方程式(2-1-9)，有

$$x_A^\alpha\left(\frac{\partial\mu_A^\alpha}{\partial x_A^\alpha}\right)_{T,p}+x_B^\alpha\left(\frac{\partial\mu_B^\alpha}{\partial x_A^\alpha}\right)_{T,p}=0 \qquad x_A^\beta\left(\frac{\partial\mu_A^\beta}{\partial x_A^\beta}\right)_{T,p}+x_B^\beta\left(\frac{\partial\mu_B^\beta}{\partial x_A^\beta}\right)_{T,p}=0$$

可得

$$\left.\begin{array}{l}\left(\dfrac{\partial\mu_B^\alpha}{\partial x_A^\alpha}\right)_{T,p}=-\dfrac{x_A^\alpha}{x_B^\alpha}\left(\dfrac{\partial\mu_A^\alpha}{\partial x_A^\alpha}\right)_{T,p}\\ \left(\dfrac{\partial\mu_B^\beta}{\partial x_A^\beta}\right)_{T,p}=-\dfrac{x_A^\beta}{x_B^\beta}\left(\dfrac{\partial\mu_A^\beta}{\partial x_A^\beta}\right)_{T,p}\end{array}\right\} \tag{5-3-5}$$

将式(5-3-5)式代入(5-3-4)式中，可得

$$-S_B^\alpha dT+V_B^\alpha dp-\frac{x_A^\alpha}{x_B^\alpha}\left(\frac{\partial\mu_A^\alpha}{\partial x_A^\alpha}\right)_{T,p}dx_A^\alpha=-S_B^\beta dT+V_B^\beta dp-\frac{x_A^\beta}{x_B^\beta}\left(\frac{\partial\mu_A^\beta}{\partial x_A^\beta}\right)_{T,p}dx_A^\beta$$

上式乘以 x_B^α/x_A^α，得

$$\frac{x_B^\alpha}{x_A^\alpha}[(S_B^\beta-S_B^\alpha)dT+(V_B^\alpha-V_B^\beta)dp]-\left(\frac{\partial\mu_A^\alpha}{\partial x_A^\alpha}\right)_{T,p}dx_A^\alpha=-\frac{x_B^\alpha x_A^\beta}{x_A^\alpha x_B^\beta}\left(\frac{\partial\mu_A^\beta}{\partial x_A^\beta}\right)_{T,p}dx_A^\beta \tag{5-3-6}$$

将式(5-3-4)式改写为

$$(S_A^\beta-S_A^\alpha)dT+(V_A^\alpha-V_A^\beta)dp+\left(\frac{\partial\mu_A^\alpha}{\partial x_A^\alpha}\right)_{T,p}dx_A^\alpha=\left(\frac{\partial\mu_A^\beta}{\partial x_A^\beta}\right)_{T,p}dx_A^\beta \tag{5-3-7}$$

式(5-3-6)与式(5-3-7)相加,得到

$$\left[\frac{x_B^\alpha}{x_A^\alpha}(S_B^\beta - S_B^\alpha) + (S_A^\beta - S_A^\alpha)\right]dT + \left[\frac{x_B^\alpha}{x_A^\alpha}(V_B^\alpha - V_B^\beta) + (V_A^\alpha - V_A^\beta)\right]dp$$

$$= \left[\left(\frac{\partial \mu_A^\beta}{\partial x_A^\beta}\right)_{T,p} - \frac{x_B^\alpha x_A^\beta}{x_A^\alpha x_B^\beta}\left(\frac{\partial \mu_A^\beta}{\partial x_A^\beta}\right)_{T,p}\right]dx_A^\beta \tag{5-3-8}$$

将式(5-3-8)式乘以 $x_A^\alpha x_B^\beta$,并整理可得

$$(x_A^\alpha x_B^\beta - x_B^\alpha x_A^\beta)\left(\frac{\partial \mu_A^\beta}{\partial x_A^\beta}\right)_{T,p} dx_A^\beta$$

$$= x_B^\beta[x_A^\alpha(S_A^\beta - S_A^\alpha) + x_B^\alpha(S_B^\beta - S_B^\alpha)]dT + x_B^\beta[x_A^\alpha(V_A^\alpha - V_A^\beta) + x_B^\alpha(V_B^\alpha - V_B^\beta)]dp \tag{5-3-9}$$

依据推导式(5-3-9)同样的方法,可以推得

$$(x_B^\alpha x_A^\beta - x_A^\alpha x_B^\beta)\left(\frac{\partial \mu_A^\alpha}{\partial x_A^\alpha}\right)_{T,p} dx_A^\alpha$$

$$= x_B^\alpha[x_A^\beta(S_A^\beta - S_A^\alpha) + x_B^\beta(S_B^\beta - S_B^\alpha)]dT + x_B^\alpha[x_A^\beta(V_A^\alpha - V_A^\beta) + x_B^\beta(V_B^\alpha - V_B^\beta)]dp \tag{5-3-10}$$

式(5-3-9)和式(5-3-10)是二组分系统两相平衡的热力学方程,适用于任意二组分系统的两相平衡,它们与单组分系统两相平衡的热力学方程(克拉佩龙方程)相仿。实际上在式(5-3-9)和式(5-3-10)中若令 $x_A^\alpha=0$、$x_B^\alpha=1$、$x_A^\beta=0$ 和 $x_B^\beta=1$,或令 $x_A^\alpha=1$、$x_B^\alpha=0$、$x_A^\beta=1$ 和 $x_B^\beta=0$,就得到单组分系统两相平衡的克拉佩龙方程(5-2-8),所以单组分系统两相平衡的克拉佩龙方程(5-2-8)只不过是式(5-3-9)和式(5-3-10)的特例。

2. 液相完全互溶的气液平衡相图

用几何图形来表示二组分系统的相平衡状态,需要三维空间的图形,即以 T、p、x 为坐标轴的立体相图,这样很不方便,为此采用在三维空间中取其一截面的方法,把三维相图变成二维相图。在 p 轴上取截面,即得压力一定时的二维相图,称为温度-组成图(T-x 图),又称等压相图。在 T 轴上取截面,即得温度一定时的二维相图,称为压力-组成图(p-x 图),又称等温相图。若在 x 轴上取截面,可得组成一定时的二维相图,称为温度-压力图(T-p 图),但很少使用。

特别需要强调的是,无论是哪种二组分系统的二维相图都是一种局部相图,它仅仅反映在 T、p、x 中某个变量被固定后的二组分系统的相平衡状态。正是因为 T、p、x 中某个变量已被固定,所以在所有二组分系统的二维相图上,吉布斯相律为

$$F=C-P+1=3-P$$

因此在所有二组分系统的二维相图上,最大自由度为 2,最大平衡共存相数为 3。

如果两种液体性质相差很小时,在常温常压下能完全互溶,生成一个均匀的液相,称为液相完全互溶系统。下面分别讨论这类系统的温度-组成相图和压力-组成相图。

1) 温度-组成图

在一定外压下,由实验测定一系列不同组成溶液的沸腾温度,以及与溶液平衡的饱和蒸气的组成,即可绘出该压力下的温度-组成图,其相图的结构和类型如图 5-3-1 所示。

图 5-3-1(a)是在等压下的 T-x 图。纵坐标是系统温度 T,横坐标是系统的总组成 x_B。图中:

(1) 液相线,T_A^*-x-T_B^* 线,它表示一定压力下溶液的沸点随溶液组成的变化,又称泡点

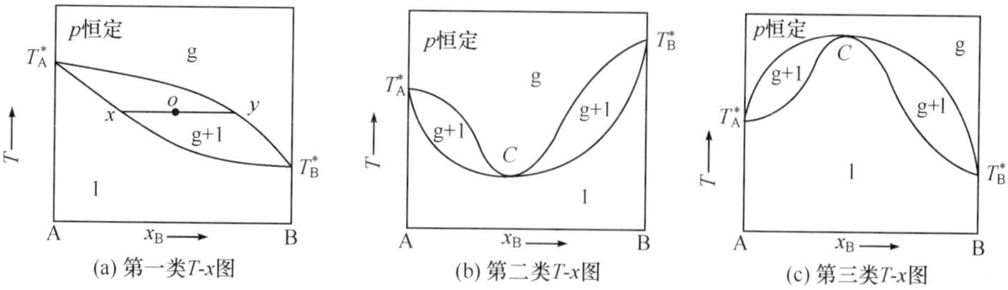

图 5-3-1　完全互溶二组分体系气液平衡 T-x 相图

线。一定组成的溶液加热达到线上温度即可沸腾起泡。根据相律，在液相线上，系统中只有一个变量是独立的。

(2) 气相线，T_A^*-y-T_B^* 线，它表示一定压力下饱和蒸气组成随温度的变化，又称露点线。一定组成的气体冷却到线上温度即开始凝结，好像产生露水一样。根据相律，在气相线上，系统中只有一个变量是独立的。

由图 5-3-1(a)可见，气相线在液相线上方。气相线和液相线在左右两纵坐标上的交点，分别为相应纯组分 A 和 B 的沸点 T_A^* 和 T_B^*。在一定外压下，易挥发组分 B 的沸点相对较低。

(3) 液相区，液相线以下的面，符号为 l。当系统的组成与压力处于液相区时，应全部凝结为液体。根据相律，在液相区上，系统中有两个变量是独立的。

(4) 气相区，气相线以上的面，符号为 g。当系统的组成与压力处于气相区时，应全部蒸发为气体。根据相律，在气相区上，系统中有两个变量是独立的。

(5) 气液共存区，液相线与气相线之间的面，符号为 g+l。当系统处于气液共存区上时，例如 o 点(系统点)，即分裂为平衡共存的气液两相，通过 o 点作水平线，与液相线和气相线的交点 x 与 y(相点)即代表液相与气相的组成。根据相律，在气液共存区上，系统中只有一个变量是独立的。

液相完全互溶的气液平衡相图还存在如图 5-3-1 中(b)、(c)两类，其特点是会出现气相与液相组成相同的情况，这时液相线与气相线有一个共同的最低(或最高)点 C，该点对应的溶液沸点称为最低(或最高)恒沸点，该点对应的组成称为恒沸混合物。这两类相图可看成由图 5-3-1(a)的基本气液平衡相图组合而成。每一部分都有如图 5-3-1(a)所具备的基本内容。

2) 压力-组成图

在一定温度下，由实验测定一系列不同组成溶液的饱和蒸气压，以及与溶液平衡的饱和蒸气的组成，即可绘出该温度下的压力-组成图，其相图的结构和类型如图 5-3-2 所示。

图 5-3-2(a)是在等温下的 p-x 图，纵坐标是系统压力 p，横坐标是系统的总组成 x_B。图中：

(1) 液相线，p_A^*-x-p_B^* 线，它表示一定温度下饱和蒸气压随溶液组成的变化，一定组成的溶液减压达到线上压力即可沸腾起泡。根据相律，在液相线上，系统中只有一个变量是独立的。

(2) 气相线，p_A^*-y-p_B^* 线，它表示一定温度下饱和蒸气压随气相组成的变化，一定组成的

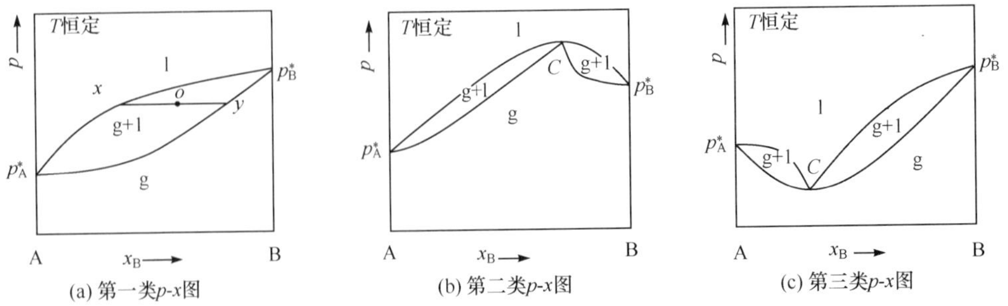

图 5-3-2　完全互溶二组分体系气液平衡 p-x 相图

气相升压达到线上压力即开始凝结成溶液。根据相律，在气相线上，系统中只有一个变量是独立的。

由图 5-3-2(a)可见，气相线处于液相线下方。气相线与液相线在左右两纵坐标上重合，交点即相应纯组分 A 和 B 的饱和蒸气压 p_A^* 和 p_B^* 。易挥发组分 B 在给定的温度下饱和蒸气压相对较高。

(3) 液相区，液相线以上的面，符号为 l。当系统的组成与压力处于液相区时，应全部凝结为液体。根据相律，在液相区上，系统中有两个变量是独立的。

(4) 气相区，气相线以下的面，符号为 g。当系统的组成与压力处于气相区时，应全部蒸发为气体。根据相律，在气相区上，系统中有两个变量是独立的。

(5) 气液共存区，液相线与气相线之间的面，符号为 g+l。当系统处于气液共存区上时，例如 o 点(系统点)，即分裂为平衡共存的气液两相，通过 o 点作水平线，与气相线和液相线的交点 y 与 x(相点)即代表气相与液相的组成。根据相律，在气液共存区上，系统中只有一个变量是独立的。

液相完全互溶气液平衡相图还存在如图 5-3-2 中(b)、(c)两类，其共同的特点是会出现气相与液相组成相同的情况，这时液相线与气相线有一个共同的最低(或最高)点 C。对于(b)类系统是，系统的蒸气总压大于易挥发组分 B 的饱和蒸气压，并且在总压线(气相线)上出现最大值；对于(c)类系统是，系统的蒸气总压小于难挥发组分 A 的饱和蒸气压，并且在总压线上出现最小值。这两类相图可以看成是由图 5-3-2(a)的基本气液相图组合而成，每一部分都有如图 5-3-2(a)所具备的基本内容。

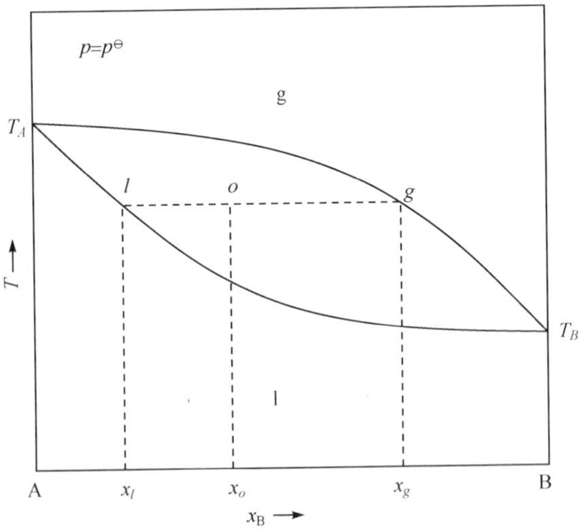

图 5-3-3　杠杆规则示意图

3) 杠杆规则

在图 5-3-3 的气液两相共存区中，任取一点 o 称为物系点，代表系统的状态。o 点的横坐标为 x_o，代表系统中 B 的总组成。通过 o 点作水平线，与液相线和气相线的交点 l 和 g 称为相点，分别代表系统中液相与气相的状态。l 和 g 的横坐标分别为 x_l 和 x_g，分别代表系统液相与气相中 B 的组成。

对于气液两相共存区中任一物系点，设系统、液相和气相的物质的量分别为 n_o、n_l、n_g。由

总质量守恒　　$n_l+n_g=n_o$　　$n_l/n_o+n_g/n_o=x_l+x_g=1$

组分B质量守恒　　$n_lx_l+n_gx_g=n_ox_o$　　$n_lx_l/n_o+n_gx_g/n_o=x_o$

方程联立求解可得

$$\frac{n_l}{n_g}=\frac{x_g-x_o}{x_o-x_l}=\frac{og}{ol} \tag{5-3-11}$$

式(5-3-11)表明：气相物质的量 n_g 与液相物质的量 n_l 之比等于以 o 点(物系点)为支点的两线段长度 ol 与 og 之比。由于与力学中的杠杆原理相似，故也称之为杠杆规则，根据杠杆规则，可以利用相图计算各相物质的相对量 n_l/n_g。

4）精馏原理

气液平衡时，气相组成一般不同于液相组成，利用这一点，可使溶液分离为纯组分。设有组成为 x_1 的溶液，参见图5-3-4，在等压下加热到温度为 t_1，此时系统中开始出现气相，在等压下继续加热到温度为 t_2，此时系统中平衡共存的是组成为 x_2 的液相和组成为 y_2 的气相，显然，$y_2>x_1>x_2$，即气相中B的摩尔分数大于原来溶液中B的摩尔分数，液相中B的摩尔分数则小于原来溶液中B的摩尔分数。将气相与液相分离，并使组成为 y_2 的气相冷却至温度为 t_1，系统中又出现平衡共存的气液两相，此时气相的组成为 y_3，显然 $y_3>y_2$。重复进行气、液相分离和气相的冷凝，最后得到的气相可接近纯B。另一方面，将组成为 x_2 的液相加热至温度为 t_3，此时平衡共存的液相组成为 x_3，显然 $x_3<x_2$。重复进行气、液相分离和液相的蒸发，最后得到的液相可接近纯A。实际精馏过程是在精馏柱或精馏塔中实现的。溶液不断从中部加入，蒸气由下向上流动，液体由上向下流动。由顶部冷凝器出来的液体几乎是纯B，塔底出来的液体几乎是纯A。

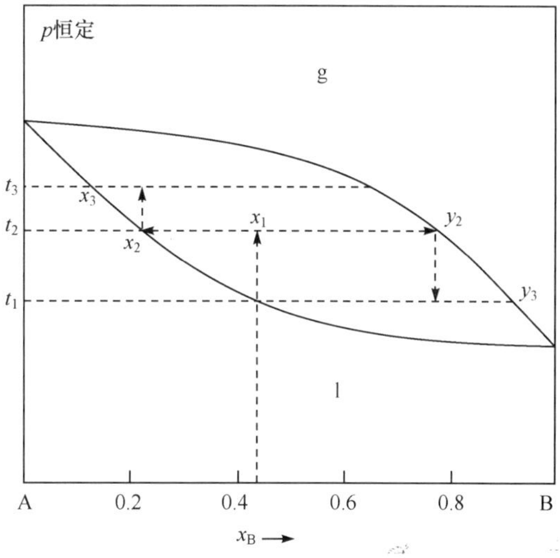

图5-3-4　二组分溶液的精馏

因为在恒沸点处的气相组成与液相组成相同，用精馏的方法不能使恒沸混合物分离成纯组分。对于有最低恒沸点的系统，参照图5-3-2(b)，当进料组成处于恒沸点左面时，塔底可得纯A，塔顶只能得到恒沸混合物；若进料组成处于恒沸点右面，塔底可得纯B，塔顶也是恒沸混合物。对于有最高恒沸点的系统，参照图5-3-2(c)，视进料组成在恒沸点的左面或右面，在塔顶分别得到纯A或纯B，塔底则总是得到恒沸混合物。

3. 液相部分互溶的气液平衡相图

如果两种液体性质相差较大，在常温常压下只能部分互溶，出现两个部分互溶的液相，称为液相部分互溶系统。当系统的蒸气压等于外压时，就有气相出现，因此这类系统的完整相图包括液液平衡及气液平衡两部分，下面分别讨论这类系统的液液平衡和气液平衡的温度-组成相图。

1）液液平衡

以水(A)-异丁醇(B)二组分系统为例：在 20℃时将异丁醇滴加到水中，摇荡后异丁醇完全溶于水。继续滴加至溶液含异丁醇质量分数为 8.5%时，开始出现混浊如雾的现象（非均相的特征），称为雾点，这时溶液达到饱和，8.5%即为异丁醇在水中的溶解度。如再加入异丁醇，静置后将分成平衡共存的两个液层：下层为异丁醇在水中的饱和溶液（称为水相），含异丁醇 8.5%；上层则是水在异丁醇中的饱和溶液（称为醇相），含异丁醇 83.6%。这是相互溶解平衡的两个液相，称为共轭相。这种液相不能完全互溶的系统，称为部分互溶系统。进一步增加异丁醇，只是改变两液相的相对数量，上层相对增多，下层相对减少，但两层的浓度保持不变。当系统中异丁醇总组成增加到 83.6%时，下层消失，只留下水在异丁醇中的饱和溶液的醇相。再增加异丁醇，水在异丁醇中的饱和溶液变成不饱和溶液。这个过程也可以从在异丁醇中滴加水开始，上述现象就倒过来发生。

图 5-3-5 画出了这种部分互溶系统的液液平衡相图，其中 CK 线是水相中异丁醇的溶解度随温度变化的曲线，$C'K$ 线是醇相中水的溶解度随温度变化的曲线。若系统点 O 处于 CKC'线以内，过 O 点作水平线，交于 CK 与 $C'K$ 线上的两个相点 D 和 D'，分别代表平衡共存的水相和醇相。若系统点 O 处于 CKC'线以外，则为单一的液相。

从图 5-3-5 可见，随着温度升高，CK 和 $C'K$ 两条线越来越接近，这说明水相和醇相的组成将越来越接近。当温度升高到 132.8℃，CK 和 $C'K$ 两条线会合于 K 点，这时水相和醇相的组成完全相同，成为完全互溶的单液相。K 点称为会溶点，它的温度称为最高会溶温度，它的组成为含异丁醇 37.0%。

图 5-3-5 是较为常见的二组分液液平衡相图。此外，还有一种系统原为单一的液相，加热后反而分层成为两相，例如水与三乙胺的二组分系统，见图 5-3-6。在 18.5℃以下，水和三乙胺能以任何比例互溶。18.5℃以上，温度升高反而使水和三乙胺互溶的程度减小，分成部分互溶的两个溶液，它们是平衡共存的水相和三乙胺相。此种系统的会溶点在低温位置，它的温度称为最低会溶温度。

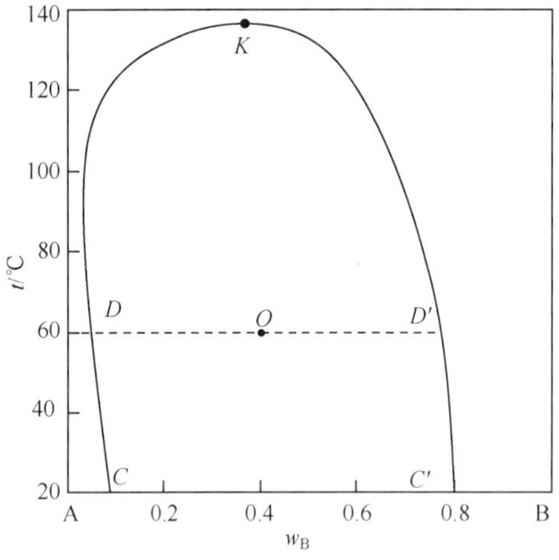

图 5-3-5　$H_2O(A)$-$C_4H_9OH(B)$ 二元系液液平衡相图

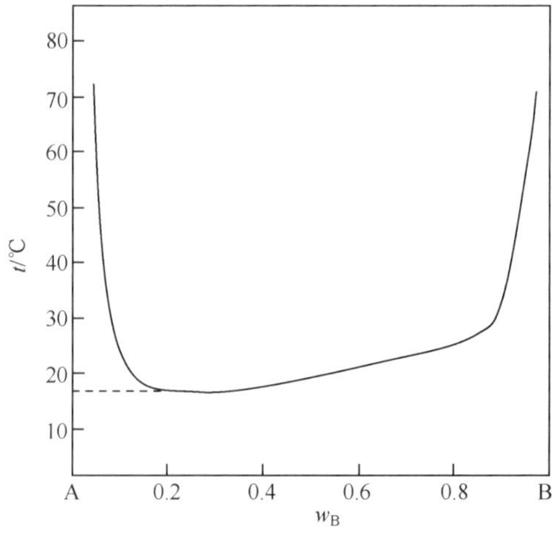

图 5-3-6　水(A)-三乙胺(B)的液液相图

还有一种系统同时具有最高会溶温度和最低会溶温度，例如水和烟碱的二组分系统，见

图 5-3-7。在 61℃以下或 210℃以上，水和烟碱能以任何比例互溶。在 61℃到 210℃之间，则分成部分互溶的两个溶液，它们是平衡共存的水相和烟碱相。这一系统有完全封闭的溶解度曲线。

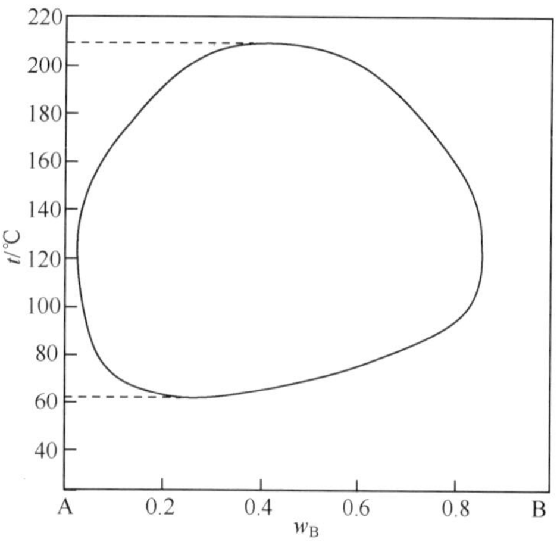

图 5-3-7　水(A)-烟碱(B)的液液相图

2）气液平衡

对于图 5-3-5 的二组分系统来说，在等压下当温度超过最高会溶温度且继续升高时，系统的蒸气压增大并将等于外压，从而出现气相，这时一般出现具有最低恒沸点型的气液平衡，见图 5-3-8。因为压力对液液平衡影响很小，液液平衡曲线随压力变化不明显，但对气液平衡曲线影响很大，不但位置将随压力减小而显著下降，而且形状也会发生变化，见图 5-3-9。

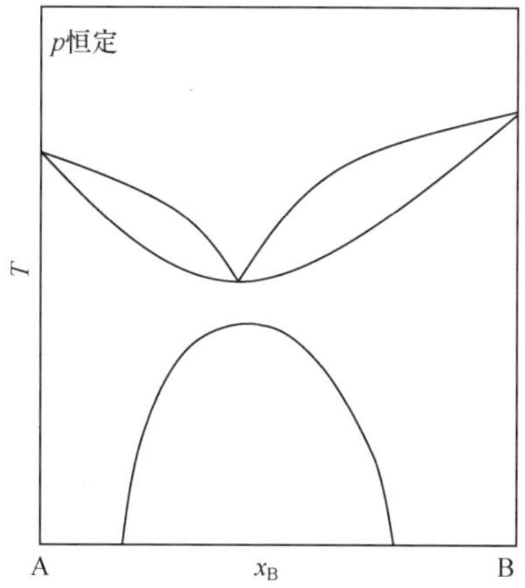

图 5-3-8　等压下的气液相图

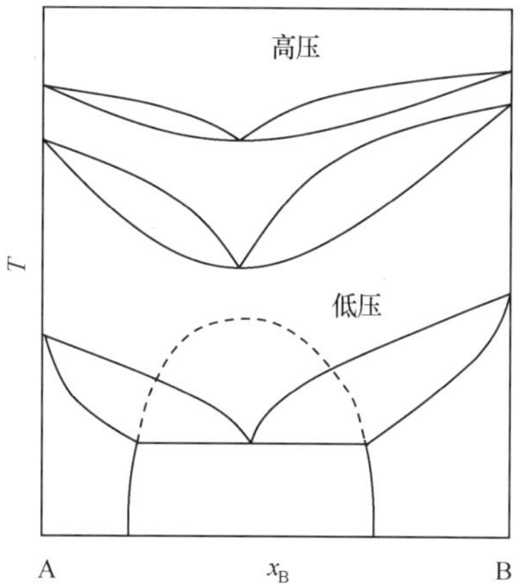

图 5-3-9　变压下的气液相图

当压力降低到一定程度时，气液平衡曲线将和液液平衡曲线相交，这时相图将具有特殊的形状。图 5-3-10 是水(A)-异丁醇(B)二组分系统在 101.325kPa 下的相图。

图 5-3-10 上半部分与具有最低恒沸点的气液相图的类似，但在最低恒沸点 90.0℃时，溶液已经不能完全互溶而分成两个部分互溶的液相：一个是 D，是异丁醇在水中的饱和溶液，即水相；另一个是 D'，是水在异丁醇中的饱和溶液，即醇相。这时实际上是三相共存，液相 D、D' 和气相 H，DHD'线称为三相共存线。根据相律可知，在三相共存线上只有一个独立变量，这就是系统的压力，压力确定后，D、D'、H 三点均不能任意变动。若温度进一步降低，则气相消失，在 $CDD'C'$线以内，只有两个部分互溶的液相。在 $CDD'C'$线以外，只有一个完全互溶的液相。相图中各个面所代表的相已在图上注明，其中 g 代表气相，l_1 代表醇的水溶液，l_2 代表水的醇溶液。

除了水-异丁醇外，部分互溶系统气液平衡相图的另一种类型见图 5-3-11。它是水和液态 SO_2 二组分系统的相图，可看作是液液平衡曲线与气液平衡曲线相交的结果。其中 $CDD'C'$ 线以内，只有两个部分互溶的液相。在温度为 t_H 时，液相 D、D' 与气相 H 三相共存，aDH 和 $D'Hb$ 是两个气液共存区。

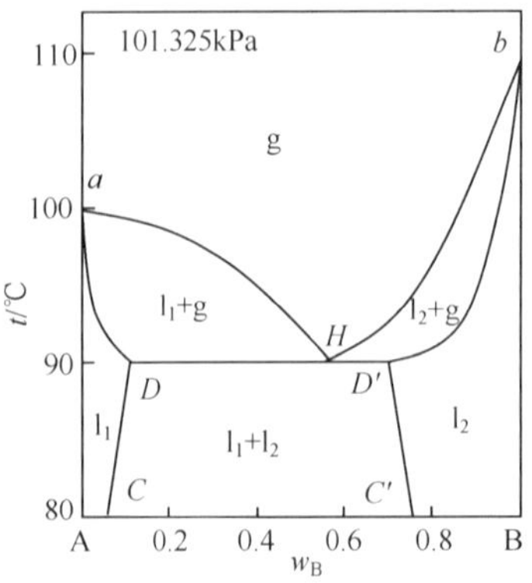

图 5-3-10　水(A)-异丁醇(B)的气液平衡相图

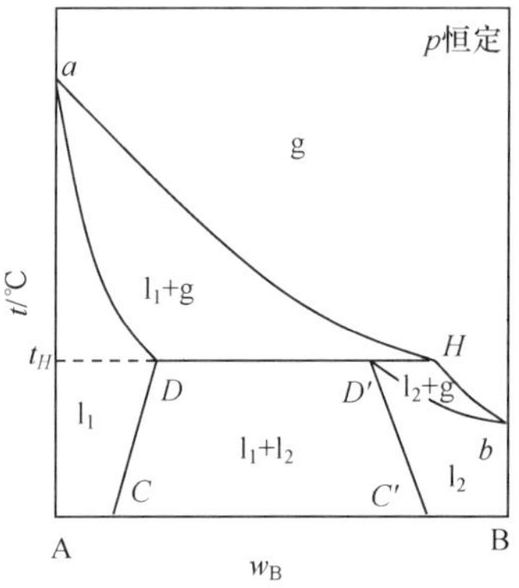

图 5-3-11　H_2O(A)-SO_2(B)气液平衡相图

4. 液相完全不互溶的气液平衡相图

如果两种液体性质相差极大，在常温常压下完全不能互溶，系统中两种纯液体共存，称为液相完全不互溶系统。水和许多液态有机物组成的二组分系统就属于此类，下面讨论这类系统的温度-组成相图。

二组分完全不互溶系统气液平衡相图见图 5-3-12。水平线 acb 以下为 A(l)＋B(l)两种纯液体共存的两相区。由图可见，在一定外压下，将系统从两相区开始加热，当温度上升到 t_c 时，系统的蒸气总压($p=p_A^*+p_B^*$)等于外压，两种纯液体同时沸腾并出现气相，温度 t_c 称为在指定外压下两液体的共沸点。这时系统由 A(l)＋B(l)＋g 三相组成，不论系统的总组成如何，系统中三个相的相点都由图 5-3-12 中 a、c、b 三点所示。水平线 acb 称为三相平衡线。无论系统点在三相平衡线上何处，代表气相的 c 点的组成都为定值，对应的组成称为共沸物。当系统点在三相平衡线上 a 和 c 之间时，继续加热，温度不变，两液相的量不断减少，气相的量增多，直至液相 B(l)消失温度才能上升。当温度上升到 t_Ac 线所对应的温度时，液相 A(l)也全部气化。当系统点在三相平衡线上 c 和 b 之间时，结论类似。若系统点恰好在 c 点，加热时两液体同时蒸发，全部变为气相后温度才能上升。

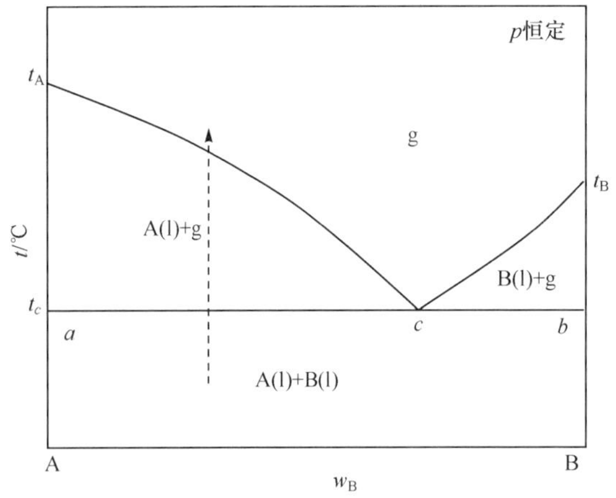

图 5-3-12　完全不互溶系统的气液平衡相图

利用共沸点 t_c 比两种纯液体的沸点 t_A 和 t_B 都低的特点，可以把不溶于水的高沸点有机物液体和水一起进行水蒸气蒸馏，而且操作温度比水的沸点还要低，这样既可保证高沸点有机物液体不因温度过高而分解，又能达到分离、提纯的目的。

§5-4　二组分系统的固液平衡

等压下降低液相的温度，将出现固相，仅含液相和固相的系统，称为凝聚系统。压力对凝聚系统的相平衡影响很小，因此通常只讨论固液平衡系统的温度-组成图(T-x 图)，不讨论固液平衡系统的压力-组成图(p-x 图)。

在二组分固液平衡系统中,因为固体与固体间有完全互溶、部分互溶和完全不互溶三种情况,液体与液体间还有完全互溶、部分互溶和完全不互溶三种情况,组合的结果就有九种情况,因此与二组分气液平衡相图相比较,二组分固液平衡相图较为复杂。本书仅讨论二组分系统液相完全互溶条件下,固相完全互溶、部分互溶和完全不互溶三种情况的相图。

1. 固相完全互溶的固液平衡相图

二组分液相完全互溶的溶液凝固时,若能形成以分子、原子或离子相互均匀混合的一种固相,则称此固相为固态混合物或固态溶液,简称为固溶体。金和银两个组分在液态和固态皆能以任意比例完全互溶,其液固平衡相图如图 5-4-1 所示。

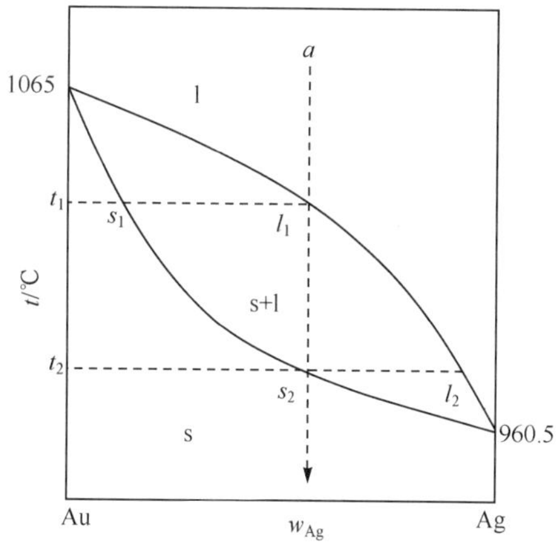

图 5-4-1 Au-Ag 系统相图

图中 1065℃及 960.5℃分别为纯 Au 和纯 Ag 在常压下的熔点。上面的一条曲线表示 Au 和 Ag 液态溶液的凝固点与其组成的关系,称为液相线或凝固点曲线;下面的一条曲线表示 Au 和 Ag 固态溶液的熔点与其组成的关系,称为固相线或熔点曲线。液相线以上的区域为液相区;固相线以下的区域为固相区;两条曲线之间的区域为固液两相平衡共存区。

将系统点为 a 的液态溶液冷却降温到 t_1 时,系统点到达液相线上 l_1 点,开始有固态溶液析出,其相点为 s_1。继续缓慢地冷却,温度从 t_1 降到 t_2 的过程中,不断有固态溶液析出。液相组成将沿着液相线从 l_1 变至 l_2,固相组成相应地沿固相线由 s_1 变到 s_2。在 t_2 温度下,系统点 a 与固相点 s_2 重合,系统完全凝固。应当指出,即使在温度相当高的情况下,在固态溶液内部的传热过程也是很慢的,只有在冷却速度很慢的情况下,才能实现接近平衡条件下的相变化。

属于这类系统的实例有 Ca-Ni、Au-Pt、AgCl-NaCl 及 1-萘酚-萘等二组分液固平衡系统。

类似于二组分气液平衡中液液完全互溶相图,在二组分固固完全互溶的相图中也存在具有最低或最高恒熔点的相图。这类相图如图 5-4-2 和图 5-4-3 所示。

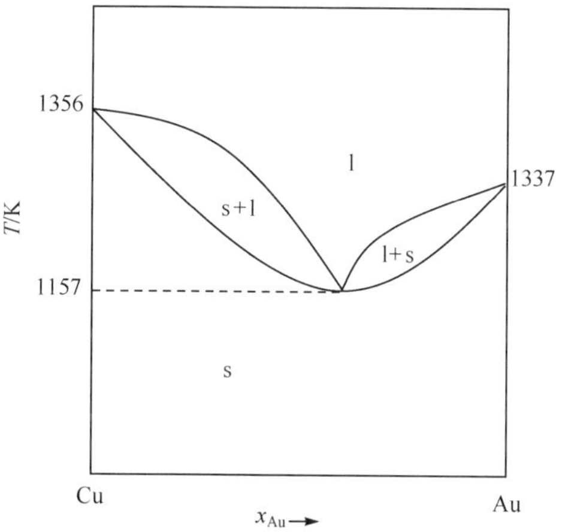

图 5-4-2 Cu-Au 相图

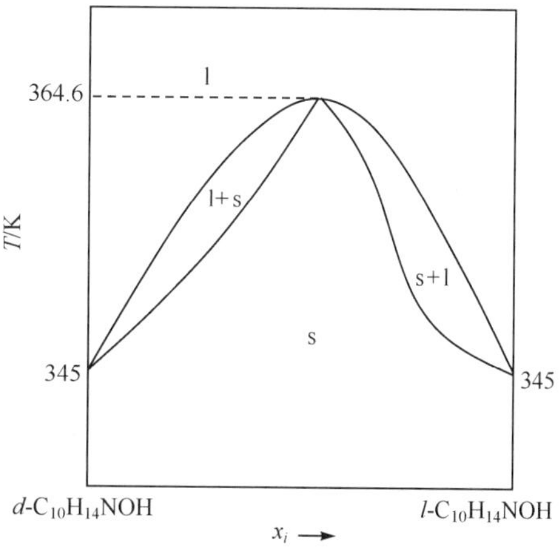

图 5-4-3 d-和 l-香旱芹子油逢酮相图

2. 固相部分互溶的固液平衡相图

液相完全互溶、固相部分互溶的二组分系统的相图如图 5-4-4 所示，参照气相完全互溶、液相部分互溶的二组分系统的相图 5-3-10，可以理解这类相图。

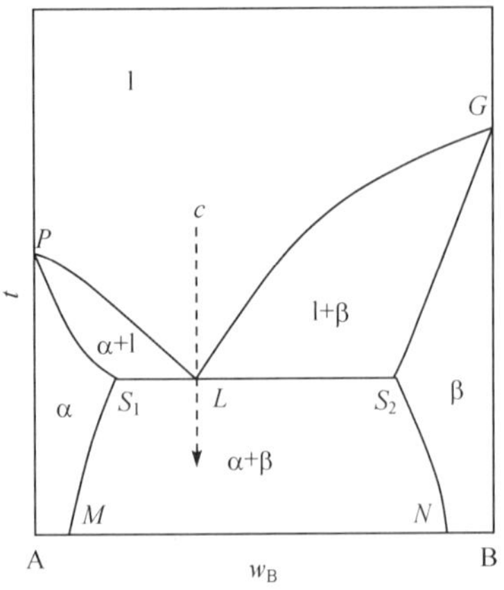

图 5-4-4　具有低共熔点的二组分固态部分互溶系统的相图

图 5-4-4 中有三个单相区，三个两相区，各相区的稳定相皆标于图中。其中 α 区代表 B 溶于 A 中的固态溶液，β 区为 A 溶于 B 中的另一种固态溶液。P 及 G 点分别为纯 A 及纯 B 的熔点。PL 及 GL 线为液相组成线，也可分别称为 α 相及 β 相的饱和溶解度曲线。PS_1M 及 GS_2N 曲线分别为 α 和 β 固态溶液的固相组成线。水平线 S_1LS_2 为三相共存线，在此线上液态溶液 l(L)和固态溶液 α(S_1)、β(S_2)三相平衡共存。S_1LS_2 线对应的温度称为低共熔点。L 点对应的组成称为低共熔组成。

系统点为 c 的液相冷却降温到 L 点时，固态溶液 α 及 β 出现，此时 l(L)和 α(S_1)、β(S_2)三相平衡共存，$F'=0$，三相的组成及温度皆为定值。再冷却，组成为 S_1 的 α 相和组成为 S_2 的 β 相同时析出，直至液相 l(L)完全消失，温度才能继续下降。在 α 相与 β 相两相平衡条件下的降温过程中，两相的组成将分别沿着 S_1M 和 S_2N 曲线变化，两相的质量也相应地发生变化。

属于这类系统的实例有 Sn-Pb、KNO_3-$NaNO_3$、AgCl-CuCl、Ag-Cu 等二组分液固平衡系统。

如果将图 5-4-4 相图中纯 A 的熔点 P 向下移动到三相平衡线以下，S_1 点沿三相平衡线向右移动，使其更靠近 S_2 点，则可得图 5-4-5 所示的相图。

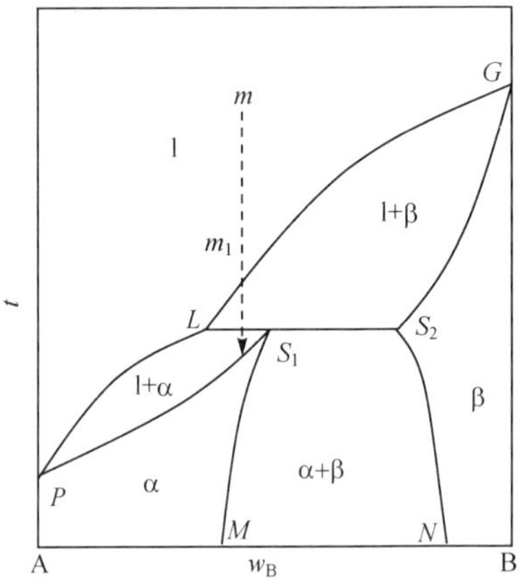

图 5-4-5　具有转变温度的二组分固态部分互溶系统的相图

图 5-4-5 中有三个单相区，三个两相区，各相区的稳定相皆标于图中。将状态点为 m 的液相冷却到 m_1 点，开始析出 β 固态溶液。降温到三相线 LS_1S_2，固态溶液 α 出现，此时 l(L)和 α(S_1)、β(S_2)三相平衡共存，$F'=0$，三相的组成及温度皆为定值。此相图与图 5-4-4 不同的是，在三相线 LS_1S_2 上，相点 L 所对应的液相 l 中 A 的质量分数高于相点 S_1 所对应的 α 固态溶液中 A 的质量分数。再继续冷却，则发生 β 固态溶液转变为 α 固态溶液的过程，直至 β 固态溶液完全消失，温度才能下降。即三相线 LS_1S_2 以上只有 β 固态溶液，而三相线 LS_1S_2 以下只有 α 固态溶液，故三相线 LS_1S_2 所对应的温度，称为两个固态溶液之间的转熔温度。

属于这类系统的实例有 Hg-Cd、AgCl-LiCl、$AgNO_3$-$NaNO_3$ 等二组分液固平衡系统。

3. 固相完全不互溶的固液平衡相图

液相完全互溶、固相完全不互溶的二组分液固平衡相图是二组分凝聚系统相图中最简单的一种，通常采用热分析的方法来测定绘制这类相图所需的数据。

热分析法就是先将组成恒定的系统加热至全部熔化成液态，然后令其缓慢而均匀地冷却，记录下冷却过程中系统在不同时刻的温度，再以温度为纵坐标，时间为横坐标，绘出温度-时间曲线即冷却曲线（或称步冷曲线）。根据冷却曲线的形状来判断系统中是否发生了相变化。测出若干个不同组成的系统的冷却曲线，就可绘制出相图。下面以 Bi-Cd 系统为例说明。

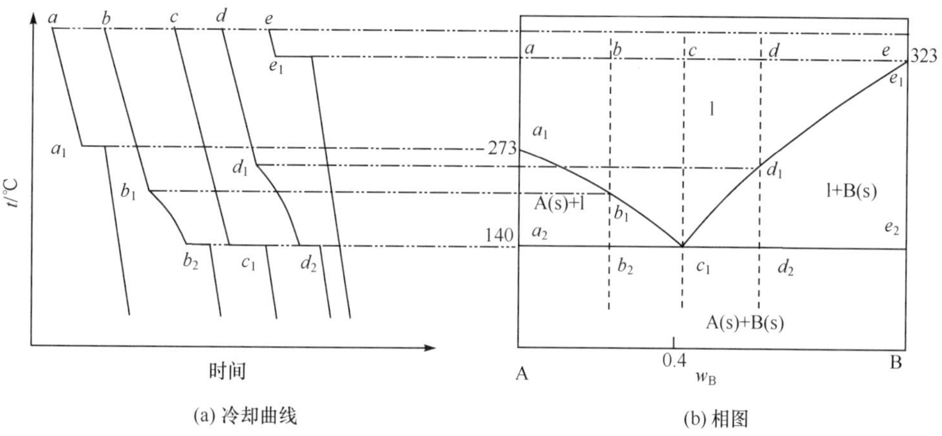

图 5-4-6　Bi-Cd 系统的冷却曲线及相图

图 5-4-6(a)中的 a 曲线是纯 Bi 的冷却曲线。a 点至 a_1 点是液态 Bi 的降温过程，aa_1 线是一条光滑的曲线，冷却至 a_1 点时，开始有固态 Bi 析出，即发生了相变化 Bi(l)⟶Bi(s)。相变过程温度保持不变，故纯 Bi 的冷却曲线在 a_1 点出现了一段水平线。水平线对应的温度 $t_1=273$℃为 Bi 的凝固点（熔点），直至液相完全凝固，温度才又连续降低。e 曲线是纯 Cd 的冷却曲线，其形状与 a 线相似，在 e_1 点的水平线所对应的温度 $t_2=323$℃，是纯 Cd 的凝固点（熔点）。

b 线是 Cd 的质量分数 $w_{Cd}=0.20$ 的 Bi-Cd 混合物的冷却曲线。bb_1 段为液态溶液的冷却降温过程，冷却至 b_1 所对应温度时，溶液中 Bi 达到饱和状态，Bi(s)开始析出，冷却曲线出现转折点，冷却速度变慢，冷却曲线的斜率变小。随着 Bi(s)的析出，温度仍不断下降，液相的质量不断减少，但其中 Cd 的相对含量不断增加，温度下降到 b_2 点所对应的温度时，溶液中 Cd 也达到饱和状态，再冷却 Cd(s)与 Bi(s)就同时析出，在金相显微镜下可以看到 Cd(s)与 Bi(s)之间有相界面存在，说明 Cd(s)与 Bi(s)的固相完全是不互溶的。Cd(s)与 Bi(s)同时析出的过程温度保持不变，故冷却曲线上出现了一段水平线，水平线对应的温度为 140℃。直至液相完全凝固，温度才又连续降低。d 线是 $w_{Cd}=0.70$ 的 Bi-Cd 系统的冷却曲线，其形状与 b 线类似，所不同的是冷却曲线出现转折点 d_1 处析出的是纯 Cd(s)，水平线所对应的温度也是 140℃。

c 线是 $w_{Cd}=0.40$ 的 Bi-Cd 混合物的冷却曲线。系统的总组成恰好是低共溶混合物的组成，液相由 c 点冷却至 c_1 点时开始凝固，同时析出 Bi(s)及 Cd(s)，出现水平线，水平线所对应的温度也是 140℃。冷却至液相完全消失，之后是 Bi(s)和 Cd(s)两个完全不互溶的固相均匀降温过程。这条冷却曲线的形状与纯物质的 a 曲线和 e 曲线完全相同，没有转折点，只有水平线。

实验测出足够多的冷却曲线，将这些冷却曲线上的转折点、水平线所对应的温度及相应系统的组成都点在温度-组成图上，然后将各转折点连成光滑的曲线，将各水平线段连结成水平的直线，即得到图 5-4-6(b)所示的 Bi-Cd 系统相图。

图 5-4-6(b)中 a_1(t=273℃)、e_1 点(t=323℃)分别为纯 Bi 和纯 Cd 的凝固点。a_1c_1 线为液态溶液与 Bi(s)的两相平衡线,由于 Cd 的加入使 Bi 的凝固点降低,且凝固点是液相组成的函数,故 a_1c_1 线称为 Bi 的饱和溶解度曲线或 Bi 的凝固点降低曲线。同样,e_1c_1 线为 Cd 的饱和溶解度曲线或凝固点降低曲线。

图 5-4-6(b)中 c_1 点为 a_1c_1 及 e_1c_1 两条曲线的交点,此点对 Bi(s)和 Cd(s)同时达到饱和状态,故状态点为 c_1 的液相冷却时,将按一定的比例同时析出 Bi(s)及 Cd(s),这时三相共存,温度及三个相的组成皆保持不变。水平线 $a_2c_1e_2$ 称为三相共存线。只有冷却到液相全部凝固成 Bi(s)和 Cd(s)两种固体的混合物,温度才降低。若将任意比例的 Bi(s)和 Cd(s)混合系统,加热到 $a_2c_1e_2$ 水平线所对应的温度(140℃)时,系统开始熔化,开始产生的液相其组成皆为 c_1 点所对应的组成,直到至少有一个固相熔化完,温度才能上升。随着温度的上升,液相的组成将沿着 c_1a_1 或 c_1e_1 线不断改变,故 c_1 点所对应的温度称为 Bi-Cd 系统的最低共熔点,所对应的混合物称为低共熔混合物。

图 5-4-6(b)中 $a_1c_1e_1$ 曲线以上的区域为单一的液相区,此区域内自由度数 $F'=2$,温度及液相组成皆可独立改变而不会产生新相。在三个两相区内,$F'=1$,即只有温度是独立变量。

4. 生成化合物的固液平衡相图

若固液平衡系统中的两种物质之间能发生化学反应而生成一种化合物,且系统中两种物质的量之比不等于化学反应计量系数比,则没有浓度限制条件,由组分数的定义可知 $C=S-R-R'=3-1-0=2$,仍为二组分系统。若系统中两种物质的量之比正好等于化学反应计量系数比,则有一个浓度限制条件,故 $C=S-R-R'=3-1-1=1$,成为单组分系统。下面根据所生成化合物的稳定性分两类进行讨论。

1) 生成稳定化合物的系统

若反应生成的化合物在固、液两相皆能稳定存在,称为生成稳定化合物的系统。这类系统中最简单的情况是两种物质间只生成一种化合物,而且这种化合物与生成它的两种物质在固态时完全不互溶。

图 5-4-7 为苯酚(A)和苯胺(B)生成稳定化合物的相图,反应可表示为

$$C_6H_5OH(A)+C_6H_5NH_2(B)\longrightarrow C_6H_5OH\cdot C_6H_5NH_2(C)$$

相图中 C 代表稳定化合物 $C_6H_5OH\cdot C_6H_5NH_2$ 的组成,稳定化合物的熔点为 31℃,在组成坐标线上,C 的位置在 $x_B=0.5$ 处。如果系统点沿着图中 CR 线从下向上移动,表示固态的稳定化合物不断升温。到达 R 点时,则表示稳定化合物处于固液两相平衡态,固液两相都是稳定化合物 $C_6H_5OH\cdot C_6H_5NH_2$。如果沿着图中 CR 线把这个相图一分为二,可以看出这个相图是由两个具有低共熔点且固体完全不互溶系统的相图[类似于图 5-4-6(b)]组合而成。

溶质与溶剂之间反应生成的化合物称为溶剂化物。如果溶剂是水,则为水合物,例如硫酸与水可以生成 $H_2SO_4\cdot 4H_2O(C_1)$、$H_2SO_4\cdot 2H_2O(C_2)$和 $H_2SO_4\cdot H_2O(C_3)$三种稳定水合物。图 5-4-8 是水-硫酸二组分系统的相图,由相图可见,有三个最高点 R_1、R_2、R_3,它们代表有三种稳定水合物生成,它们对应的温度即为这些稳定水合物的熔点。有四个最低点 E_1、E_2、E_3、E_4,它们代表四种低共熔混合物,它们对应的温度即为这些低共熔混合物的最低共熔点。如需得到某一种稳定水合物,则必须控制溶液浓度于一定范围,例如当溶液浓度控制在 E_2 和 E_3 之间时,就可以结晶得出 R_2 代表的 $H_2SO_4\cdot 2H_2O$ 固体。另外,为避免在运输和贮存时发

生冻结，商品硫酸的浓度都选择在最低共熔点附近。

在生成化合物的二组分系统的相图中，凡有伞形的图形（图 5-4-7 中 R 处）出现，就表示有稳定化合物生成。

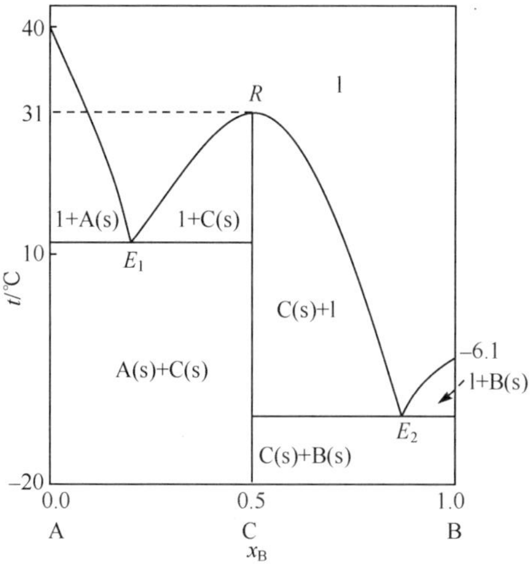

图 5-4-7　苯酚（A）-苯胺（B）系统的相图

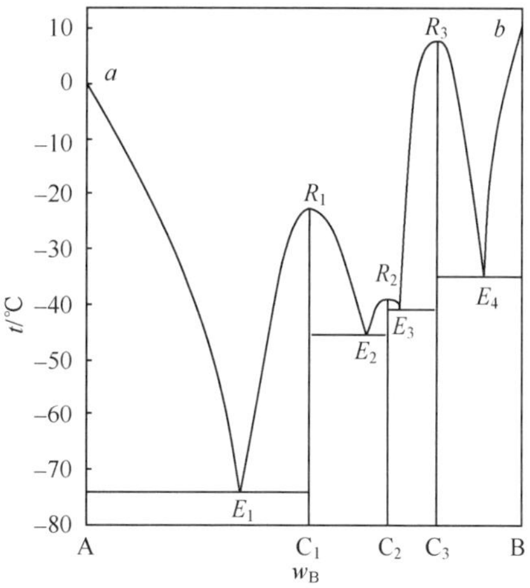

图 5-4-8　H_2O（A）-H_2SO_4（B）的相图

2）生成不稳定化合物的系统

设 A 及 B 两物质生成固相化合物 D，将化合物 D 加热到熔化成固液两相共存时，若固相是化合物 D，液相由 A＋B 组成，即化合物 D 只能在固相时存在而在液相时完全分解，我们称这类系统为生成不稳定化合物的系统。这类系统最简单的是不稳定化合物与生成它的两种物质在固态时完全不互溶，其相图如图 5-4-9 所示。

由相图 5-4-9 可见，若将 A 及 B 所生成的不稳定化合物 D(s) 加热，系统点由 D 垂直向上移动，当达到水平线段 $L_2S_3S_4$ 所对应的温度时，系统中有三相共存，即 L_2 代表的液相，S_3 代表的固相 D(s) 和 S_4 代表的固相 B(s)，故 $L_2S_3S_4$ 是三相线，此时系统三相共存，$F'=0$，三相的组成及温度皆为定值。

由相图 5-4-9 可见，L_2 点的组成已不同于 D(s) 的组成，即 L_2 代表的液相已不是 D(l) 了，而是由 D(s) 分解的 A(l)＋B(l) 组成的完全互溶液相。继续加热，系统温度不变，而 D(s) 继续分解为 A(l)＋B(l) 和 B(s)，直到 D(s) 完全分解，系统中仅有 S_4 代表的 B(s) 和 L_2 点代表的 A(l)＋B(l) 时，温度才继续上升。故三相线 $L_2S_3S_4$ 所对应的温度，称为两个固态 D(s) 和 B(s) 转熔温度。即三相线 $L_2S_3S_4$ 以上只有 B(s)，而三相线 $L_2S_3S_4$ 以下只有 D(s)。再继续加热，B(s) 将不断地熔化，对应的液相组成将沿着 L_2G 曲线向 G 点移动，直至 B(s) 完全消失，液相点与系统点重合。

在生成化合物的二组分系统的相图中，凡有“T”字形的图形（图 5-4-9 中 S_3 处）出现，就表示有不稳定化合物生成。

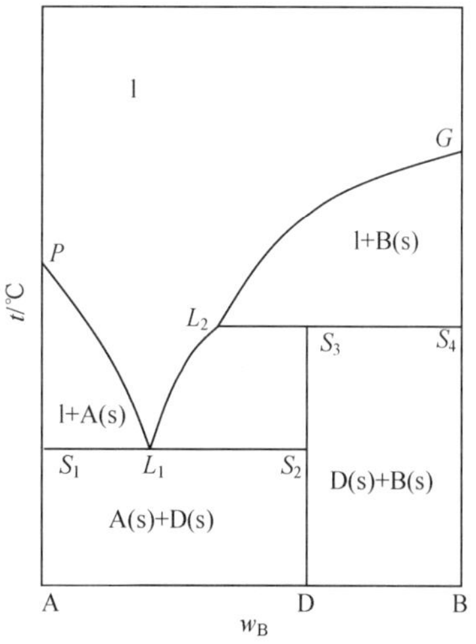

图 5-4-9　生成不稳定化合物系统的相图

以上所述是各种类型二组分凝聚系统相图最简单的情况。实际上，在同一个二组分凝聚系统的相图中，既可出现液相互溶性不同的情况，也可出现固相互溶性不同的情况，还可出现生成化合物稳定性不同的情况。总之，这些不同情况的组合是非常复杂的，因此二组分凝聚系统的相图也是非常复杂的，但是搞清楚这些简单相图的内涵，是认识各式各样复杂相图的基础。

习　题

5-1 将 373K、50 663Pa、$100dm^3$ 的水蒸气等温可逆压缩到 101 325Pa，再继续在等温等压下使部分水蒸气液化成水，水蒸气剩余体积为 $10dm^3$。试计算此过程的 Q、W、ΔU 和 ΔH。假定凝结水的体积可忽略不计，水蒸气可视作理想气体。已知水的汽化热为 $2259kJ \cdot kg^{-1}$。

5-2 试求 101 325Pa、268K 时过冷液体苯变为固体苯的 ΔS，并判断此凝固过程是否可能发生。已知苯的正常凝固点为 278K，在凝固点时熔化热 $\Delta_{fus}H_m^{\ominus}=9940J \cdot mol^{-1}$，液体苯和固体苯的 $C_{p,m}(l)=127J \cdot K^{-1} \cdot mol^{-1}$，$C_{p,m}(s)=123J \cdot K^{-1} \cdot mol^{-1}$。

5-3 1mol $H_2O(l)$在 100℃、101 325Pa 下，向真空蒸发变成 100℃、101 325Pa 的 $H_2O(g)$。求该过程中系统的 W、Q、ΔU、ΔH、ΔS、ΔA 和 ΔG 值，并判断过程的方向。已知该温度下 $\Delta_{vap}H_m^{\ominus}$ 为 $40.67kJ \cdot mol^{-1}$，蒸气可视为理想气体，液态水的体积相比蒸气体积可忽略不计。

5-4 在 298K、$p^{\ominus}$ 下，有下列相变化：$CaCO_3$（文石）⟶$CaCO_3$（方解石），已知此过程的 $\Delta_{trs}G_m^{\ominus}=-800J \cdot mol^{-1}$，$\Delta_{trs}V_m^{\ominus}=2.75cm^3 \cdot mol^{-1}$。试问在 298K 时需加多大压力方能使文石成为稳定相。

5-5 已知在 25℃、$p^{\ominus}$ 下有下列数据，试判断在 10℃、$p^{\ominus}$ 下，白锡和灰锡哪一种晶形稳定。

物　质	$\Delta_f H_m^{\ominus}/(J \cdot mol^{-1})$	$S_m^{\ominus}/(J \cdot K^{-1} \cdot mol^{-1})$	$C_{p,m}/(J \cdot K^{-1} \cdot mol^{-1})$
Sn(白锡)	0	52.30	26.15
Sn(灰锡)	−2197	44.76	25.73

5-6 指出下列各系统的物种数、组分数、相数和自由度数。

(1) $NH_4Cl(s)$分解为 $NH_3(g)$和 $HCl(g)$并达到化学平衡。

(2) $NH_4HS(s)$和任意量的 $NH_3(g)$、$H_2S(g)$混合达到化学平衡。

(3) 5g 氧气通入 1L 水中，在 25℃与气相平衡共存。

(4) I_2 完全溶于液态水和 CCl_4 中并达分配平衡。

(5) $NH_4HCO_3(s)$放入真空容器，等温 400K 分解成 $NH_3(g)$、$H_2O(g)$、$CO_2(g)$并达化学平衡。

(6) NaH_2PO_4 溶于水中，在 25℃与气相平衡共存。

(7) $NaCl(s)$、$KCl(s)$、$NaNO_3(s)$与 $KNO_3(s)$的混合物溶于水中，并达到溶解平衡。

(8) 含有 KNO_3 和 NaCl 的水溶液与纯水达到渗透平衡。

5-7 在 298K 时，A、B 和 C 三种物质互不发生反应，这三种物质形成溶液并与固相 A 和由 B、C 组成的气相同时平衡。(1)在 298K 时此系统的自由度数为多少？(2)此系统中平衡共存的最大相数为多少？(3)在 298K 时，如果向此溶液中加入组分 A，系统的压力是否改变？如果向体系中加入组分 B，系统的压力是否改变？

5-8 环己烷在其正常沸点 80.75℃的汽化热为 $358J \cdot g^{-1}$。在某温度下液体和蒸气的密度分别为 0.7199 和 $0.0029g \cdot cm^{-3}$。(1)计算在正常沸点 dp/dT 的近似值(不考虑液体体积)和精确值(考虑液体体积)；(2)估计在 10^5 Pa 沸腾的温度；(3)估计在 25℃沸腾的压力。

5-9 十氢萘 $C_{10}H_{12}$ 在标准压力下于 207.3℃沸腾，假定摩尔蒸发熵为 $88J \cdot K^{-1} \cdot mol^{-1}$。试估计在标准压力下用水蒸气蒸馏十氢萘时，每 100g 水将带出多少克十氢萘。

5-10 固态氨和液态氨的饱和蒸气压与温度的关系分别为：

$$\ln(p/Pa)=27.92-3754/(T/K),\ln(p/Pa)=24.38-3063/(T/K)$$

试求:(1)氨的三相点的温度与压力;(2)氨的汽化热、升华热和熔化热。

5-11　题图 5-1 是 CO_2 的相图,根据该图回答下列问题。(1)把 CO_2 在 273K 时液化需要加多大压力?(2)把钢瓶中的液体 CO_2 在 101.325kPa、−78.5℃条件下喷出,喷出物中能否观察到液体?(3)指出 CO_2 相图与 H_2O 相图的最大区别在哪里?

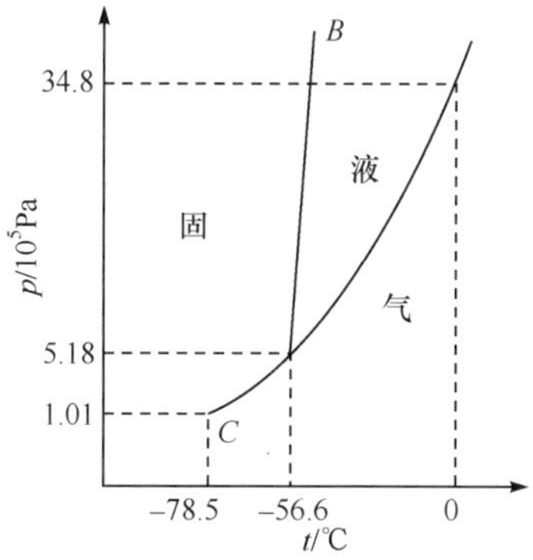

题图 5-1

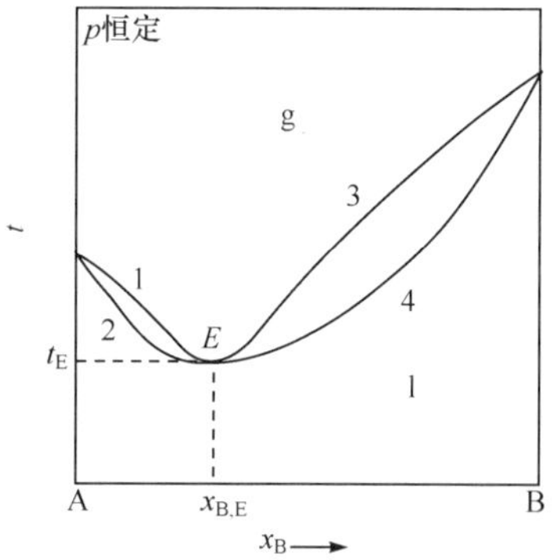

题图 5-2

5-12　A 和 B 两种纯物质在 101.325kPa 下的温度-组成图如题图 5-2 所示。

(1) 图中 E 点对应的温度 t_E 称为什么温度?此点对应的气相、液相组成有何关系?

(2) 曲线 1 和曲线 4 各称为什么线?

(3) 总组成在 0～$x_{B,E}$ 范围内,B 组分在气相中含量与在平衡液相中的含量有何关系?

(4) 在一定温度下,在 A、B 系统的压力-组成图上必然会出现什么情况?

5-13　下表是苯(A)-乙醇(B)系统的沸点-组成数据(p=100 210Pa)。

沸点 T/K	352.8	348.2	342.5	341.2	340.8	341.0	341.4	342.0	343.3	344.8	347.4	351.1
x_B	0	0.040	0.159	0.421	0.421	0.537	0.629	0.718	0.798	0.872	0.939	1.00
y_B	0	0.151	0.353	0.405	0.436	0.466	0.505	0.549	0.606	0.683	0.787	1.00

(1) 按照表中的数据绘制苯(A)-乙醇(B)体系的 T-x 图。

(2) 说明图中点、线、区的意义;x_B=0.400 的混合物,用普通精馏的方法能否将苯和乙醇完全分离?用普通精馏方法分离所得产物是什么?

(3) 由 0.90mol 苯与 0.10mol 乙醇组成的溶液,将其蒸馏加热到 348.2K,试问馏出液的组成如何?残液的组成又如何?馏出液与残液各为多少摩尔?

5-14　下表是在标准压力下,HNO_3-H_2O 系统的沸点-组成数据。

t/℃	100	110	120	122	120	115	110	100	85.5
$x(HNO_3,l)$	0	0.11	0.27	0.38	0.45	0.52	0.60	0.75	1.00
$y(HNO_3,g)$	0	0.01	0.17	0.38	0.70	0.90	0.96	0.98	1.00

(1) 画出此系统的 T-x 图。

(2) 将 3mol HNO_3 和 2mol H_2O 的混合气冷却到 114℃,互相平衡的两相组成为多少?物质的量比为多少?

(3) 将 3mol HNO_3 和 2mol H_2O 的混合物蒸馏,待溶液沸点升高了 4℃时,整个馏出物组成约为多少?将所给混合物进行完全蒸馏,能得何物?

5-15　题图 5-3 中 A 代表水,B 代表苯酚,试根据题图 5-3 回答下列各问题:

(1) 说明图中点、线、区的意义。

(2) 说明系统在 d 点和在 a 点的异同。

(3) 叙述系统从 a 点到 b 点的变化。

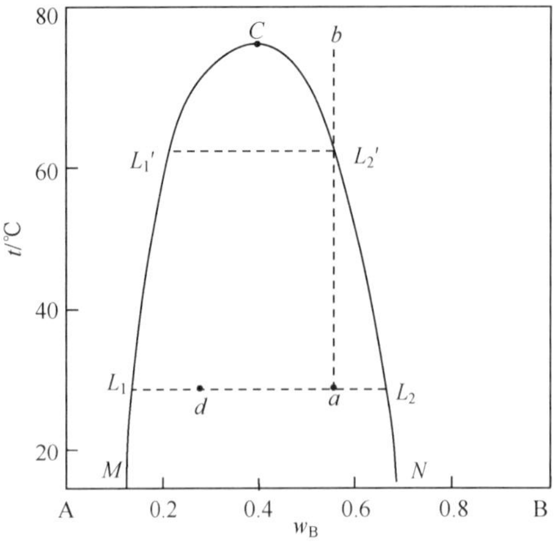

题图 5-3

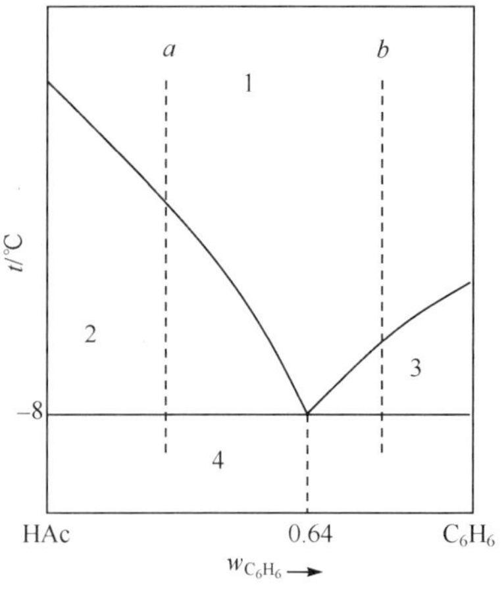

题图 5-4

5-16 HAc-C_6H_6 的液固相图如题图 5-4 所示。

(1) 指出各区域所存在的相和自由度数。

(2) 试问将含苯 0.75 和 0.25 的溶液各 100g 由 20℃冷却时，首先析出的固体为何物，计算最多能析出固体的质量。

(3) 叙述将上述两溶液冷却到－10℃过程的相变化。

5-17 由 Sb-Cd 系统的一系列不同组成熔点的步冷曲线得到下列数据：

w_{Cd}(质量分数)	0	0.20	0.375	0.475	0.50	0.583	0.70	0.90	1.00
t(开始凝固温度)/℃	630	550	460	—	419	—	400	—	—
t(全部凝固温度)/℃	—	410	410	410	410	439	295	295	321

(1) 根据上列数据画出 Sb-Cd 的相图，标出各区域存在的相和自由度。

(2) 将 1kg 含 Cd 0.80(质量分数)的熔液由高温冷却到 295℃时，系统中有哪两个相存在？此两相的质量各有若干？

5-18 某二组分液固相图如题图 5-5 所示。

(1) 说明各区域为哪些相。

(2) 分别绘出从 a、b、c、d、e 各点开始冷却的步冷曲线。

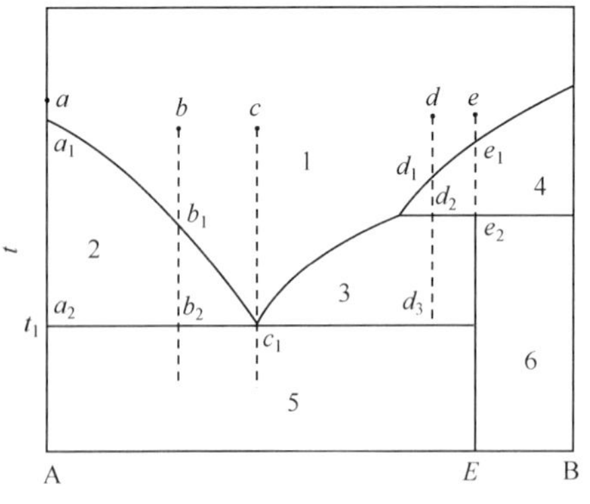

题图 5-5

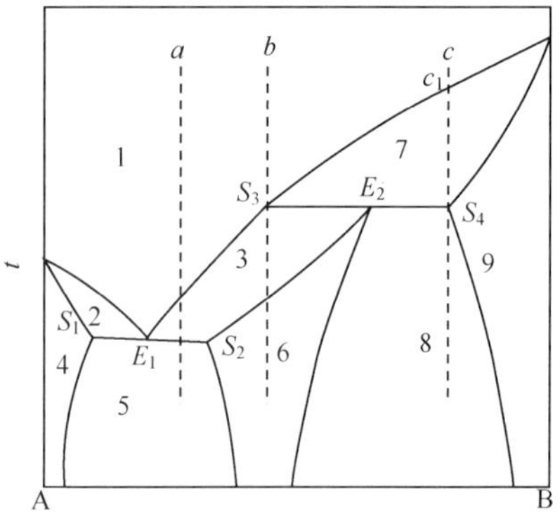

题图 5-6

5-19 某二组分液固相图如题图 5-6 所示。

(1) 说明各区域为哪些相。

(2) 指出图中的三相线。在三相线上哪几个相成平衡？三者之间的相平衡关系如何？

5-20 利用下列数据，粗略绘出 Mg-Cu 二组分固液相图，并标出各区域的相。Mg、Cu 的熔点分别为 648℃、1085℃。两者可形成两种稳定化合物 Mg_2Cu 和 $MgCu_2$，其熔点依次为 580℃、800℃。两种金属与两种化合物四者之间形成三种低共熔混合物。低共熔混合物的组成[含 Cu%(质量)]及低共熔点对应为：Cu：35%，380℃；Cu：66%，560℃；Cu：90.6%，680℃。

第6章 电 化 学

电化学是研究电能与化学能之间相互转化及其规律的科学。实现电能与化学能之间相互转化的装置是电解池和原电池，把电能转变为化学能的装置称为电解池，而把化学能转变为电能的装置则称为原电池。电化学应用十分广泛，许多基本化工产品如氢氧化钠、氯气、过氧化氢、过硫酸铵等是用电解的方法生产的；许多金属如钠、钾、铝、钴、镍、铜等是用电解的方法冶炼或精炼的。金属的腐蚀与防护也与电化学密切相关。蓄电池、干电池等化学电源在工农业生产和日常生活中应用十分广泛，近年来随着科学技术的发展，各种高能电池、微型电池不断地被研制出来。20世纪60年代开始出现的燃料电池把燃料的化学能直接转变为电能，大大提高了燃料的利用率。本章的内容包括以下四个部分：电解质溶液、可逆电池热力学、不可逆电极过程和电化学的应用。

§6-1 电解质溶液

电解质溶液是指溶质在溶剂中溶解后完全或部分解离成离子的溶液，该溶质则称为电解质。例如碱金属、碱土金属、过渡金属的氯化物等在溶液中完全解离，而乙酸、碳酸、氢氧化铵、亚硫酸等在溶液中则部分解离。在溶液里完全解离的电解质称为强电解质，部分解离的电解质称为弱电解质。

1. 电解质溶液的导电机理及法拉第定律

1）导电机理

能够导电的导体可分为两类：第一类导体如金属及其某些化合物，是由于导体中的电子在电场作用下做定向移动而产生电流，当电流通过导体后，导体本身不发生变化，且温度升高，其导电能力下降；第二类导体如电解质溶液和熔融电解质，是由于电解质溶液和熔融电解质中正、负离子在电场作用下定向移动而产生电流。与第一类导体不同，第二类导体在传导电流的同时在两极发生电极反应，且温度升高其导电能力增大。

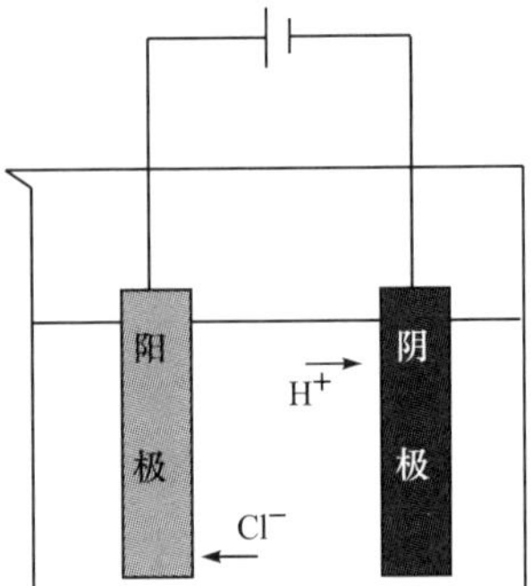

图6-1-1 电解池

如图6-1-1所示，电解池由联结外电源的两个电极插入HCl溶液构成。在外电场的作用下，H^+向负极移动，并在负极上得到电子，变成氢原子，两个氢原子结合成氢分子。Cl^-则向正极移动，把电子留在正极上变成氯原子，两个氯原子结合成氯分子。由此可见，电解质溶液在传导电流的同时，在两极发生得、失电子的电极反应，即

正极： $2Cl^- - 2e^- \longrightarrow Cl_2$

负极： $2H^+ + 2e^- \longrightarrow H_2$

上述反应发生在电极与溶液接触的界面处，称为电极反应。正是因为电极反应的发生，电极和溶液的界面处有电流通过。

由此可见，电解质溶液导电是由正、负离子在电场作用下定向移动来完成的，传导电流的同时在电极和溶液接触的界面处发生得失电子的电极反应。

在以后的讨论中常用到正、负极和阴、阳极的概念。正、负极是以电位的高低来区分的，电位较高的极为正极，电位较低的极为负极。而阴、阳极则是以电极反应来区分的，发生氧化反应（失去电子的反应）的电极称为阳极，发生还原反应（得到电子的反应）的电极称为阴极。在电解池中正极发生氧化反应，正极是阳极；负极发生还原反应，负极是阴极。以后将会看到，在原电池中正极发生还原反应，正极是阴极；负极发生氧化反应，负极是阳极。

2）法拉第定律

法拉第（Faraday）在总结大量实验结果的基础上于1833年提出了著名的法拉第定律，该定律内容如下：

（1）在电极上发生电极反应的物质的量与通过溶液的电量成正比。

（2）对于串联电解池，每一个电解池的每一个电极上发生电极反应的物质的量相等。谈到物质的量必须规定基本单元，这里规定的基本单元是M/Z或A/Z，M为分子，A为原子，Z为发生电极反应时得失的电子数。例如，电解$CuCl_2$溶液时，电极反应为

正极：　$2Cl^- - 2e^- \longrightarrow Cl_2$

负极：　$Cu^{2+} + 2e^- \longrightarrow Cu$

在上面的反应中基本单元为$Cl_2/2$或$Cu/2$。1mol质子的电荷（1mol电子的电荷的绝对值）称为法拉第常量，用F表示，即

$$F = Le = 6.022\ 05 \times 10^{23}\,\text{mol}^{-1} \times 1.602\ 19 \times 10^{-19}\,\text{C}$$
$$= 9.648\ 46 \times 10^{4}\,\text{C}\cdot\text{mol}^{-1} \approx 965\ 00\,\text{C}\cdot\text{mol}^{-1}$$

若通过溶液的电量为1F，则每一个电极上都要发生得到或失去1mol电子的电极反应。根据法拉第定律，通过溶液的电量与电极上发生电极反应的物质的量之间有严格的定量关系，因此可以从测量电极上发生电极反应的物质的量来确定通过溶液的电量，实现这种测量的装置称为电量计。例如，将两个银电极插入硝酸银溶液中就构成了银电量计，若测量出阴极沉积了107.88g银，则通过溶液的电量为1F。除了银电量计外，还有气体电量计，将铂电极插入硝酸或硫酸溶液中，当电流通过溶液时，将在阳极产生氧气，阴极产生氢气。通过测量一定温度、压力下氧气或氢气的体积来确定通过溶液的电量，这就是气体电量计。

例6-1-1　25℃、101.325kPa下电解$CuSO_4$溶液，当通入的电量为965C时，在阴极上沉积出0.2859g铜，同时在阴极上有多少氢气放出？

解　在阴极上发生的反应为

$$Cu^{2+} + 2e^- \longrightarrow Cu$$
$$2H^+ + 2e^- \longrightarrow H_2$$

根据法拉第定律，在阴极上析出物质的总量为[以(1/2)Cu或H为基本单元]：

$$n = n_{\frac{1}{2}\text{Cu}} + n_{\text{H}}$$

$$n = \frac{Q}{F} = \frac{965}{96\ 500}\,\text{mol} = 0.010\ 00\,\text{mol}$$

$$n_{\frac{1}{2}\text{Cu}} = \frac{0.2859 \times 2}{63.54}\,\text{mol} = 0.008\ 999\,\text{mol}$$

$$n_{H}=n-n_{\frac{1}{2}Cu}=(0.01000-0.008999)mol=0.001001mol$$

$$V_{H_2}=\frac{n_{H_2}RT}{p}=\frac{0.001001\times 8.314\times 298.15}{2\times 101325}m^3=0.0122dm^3$$

2. 电解质溶液的导电性质

1）电导、电导率和摩尔电导率

A. 电导、电导率和摩尔电导率的定义

电导定义为电阻的倒数，用符号 G 表示，即

$$G=1/R \tag{6-1-1}$$

电导的单位为 S 或 Ω^{-1}。电解质溶液的电导与两电极间的距离 l 成反比，与电极的横截面积 A 成正比，即

$$G\propto\frac{A}{l} \text{ 或 } G=\kappa\frac{A}{l} \tag{6-1-2}$$

式中，比例常数 κ 称为电导率，单位为 $S\cdot m^{-1}$。对于均匀导体，当导体的长度为 1m，截面积为 $1m^2$ 时，它的电导就是电导率，即边长为 1m、体积为 $1m^3$ 的导体的电导。对于电解质溶液，置面积为 $1m^2$ 的两个平行电极于电解质溶液中，两电极间的距离为 1m 时的电导即为该溶液的电导率。

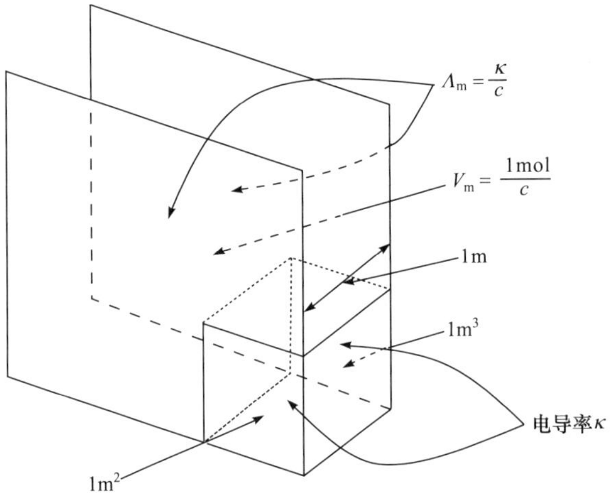

图 6-1-2　摩尔电导率与电导率的关系

由于电解质溶液的浓度不同所包含的离子数不同，因此不能用电导率来比较浓度不同的电解质溶液的导电能力，需要引入摩尔电导率的概念。在相距为 1m 的两平行电极之间，放入含 1mol 电解质的溶液(图 6-1-2)，该溶液的电导称为摩尔电导率，用符号 Λ_m 表示。若电解质溶液的浓度为 c(单位为 $mol\cdot m^{-3}$)，则含 1mol 电解质溶液的体积为 $1mol/c$，由于电导率 κ 是边长为 1m、体积为 $1m^3$ 的导体的电导，所以摩尔电导率 Λ_m 为

$$\Lambda_m=\frac{\kappa}{c} \tag{6-1-3}$$

摩尔电导率的单位为 $S\cdot m^2\cdot mol^{-1}$。在用式(6-1-3)时应注意浓度 c 的单位，c 的单位应为

$mol \cdot m^{-3}$，若 c 的单位为 $mol \cdot dm^{-3}$，应进行换算后再代入式(6-1-3)进行计算，并标明基本单元，如 $\Lambda_m(NaCl)$、$\Lambda_m\left(\frac{1}{2}CuSO_4\right)$ 等。

B. 电导、电导率和摩尔电导率的测定

电导就是电阻的倒数，所以测定电导就是测定电阻。与测定金属导体的电阻不同，必须使用交流电源，因直流电通过电解质溶液时，在两极将发生电极反应，使溶液的浓度发生变化，并会在两极析出产物而改变两电极的性质。引入电导池常数 K_{cell}，定义如下：

$$K_{cell}=\frac{l}{A} \tag{6-1-4}$$

将式(6-1-4)代入式(6-1-2)中，得

$$\kappa=G \cdot K_{cell}=\frac{K_{cell}}{R} \tag{6-1-5}$$

若 K_{cell} 已知，则测出溶液的电阻后，即可按式(6-1-5)计算溶液的电导率。若 K_{cell} 未知，可以将一个已知电导率的电解质溶液装入电导池中，测定其电阻，按式(6-1-5)计算出电导池常数，再用同一电导池测定待测溶液的电阻，因电导池常数已经计算出来，所以可按式(6-1-5)计算待测溶液的电导率。电导率求出后，根据式(6-1-3)可计算摩尔电导率。表 6-1-1 列出了 25℃时不同浓度的 KCl 水溶液的电导率。

表 6-1-1 25℃时 KCl 水溶液的电导率

$c/(mol \cdot dm^{-3})$	1	0.1	0.01	0.001	0.000 1
$\kappa/(S \cdot m^{-1})$	11.19	1.289	0.141 3	0.014 16	0.001 489

例 6-1-2 25℃时，在电导池中装入 $0.01mol \cdot dm^{-3}$ KCl 溶液，测得电阻为 150Ω，若用同一电导池装入 $0.01mol \cdot dm^{-3}$ HCl 溶液，测得电阻为 51.4Ω。试计算(1)电导池常数；(2)$0.01mol \cdot dm^{-3}$ HCl 溶液的电导率；(3)$0.01mol \cdot dm^{-3}$ HCl 溶液的摩尔电导率。

解 由表 6-1-1 查得 $0.01mol \cdot dm^{-3}$ KCl 溶液的电导率为 $0.1413S \cdot m^{-1}$。

$$K_{cell}=\frac{\kappa_{KCl}}{G_{KCl}}=\kappa_{KCl} \cdot R_{KCl}=0.1413\times150m^{-1}=21.195m^{-1}$$

$$\kappa_{HCl}=K_{cell} \cdot G_{HCl}=\frac{K_{cell}}{R_{HCl}}=\frac{21.195}{51.4}S \cdot m^{-1}=0.4124S \cdot m^{-1}$$

$$\Lambda_m=\frac{\kappa_{HCl}}{c_{HCl}}=\frac{0.4124}{0.01\times10^3}S \cdot m^2 \cdot mol^{-1}=0.041\,24S \cdot m^2 \cdot mol^{-1}$$

C. 电导率、摩尔电导率与浓度的关系

实验表明，强电解质溶液的电导率随浓度的增加而增加，但增加到一定程度以后，随浓度的增加电导率反而下降，这是因为随浓度的增加，正、负离子的数量增加，正、负离子之间的相互作用力增强，使得离子的运动速率降低，而导致电导率降低。从图 6-1-3 可以看出，对于弱电解质溶液来说，电导率随浓度的变化不明显。这是因为浓度的增加使电解质的解离度降低，正、负离子的数量没有大的变化，它们之间的相互作用力也没有大的变化。

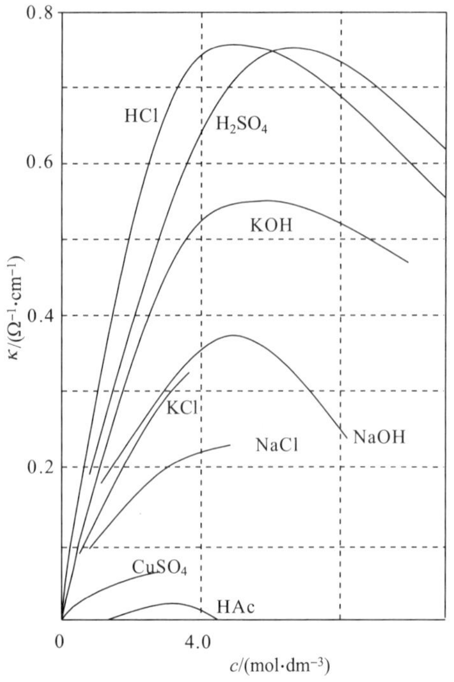

图 6-1-3　电导率与浓度的关系

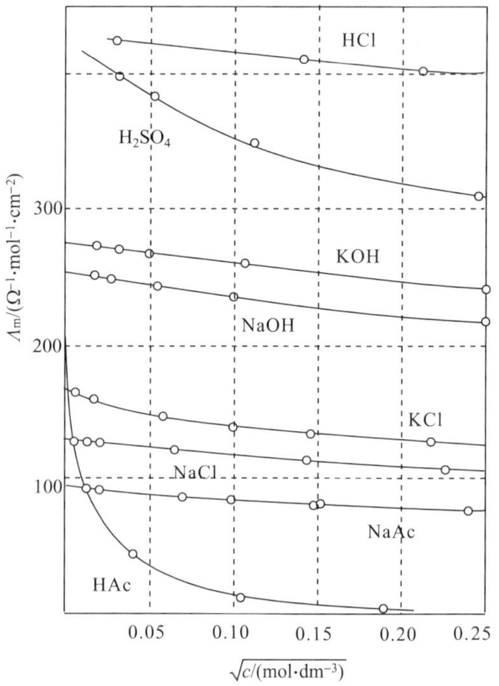

图 6-1-4　摩尔电导率与浓度的关系

摩尔电导率规定了电解质的量，但浓度的变化要影响离子之间的相互作用力，对于弱电解质还要影响电解质的解离度，从而影响摩尔电导率。图 6-1-4 画出了几种电解质的摩尔电导率 Λ_m 与浓度的平方根$\sqrt{c}$的关系。由图可以看出，HCl、NaOH、KCl 等强电解质的摩尔电导率随$\sqrt{c}$的降低而增加，且当$\sqrt{c}\to 0$ 时，Λ_m 趋于定值。这是因为强电解质的浓度降低时离子间的相互作用力降低，离子运动速率加快，摩尔电导率随之增加。科尔劳乌斯(Kohlrausch)在分析总结了大量实验数据后发现，在很稀的强电解质溶液中，强电解质的摩尔电导率与其浓度的平方根成直线关系。用公式表示为

$$\Lambda_m = \Lambda_m^{\infty} - A\sqrt{c} \qquad (6\text{-}1\text{-}6)$$

式中，Λ_m^{∞} 与 A 皆为常数，Λ_m^{∞} 是当$\sqrt{c}\to 0$ 时的摩尔电导率，称为无限稀释摩尔电导率，或称为极限摩尔电导率。CH_3COOH 等弱电解质当$\sqrt{c}$很小时，其摩尔电导率随$\sqrt{c}$的降低增加很快。这是因为弱电解质的浓度降低，解离度增加，导电的离子增加，使摩尔电导率迅速增加。弱电解质的摩尔电导率在浓度很小时变化很大，且 Λ_m 与$\sqrt{c}$不成直线关系。因此弱电解质的极限摩尔电导率不能通过作图外推得到，而要由下面的离子独立运动定律得到。

D. 离子独立运动定律

表 6-1-2 列出了 25℃时一些强电解质的极限摩尔电导率 Λ_m^{∞}，由表中的数据可以看出，只要是有相同负离子的锂盐和钾盐，其极限摩尔电导率之差相同，而与负离子的种类无关；同样，只要是有相同正离子的盐酸盐和硝酸盐，其极限摩尔电导率之差相同，而与正离子的种类无关。科尔劳乌斯在分析总结了大量实验数据后提出了离子独立移动定律，即在无限稀释的强电解质溶液中，每一种离子的运动是独立的，不受共存离子的影响。由此可以得出，在无限稀释的强电解质溶液中，强电解质的摩尔电导率应为正、负离子的摩尔电导率之和，即

$$\Lambda_m^\infty = \nu_+ \Lambda_{m,+}^\infty + \nu_- \Lambda_{m,-}^\infty \qquad (6\text{-}1\text{-}7)$$

式中，$\Lambda_{m,+}^\infty$ 和 $\Lambda_{m,-}^\infty$ 分别为正、负离子的无限稀释摩尔电导率；ν_+、ν_- 分别为一个电解质分子解离出的正、负离子的个数。

表 6-1-2 25℃时一些强电解质的无限稀释摩尔电导率 Λ_m^∞

电解质	$\Lambda_m^\infty/(S\cdot m^2\cdot mol^{-1})$	差数	电解质	$\Lambda_m^\infty/(S\cdot m^2\cdot mol^{-1})$	差数
KCl	0.014 986	34.83×10^{-4}	HCl	0.042 616	4.86×10^{-4}
LiCl	0.011 503		HNO_3	0.042 13	
$KClO_4$	0.014 084	34.86×10^{-4}	KCl	0.014 986	4.90×10^{-4}
$LiClO_4$	0.010 598		KNO_3	0.014 496	
KNO_3	0.014 50	34.9×10^{-4}	LiCl	0.011 503	4.93×10^{-4}
$LiNO_3$	0.011 01		$LiNO_3$	0.011 01	

表 6-1-3 列出了 25℃时水溶液中一些离子的无限稀释摩尔电导率。有了离子的无限稀释摩尔电导率，则可按式(6-1-7)计算弱电解质的无限稀释摩尔电导率，也可以直接用强电解质的极限摩尔电导率来计算弱电解质的极限摩尔电导率。例如：

$$\begin{aligned}\Lambda_m^\infty(CH_3COOH) &= \Lambda_m^\infty(H^+) + \Lambda_m^\infty(CH_3COO^-)\\ &= \Lambda_m^\infty(H^+) + \Lambda_m^\infty(CH_3COO^-) + \Lambda_m^\infty(Cl^-) - \Lambda_m^\infty(Cl^-) + \Lambda_m^\infty(Na^+) - \Lambda_m^\infty(Na^+)\\ &= \Lambda_m^\infty(HCl) + \Lambda_m^\infty(CH_3COONa) - \Lambda_m^\infty(NaCl)\end{aligned}$$

表 6-1-3 25℃时水溶液中一些离子的无限稀释摩尔电导率

正离子	$\Lambda_m^\infty/(S\cdot m^2\cdot mol^{-1})$	负离子	$\Lambda_m^\infty/(S\cdot m^2\cdot mol^{-1})$
H^+	349.82×10^{-4}	OH^-	198.0×10^{-4}
Li^+	38.69×10^{-4}	Cl^-	76.34×10^{-4}
Na^+	50.11×10^{-4}	Br^-	78.4×10^{-4}
K^+	73.52×10^{-4}	I^-	76.8×10^{-4}
NH_4^+	73.4×10^{-4}	NO_3^-	71.44×10^{-4}
Ag^+	61.92×10^{-4}	CH_3COO^-	40.9×10^{-4}
$(1/2)Ca^{2+}$	59.50×10^{-4}	ClO_4^-	68.0×0^{-4}
$(1/2)Ba^{2+}$	63.64×10^{-4}	$(1/2)SO_4^{2-}$	79.8×10^{-4}
$(1/2)Sr^{2+}$	59.46×10^{-4}		
$(1/2)Mg^{2+}$	53.06×10^{-4}		
$(1/3)La^{3+}$	69.6×10^{-4}		

2）离子迁移数

A. 离子迁移数

电解质溶液导电是由正、负离子共同完成的，不同的离子运动速率不同，传导的电量多少也不同，为此引入迁移数。离子 B 的迁移数用符号 t_B 表示，定义如下

$$t_B = \frac{Q_B}{Q} \qquad (6\text{-}1\text{-}8)$$

式中，Q_B 为离子 B 传导的电量；Q 为通过溶液的总电量。t_B 即溶液中 B 离子传导的电量分数，显然有

$$\sum_{B} t_B = 1 \tag{6-1-9}$$

若溶液中只有一种正离子和一种负离子，则有

$$t_+ = \frac{Q_+}{Q_+ + Q_-} \qquad t_- = \frac{Q_-}{Q_+ + Q_-} \tag{6-1-10}$$

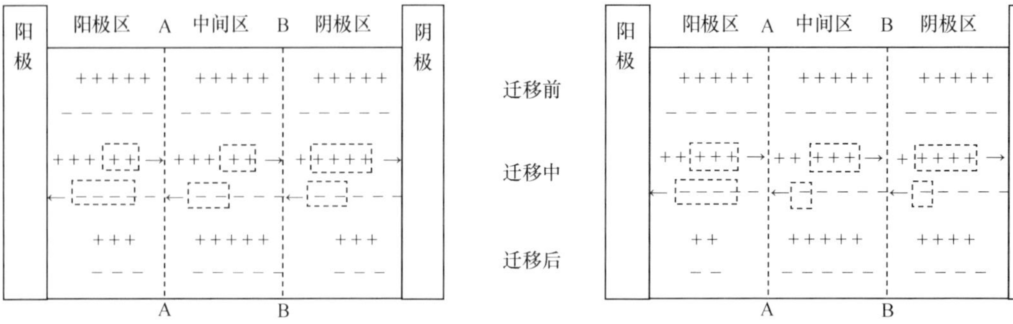

(a) 第一种情况 (b) 第二种情况

图 6-1-5 离子的电迁移现象

如图 6-1-5 所示，在两个惰性电极之间有两个假想的平面 AA 和 BB 把电解池分成 3 个部分：阳极区、中间区和阴极区。惰性电极是指电极物质本身不参加反应，只起传递电子作用的电极。电解前，在每一个区都有 5mol 一价正离子和 5mol 一价负离子。有 4F 的电量通过溶液，4F 的电量是由正、负离子共同传导的。对于第一种情况，即正、负离子的迁移速率相等，则正、负离子各传导 2F 的电量，在 AA 平面上各有 2mol 正、负离子逆向通过，在 BB 平面上也是如此。通电完成后，中间区没有变化，而阴极区和阳极区各减少了 2mol 电解质。对于第二种情况，正离子的速度是负离子的 3 倍，4F 电量中正离子传导了 3F，负离子传导了 1F，因此在 AA 和 BB 平面上都有 3mol 正离子和 1mol 负离子逆向通过。通电完成后，阴极区减少了 1mol 电解质，阳极区减少了 3mol 电解质。以上的讨论可以看出，阳极区减少的电解质的物质的量与正离子迁移的电量的法拉第数数值上相等，即

$$\frac{\text{正离子运动速率 } v_+}{\text{负离子运动速率 } v_-} = \frac{\text{阳极区减少的物质的量}}{\text{阴极区减少的物质的量}} = \frac{\text{正离子传导的电量 } Q_+}{\text{负离子传导的电量 } Q_-}$$

由以上关系结合式(6-1-10)可以得到

$$t_+ = \frac{Q_+}{Q_+ + Q_-} = \frac{v_+}{v_+ + v_-} \qquad t_- = \frac{Q_-}{Q_+ + Q_-} = \frac{v_-}{v_+ + v_-} \tag{6-1-11}$$

B. 离子的电迁移率

离子在电场的作用下定向移动，其运动速率除了与离子的本性、介质的性质、温度等因素有关外，还与电位梯度 $\mathrm{d}E/\mathrm{d}l$ 有关，当其他因素一定时，离子的运动速率与电位梯度成正比，即

$$v_+ = U_+ \frac{\mathrm{d}E}{\mathrm{d}l} \qquad v_- = U_- \frac{\mathrm{d}E}{\mathrm{d}l} \tag{6-1-12}$$

式中，U_+ 和 U_- 称为电迁移率，又称为离子的淌度。它是当电势梯度为 $1\mathrm{V \cdot m^{-1}}$ 时离子的运动速率。表 6-1-4 列出了 25℃时在无限稀释水溶液中一些离子的电迁移率 U_+^∞ 和 U_-^∞。计算迁移数时可以用离子的电迁移率代替离子的运动速率，即

$$t_+ = \frac{U_+}{U_+ + U_-} \qquad t_- = \frac{U_-}{U_+ + U_-} \tag{6-1-13}$$

表 6-1-4 25℃无限稀释水溶液中离子的电迁移率

正离子	$U_+^\infty/(m^2 \cdot s^{-1} \cdot V^{-1})$	负离子	$U_-^\infty/(m^2 \cdot s^{-1} \cdot V^{-1})$
H^+	36.30×10^{-8}	OH^-	20.52×10^{-8}
K^+	7.62×10^{-8}	SO_4^{2-}	8.27×10^{-8}
Ba^{2+}	6.59×10^{-8}	Cl^-	7.91×10^{-8}
Na^+	5.19×10^{-8}	NO_3^-	7.40×10^{-8}
Li^+	4.01×10^{-8}	HCO_3^-	4.61×10^{-8}

电解质的摩尔电导率是正、负离子的摩尔电导率贡献之和，所以离子的迁移数也可以看作离子的摩尔电导率占电解质摩尔电导率的分数，即

$$t_+^\infty = \frac{\nu_+ \Lambda_{m,+}^\infty}{\Lambda_m^\infty} \qquad t_-^\infty = \frac{\nu_- \Lambda_{m,-}^\infty}{\Lambda_m^\infty} \tag{6-1-14}$$

对于浓度不太大的强电解质溶液，下面的式子近似成立：

$$t_+ = \frac{\nu_+ \Lambda_{m,+}}{\Lambda_m} \qquad t_- = \frac{\nu_- \Lambda_{m,-}}{\Lambda_m} \tag{6-1-15}$$

C. 离子迁移数的测定

测定离子迁移数有三种方法，希托夫（Hittorff）法、界面移动法和电动势法。这里只介绍希托夫法。

希托夫法测定离子迁移数装置如图 6-1-6 所示，其原理是测定通电前后阳极区、阴极区电解质溶液浓度的变化，以确定正、负离子传导的电量，并计算其迁移数。

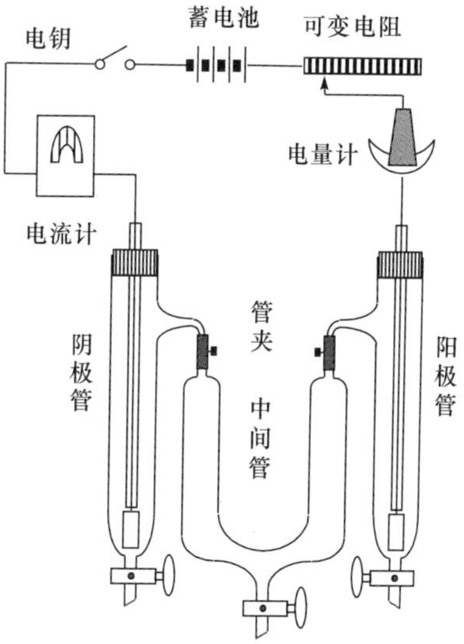

图 6-1-6 希托夫法测定迁移数装置

例 6-1-3 用两个银电极电解 $AgNO_3$ 溶液，电解前 $AgNO_3$ 溶液的浓度为 $43.5mmol \cdot kg^{-1}$，电解后银电量计中有 0.723mmol 银沉积，由分析得知电解后阳极区有 23.14g 水和 1.390mmol $AgNO_3$。试计算 t_{Ag^+} 和 $t_{NO_3^-}$。

解 用银电极电解 $AgNO_3$ 溶液，两极上发生的反应如下：

阳极反应： $Ag - e^- \longrightarrow Ag^+$

阴极反应： $Ag^+ + e^- \longrightarrow Ag$

银电量计中沉积了 0.723mmol 银，则通过溶液的总电量 $Q = 0.723\times10^{-3}$ F，在电解池的阳极有 0.723mmol 银溶解。设水不迁移，则电解前阳极区 $AgNO_3$ 的物质的量 $n_{前}$ 为

$$n_{前} = \frac{43.5\times10^{-3}}{1000}\times23.14mol = 1.007\times10^{-3}mol$$

阳极区由于电解产生的 Ag^+ 的物质的量 $n_{电} = 0.723mmol$，而电解后阳极区 Ag^+ 的物质的量 $n_{后} = 1.390mmol$，所迁出阳极区的 Ag^+ 的物质的量 $n_{迁}$ 为

$$n_{迁} = n_{前} + n_{电} - n_{后}$$
$$= (1.007 + 0.723 - 1.390)\times10^{-3}\ mol = 0.340\times10^{-3}mol$$

银离子迁移的电量为 0.340×10^{-3}F，所以 Ag^+ 的迁移数 t_{Ag^+} 为

$$t_{Ag^+}=\frac{Q_+}{Q}=\frac{0.340\times10^{-3}}{0.723\times10^{-3}}=0.47$$

$$t_{NO_3^-}=1-t_{Ag^+}=1-0.47=0.53$$

3）电导测定的应用

一般电解质溶液都不止包含一种电解质，以水溶液为例，水是一种弱电解质，所以电解质的水溶液至少包含两种电解质。实验测定电解质溶液的电导是溶液中所有电解质的电导之和，同样电解质溶液的电导率也是溶液中所有电解质的电导率之和，即

$$\kappa=\sum_B\kappa_B \tag{6-1-16}$$

对于 KCl、NaCl 等易溶的强电解质，NaCl 的电导率比水的电导率大得多，水的电导率可以略去不计，因此 NaCl 溶液的电导率就是 NaCl 的电导率，但是对于 AgCl、$BaSO_4$ 等难溶盐及 CH_3COOH、NH_4OH、H_2CO_3 等弱电解质溶液，水的电导率就不能略去，这类电解质的电导率等于溶液的电导率减去水的电导率。

A. 弱电解质解离度和解离平衡常数测定

弱电解质的电离度非常小，其离子浓度非常低，对离子而言可以近似认为是无限稀的溶液，离子之间的相互作用力可以略去不计。在无限稀的溶液中，弱电解质可以认为是完全解离的，因此弱电解质在某一浓度的摩尔电导率与无限稀的摩尔电导率相比，只是由于解离度不同而导致摩尔电导率不同，因此对弱电解质有

$$\alpha=\frac{\Lambda_m}{\Lambda_m^\infty} \tag{6-1-17}$$

测定弱电解质溶液的电导率可以计算其摩尔电导率，从而计算解离度和解离平衡常数。

例 6-1-4　25℃时 $0.05mol\cdot dm^{-3}$ CH_3COOH 溶液的电导率为 $3.68\times10^{-2}S\cdot m^{-1}$，该温度下水的电导率为 $1.5\times10^{-4}S\cdot m^{-1}$。试计算 CH_3COOH 的解离度和解离平衡常数。

解　CH_3COOH 的电导率为

$$\kappa_{CH_3COOH}=(3.68\times10^{-2}-1.5\times10^{-4})S\cdot m^{-1}=3.665\times10^{-2}S\cdot m^{-1}$$

$$\Lambda_m(CH_3COOH)=\frac{\kappa}{c}=\left(\frac{3.665\times10^{-2}}{0.05\times10^3}\right)S\cdot m^2\cdot mol^{-1}=7.33\times10^{-4}S\cdot m^2\cdot mol^{-1}$$

查表得 25℃时，有

$$\Lambda_m^\infty(H^+)=349.82\times10^{-4}S\cdot m^2\cdot mol^{-1}$$

$$\Lambda_m^\infty(CH_3COO^-)=40.9\times10^{-4}S\cdot m^2\cdot mol^{-1}$$

$$\begin{aligned}\Lambda_m^\infty(CH_3COOH)&=\Lambda_m^\infty(H^+)+\Lambda_m^\infty(CH_3COO^-)\\&=(349.82+40.9)\times10^{-4}S\cdot m^2\cdot mol^{-1}\\&=390.72\times10^{-4}S\cdot m^2\cdot mol^{-1}\end{aligned}$$

$$\alpha=\frac{\Lambda_m}{\Lambda_m^\infty}=\frac{7.33\times10^{-4}}{390.72\times10^{-4}}=0.01876$$

$$CH_3COOH \rightleftharpoons H^+ + CH_3COO^-$$

平衡时　　$c(1-\alpha)$　　$c\alpha$　　$c\alpha$

$$K_c^\ominus=\frac{(c_{H^+}/c^\ominus)(c_{CH_3COO^-}/c^\ominus)}{c_{CH_3COOH}/c^\ominus}=\frac{(c/c^\ominus)\alpha^2}{1-\alpha}=\frac{0.05\times(0.01876)^2}{1-0.01876}=1.793\times10^{-5}$$

B. 难溶盐溶解度测定

AgCl、AgBr 等难溶盐在溶液中的浓度非常低，即使是饱和溶液的浓度也非常低，可以近似认为是无限稀的溶液，因此有下面的等式成立：

$$\Lambda_m \approx \Lambda_m^\infty = \frac{\kappa}{c} \tag{6-1-18}$$

式(6-1-18)表明，测定难溶盐溶液的电导率可以计算其溶解度。

例 6-1-5 18℃时饱和 $BaSO_4$ 溶液的电导率为 $3.468\times10^{-4}\,S\cdot m^{-1}$，水的电导率为 $1.05\times10^{-4}\,S\cdot m^{-1}$，求 $BaSO_4$ 在 18℃时的溶解度。已知 18℃时 $\Lambda_m^\infty(Ba^{2+})=110\times10^{-4}\,S\cdot m^2\cdot mol^{-1}$，$\Lambda_m^\infty(SO_4^{2-})=137\times10^{-4}\,S\cdot m^2\cdot mol^{-1}$。

解

$$\Lambda_m \approx \Lambda_m^\infty = \Lambda_m^\infty(Ba^{2+}) + \Lambda_m^\infty(SO_4^{2-})$$

$$=(110+137)\times10^{-4}\ S\cdot m^2\cdot mol^{-1} = 247\times10^{-4}\ S\cdot m^2\cdot mol^{-1}$$

$$\kappa_{BaSO_4} = \kappa_{溶液} - \kappa_{水} = (3.468-1.05)\times10^{-4}\,S\cdot m^{-1} = 2.418\times10^{-4}\,S\cdot m^{-1}$$

$$c = \frac{\kappa}{\Lambda_m} = \frac{2.418}{247}\,mol\cdot m^{-3} = 9.8\times10^{-6}\,mol\cdot dm^{-3}$$

C. 电导滴定

利用滴定过程中系统电导的变化来判断滴定终点的方法称电导滴定。电导滴定可用于酸碱中和反应、氧化还原反应、沉淀反应等各类滴定反应。电导滴定不需要指示剂，故对于颜色较深或有混浊的溶液尤为有用，因为此时观察指示剂的变色较为困难。以中和滴定为例，图 6-1-7 中 a 线表示强碱滴定强酸的曲线，b 为强碱滴定弱酸的曲线，虚线为滴定终点，两条线均有明显的转折点，可以用来判断滴定终点。

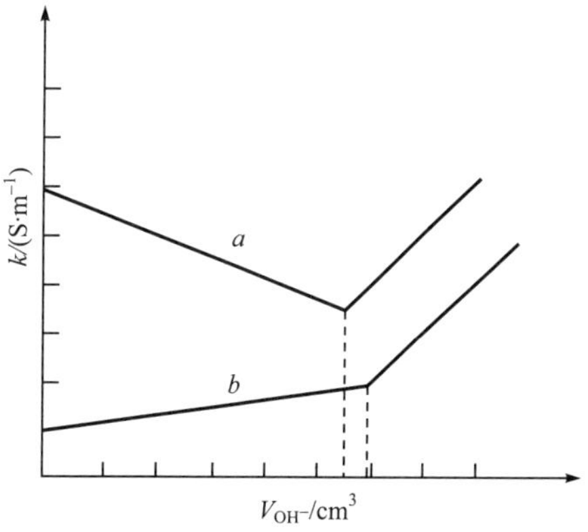

图 6-1-7 电导滴定曲线

电导测定的应用除上述三方面以外尚有很多，例如判别化合物纯度、测定反应速率、某些工业过程利用电导信号实现自动控制、医学上依据电导区分人的健康皮肤和不健康皮肤等，在此不再详述。

3. 电解质溶液的活度和活度系数

从第 2 章已知，对非电解质稀溶液，当用活度代替浓度时，即可将理想稀溶液的热力学关系式用于非理想稀溶液，且溶液越稀越接近理想稀溶液行为。电解质溶液与此不同，电解质分子在溶液中要解离成正、负离子，即使溶液很稀，离子间的静电作用力也不能忽略，因为静电作用力是长程力。因此必须引入新的活度和活度系数来处理电解质溶液。

在溶液中完全电离而不存在共价分子以及正、负离子对的电解质是极少的，只有像 NaCl、KCl 等离子晶体在溶液中才完全电离，也不存在正、负离子对，这类电解质称为非缔合式电解质。非缔合式电解质在理论上十分重要，这就是将要讨论的强电解质溶液理论。强电解质在稀溶液中可以认为是完全电离的。设有电解质 $M_{\nu_+}A_{\nu_-}$，在溶液中完全解离，即

$$M_{\nu_+}A_{\nu_-} \!=\!=\!= \nu_+ M^{Z+} + \nu_- A^{Z-}$$

式中，ν_+、ν_- 为一个电解质分子中包含的正、负离子的个数；Z_+、Z_- 为正、负离子的电荷数。与

非电解质稀溶液中溶质一样，可以将电解质分子作为一个整体来表示其化学势，也可以用电解质分子的正、负离子的化学势来表示，且这两种表示是等价的，即

$$\mu=\nu_+\mu_+ +\nu_-\mu_- \tag{6-1-19}$$

式中，μ 为把电解质分子作为一个整体来考虑时的化学势；μ_+ 为正离子的化学势；μ_- 为负离子的化学势。根据化学势与活度的关系有

$$\mu=\mu^\ominus +RT\ln a \tag{6-1-20a}$$

$$\mu_+ =\mu_+^\ominus +RT\ln a_+ \tag{6-1-20b}$$

$$\mu_- =\mu_-^\ominus +RT\ln a_- \tag{6-1-20c}$$

式中，a 为电解质分子作为一个整体的活度；a_+ 为正离子的活度；a_- 为负离子的活度。将式(6-1-20a)、(6-1-20b)和(6-1-20c)代入式(6-1-19)中，得

$$\mu=\mu^\ominus +RT\ln a=(\nu_+\mu_+^\ominus +\nu_-\mu_-^\ominus)+RT\ln(a_+^{\nu_+}\cdot a_-^{\nu_-}) \tag{6-1-21}$$

比较式(6-1-21)两边可得

$$\mu^\ominus =\nu_+\mu_+^\ominus +\nu_-\mu_-^\ominus \tag{6-1-22}$$

$$a=a_+^{\nu_+}\cdot a_-^{\nu_-} \tag{6-1-23}$$

在电解质溶液中常用质量摩尔浓度，b、b_+、b_- 分别为电解质、正离子、负离子的浓度，引入正、负离子的活度系数 γ_+、γ_- 以及电解质分子作为一个整体的活度系数 γ，因此有

$$a=\gamma(b/b^\ominus) \tag{6-1-24a}$$

$$a_+ =\gamma_+(b_+/b^\ominus) \tag{6-1-24b}$$

$$a_- =\gamma_-(b_-/b^\ominus) \tag{6-1-24c}$$

因为电解质溶液中正、负离子总是同时存在的，目前尚不能测定单个离子的活度和活度系数，故引入平均活度和平均活度系数以及平均质量摩尔浓度，定义如下：

$$a_\pm^\nu =a_+^{\nu_+}\cdot a_-^{\nu_-} \tag{6-1-25a}$$

$$\gamma_\pm^\nu =\gamma_+^{\nu_+}\cdot \gamma_-^{\nu_-} \tag{6-1-25b}$$

$$b_\pm^\nu =b_+^{\nu_+}\cdot b_-^{\nu_-} \tag{6-1-25c}$$

式中，$\nu=\nu_+ +\nu_-$；$a_\pm$ 称为正、负离子的平均活度；$\gamma_\pm$ 称为正、负离子的平均活度系数。由以上各式可得

$$a=a_\pm^\nu \tag{6-1-26}$$

$$a_\pm =\gamma_\pm(b_\pm/b^\ominus) \tag{6-1-27}$$

将式(6-1-26)、(6-1-27)代入式(6-1-21)中，得

$$\mu=\mu^\ominus +RT\ln a_\pm^\nu =\mu^\ominus +RT\ln\left(\frac{\gamma_\pm b_\pm}{b^\ominus}\right)^\nu \tag{6-1-28}$$

这就是电解质溶液中溶质的化学势。

4. 电解质离子的平均活度系数

电解质离子的平均活度系数 $\gamma_\pm$ 可以用电动势法测定，将在后面介绍。此外还可以用溶解度法、凝固点降低和渗透压法测定，对于挥发性电解质还可以用蒸气压法测定，其测定的方法与测定非电解质溶液的活度系数是一样的。

表 6-1-5 列出了 298K 时水溶液中一些电解质离子的平均活度系数 $\gamma_\pm$，由表列的数据可以看出：

(1) 在稀溶液的范围内，$\gamma_\pm$ 随浓度的增加而降低，但是当浓度达到一定值后，随浓度的增

加反而增加。例如 HCl 溶液，当 $b_{HCl}>0.5\text{mol}\cdot\text{kg}^{-1}$ 时，$\gamma_{\pm}$ 随浓度的增加而增加，甚至 $\gamma_{\pm}>1$。这是由于离子水化使较多的溶剂分子被束缚在离子周围的水化层中，相当于溶剂水的相对量降低。

(2) 在稀溶液的范围内，对于价型相同的电解质，浓度相同时，$\gamma_{\pm}$ 的值几乎相等。但对于不同价型的电解质，浓度相等 $\gamma_{\pm}$ 也不等，且正、负离子价数的乘积越大，所产生的偏差也越大。可见影响 $\gamma_{\pm}$ 的不仅是浓度，离子的价型影响也很大。路易斯根据实验结果提出了离子强度的概念，并给出了 $\gamma_{\pm}$ 与离子强度 I 的关系式：

$$\lg\gamma_{\pm} = -\text{常数}\sqrt{I} \tag{6-1-29}$$

$$I = \frac{1}{2}\sum_{B} b_B Z_B^2 \tag{6-1-30}$$

式(6-1-30)表明，离子强度是溶液中每种离子的质量摩尔浓度乘以离子价数的平方之和的一半。

表 6-1-5 298K 时水溶液中电解质离子的平均活度系数 $\gamma_{\pm}$

$b/(\text{mol}\cdot\text{kg}^{-1})$	0.001	0.005	0.01	0.05	0.10	0.5	1.0	2.0	4.0
HCl	0.965	0.928	0.904	0.830	0.796	0.759	0.809	1.009	1.762
NaCl	0.966	0.929	0.904	0.823	0.778	0.682	0.658	0.671	0.783
KCl	0.965	0.927	0.901	0.815	0.769	0.650	0.605	0.575	0.582
HNO_3	0.965	0927	0.902	0.823	0.785	0.715	0.720	0.783	0.982
NaOH			0.899	0.818	0.766	0.693	0.679	0.700	0.890
$CaCl_2$	0.887	0.783	0.724	0.574	0.518	0.448	0.500	0.792	2.934
K_2SO_4	0.89	0.78	0.71	0.52	0.43	—	—	—	—
H_2SO_4	0.830	0.639	0.544	0.340	0.265	0.514	0.130	0.124	0.171
$CdCl_2$	0.819	0.623	0.524	0.304	0.228	0.100	0.066	0.044	—
$BaCl_2$	0.88	0.77	0.2	0.56	0.49	0.39	0.39	—	—
$CuSO_4$	0.74	0.53	0.41	0.21	0.16	0.068	0.047	—	—
$ZnSO_4$	0.734	0.477	0.387	0.202	0.148	0.063	0.043	0.035	—

例 6-1-6 试分别计算下列各溶液的离子强度。(1)0.1 $\text{mol}\cdot\text{kg}^{-1}$ KCl 溶液；(2)KCl 和 $BaCl_2$ 混合溶液，KCl 的浓度为 0.1 $\text{mol}\cdot\text{kg}^{-1}$，$BaCl_2$ 的浓度为 0.2 $\text{mol}\cdot\text{kg}^{-1}$。

解

$$I_1 = \frac{1}{2}\sum_{B} b_B Z_B^2 = \frac{1}{2}(0.1\times1^2 + 0.1\times1^2)\text{mol}\cdot\text{kg}^{-1} = 0.1\text{mol}\cdot\text{kg}^{-1}$$

$$I_2 = \frac{1}{2}(0.1\times1^2 + 0.5\times1^2 + 0.2\times2^2)\text{mol}\cdot\text{kg}^{-1} = 0.7\text{mol}\cdot\text{kg}^{-1}$$

5. 德拜-休克尔理论

电解质离子的平均活度系数不仅可以由实验测定获得，也可以由理论计算或半经验方法获得。德拜(Debye)和休克尔(Hückel)于 1923 年提出了强电解质互吸理论，又称为非缔合式电解质理论。该理论认为在稀溶液中，强电解质是完全解离的，电解质溶液与理想溶液的偏差主要来源于离子之间的静电相互作用。

在电解质溶液中正、负离子共同存在，同性离子之间相互排斥，异性离子之间相互吸引，所以溶液中任何一个离子都受到同性离子的排斥作用和异性离子的吸引作用。为了研究电解质溶液中离子间的相互作用，德拜-休克尔提出了离子氛的概念。在电解质溶液中任选一个离子，并称之为中心离子，若中心离子带正电，可以近似认为在中心离子周围形成一个球形对称的电场，从而排斥正离子，吸引负离子。但是除了静电作用外，离子本身还有热运动，热运动又力图使离子在溶液中均匀分布，所以统计平均看来，在中心离子（正离子）周围有过剩的负电荷，且越靠近中心离子，过剩负电荷的密度越大，当与中心离子的距离大到一定值时，过剩的负电荷为零。换言之，中心离子（正离子）周围被一层负电荷包围，且负电荷在数值上等于中心离子的正电荷。统计地看，这层负电荷是球形对称的，在中心离子周围由负电荷构成的球体称为离子氛。在电解质溶液中，任何一个离子周围都有一个由异性电荷构成的离子氛，同时任何一个离子都是其他离子的离子氛中的一个离子。引入离子氛的概念后，就把电解质溶液中离子之间的静电相互作用归结为中心离子与离子氛的相互作用。此外还作了若干假设，导出了强电解质稀溶液中离子活度系数公式。假设如下：

（1）离子在静电作用下的分布满足玻耳兹曼（Boltzmann）分布，且电荷密度与电势之间满足静电学的泊松（Poisson）方程。

（2）离子之间的作用力主要是静电作用力，其他分子之间作用力可以略去不计。

（3）离子不极化，在稀溶液中离子可视为点电荷，其电场是球形对称的。

（4）可以用溶剂的介电常数代替溶液的介电常数。

根据以上假设导出的强电解质稀溶液离子活度系数公式为

$$\lg\gamma_B = -AZ_B^2\sqrt{I} \tag{6-1-31}$$

式中，A 是与温度、溶剂有关的常数，在 25℃的水溶液中 $A=0.509(\mathrm{mol^{-1}\cdot kg})^{1/2}$。由于单个离子的活度系数无法直接从实验测定，可根据式(6-1-25b)得出离子平均活度系数公式，即

$$\nu\lg\gamma_\pm = \nu_+\lg\gamma_+ + \nu_-\lg\gamma_-$$

将式(6-1-31)代入，得

$$\nu\lg\gamma_\pm = -A(\nu_+Z_+^2 + \nu_-Z_-^2)\sqrt{I}$$

因
$$\nu_+Z_+ = |\nu_-Z_-| \qquad \nu = \nu_+ + \nu_-$$

所以
$$\lg\gamma_\pm = -A|Z_+Z_-|\sqrt{I} \tag{6-1-32}$$

式(6-1-32)称为德拜-休克尔极限公式，适用于强电解质稀溶液。由式(6-1-32)可以看出，若以 $\lg\gamma_\pm$ 对 $\sqrt{I}$ 作图应为一条直线，而且对于 $|Z_+Z_-|$ 相同的电解质应为同一直线。图 6-1-8 中实线为实验值，虚线为按德拜-休克尔极限公式的计算值。在稀溶液的范围内实验值与计算值能比较好地符合。由此可以说明，德拜-休克尔极限公式比较好地反映了强电解质在稀溶液中的行为。

例 6-1-7 试用德拜-休克尔极限公式计算 25℃时 $0.005\mathrm{mol\cdot kg^{-1}}$ $ZnCl_2$ 溶液中 $ZnCl_2$ 的离子平均活度系数 $\gamma_\pm$ 和 $ZnCl_2$ 的活度 a_{ZnCl_2}。

解 $I = \frac{1}{2}\sum_B b_B Z_B^2 = \frac{1}{2}(0.005\times 2^2 + 0.005\times 2\times 1^2)\mathrm{mol\cdot kg^{-1}} = 0.015\mathrm{mol\cdot kg^{-1}}$

$$\lg\gamma_\pm = -A\,|Z_+Z_-|\sqrt{I} = -0.509\times|2\times(-1)|\times 0.015^{1/2} = -0.1247$$

$$\gamma_\pm = 0.750$$

$$a_{ZnCl_2} = a_\pm^3 = (\gamma_\pm b_\pm/b^\ominus)^3 = 0.750^3\times 0.005\times 0.010^2 = 2.10\times 10^{-7}$$

若不把离子看成点电荷，考虑到离子的直径，可以把极限公式修正为

$$\lg\gamma_\pm = -\frac{A|Z_+Z_-|\sqrt{I}}{1+aB\sqrt{I}} \tag{6-1-33}$$

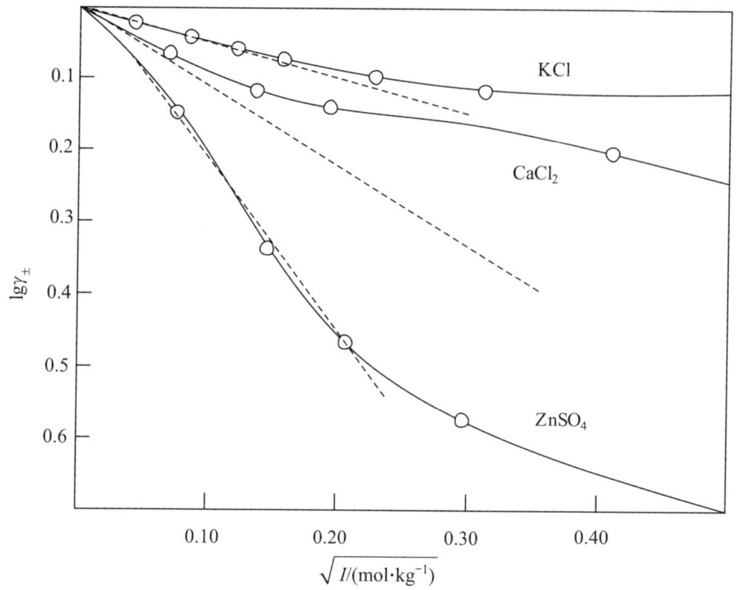

图 6-1-8　25℃时一些电解质的 $\gamma_{\pm}$ 与 $\sqrt{I}$

式中，A、B 皆为常数，25℃的水溶液中 $A=0.5115(\text{mol}^{-1}\cdot\text{kg})^{1/2}$，$B=0.3291\times10^{-10}(\text{mol}^{-1}\cdot\text{kg})^{1/2}\cdot\text{m}^{-1}$；$a$ 是离子平均有效直径。对于稀溶液，$aB\sqrt{I}$ 的值很小，若略去这一项，式(6-1-33)则还原为式(6-1-32)。

若考虑到离子水合、缔合等因素，可在(6-1-33)中增加一项

$$\lg\gamma_{\pm}=-\frac{A|Z_{+}Z_{-}|\sqrt{I}}{1+aB\sqrt{I}}+bI \tag{6-1-34}$$

式中，bI 项与短程作用有关。该式可适用于 $2.0\text{mol}\cdot\text{dm}^{-3}$ 的 NaCl 溶液。

§6-2　电化学系统

在一个多相系统中，如果在相界面上存在电势差，则该系统称为电化学系统，因此电解池和原电池都是电化学系统。

以铜锌电池为例(图 6-2-1)，铜电极插入 $CuSO_4$ 溶液中，锌电极插入 $ZnSO_4$ 溶液中，两溶液之间用多孔隔板隔开，多孔隔板允许离子通过，但防止两种溶液由于相互扩散而完全混合，这就构成了铜锌电池。由于锌电极上的锌原子容易失去电子变成锌离子而进入溶液，把电子留在锌电极上，使锌电极和 $ZnSO_4$ 溶液的相界面上形成双电层，产生电势差；在铜电极和 $CuSO_4$ 溶液的相界面也会形成电势差；原电池的电动势就定义为在通过的电流为零的情况下两电极之间的电势差。一般来说，界面电势差为 0.1～1V，双电层的厚度为 $10^{-10}\sim10^{-9}$m，产生的电场强度达 $10^{8}\sim10^{10}\text{V}\cdot\text{m}^{-1}$。可见电化学系统的特点是：电荷自

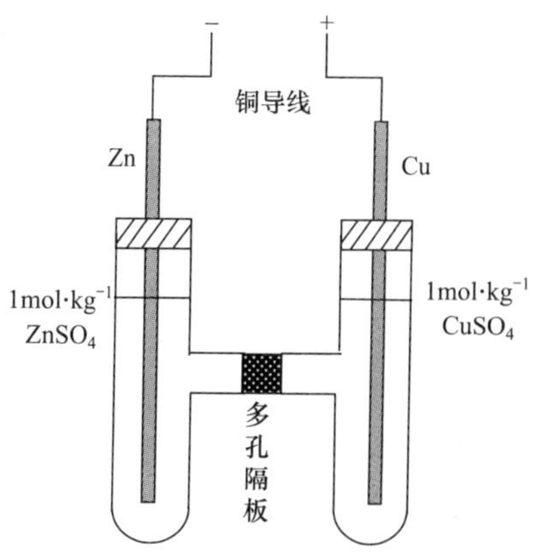

图 6-2-1　铜锌电池

动分离形成电势差、超薄双电层以及超强电场强度的特殊多相系统。

1. 可逆电池与可逆电极

可逆电池是一个十分重要的概念,因为只有可逆电池才能进行严格的热力学处理。可逆电池必须满足两个条件:

(1) 电极反应必须是可逆的,即当电流方向改变时,电极反应和电池反应随之逆向进行。如将外加电动势为 $E_{外}$ 的电池与铜锌电池对抗相连,即外加电池的正极、负极分别与铜锌电池的正极、负极相连,若铜锌电池电动势 $E>E_{外}$,则铜锌电池对外放电,其电极反应和电池反应为

负极反应: $Zn-2e^- \longrightarrow Zn^{2+}$

正极反应: $Cu^{2+}+2e^- \longrightarrow Cu$

电池反应: $Zn+Cu^{2+} \longrightarrow Zn^{2+}+Cu$

若 $E<E_{外}$,则外加电池对铜锌电池充电,其电极反应和电池反应为

负极反应: $Zn^{2+}+2e^- \longrightarrow Zn$

正极反应: $Cu-2e^- \longrightarrow Cu^{2+}$

电池反应: $Zn^{2+}+Cu \longrightarrow Zn+Cu^{2+}$

以上的讨论可以看出铜锌电池的电极反应和电池反应是可逆的。

(2) 电池工作时通过的电流应无限小,也就是说必须在无限接近于平衡的条件下工作。满足以上两个条件的电池即是可逆电池,构成可逆电池的电极都是可逆电极。实际上并不是所有的电池都是可逆的。例如,将铜电极和锌电极插入 HCl 溶液中构成的电池就不是可逆电池。该电池在放电和充电时的电池反应分别为

放电时的电池反应: $Zn+2H^+ \longrightarrow Zn^{2+}+H_2$

充电时的电池反应: $Cu+2H^+ \longrightarrow Cu^{2+}+H_2$

上述铜锌电池严格说来也不是可逆电池。这是因为电池工作时,除了电极反应外,在 $CuSO_4$溶液和 $ZnSO_4$ 溶液接界处发生离子的扩散。当电池放电时,Zn^{2+} 向 $CuSO_4$ 溶液扩散;而电池充电时,Cu^{2+} 向 $ZnSO_4$ 溶液扩散。因为电池放电和充电时离子的扩散是不可逆的,所以整个电池反应都是不可逆的。若用盐桥连接 $CuSO_4$ 溶液和 $ZnSO_4$ 溶液,则可近似将铜锌电池看成是可逆电池。盐桥的作用将在以后讨论。

可逆电池可以用下面的方法表示,规定如下:

(1) 正极(发生还原反应)写在右边,负极(发生氧化反应)写在左边,依次用化学符号表示组成电池的各物质。

(2) 用"|"表示不同的相间的界面,这类界面包括电极与溶液的界面,一种溶液与另一种溶液的界面,或同一种溶液但两种不同浓度之间的界面等。

(3) 用"‖"表示盐桥,表示溶液与溶液之间的接触界面上产生的电势差通过盐桥已降低到可以略去不计的程度(见本节 3 电池电动势产生的机理)。

(4) 应标明构成电池各物质的相态、温度、压力,溶液应注明浓度,若不注明温度、压力,则一般指 25℃、100kPa。

按以上规定,铜锌电池可表示为 $Zn|ZnSO_4(aq)\|CuSO_4(aq)|Cu$。aq 表示水溶液。

2. 可逆电池热力学

由第 1 章可知,在等温、等压下吉布斯函数的增量等于可逆的非体积功,电功就是非体积

功，因此对于可逆电池有

$$\Delta G = W_{\mathrm{r}}'$$

电功等于电池电动势与电量的乘积，若电子转移数为 Z，则发生 1mol 反应时通过电池的电量为 ZF，电池电动势为 E，则有

$$\Delta_{\mathrm{r}} G_{\mathrm{m}} = -ZEF \tag{6-2-1}$$

式(6-2-1)表明，通过测定电池电动势可以计算电池反应的 $\Delta_{\mathrm{r}} G_{\mathrm{m}}$。由热力学基本方程可以得到

$$\Delta_{\mathrm{r}} S_{\mathrm{m}} = -\left(\frac{\partial \Delta_{\mathrm{r}} G_{\mathrm{m}}}{\partial T}\right)_p$$

将式(6-2-1)代入得到

$$\Delta_{\mathrm{r}} S_{\mathrm{m}} = ZF\left(\frac{\partial E}{\partial T}\right)_p \tag{6-2-2}$$

$\left(\frac{\partial E}{\partial T}\right)_p$ 称为电池电动势的温度系数。当测定电池电动势的温度系数后即可按式(6-2-2)计算电池反应的 $\Delta_{\mathrm{r}} S_{\mathrm{m}}$。在等温、等压且不做非体积功的条件下有

$$\Delta_{\mathrm{r}} G_{\mathrm{m}} = \Delta_{\mathrm{r}} H_{\mathrm{m}} - T\Delta_{\mathrm{r}} S_{\mathrm{m}}$$

将式(6-2-1)和(6-2-2)代入，得

$$\Delta_{\mathrm{r}} H_{\mathrm{m}} = -ZEF + ZFT\left(\frac{\partial E}{\partial T}\right)_p \tag{6-2-3}$$

$\Delta_{\mathrm{r}} H_{\mathrm{m}}$ 为电池反应的焓变。当测定电池反应的电池电动势及其温度系数后，即可按式(6-2-3)计算该电池反应的焓变。反应的焓变是当反应在等温、等压且不做非体积功的条件下进行时与环境交换的热，即 Q_p；而电池可逆工作时与环境交换的热 Q_{r} 则为

$$Q_{\mathrm{r}} = T\Delta_{\mathrm{r}} S_{\mathrm{m}} = ZFT\left(\frac{\partial E}{\partial T}\right)_p \tag{6-2-4}$$

由式(6-2-4)可以看出：

$\left(\frac{\partial E}{\partial T}\right)_p > 0$，则 $Q_{\mathrm{r}} > 0$，即电池工作时从环境吸热；

$\left(\frac{\partial E}{\partial T}\right)_p < 0$，则 $Q_{\mathrm{r}} < 0$，即电池工作时向环境放热；

$\left(\frac{\partial E}{\partial T}\right)_p = 0$，则 $Q_{\mathrm{r}} = 0$，即电池工作时不从环境吸热，也不向环境放热。

例 6-2-1　25℃时，电池 $\mathrm{Ag|AgCl(s)\,|HCl}(b)\mathrm{|Cl_2(g,\,100kPa)|Pt}$ 的电动势 $E=1.136\mathrm{V}$，电动势的温度系数 $(\partial E/\partial T)_p = -5.95\times10^{-4}\,\mathrm{V\cdot K^{-1}}$。电池反应为

$$\mathrm{Ag} + \frac{1}{2}\mathrm{Cl_2(g, 100kPa)} = \mathrm{AgCl(s)}$$

试计算该反应的 ΔG、ΔS、ΔH 及电池等温可逆放电时过程的可逆热 Q_{r}。

解　实现电池反应 $\mathrm{Ag} + \frac{1}{2}\mathrm{Cl_2(g,100kPa)} = \mathrm{AgCl(s)}$，在两电极上得失电子的化学计量数 $Z=1$。

根据式(6-2-1)，有

$$\Delta_r G_m(T,p)=-ZFE=(-1\times 96\ 500\times 1.136)\text{J}\cdot\text{mol}^{-1}=-109.6\text{kJ}\cdot\text{mol}^{-1}$$

$$\Delta_r S_m=ZF\left(\frac{\partial E}{\partial T}\right)_p=[1\times 96\ 500\times(-5.95\times 10^{-4})]\text{J}\cdot\text{K}^{-1}\cdot\text{mol}^{-1}=-57.4\text{J}\cdot\text{K}^{-1}\cdot\text{mol}^{-1}$$

等温下 $\Delta_r G_m=\Delta_r H_m-T\Delta_r S_m$，故

$$\Delta_r H_m=\Delta_r G_m+T\Delta_r S_m=[-109.6+298.15\times(-57.4\times 10^{-3})]\text{kJ}\cdot\text{mol}^{-1}$$
$$=-126.7\text{kJ}\cdot\text{mol}^{-1}$$

$$Q_{r,m}=T\Delta_r S_m=[298.15\times(-57.4\times 10^{-3})]\text{kJ}\cdot\text{mol}^{-1}=-17.1\text{kJ}\cdot\text{mol}^{-1}$$

此例说明该反应若在等温、等压、一般情况下（如在烧瓶中）进行时，$Q_{p,m}=\Delta_r H_m=-126.7\text{kJ}\cdot\text{mol}^{-1}$，即发生 1mol 反应系统向环境放热 126.7kJ；但同样量的反应在原电池中等温、等压可逆放电时只放热 17.1kJ，少放出来的 109.6kJ 的热量做了电功，因此 $W_r'=\Delta_r G=-109.6\text{kJ}$。

将式(6-2-1)代入等温方程 $\Delta_r G_m=\Delta_r G_m^\ominus+RT\ln J_a$ 得

$$E=-\frac{\Delta_r G_m^\ominus}{ZF}-\frac{RT}{ZF}\ln J_a \qquad (6\text{-}2\text{-}5)$$

令

$$E^\ominus=-\frac{\Delta_r G_m^\ominus}{ZF} \qquad (6\text{-}2\text{-}6)$$

将式(6-2-6)代入式(6-2-5)中，得

$$E=E^\ominus-\frac{RT}{ZF}\ln J_a \qquad (6\text{-}2\text{-}7)$$

式(6-2-7)称为能斯特(Nernst)方程，它是计算电池电动势的基本方程，J_a 是指定状态下的活度商。当参加电池反应的各物质都处于标准态，即各物质的活度$a_B=1$时，$J_a=1$，$E=E^\ominus$，$E^\ominus$ 称为标准电池电动势。由热力学知

$$\Delta_r G_m^\ominus=-RT\ln K^\ominus$$

代入式(6-2-6)得

$$E^\ominus=\frac{RT}{ZF}\ln K^\ominus \qquad (6\text{-}2\text{-}8)$$

式(6-2-8)将标准电池电动势与电池反应的标准平衡常数联系起来。25℃时

$$\frac{RT}{F}\ln 10=\frac{8.314\times 298.15}{96\ 500}\times 2.303\text{V}=0.059\ 16\text{V}$$

于是式(6-2-7)可改写为

$$E=E^\ominus-\left(\frac{0.059\ 16}{Z}\lg J_a\right)\text{V} \qquad (6\text{-}2\text{-}9)$$

有一类特殊的电池，它的电池反应是某种物质的浓度变化，可以是电极物质的浓度变化，也可以是电解质溶液浓度的变化，这类电池称为浓差电池。例如下面的电池：

$$\text{Pt}|\text{H}_2(p_1)|\text{HCl(aq)}|\text{H}_2(p_2)|\text{Pt}$$

该电池的电极反应和电池反应为

负极反应：　$H_2(p_1)-2e^-\longrightarrow 2H^+$

正极反应：　$2H^++2e^-\longrightarrow H_2(p_2)$

电池反应：　$H_2(p_1)\longrightarrow H_2(p_2)$

因两电极相同，故 $E^\ominus=0$，所以

$$E=-\frac{RT}{2F}\ln\frac{p_2}{p_1}$$

若 $p_1>p_2$,则 $E>0$。上述电池的电池反应是电极物质的浓度发生了变化,属于电极浓差电池。考查电池:

$$Ag|AgNO_3(b_1)\|AgNO_3(b_2)|Ag$$

该电池的电极反应和电池反应为

负极反应: $Ag-e^-\longrightarrow Ag^+(a_{+,1})$

正极反应: $Ag^+(a_{+,2})+e^-\longrightarrow Ag$

电池反应: $Ag^+(a_{+,2})\longrightarrow Ag^+(a_{+,1})$

电池电动势为

$$E=-\frac{RT}{F}\ln\frac{a_{+,1}}{a_{+,2}}$$

若 $a_{+,2}>a_{+,1}$,则 $E>0$。上述电池的电池反应是电解质溶液的浓度发生了变化,属于电解质浓差电池。

3. 电池电动势产生的机理

电池电动势是当通过电池的电流为零时两极间的电势差,它是电池内各界面电势差的代数和。

1) 电极与溶液界面电势差

将金属插入溶液中,由于金属离子在金属中和在溶液中的化学势不等,金属离子将在金属和溶液两相间转移。若金属离子在金属相的化学势大于在溶液中的化学势,则金属离子将从金属相向溶液中转移,而将电子留在金属上,使金属表面带负电,这将吸引溶液中的正离子在金属表面聚集,并形成双电层,双电层将阻止金属离子进入溶液中,平衡时电极表面与溶液本体的电势差一定。又由于离子的热运动,溶液中的正离子不可能整整齐齐地排列在金属表面,而是形成如图 6-2-2所示的形式,即双电层分为两层:一层是紧密层,一层是扩散层。紧密层的厚度约为 10^{-10} m,扩散层的厚度与溶液的浓度、温度以及金属表面的电荷有关,为 $10^{-10}\sim10^{-6}$ m。与此相似,若将金属插入含有该金属离子的溶液中,也将在金属和溶液的界面上形成双电层,产生电势差。相反,若金属离子在溶液中的化学势大于它在金属上的化学势,则金属离子将从溶液转移至金属电极上,而使金属表面带正电,并吸引负离子在其表面聚集,形成双电层,平衡时金属电极与溶液本体的电势差一定,这就是电极电势。

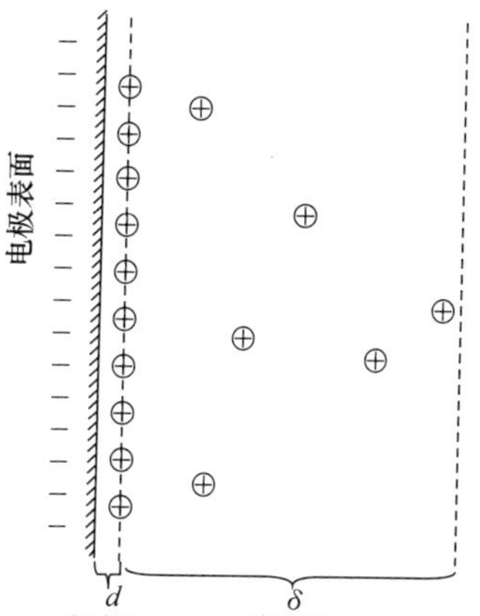

图 6-2-2 双电层结构示意图

2) 金属与金属界面电势差

一种金属与另一种金属接触时,由于电子的逸出功不同,相互逸出的电子数不等,在界面上形成双电层,由此产生的电势差称为接触电势。

3）溶液与溶液界面电势差

两种不同溶液的界面上或同一种溶液(但浓度不同)的界面上，都会产生电势差，称为液体接界电势。液体接界电势是由于离子的扩散速率不同形成的，例如下面的电池：

$$Pt|H_2(p)|HCl(b_1)|HCl(b_2)|H_2(p)|Pt$$

两种 HCl 溶液相接，若 $b_1>b_2$，H^+ 和 Cl^- 都由高浓度向低浓度扩散，因为 H^+ 扩散速率比 Cl^- 扩散速率大，在两溶液界面的右边有过剩的正电荷，左边则有过剩的负电荷，从而在界面处形成电势差，此电势差将阻止 H^+ 从左边进入右边。当达平衡时，电势差不再改变，这种两液体界面处的电势差称为液体接界电势。

设正、负离子的迁移数分别为 t_+ 和 t_-，当 1F 的电量通过电池时，将有 t_+ mol H^+ 从左边溶液进入右边溶液，同时有 t_- mol Cl^- 从右边溶液进入左边溶液，即

$$t_+ \text{ mol } H^+(a_{+,1}) \longrightarrow t_+ \text{ mol } H^+(a_{+,2})$$

$$t_- \text{ mol } Cl^-(a_{-,2}) \longrightarrow t_- \text{ mol } Cl^-(a_{-,1})$$

离子迁移的吉布斯函数变化为

$$\Delta G = t_+RT\ln\frac{a_{+,2}}{a_{+,1}} + t_-RT\ln\frac{a_{-,1}}{a_{-,2}} = t_+RT\ln\frac{a_{+,2}}{a_{+,1}} - t_-RT\ln\frac{a_{-,2}}{a_{-,1}}$$

若 $a_{+,1}\approx a_{-,1}$，$a_{+,2}\approx a_{-,2}$，则有

$$\Delta G = (t_+ - t_-)RT\ln\frac{a_{+,2}}{a_{+,1}}$$

由式(6-2-1)可得

$$\Delta G = -FE_l = (t_+ - t_-)RT\ln\frac{a_{+,2}}{a_{+,1}}$$

E_l 为液体接界电势，液体接界电势可表示为

$$E_l = (t_+ - t_-)\frac{RT}{F}\ln\frac{a_{+,1}}{a_{+,2}}$$

由上式可以看出，当 $t_+=t_-$ 时，$E_l=0$。由于离子的扩散过程是不可逆的，如果电池中有液体与液体相接，严格说来该电池就是不可逆电池。因此，在实际工作中，如果不能完全避免两溶液的接触，也一定要设法将液接电势减少到可以忽略不计的程度。最常用的方法是在两个溶液中间插入一个盐桥，即在两个溶液之间放置一个倒置的 U 形管，管内装满正、负离子运动速度相近的电解质溶液(用琼胶固定)，常用的是浓 KCl 溶液。在盐桥和两溶液的接界处，因为 KCl 的浓度远大于两旁溶液中电解质的浓度，界面上主要是 K^+ 和 Cl^- 同时向溶液扩散。又因 K^+ 和 Cl^- 的运动速度很接近，迁移数几乎相同，这样 E_l 的值接近为零。若组成电池中的电解质含有能与盐桥中电解质发生反应或生成沉淀的离子，如含有 Ag^+、Hg_2^{2+} 等，则就不能用 KCl 盐桥，而要改用浓 NH_4NO_3 或 KNO_3 溶液作盐桥。通常为了降低液体接界电势，在两液体之间用“盐桥”连接。

电池电动势是各相间界面电势差的代数和。以铜锌电池为例：

(－)Cu | Zn | $ZnSO_4$(aq) | $CuSO_4$(aq) | Cu(＋)　(左边的铜是连接锌的导线)

$\Delta\varphi$(接触) φ_-　　　$\Delta\varphi$(液接)　　　φ_+

$$E = \Delta\varphi(\text{接触}) + \varphi_- + \Delta\varphi(\text{液接}) + \varphi_+$$

金属间的接触电势很小，可略去不计，液体接界电势可用盐桥消除到可略去不计的程度，因此

电池电动势实际上是两极电极电势的代数和，即

$$E=\varphi_{+}+\varphi_{-} \tag{6-2-10}$$

§6-3 电 极 电 势

1. 电极电势的定义

电池电动势可以由实验测定，但单个电极电势尚不能直接由实验测定。为了确定单个电极的电极电势，可选定某个电极作为标准，国际上通常以标准氢电极作为标准，并规定在任何温度下，标准氢电极的电极电势为零。将待测电极作为正极，标准氢电极作为负极，组成电池：

标准氢电极 ‖ 待测电极

该电池的电池电动势即为待测电极的电极电势。

标准氢电极如图 6-3-1 所示，将镀铂黑的铂片插入含 H^+ 且活度 $a_{H^+}=1$ 的溶液中，用压力为 100kPa 的氢气不断冲击铂片，同时溶液也被氢气饱和。铂片镀铂黑的目的是增加铂片的表面积，有利于吸附氢气。

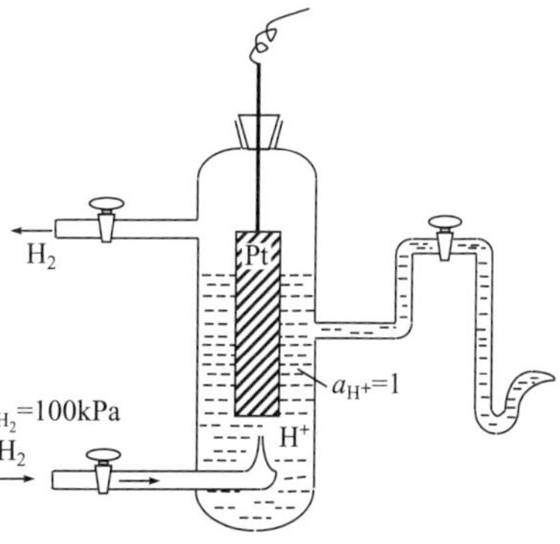

图 6-3-1 标准氢电极示意图

氢电极可表示为

$$Pt|H_2(g,p^\ominus)|H^+(a_{H^+}=1)$$

将铜电极与标准氢电极组成电池：

$$Pt|H_2(g,p^\ominus)|H^+(a_{H^+}=1)\parallel Cu^{2+}|Cu$$

该电池电动势即为铜电极的电极电势。上述电池的电极反应和电池反应为

负极反应： $H_2-2e^-\longrightarrow 2H^+$

正极反应： $Cu^{2+}+2e^-\longrightarrow Cu$

电池反应： $H_2+Cu^{2+}\longrightarrow 2H^++Cu$

根据能斯特方程，该电池的电池电动势为

$$E=E^\ominus-\frac{RT}{2F}\ln\frac{a_{H^+}^2a_{Cu}}{a_{Cu^{2+}}[p_{H_2}/p^\ominus]}$$

因 $p_{H_2}=100kPa$，$a_{H^+}=1$，所以

$$E=E^\ominus-\frac{RT}{2F}\ln\frac{a_{Cu}}{a_{Cu^{2+}}}$$

根据规定，$E=\varphi(Cu^{2+}|Cu)$，即

$$\varphi(Cu^{2+}|Cu)=E^\ominus-\frac{RT}{2F}\ln\frac{a_{Cu}}{a_{Cu^{2+}}}$$

$a_{Cu}=1$，当 $a_{Cu^{2+}}=1$ 时，$\varphi(Cu^{2+}|Cu)=\varphi^\ominus(Cu^{2+}|Cu)=E^\ominus$，因此有

$$\varphi(Cu^{2+}|Cu)=\varphi^\ominus(Cu^{2+}|Cu)-\frac{RT}{2F}\ln\frac{a_{Cu}}{a_{Cu^{2+}}}$$

$\varphi^\ominus(Cu^{2+}|Cu)$称为标准电极电势，一般电极作正极时，其电极反应为

氧化态$+Ze^-\longrightarrow$还原态

其电极电势为

$$\varphi=\varphi^\ominus-\frac{RT}{ZF}\ln\frac{a_{还原}}{a_{氧化}} \tag{6-3-1}$$

式(6-3-1)称为电极能斯特方程。由式(6-3-1)计算的电极电势是发生还原反应的电极电势,故称为还原电极电势。当参加电极反应的各组分都处于标准态时,其电极电势称为标准电极电势。表6-3-1列出了25℃时水溶液中一些电极的标准电极电势,并列出了相应的电极反应。

表 6-3-1　25℃时水溶液中一些电极的标准电极电势

电极	电极反应	$\varphi^\ominus$/V
$Li^+|Li$	$Li^+ + e^- = Li$	−3.045
$K^+|K$	$K^+ + e^- = K$	−2.924
$Ba^{2+}|Ba$	$Ba^{2+} + 2e^- = Ba$	−2.90
$Ca^{2+}|Ca$	$Ca^{2+} + 2e^- = Ca$	−2.76
$Na^+|Na$	$Na^+ + e^- = Na$	−2.7111
$Mg^{2+}|Mg$	$Mg^{2+} + 2e^- = Mg$	−2.375
$OH^-, H_2O|H_2(g)|Pt$	$2H_2O + 2e^- = H_2(g) + 2OH^-$	−0.8277
$Zn^{2+}|Zn$	$Zn^{2+} + 2e^- = Zn$	−0.763
$Cr^{3+}|Cr$	$Cr^{3+} + 3e^- = Cr$	−0.74
$Cd^{2+}|Cd$	$Cd^{2+} + 2e^- = Cd$	−0.4028
$Co^{2+}|Co$	$Co^{2+} + 2e^- = Co$	−0.28
$Ni^{2+}|Ni$	$Ni^{2+} + 2e^- = Ni$	−0.23
$Sn^{2+}|Sn$	$Sn^{2+} + 2e^- = Sn$	−0.1366
$Pb^{2+}|Pb$	$Pb^{2+} + 2e^- = Pb$	−0.1265
$Fe^{3+}|Fe$	$Fe^{3+} + 3e^- = Fe$	−0.036
$H^+|H_2(g)|Pt$	$2H^+ + 2e^- = H_2(g)$	0
$Cu^{2+}|Cu$	$Cu^{2+} + 2e^- = Cu$	+0.340
$OH^-, H_2O|O_2(g)|Pt$	$O_2(g) + 2H_2O + 4e^- = 4OH^-$	+0.401
$Cu^+|Cu$	$Cu^+ + e^- = Cu$	+0.522
$I^-|I_2(s)|Pt$	$I_2(s) + 2e^- = 2I^-$	+0.535
$Hg_2^{2+}|Hg$	$Hg_2^{2+} + 2e^- = 2Hg$	+0.7959
$Ag^+|Ag$	$Ag^+ + e^- = Ag$	+0.7994
$Hg^{2+}|Hg$	$Hg^{2+} + 2e^- = Hg$	+0.851
$Br^-|Br_2(l)|Pt$	$Br_2(l) + 2e^- = 2Br^-$	+1.065
$H^+, H_2O|O_2(g)|Pt$	$O_2(g) + 4H^+ + 4e^- = 2H_2O$	+1.229
$Cl^-|Cl_2(g)|Pt$	$Cl_2(g) + 2e^- = 2Cl^-$	+1.358
$Au^+|Au$	$Au^+ + e^- = Au$	+1.68
$F^-|F_2(g)|Pt$	$F_2(g) + 2e^- = 2F^-$	+2.87
$SO_4^{2-}|PbSO_4(s)|Pb$	$PbSO_4(s) + 2e^- = Pb + SO_4^{2-}$	−0.356
$I^-|AgI(s)|Ag$	$AgI(s) + e^- = Ag + I^-$	−0.1521
$Br^-|AgBr(s)|Ag$	$AgBr(s) + e^- = Ag + Br^-$	+0.0711
$Cl^-|AgCl(s)|Ag$	$AgCl(s) + e^- = Ag + Cl^-$	+0.2221
$Cr^{3+}, Cr^{2+}|Pt$	$Cr^{3+} + e^- = Cr^{2+}$	−0.41

续表

电极	电极反应	$\varphi^\ominus$/V
Sn^{4+},Sn^{2+}|Pt	$Sn^{4+}+2e^-$ ══ Sn^{2+}	+0.15
Cu^{2+},Cu^+|Pt	$Cu^{2+}+e^-$ ══ Cu^+	+0.158
H^+,醌,氢醌|Pt	$C_6H_4O_2+2H^++2e^-$ ══ $C_6H_4(OH)_2$	+0.6993
Fe^{3+},Fe^{2+}|Pt	$Fe^{3+}+e^-$ ══ Fe^{2+}	+0.770
Tl^{3+},Tl^+|Pt	$Tl^{3+}+2e^-$ ══ Tl^+	+1.247
Ce^{4+},Ce^{3+}|Pt	$Ce^{4+}+e^-$ ══ Ce^{3+}	+1.61
Co^{3+},Co^{2+}|Pt	$Co^{3+}+e^-$ ══ Co^{2+}	+1.808

若 $\varphi^\ominus$(电极)为正值,例如 $\varphi^\ominus(Cu^{2+}/Cu)=0.340V$,则 $\Delta_rG_m^\ominus(T,p)<0$,表示当反应组分均处在标准态时,电池反应 $Cu^{2+}+H_2(g) \longrightarrow Cu+2H^+$ 能自发进行,即在该条件下 $H_2(g)$ 能还原 Cu^{2+},电池自发放电时,铜电极上进行的确为还原反应。相反,若 $\varphi^\ominus$(电极)为负值,如 $\varphi^\ominus(Zn^{2+}/Zn)=-0.763V$,则 $\Delta_rG_m^\ominus(T,p)>0$,表明当各反应组分均处在标准态时,电池反应 $Zn^{2+}+H_2(g) \longrightarrow Zn+2H^+$ 的逆反应能自发进行。也就是说,电池自发放电时,锌电极上实际进行的不是还原反应,而是氧化反应。由此可见,还原电极电势的高低为该电极氧化态物质获得电子被还原成还原态物质这一反应趋势大小的量度。

2. 电极的分类

1) 第一类电极

将金属插入含有该金属离子的溶液中,或吸附了某气体的惰性金属插入含有该元素离子的溶液中构成的电极是第一类电极,如铜电极、锌电极、氢电极、氧电极、卤素电极等都是第一类电极。在气体电极中,因气体不导电,故要用惰性金属(如铂)作为传递电荷的物质。

2) 第二类电极

第二类电极包括金属-难溶盐电极和金属-难溶氧化物电极。将金属的表面覆盖一层该金属的难溶盐,插入含有该难溶盐负离子的溶液中就构成了金属-难溶盐电极。例如,甘汞电极、银-氯化银电极都是属于金属-难溶盐电极。甘汞电极的构造如图 6-3-2 所示,将少量汞、甘汞和氯化钾溶液研成糊状物覆盖在素瓷上,上部放入纯汞,然后浸入饱和了甘汞的氯化钾溶液中即成。甘汞电极制作比较简单,且电极电势稳定,使用方便,故常用作参比电极。甘汞电极的电极反应为

$$Hg_2Cl_2+2e^- \longrightarrow 2Hg+2Cl^-$$

电极电势为

$$\varphi[Cl^-|Hg_2Cl_2(s)|Hg]=\varphi^\ominus[Cl^-|Hg_2Cl_2(s)|Hg]-\frac{RT}{2F}\ln\frac{a_{Hg}^2a_{Cl^-}^2}{a_{Hg_2Cl_2}}$$

因 $a_{Hg}=1$,$a_{Hg_2Cl_2}=1$,所以

$$\varphi[Cl^-|Hg_2Cl_2(s)|Hg]=\varphi^\ominus[Cl^-|Hg_2Cl_2(s)|Hg]-\frac{RT}{F}\ln a_{Cl^-}$$

常用甘汞电极的 KCl 溶液有 $0.1mol \cdot dm^{-3}$、$1\ mol \cdot dm^{-3}$ 和饱和 KCl 溶液,表 6-3-2 列出了不同浓度 KCl 溶液的甘汞电极的电极电势。

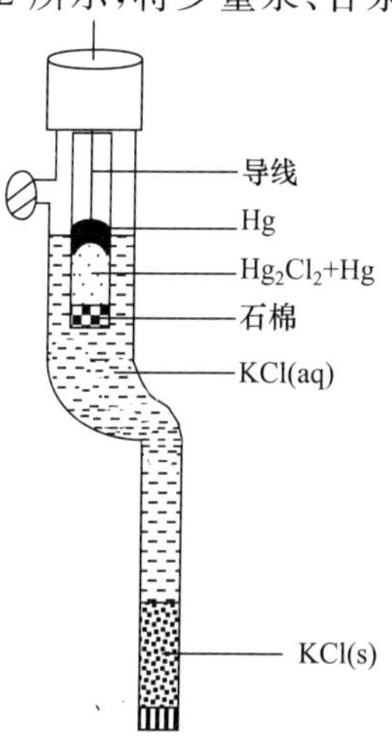

图 6-3-2 甘汞电极

表 6-3-2 不同浓度 KCl 溶液的甘汞电极的电极电势

c_{KCl}	φ_t/V	$\varphi_{25℃}$/V
$0.1mol \cdot dm^{-3}$	$0.3335-7\times10^{-5}(t/℃-25)$	0.3335
$1.0mol \cdot dm^{-3}$	$0.2799-2.4\times10^{-4}(t/℃-25)$	0.2799
饱和	$0.2410-7.6\times10^{-4}(t/℃-25)$	0.2410

银-氯化银电极也常用作参比电极。银-氯化银电极可表示为 $Cl^-|AgCl(s)|Ag$，其电极反应为

$$AgCl(s)+e^- \longrightarrow Ag+Cl^-$$

银-氯化银电极的电极电势为

$$\varphi[Cl^-|AgCl(s)|Ag]=\varphi^\ominus[Cl^-|AgCl(s)|Ag]-\frac{RT}{F}\ln a_{Cl^-}$$

将金属的表面覆盖一层该金属的难溶氧化物，并插入含有 H^+ 或 OH^- 的溶液中，就构成了金属-难溶氧化物电极。例如锑-三氧化二锑电极 $OH^-|Sb_2O_3(s)|Sb$ 或 $H^+|Sb_2O_3(s)|Sb$，其电极反应分别为

$$Sb_2O_3+6e^-+3H_2O \longrightarrow 2Sb+6OH^-$$

$$Sb_2O_3+6e^-+6H^+ \longrightarrow 2Sb+3H_2O$$

它们的电极电势分别为

$$\varphi[OH^-|Sb_2O_3(s)|Sb]=\varphi^\ominus[OH^-|Sb_2O_3(s)|Sb]-\frac{RT}{F}\ln a_{OH^-}$$

$$\varphi[H^+|Sb_2O_3(s)|Sb]=\varphi^\ominus[H^+|Sb_2O_3(s)|Sb]-\frac{RT}{F}\ln\frac{1}{a_{H^+}}$$

由锑-三氧化二锑电极的电极电势表达式可以看出，其电极电势与 H^+ 或 OH^- 的浓度有关，故可用于测定溶液的 pH。

3）第三类电极

第三类电极是氧化-还原电极，在这类电极的溶液中，某些物质的氧化态被还原或还原态被氧化，而电极物质只起传递电荷的作用。例如将铂片插入含有 Fe^{3+} 和 Fe^{2+} 的溶液中或 Sn^{4+} 和 Sn^{2+} 的溶液中，构成的电极 $Pt|Fe^{3+},Fe^{2+}$ 或 $Pt|Sn^{4+},Sn^{2+}$ 是氧化-还原电极，它们的电极反应分别为

$$Fe^{3+}+e^- \longrightarrow Fe^{2+}$$

$$Sn^{4+}+2e^- \longrightarrow Sn^{2+}$$

此外常用于测定 pH 的醌-氢醌电极也是氧化-还原电极，它是由醌（$C_6H_4O_2$）和氢醌 $C_6H_4(OH)_2$ 的等分子混合物构成，其电极反应为

$$C_6H_4O_2+2H^++2e^- \longrightarrow C_6H_4(OH)_2$$

因醌和氢醌在水中的溶解度很小，可以近似认为 $a_{C_6H_4O_2}=a_{C_6H_4(OH)_2}$，因此醌-氢醌电极的电极电势为

$$\varphi[C_6H_4O_2|C_6H_4(OH)_2]=\varphi^\ominus[C_6H_4O_2|C_6H_4(OH)_2]-\frac{RT}{F}\ln\frac{1}{a_{H^+}}$$

25℃时有

$$\varphi[C_6H_4O_2|C_6H_4(OH)_2]=\varphi^\ominus[C_6H_4O_2|C_6H_4(OH)_2]-(0.059\ 16\ \mathrm{pH})\mathrm{V}$$

醌-氢醌电极不能用于碱性溶液，当 pH>8.5 时，由于氢醌大量解离，$a_{C_6H_4O_2}=a_{C_6H_4(OH)_2}$ 的假定不能成立，这样在计算 pH 时将会产生误差。

3. 由电极电势计算电池电动势

运用不同的可逆电极可以组成多种类型的可逆电池。按照电池中物质所发生的变化，可将电池分为两类：凡电池中物质的变化为化学反应者称为“化学电池”；凡电池中物质变化仅是由高浓度变成低浓度者称为“浓差电池”。无论是化学电池还是浓差电池，都可以按照下列方法来计算其电动势。

1）从电极电势计算

首先按式(6-3-1)分别计算两极的电极电势，由于按式(6-3-1)计算的电极电势是还原电极电势，而电池的负极是发生氧化反应，故电池电动势为

$$E=\varphi_+-\varphi_- \tag{6-3-2}$$

2）用能斯特方程计算

按能斯特方程计算时，首先写出电极反应和电池反应，从表 6-3-1 查出标准电极电势，并按下式计算标准电池电动势：

$$E^\ominus=\varphi_+^\ominus-\varphi_-^\ominus \tag{6-3-3}$$

根据电池反应，求出指定状态下的活度商 J_a，即可按下式计算电池电动势 E。

$$E=E^\ominus-\frac{RT}{ZF}\ln J_a$$

例 6-3-1 计算 25℃时下列电池的电池电动势。

$Zn\,|\,ZnSO_4(b=0.001mol\cdot kg^{-1},\gamma_\pm=0.734)\,||\,CuSO_4(b=1.0mol\cdot kg^{-1},\gamma_\pm=0.047)\,|\,Cu$

解 先计算电极电势，电极反应为

正极反应： $Cu^{2+}+2e^-\longrightarrow Cu$

负极反应： $Zn-2e^-\longrightarrow Zn^{2+}$

根据式(6-3-1)，正、负极的电极电势为

$$\varphi_+=\varphi(Cu^{2+}|Cu)=\varphi^\ominus(Cu^{2+}|Cu)-\frac{RT}{2F}\ln\frac{a_{Cu}}{a_{Cu^{2+}}}$$

$$\varphi_-=\varphi(Zn^{2+}|Zn)=\varphi^\ominus(Zn^{2+}|Zn)-\frac{RT}{2F}\ln\frac{a_{Zn}}{a_{Zn^{2+}}}$$

由表 6-3-1 查得 $\varphi^\ominus(Cu^{2+}|Cu)=0.340V$，$\varphi^\ominus(Zn^{2+}|Zn)=-0.763V$，作近似 $\gamma_+\approx\gamma_-\approx\gamma_\pm$，于是有

$$\varphi(Cu^{2+}|Cu)=(0.340-\frac{0.05916}{2}\lg\frac{1}{0.0471\times1})V=0.3007V$$

$$\varphi(Zn^{2+}|Zn)=(-0.763-\frac{0.05916}{2}\lg\frac{1}{0.734\times0.001})V=-0.8557V$$

$$E=\varphi_+-\varphi_-=(0.3007+0.8557)V=1.1564V$$

计算负极的电极电势时要注意，负极实际发生的氧化反应，但计算的是还原电极电势，因此不能直接按实际的电极反应来写电极能斯特方程，应按发生还原反应来写出电极能斯特方程。

例 6-3-2　计算 25℃时下列电池的电池电动势：

$$Pt|H_2(g,100kPa)|HCl(b=0.1mol\cdot kg^{-1},\gamma_\pm=0.796)|Cl_2(g,100kPa)|Pt$$

解　用能斯特方程计算时，先写出电极反应和电池反应。该电池的电极反应和电池反应为

负极反应：　$H_2-2e^-\longrightarrow 2H^+$

正极反应：　$Cl_2+2e^-\longrightarrow 2Cl^-$

电池反应：　$H_2+Cl_2\longrightarrow 2HCl$

查表 6-3-1 得 $\varphi^\ominus(Cl^-|Cl_2)=1.3580V$

$$E^\ominus=\varphi^\ominus(Cl^-|Cl_2)-\varphi^\ominus(H^+|H_2)=1.3580V$$

因 H_2 和 Cl_2 都处于标准态，所以

$$E=E^\ominus-\frac{RT}{2F}\ln a_{HCl}^2=E^\ominus-(0.059\ 16\lg a_\pm^2)V$$

$$=[1.3580-2\times0.059\ 16\lg(0.1\times0.796)]V=1.4880V$$

例 6-3-3　计算下列浓差电池的电动势

$$Ag|AgNO_3(b_1=0.01mol\cdot kg^{-1},\gamma_\pm=0.902)\|AgNO_3(b_2=0.50mol\cdot kg^{-1},\gamma_\pm=0.526)|Ag$$

解　该电池的电极反应和电池反应为

负极反应：　$Ag-e^-\longrightarrow Ag^+(b_1)$

正极反应：　$Ag^+(b_2)+e^-\longrightarrow Ag$

电池反应：　$Ag^+(b_2)\longrightarrow Ag^+(b_1)$

设 $\gamma_\pm\approx\gamma_+$，则电池电动势为

$$E=-\frac{RT}{F}\ln\frac{a_{+,1}}{a_{+,2}}=-0.059\ 16\lg\frac{0.01\times0.902}{0.50\times0.526}V=0.0867V$$

4. 电极电势及电池电动势的应用

1）判断反应趋势

电极电势的高低反映了电极中反应物质得到或失去电子能力的大小。电势越低，还原态越易失去电子；电势越高，氧化态越易得到电子。因此，可依据有关电极电势数据判断反应进行的趋势。

例 6-3-4　25℃时，有溶液：(1)$a_{Sn^{2+}}=1.0$，$a_{Pb^{2+}}=1.0$；(2)$a_{Sn^{2+}}=1.0$，$a_{Pb^{2+}}=0.1$。当将金属 Pb 放入溶液时，能否从溶液中置换出金属 Sn？

解　查表得：$\varphi^\ominus(Sn^{2+}|Sn)=-0.136V$；$\varphi^\ominus(Pb^{2+}|Pb)=-0.126V$。

(1) 由于 $a_{Sn^{2+}}=a_{Pb^{2+}}$，而 $\varphi^\ominus(Pb^{2+}|Pb)>\varphi^\ominus(Sn^{2+}|Sn)$，所以 Pb 不能置换出溶液中的 Sn。

(2) 当 $a_{Sn^{2+}}=1.0$，$a_{Pb^{2+}}=0.1$ 时

$$\varphi(Pb^{2+}|Pb)=\varphi^\ominus(Pb^{2+}|Pb)+\frac{RT}{2F}\ln a_{Pb^{2+}}$$

$$=(-0.126+\frac{8.314\times298}{2\times96\ 500}\ln0.1)V=-0.156V$$

$$\varphi(Sn^{2+}|Sn)=\varphi^\ominus(Sn^{2+}|Sn)+\frac{RT}{2F}\ln a_{Sn^{2+}}=\varphi^\ominus(Sn^{2+}|Sn)=-0.136V$$

$\varphi(Pb^{2+}|Pb)<\varphi(Sn^{2+}|Sn)$，因此 Pb 可以从该溶液中置换出 Sn。

2）求化学反应的标准平衡常数和难溶盐的溶度积

计算化学反应标准平衡常数的关键是设计电池，且所设计电池的电池反应就是所求标准平衡常数的反应，只要把电池设计好后，根据式(6-2-8)即可计算其标准平衡常数。设计电池的方法是把所求的反应分成两部分：一部分发生还原反应，另一部分发生氧化反应，发生还原反应的作正极，发生氧化反应的作负极，用电池符号表示出来。

例 6-3-5 利用表 6-3-1 的数据计算下列反应在 25℃的标准平衡常数。

$$2Hg+2Fe^{3+} \longrightarrow Hg_2^{2+}+2Fe^{2+}$$

解 设计电池 $Hg|Hg_2^{2+} \| Fe^{3+},Fe^{2+}|Pt$

负极反应： $2Hg-2e^- \longrightarrow Hg_2^{2+}$

正极反应： $2Fe^{3+}+2e^- \longrightarrow 2Fe^{2+}$

电池反应： $2Hg+2Fe^{3+} \longrightarrow Hg_2^{2+}+2Fe^{2+}$

$$E^{\ominus}=\varphi^{\ominus}(Fe^{3+}|Fe^{2+})-\varphi^{\ominus}(Hg_2^{2+}|Hg)=\frac{RT}{2F}\ln K^{\ominus}$$

由表 6-3-1 查得 $\varphi^{\ominus}(Fe^{3+}|Fe^{2+})=0.770V$，$\varphi^{\ominus}(Hg_2^{2+}|Hg)=0.7959V$

$$\frac{0.059\ 16}{2}\lg K^{\ominus}=0.770-0.7959$$

$$K^{\ominus}=0.133$$

例 6-3-6 利用表 6-3-1 的数据计算 25℃时 AgCl 的溶度积 K_{sp}。

解 设计电池 $Ag|Ag^+ \| Cl^-|AgCl(s)|Ag$，该电池的电极反应和电池反应为

负极反应： $Ag-e^- \longrightarrow Ag^+$

正极反应： $AgCl+e^- \longrightarrow Ag+Cl^-$

电池反应： $AgCl \longrightarrow Ag^+ + Cl^-$

$$E^{\ominus}=\frac{RT}{F}\ln K_{sp}=\varphi^{\ominus}[Cl^-|AgCl(s)|Ag]-\varphi^{\ominus}(Ag^+|Ag)$$

由表 6-3-1 查得 $\varphi^{\ominus}[Cl^-|AgCl(s)|Ag]=0.2221V$，$\varphi^{\ominus}(Ag^+|Ag)=0.7994V$，有

$$0.059\ 16\lg K_{sp}=0.2221-0.7994$$

$$K_{sp}=1.75\times10^{-10}$$

3）求电解质离子的平均活度系数

根据能斯特方程，电池电动势与参加反应的各物质的活度有关，因此测定电池电动势可计算活度和活度系数。下面通过例题说明。

例 6-3-7 测得下列电池在 25℃时的电池电动势 $E=0.4119V$，求该溶液中 HCl 的平均活度系数。已知 25℃时，$\varphi^{\ominus}[Cl^-|Hg_2Cl_2(s)|Hg]=0.2683V$。

$$Pt|H_2(g,100kPa)|HCl(b=0.075\ 03mol\cdot kg^{-1})|Hg_2Cl_2(s)|Hg$$

解 题给电池的电极反应和电池反应为

负极反应： $\frac{1}{2}H_2(g,100kPa)-e^- \longrightarrow H^+$

正极反应： $\frac{1}{2}Hg_2Cl_2(s)+e^- \longrightarrow Hg+Cl^-$

电池反应：

$$\frac{1}{2}Hg_2Cl_2(s)+\frac{1}{2}H_2(100kPa)\longrightarrow Hg+H^++Cl^-$$

$$E=E^{\ominus}-\frac{RT}{F}\ln a_{H^+}a_{Cl^-}=E^{\ominus}-[0.059\ 16\lg(\gamma_{\pm}b_{\pm})^2]V$$

$$E^{\ominus}=\varphi^{\ominus}[Cl^-|Hg_2Cl_2(s)|Hg]=0.2683V$$

所以

$$0.4119=0.2683-0.059\ 16\lg(\gamma_{\pm}\times0.075\ 03)^2$$

解得

$$\gamma_{\pm}=0.82$$

4）求溶液的 pH

若电池电动势与 H^+ 或 OH^- 的活度有关，则可由测定电池电动势来计算溶液的 pH。

例 6-3-8　电池 $Pt|H_2(g,100kPa)|$某溶液$\|$饱和 $KCl|Hg_2Cl_2(s)|Hg$，当溶液为 pH=6.86 的缓冲溶液时，25℃时测得 $E_1=0.7409V$；当某溶液为待测 pH 的溶液时，测得 $E_2=0.6097V$。求待测溶液的 pH。

解

$$E=\varphi_+-\varphi_-$$

$$\varphi_-=\varphi^{\ominus}(H^+|H_2)-\frac{RT}{F}\ln\frac{1}{a_{H^+}}=(-0.059\ 16\ pH)V$$

$$E=\varphi_++(0.059\ 16\ pH)V$$

$$E_1=\varphi_++(0.059\ 16\times6.86)V=0.7409V$$

$$E_2=\varphi_++(0.059\ 16\ pH)V=0.6097V$$

由 E_2-E_1 得

$$pH=4.64$$

§6-4　不可逆电极过程

1. 分解电压

以水的分解为例来说明分解电压的概念。如图 6-4-1 所示，在 H_2SO_4 溶液中（加入 H_2SO_4 的目的是增加溶液的导电能力）插入两个铂电极，一极与外电源的正极相连，另一极通过电流计与外电源的负极相连。V 为伏特计，用以测定电解过程中电流与电压的关系。移动可变电阻的接触点的位置可以改变两极间的电压。开始阶段外加电压比较小，通过电解池的电流几乎为零，这时从两极逸出的气泡也极少。当外加电压增加到某一数值后电压增加，电流也迅速增加，电解池两极上不断有气泡逸出，此时电解反应持续不断进行，使电解反应持续不断进行的最小电压称为该电解质的分解电压，如图 6-4-2 所示。

为什么两极间外加电压达到分解电压时，电解反应才能持续不断进行呢？当电解池两极加上一定电压后，H^+ 就要到阴极去放电，变成氢原子，然后两个氢原子再结合成氢分子，并吸附在电极上。与此同时，OH^- 也要到阳极上去放电，生成氧原子和水，两个氧原子再结合成氧分子，并吸附在电极上，从而构成了下面的电池

$$Pt|H_2(g)|H_2SO_4(aq)|O_2(g)|Pt$$

此电池的电极反应和电池反应为

负极反应：

$$H_2(g)-2e^-\longrightarrow2H^+$$

正极反应：

$$\frac{1}{2}O_2(g)+2H^++2e^-\longrightarrow H_2O$$

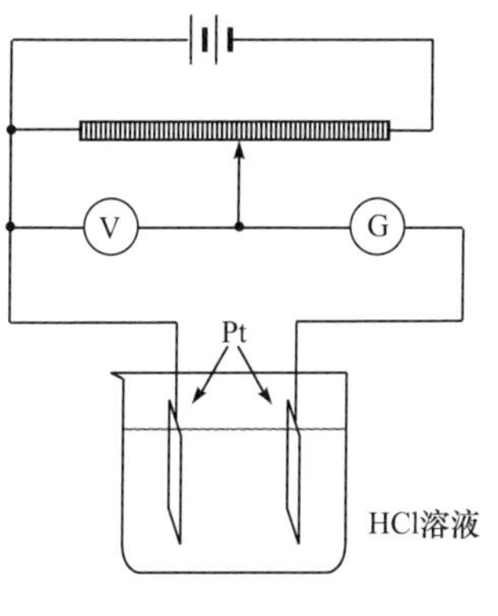

图 6-4-1 测定分解电压的装置

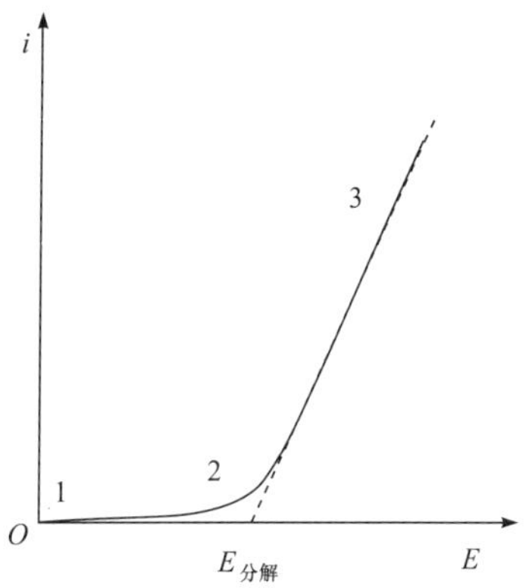

图 6-4-2 电解中电流与电压的关系

电池反应：$$H_2(g)+\frac{1}{2}O_2(g)\longrightarrow H_2O$$

此电池的电动势为

$$E=E^{\ominus}-\frac{RT}{2F}\ln\frac{a_{H_2O}}{\left(\frac{p_{H_2}}{p^{\ominus}}\right)\left(\frac{p_{O_2}}{p^{\ominus}}\right)^{1/2}}$$

$$E^{\ominus}=\varphi^{\ominus}[H^+,H_2O|O_2(g)|Pt]-\varphi^{\ominus}[H^+|H_2(g)|Pt]$$

若取 $p_{H_2}=100kPa$，$p_{O_2}=100kPa$，$\varphi^{\ominus}[H^+,H_2O|O_2(g)|Pt]=1.229V$，得

$$E=E^{\ominus}=1.229V$$

则只有当外加电压大于该电池电动势时电解才能进行，因此在可逆的条件下，只要外加电压比 1.229V 大一个无限小量，水的分解即可进行，这个电压称为水的理论分解电压。实际上要使水的分解反应持续不断进行，外加电压必须在 1.7V 左右。表 6-4-1 列出了酸和碱水溶液中水的分解电压，由表列数据可以看出，无论在酸性或碱性的水溶液中，水的实际分解电压都在 1.7V 左右。

表 6-4-1 酸和碱水溶液中水的分解电压

酸	E/V	碱	E/V
H_2SO_4	1.67	NaOH	1.69
HNO_3	1.69	NH_4OH	1.74
H_3PO_4	1.71	KOH	1.67

2. 极化作用与超电势

1）极化作用

从前面的讨论可以知道，实际分解电压高于理论分解电压，这个现象的产生一方面是因为导线、线路的接触点以及电解质溶液都有一定的电阻，都将产生相应的电位降；另一方面是因为实际电解过程中有电流通过电解池，即实际电解时，电极过程是不可逆的，使电极电势偏离平衡电极电势。由于电极过程不可逆而使电极电势偏离平衡电极电势的现象称为极化。实际电极电势与平衡电极电势之差称为超电势。因极化的结果使阳极电势更正，阴极电势更负。为了使超电势为正值，规定阳极超电势 $\eta_{阳}$ 和阴极超电势 $\eta_{阴}$ 分别为

$$\eta_{阳}=\varphi_{实}-\varphi_{平} \qquad \eta_{阴}=\varphi_{平}-\varphi_{实} \tag{6-4-1}$$

因此实际分解电压为

$$E_{实}=E_{理论}+\eta_{阳}+\eta_{阴}+IR \tag{6-4-2}$$

IR 是由于溶液的电阻引起的电位降。

2）极化产生的原因

极化产生的原因有 3 个。

A. 电阻极化

由于电解质溶液都有一定的内阻，且电极表面常会形成氧化膜或其他膜层，电阻较大，必须有一部分电压用以克服由此产生的电位降 IR，这称为电阻极化，相应的超电势称为电阻超电势。

B. 浓差极化

由于电极附近溶液浓度与溶液本体浓度不一致而产生的极化称为浓差极化，由此产生的超电势称为浓差超电势。溶液中电极附近的离子首先到电极上放电，若溶液本体的离子来不及扩散到电极附近，将造成电极附近溶液浓度低于溶液本体浓度，使电极电势偏离平衡电极电势。例如电解水中 H^+ 到阴极放电，OH^- 到阳极放电，电解时电极反应为

阴极反应：
$$2H^+ + 2e^- \longrightarrow H_2$$

阳极反应：
$$2OH^- - 2e^- \longrightarrow \frac{1}{2}O_2 + H_2O$$

电极电势为

$$\varphi(H^+|H_2)=\varphi^\ominus(H^+|H_2)-\frac{RT}{2F}\ln\frac{p_{H_2}/p^\ominus}{a_{H^+}^2}$$

$$\varphi(OH^-,H_2O|O_2)=\varphi^\ominus(OH^-,H_2O|O_2)-\frac{RT}{2F}\ln\frac{a_{OH^-}^2}{[p_{O_2}/p^\ominus]^{1/2}a_{H_2O}}$$

由上面的电极电势表达式可以看出，H^+ 浓度的降低使电极电势更负，而 OH^- 浓度的降低则使电极电势更正。

C. 电化学极化

电极过程常分为若干步进行，若其中某一步速率很慢，则将阻碍整个电极反应的进行，并导致正电荷在阳极的积聚和负电荷在阴极的积聚，从而使阳极电势更正，阴极电势更负。这种由于电化学反应本身迟缓引起的极化称为电化学极化，由此产生的超电势称为活化超电势。

上面我们从电解池来讨论的极化，无论电解池还是原电池，极化的结果都是阳极电势更正，阴极电势更负，如图 6-4-3 所示。

1905 年，塔费尔(Tafel)提出了一个经验公式，表示氢的超电势与电流密度的关系，称为塔费尔公式：

$$\eta=a+b\lg i$$

式中，a、b 为经验常数；i 为电流密度。

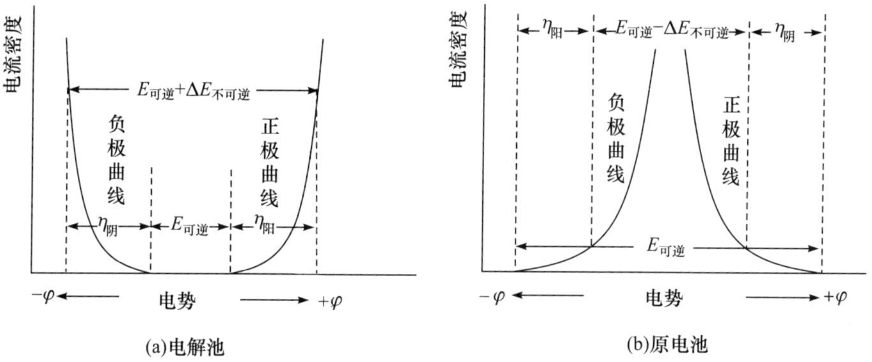

图 6-4-3 极化曲线

3. 电极过程动力学

1）电极反应的机理

电极反应发生在电极与溶液的界面处，所以电极反应与多相反应一样，是一个连续过程，通常包括以下步骤：①离子或其他物质从溶液本体向电极表面液层迁移(液相传质)；②离子吸附在电极表面；③离子放电(得到或失去电子)生成产物；④产物从电极表面解吸；⑤产物从电极表面液层向溶液本体迁移。还可能有以下步骤：⑥反应物或产物在电极表面附近发生化学反应；⑦产物形成新相(气泡、沉淀等)以及金属离子放电后迁移到晶格点阵上成为稳定态等。上述各步中最慢的一步决定整个反应的速率。例如，液相传质可能是最慢的一步，也可能是电极上的电化学过程是最慢的一步。了解电极反应的机理有利于电极反应的控制。

2）电极反应的速率

电极反应涉及电子的转移，因此电极反应速率可以用电流密度 i(A・m^{-2}或 A・cm^{-2})来表示。一般电极反应可表示为

$$\underset{c_O}{\text{氧化态}} + Ze^- \text{===} \underset{c_R}{\text{还原态}}$$

式中，c_O 和 c_R 分别为氧化态和还原态的浓度。根据法拉第定律，电极上发生电极反应的物质的量为

$$n=\frac{Q}{ZF}=\frac{It}{ZF} \tag{6-4-3}$$

若用$\frac{dn}{dt}$来表示反应速率，则

$$\frac{dn}{dt}=\frac{I}{ZF}$$

即

$$I=ZF\frac{dn}{dt} \tag{6-4-4}$$

电流密度为

$$i=\frac{I}{A}=\frac{ZF}{A}\frac{dn}{dt} \tag{6-4-5}$$

若按一级反应处理，在同一电极上，对于正反应(还原反应)有阴极电流密度：

$$i_c=\frac{ZF}{A}k_1c_O=\frac{ZF}{A}k_{1,0}c_O\exp\left(-\frac{E_1}{RT}\right) \tag{6-4-6}$$

式中，k_1 和 $k_{1,0}$ 分别为正反应的速率常数和指前因子；E_1 为所选电势坐标的零点处阴极反应的活化能。同理可得，同一电极上逆反应(氧化反应)的阳极电流密度为

$$i_a=\frac{ZF}{A}k_2c_R=\frac{ZF}{A}k_{2,0}c_R\exp\left(-\frac{E_2}{RT}\right) \tag{6-4-7}$$

式中，k_2 和 $k_{2,0}$ 分别为逆反应的速率常数和指前因子；E_2 为所选电势坐标的零点处阳极反应的活化能。

3) 电极电势与电极反应速率

电极反应速率除了与温度、压力、介质等条件有关外，更与电极电势有关。计算表明，电极电势改变 0.6V，电极反应速率改变 10^5 倍，对于一个活化能为 $40kJ \cdot mol^{-1}$ 的反应来说，温度升高 800K 才能达到相同的效果。由此可见电极电势对电极反应速率的影响。由于电极反应中有带电粒子参加，其能量与电极电势有关。若电极电势的增加为 $\Delta\varphi$，且 $\Delta\varphi$ 为正值，则将使得到电子的反应难于进行，而使失去电子的反应易于进行，即增加了还原反应的活化能，降低了氧化反应的活化能。

当电极电势的增加为 $\Delta\varphi$ 时，引起的电极反应的吉布斯函数变化为 $-\Delta G=ZF\Delta\varphi$，这个能量的一部分将起到增加还原反应活化能的作用，设这部分能量占总能量的分数为 α，而另一部分则将起到降低氧化反应活化能的作用，设这部分能量占总能量的分数为 β。因此还原反应和氧化反应的活化能分别为

$$E_1'=E_1+\alpha ZF\Delta\varphi \qquad E_2'=E_2-\beta ZF\Delta\varphi \tag{6-4-8}$$

式中，α 和 β 称为迁越系数，其值大都接近 0.5，且 $\alpha+\beta=1$(表 6-4-2)。

表 6-4-2 迁越系数的实验值

电极	电极反应	α	电极	电极反应	α
Pt	$Fe^{3+}+e^-\longrightarrow Fe^{2+}$	0.58	Hg	$2H^++2e^-\longrightarrow H_2$	0.50
Pt	$Ce^{4+}+e^-\longrightarrow Ce^{3+}$	0.75	Ni	$2H^++2e^-\longrightarrow H_2$	0.58
Hg	$Ti^{4+}+e^-\longrightarrow Ti^{3+}$	0.42	Ag	$Ag^++e^-\longrightarrow Ag$	0.55

因此当电极电势改变至 $\varphi=\varphi$，即($\Delta\varphi=\varphi$)时，阴极电流密度和阳极电流密度分别为

$$i_c=\frac{ZF}{A}k_1c_O=\frac{ZF}{A}k_{1,0}c_O\exp\left(-\frac{E_1+\alpha ZF\varphi}{RT}\right) \tag{6-4-9}$$

$$i_a=\frac{ZF}{A}k_2c_R=\frac{ZF}{A}k_{2,0}c_R\exp\left(-\frac{E_2-\beta ZF\varphi}{RT}\right) \tag{6-4-10}$$

当电极达平衡时，$i_c=i_a=i_0$，i_0 称为交换电流密度。平衡时的电极电势用 φ_e 表示，则有

$$\begin{aligned} i_0 &=\frac{ZF}{A}k_{1,0}c_O\exp\left(-\frac{E_1+\alpha ZF\varphi_e}{RT}\right)=\frac{ZF}{A}k_{2,0}c_R\exp\left(-\frac{E_2-\beta ZF\varphi_e}{RT}\right) \\ &=k_1'c_O\exp\left(-\frac{\alpha ZF\varphi_e}{RT}\right)=k_2'c_R\exp\left(\frac{\beta ZF\varphi_e}{RT}\right) \end{aligned} \tag{6-4-11}$$

式中，$k_1'=\frac{ZF}{A}k_{1,0}\exp[-E_1/(RT)]$，$k_2'=\frac{ZF}{A}k_{2,0}\exp[-E_2/(RT)]$。则

$$\varphi_e=\frac{RT}{ZF}\ln\frac{k_1'}{k_2'}+\frac{RT}{ZF}\ln\frac{c_O}{c_R} \tag{6-4-12}$$

式(6-4-12)就是能斯特方程(严格地说应用活度代替浓度),当电极发生极化时,其极化电极电势为 φ,对阴极来说,$\varphi_c=\varphi_e-\eta$,代入式(6-4-9)得

$$i_c=\frac{ZF}{A}k_{1,0}c_O\exp\left[-\frac{E_1+\alpha ZF(\varphi_e-\eta)}{RT}\right]=i_0\exp\left(\frac{\alpha ZF\eta}{RT}\right) \tag{6-4-13}$$

对于阳极有 $\varphi_a=\varphi_e+\eta$,代入式(6-4-10)得

$$i_a=\frac{ZF}{A}k_{2,0}c_R\exp\left[-\frac{E_2-\beta ZF(\varphi_e+\eta)}{RT}\right]=i_0\exp\left(\frac{\beta ZF\eta}{RT}\right) \tag{6-4-14}$$

所以电极上的净电流密度为

$$i=i_c-i_a=i_0\left[\exp\left(\frac{\alpha ZF\eta}{RT}\right)-\exp\left(\frac{\beta ZF\eta}{RT}\right)\right] \tag{6-4-15}$$

式(6-4-15)称为 Butler-Volmer 方程,是电极过程动力学的基本方程。当阴极极化很大时

$$i\approx i_c=i_0\exp\left(\frac{\alpha ZF\eta}{RT}\right)$$

取对数得

$$\eta=-\frac{RT}{\alpha ZF}\ln i_0+\frac{RT}{\alpha ZF}\ln i \tag{6-4-16}$$

这就是活化超电势,与塔费尔经验公式完全一致。对氢的超电势取 $\alpha=0.5$,可算出 20～25℃时,塔费尔经验公式中 b 的取值范围为 0.116～0.118,与实验值相符。同样,阳极极化很大时也可导出上述公式。

4. 电极反应的竞争

在电解质的水溶液中,正、负离子都不止一种,若为混合电解质溶液,则正、负离子的种类就更多了,原则上正离子都可以到阴极去放电,负离子都可以到阳极去放电。但各离子的电极电势不同,它们到电极上去放电顺序有先有后,这种先后顺序要根据实际电解中电极电势(极化后的电极电势)来判断。实际电极电势最大的先到阴极放电,实际电极电势最小的先到阳极放电。在水溶液中有 H^+ 和 OH^-,还需考虑 H^+ 和 OH^- 的放电。在中性水溶液中,$a_{H^+}=10^{-7}$,取 $p_{H_2}=100\text{kPa}$,25℃时有

$$\varphi(H^+|H_2)=-\frac{RT}{F}\ln\frac{1}{10^{-7}}=-0.414\text{V}$$

若不考虑氢的超电势,则凡是电极电势大于−0.41V 的离子都可以先于 H^+ 到阴极放电并沉积出来。若考虑氢的超电势,许多电极电势比 H^+ 小得多的离子,如 Zn^{2+}、Cd^{2+},甚至 Na^+ 都可以先于 H^+ 到阴极放电沉积出来。以 Zn^{2+} 为例,若 Zn^{2+} 的浓度为 $1\text{mol}\cdot\text{dm}^{-3}$,并用浓度代替活度,则 $\varphi(Zn^{2+}|Zn)=\varphi^{\ominus}(Zn^{2+}|Zn)=-0.763\text{V}$,其值小于 H^+ 的电极电势。但考虑到电极的极化,一般金属的超电势很小,可以不考虑,而氢在锌上的超电势最小为 0.48V,故要在锌上析出氢实际电极电势应为−0.894V,此值低于 Zn^{2+} 的电极电势,所以 Zn^{2+} 先到阴极去放电并沉积出金属锌,而不会析出氢气来。但随着锌的析出,溶液中 Zn^{2+} 浓度降低,电极电势越来越小,当 Zn^{2+} 的浓度降到 $3.7\times10^{-5}\text{mol}\cdot\text{dm}^{-3}$ 时,$\varphi(Zn^{2+}|Zn)=-0.894\text{V}$,此时 H^+ 也开始到阴极去放电并析出氢气来。要使氢气不析出来,则阴极电极电势不能低于−0.894V。由于

氢在汞上的超电势很大,可以汞作为阴极,Na^+ 到阴极放电并在汞中形成汞齐,则可使氢气不析出。由此可见,正是由于氢在许多金属上有超电势,才能使许多金属离子先于 H^+ 到阴极放电而沉积出来,且不会析出氢气。在阳极 OH^- 可以去放电,也可以发生金属的溶解。在中性水溶液中,$a_{OH^-}=10^{-7}$,故有

$$\varphi(OH^-,H_2O|O_2)=\varphi^{\ominus}(OH^-,H_2O|O_2)-\frac{RT}{2F}\ln\frac{a_{OH^-}^2}{[p_{O_2}/p^{\ominus}]^{1/2}a_{H_2O}}$$

若 $p_{O_2}=100kPa$,25℃时 $\varphi^{\ominus}(OH^-,H_2O|O_2)=0.401V$,所以有

$$\varphi(OH^-,H_2O|O_2)=(0.401-0.059\ 16\lg 10^{-7})V=0.815V$$

若不考虑氧的超电势,凡是极化后的电极电势小于 0.815V 的离子或金属都可以先于 OH^- 到阳极放电。例如用铜电极电解 $CuSO_4$ 溶液,若 $a_{Cu^{2+}}=1$,则

$$\varphi(Cu^{2+}|Cu)=\varphi^{\ominus}(Cu^{2+}|Cu)=0.340V$$

Cu^{2+} 的电极电势小于 OH^- 的电极电势,所以在阳极是铜溶解,而不是 OH^- 放电析出氧气来。总之,电解时无论在阳极还是在阴极,各种离子的放电顺序都应根据极化后的电极电势来判断,而不是由可逆电极电势来判断。

例 6-4-1 某溶液中含有 $Ag^+(a=0.05)$、$Fe^{2+}(a=0.01)$、$Cd^{2+}(a=0.001)$、$Ni^{2+}(a=0.1)$、$H^+(a=0.001)$,已知 H_2 在 Ag、Ni、Fe、Cd 上的超电势分别为 0.20、0.24、0.18、0.30V,25℃时当外加电压从零开始增加时,在阴极上发生什么变化?

解 该溶液中 Ag、Ni、Fe、Cd 的平衡电极电势分别为

$$\varphi_e(Ag^+|Ag)=\varphi^{\ominus}(Ag^+|Ag)-\frac{RT}{F}\ln\frac{1}{a_{Ag^+}}=(0.7994+0.059\ 16\lg 0.05)V=0.7224V$$

$$\varphi_e(Fe^{2+}|Fe)=\varphi^{\ominus}(Fe^{2+}|Fe)-\frac{RT}{2F}\ln\frac{1}{a_{Fe^{2+}}}=(-0.440-\frac{0.059\ 16}{2}\lg\frac{1}{0.01})V=-0.499V$$

$$\varphi_e(Cd^{2+}|Cd)=\varphi^{\ominus}(Cd^{2+}|Cd)-\frac{RT}{2F}\ln\frac{1}{a_{Cd^{2+}}}=(-0.403-\frac{0.059\ 16}{2}\lg\frac{1}{0.001})V=-0.492V$$

$$\varphi_e(Ni^{2+}|Ni)=\varphi^{\ominus}(Ni^{2+}|Ni)-\frac{RT}{2F}\lg\frac{1}{a_{Ni^{2+}}}=(-0.250-\frac{0.059\ 16}{2}\lg\frac{1}{0.10})V=-0.28V$$

$$\varphi_e(H^+|H_2)=\varphi^{\ominus}(H^+|H_2)-\frac{RT}{F}\lg\frac{1}{a_{H^+}}=(0.059\ 16\lg 10^{-3})V=-0.178V$$

当 $a_{H^+}=0.001$ 时,在 Ag、Ni、Fe、Cd 上 H^+ 的析出电势为

$$\varphi(H^+|H_2,Ag)=(-0.178-0.20)V=-0.38V$$

$$\varphi(H^+|H_2,Fe)=(-0.178-0.18)V=-0.36V$$

$$\varphi(H^+|H_2,Cd)=(-0.178-0.30)V=-0.48V$$

$$\varphi(H^+|H_2,Ni)=(-0.178-0.24)V=-0.42V$$

当外加电压从零开始逐渐增加时,在阴极上的变化为:Ag 析出→Ni 析出→Ni 上析出 H_2 →Cd 析出同时析出 H_2 →Fe 析出同时析出 H_2。Fe^{2+} 与 OH^- 结合成 $Fe(OH)_2$,$Fe(OH)_2$ 可进一步在空气中氧化成 $Fe(OH)_3$。

§6-5 电化学的应用

1. 腐蚀与防护

金属的腐蚀是一个极为严重的问题,据统计全世界每年由于腐蚀而报废的金属材料和设

备占金属产量的20%～30%，所以研究金属的腐蚀与防护有重要的意义。金属的腐蚀可分为两类：若金属与周围的介质发生化学反应而使金属受到破坏，则称这类腐蚀为化学腐蚀，化学腐蚀没有电流产生；若金属与其杂质或在两种不同金属的连接处，与周围介质形成原电池，发生电化学反应而使金属受到破坏，这类腐蚀称为电化学腐蚀。这两类腐蚀中电化学腐蚀对金属的危害更大。

在潮湿的空气中两种不同的金属的连接处，或金属与其中所含的杂质之间，如果有一层薄薄的水膜，其中溶解了 CO_2 等杂质，这就形成了原电池，称之为微电池。例如，铜板上有一铁的铆钉，在其连接处可形成微电池，其中铁是负极，铜是正极。在负极上发生电极反应

$$Fe-2e^- \longrightarrow Fe^{2+}$$

在正极上 H^+ 和 O_2 可以得到电子，即发生电极反应

$$2H^+ + 2e^- \longrightarrow H_2$$

$$\frac{1}{2}O_2 + H_2O + 2e^- \longrightarrow 2OH^-$$

因 $\varphi^\ominus(H^+|H_2)=0$，$\varphi^\ominus(OH^-,H_2O|O_2)=0.401V$，所以若有氧气存在，首先是氧得到电子，也就是说，氧的存在加速了腐蚀的进行。为了避免金属受到腐蚀常采取以下保护措施。

1）涂防护层

在金属的表面加涂防护层，如喷涂油漆或其他高分子材料，也可加搪瓷以保护金属不受腐蚀。

2）镀金属镀层

用电镀的方法在金属的表面镀一层其他金属，例如镀锌、镀锡、镀铜等以保护金属不受腐蚀。金属镀层可以分为两种：例如在铁上镀锌，锌的电极电势比铁的电极电势更负，当形成微电池时锌是阳极，铁是阴极，这称为阳极保护层；若在铁上镀铜，铜的电极电势比铁的电极电势更正，当形成微电池时，铜是阴极，铁是阳极，称为阴极保护层。无论是阴极保护层还是阳极保护层都保护内部的金属不受到腐蚀，但当保护层受到破坏时，阳极保护层受到破坏的首先是金属镀层，而阴极保护层首先受到破坏的则是被保护的金属，这时保护层的存在反而加速了腐蚀的进行。

3）阳极保护

阳极保护以金属为阳极，在电解池中有电流通过时，通常将发生阳极溶解，但在某些介质中，当电极电势正移到某一数值时，阳极溶解的速度反而随电极电势的增加而迅速降低，这种现象称为金属的钝化。关于金属的钝化一般认为是在表面形成了一层致密的氧化膜，也有人认为是在表面上形成了氧的吸附层。利用阳极极化使金属的表面生成一层耐腐蚀的钝化膜来防止金属受到腐蚀的方法称为阳极保护。图6-5-1是钢在硫酸中的阳极极化曲线，即阳极电势 φ 对电流密度的对数作图得到的曲线。

曲线 AB 段，随电极电势的正移，阳极溶解速度增加，阳极反应为

$$Fe-2e^- \longrightarrow Fe^{2+}$$

当阳极电势达到 B 点以后表面开始钝化，阳极溶解速度随阳极电势的正移迅速降低，B 点对应的电位称为钝化电势，与 B 点对应的电流密度称为临界钝化电流密度。在 EF 段阳极溶解速度维持很小的数值，此时金属处于稳定的钝态，此时的电流称为钝态电流。过了 F 点

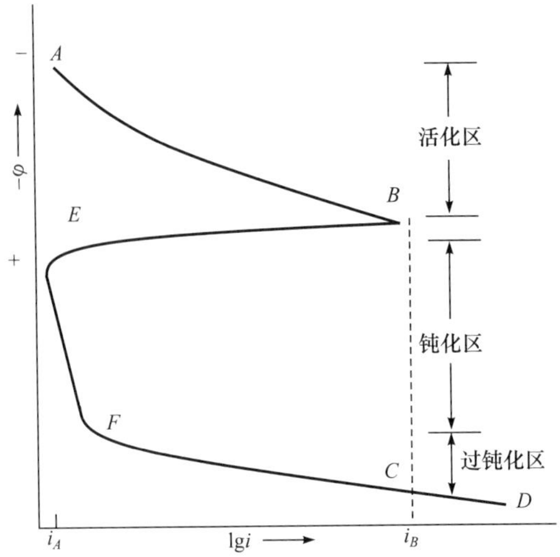

图 6-5-1　钢在硫酸中的阳极极化曲线

以后随阳极电势的正移，阳极溶解速度又开始增加，铁以高价离子进入溶液，FC 段称为过钝化区。从阳极极化曲线可以看出，金属处于钝化区，其腐蚀速度最小。因此可以用外电源使被保护的金属作为阳极，并维持电极电势在钝化区，这样金属受到的腐蚀可降低到最小。小化肥厂碳化塔就是采用这种方法来防止腐蚀的。

4）阴极保护

将被保护金属接到外电源的负极上，正极接到废铁上，这样被保护的金属作为阴极，废铁为阳极，以牺牲阳极来保护金属不受腐蚀。也可以将电极电势更负的金属与被保护的金属连接在一起，这样形成微电池时，被保护金属作为阴极，连接上去的金属作为阳极，发生腐蚀时也是阳极溶解，被保护的金属可免受腐蚀。

5）缓蚀剂

加入缓蚀剂可大大降低金属的腐蚀速度，且缓蚀剂用量很少，使用方便又经济，缓蚀剂是一种常用的防腐蚀的物质。一般认为，有机缓蚀剂多数为表面活性物质，它们被金属表面吸附后，提高了氢的超电势，降低了氢的析出速度，从而降低了金属的腐蚀速率。

2. 膜电势与离子选择性电极

1）膜电势

将一个只允许某种离子通过的膜放在两种不同浓度的该离子的溶液之间，离子将进行扩散，由于膜两侧离子浓度不同，两侧离子的扩散速度也不同，故在膜的两边形成电势差，这种电势差称为膜电势。膜电势与两侧离子浓度有关，可表示为

$$\Delta\varphi=\varphi^{2}-\varphi^{1}=-\frac{RT}{ZF}\ln\frac{a_2}{a_1}$$

式中，a_1、a_2 是膜两侧离子的浓度。生物体内的每一个细胞都被厚度为$(60\sim100)\times10^{-10}$ m 的薄膜-细胞膜包围。细胞膜内外都充满液体，液体中都溶有一定的电解质。在静止的神经细胞

膜内，液体中 K^+ 的浓度是膜外的 35 倍，由此产生电势差，即膜电势为

$$\Delta\varphi=-\frac{RT}{F}\ln\frac{a_{K^+,内}}{a_{K^+,外}}$$

假定活度系数均为 1，则

$$\Delta\varphi=\left(-\frac{RT}{F}\ln 35\right)mV=-91mV$$

实际测得神经细胞的膜电势为 $-70mV$，这是由于活肌体内溶液不是处于平衡状态造成的。

2）玻璃电极

玻璃电极广泛用于溶液 pH 的测定，它是用特殊的玻璃吹制成的球状薄膜，膜内放 $0.1mol\cdot dm^{-3}$ 的 HCl 溶液和一个氯化银电极，外面是待测 pH 的溶液。因为膜两侧 H^+ 的浓度不同而产生电势差，现在认为这个电势差是离子交换形成的相界面电势差和离子在膜内外扩散形成的电势差之和。玻璃电极具有可逆电极的性质，其电极电势可表示为

$$\varphi_{玻}=\varphi^{\ominus}_{玻}-\frac{RT}{F}\ln\frac{1}{a_{H^+}}=\varphi^{\ominus}_{玻}-(0.05916\ pH)V$$

测量时用甘汞电极作为参比电极，构成如下的电池：

$$Ag|AgCl(s)|HCl(0.1mol\cdot dm^{-3})|待测溶液\|甘汞电极$$

该电池电动势为

$$E=\varphi_{甘}-\varphi_{玻}=\varphi_{甘}-\varphi^{\ominus}_{玻}+(0.05916\ pH)V$$

$\varphi^{\ominus}_{玻}$ 可用已知 pH 的溶液来确定。

3）离子选择性电极

离子选择性电极在 20 世纪 60 年代以后广泛受到重视。玻璃电极实际上也是一种离子选择性电极，即它是对氢离子有选择性的电极，但玻璃电极早就被人们使用，而离子选择性电极的迅速发展则在 20 世纪 60 年代以后。离子选择性电极的电极膜是一个对离子有选择性通过的薄膜，当电极插入含有该离子的溶液中时，由于它和膜上相同离子进行交换而改变两相界面的电荷分布，从而在界面上形成电势差，这就是膜电势。例如，氟离子选择性电极的电极膜是 LaF_3 的单晶片，膜内充以 $0.1mol\cdot kg^{-1}$ 的 KF 溶液和 $0.1mol\cdot kg^{-1}$ 的 NaCl 溶液，并插入一个氯化银电极。测定时用甘汞电极作参比电极，构成如下的电池：

$$Ag|AgCl(s)|KF(0.1mol\cdot kg^{-1}),NaCl(0.1mol\cdot kg^{-1})|待测溶液\|甘汞电极$$

氟离子选择性电极的电极电势为

$$\varphi=\varphi^{\ominus}-\frac{RT}{F}\ln a_{F^-}$$

若是对 M^+ 有选择性的电极，其电极电势为

$$\varphi=\varphi^{\ominus}-\frac{RT}{F}\ln\frac{1}{a_{M^+}}$$

3. 化学电源

化学电源应用十分广泛，工业、农业、民用、航空、航海、航天无处不使用化学电源，特别是

电子仪器的发展，对化学电源提出了更高的要求。下面列举几种较典型的化学电源。

1) 锌锰干电池

锌锰干电池可表示为

$$Zn|NH_4Cl|MnO_2|C$$

电池反应为

$$Zn+2MnO_2+H_2O \xlongequal{} ZnO+2MnOOH$$

锌锰干电池使用历史很久，其优点是原料易得，制作简单，可以在很广泛的温度范围内使用。

2) 蓄电池

蓄电池主要有 3 种，即酸式铅蓄电池、碱式 Fe-Ni 蓄电池和 Ag-Zn 蓄电池。酸式铅蓄电池发展最早，故比较成熟和价廉，缺点是笨重，需严格的保养和维护，且易于损坏。酸式铅蓄电池可表示为

$$Pb|H_2SO_4|PbO_2$$

其电池反应为

$$PbO_2+Pb+2H_2SO_4 \underset{充电}{\overset{放电}{\rightleftharpoons}} 2PbSO_4+2H_2O$$

碱式 Fe-Ni 蓄电池的低温性能好，质量轻，较能经受剧烈震动，维护保养简单，但结构复杂，成本较高。碱式 Fe-Ni 蓄电池可表示为

$$Fe|KOH|NiOOH$$

其电池反应为

$$Fe+2NiOOH+2H_2O \underset{充电}{\overset{放电}{\rightleftharpoons}} Fe(OH)_2+2Ni(OH)_2$$

Ag-Zn 蓄电池能以大电流放电，较能经受剧烈震动，但成本高，使用寿命短。Ag-Zn 蓄电池可表示为

$$Zn|KOH|Ag_2O$$

其电池反应为

$$Ag_2O+Zn+H_2O \underset{充电}{\overset{放电}{\rightleftharpoons}} 2Ag+Zn(OH)_2$$

3) 燃料电池

燃料电池是 20 世纪 60 年代出现的一种新型能源，它将燃料的燃烧反应放在电池里进行，直接把化学能转变为电能，且可以不断地提供电能，同时极大提高了燃料的利用率。燃料电池中以氢-氧燃料电池的研究工作进展最为迅速，目前已用于宇宙飞船和潜水艇。例如，阿波罗宇宙飞船上的燃料电池由 3 组碱式氢-氧燃料电池组成，能提供的电压范围为 27～31V，功率为 563～1420W。碱式氢-氧燃料电池的电池反应为

$$H_2+\frac{1}{2}O_2 \longrightarrow H_2O$$

燃料电池的效率可表示为

$$热效率=\frac{\Delta_r G_m}{\Delta_r H_m}$$

表6-5-1列出了几种常用燃料电池的热效率。从表列数据可以看出，燃料电池的热效率在80%以上，而在60℃以上操作的汽轮发电设备的燃料热效率仅为36%。但目前使用的燃料电池价格昂贵，且腐蚀严重，影响了燃料电池的推广应用。

表6-5-1 几种燃料电池的热效率

电池反应	$\Delta_r G_m^\ominus/(kJ\cdot mol^{-1})$	$\Delta_r H_m^\ominus/(kJ\cdot mol^{-1})$	E/V	$\Delta_r G_m^\ominus/\Delta_r H_m^\ominus$
$H_2+(1/2)O_2 \longrightarrow H_2O$	−237.2	−285.9	1.229	0.83
$CH_4+2O_2 \longrightarrow CO_2+2H_2O$	−580.8	−604.5	1.060	0.96
$CH_3OH+(3/2)O_2 \longrightarrow CO_2+2H_2O$	−706.9	−764.0	1.222	0.93
$C+O_2 \longrightarrow CO_2$	−394.4	−393.5	0.712	1.00

4. 电化学合成

电化学合成是指用电化学方法合成化学物质，在工业上应用十分广泛，如电解食盐水制备氯气和氢氧化钠的氯碱工业、电解法提纯金属或生产合金、电解水可以制备纯净的氢气和氧气、电解法制双氧水等。有机物的电合成在近年来也研究得很多，如丙烯腈在电解池阴极上加氢气还原制成乙二腈(生产尼龙-66的原料)已投入工业生产。

$$2CH_2=CHCN+2H^++2e^- \longrightarrow CN(CH_2)_4CN$$

又如硝基苯电解制苯胺，其主要步骤为：

$$\underset{硝基苯}{C_6H_5NO_2} \rightarrow \underset{亚硝基苯}{C_6H_5NO} \rightarrow \underset{苯胲}{C_6H_5NHOH} \rightarrow \underset{苯胺}{C_6H_6NH_2}$$

如果用氢超电势较高的阴极，如Pb、Zn、Cd和Sn，不管溶液是碱性还是酸性，电解产物都是苯胺。如果用中性溶液，以Ag、C或Ni为阴极，主要产物为苯胲。如果用同样电极，但以酸性代替中性溶液，产物是对氨基苯酚 $C_6H_4(NH_2)OH$、联苯胺($NH_2C_6H_4\text{-}C_6H_4NH_2$)和苯胺。

电化学合成的优点主要有以下几方面：①热化学反应一般是在平衡条件下进行，主副反应共存，而电化学合成通过调节工作电压来控制反应方向，具有专一性；②电化学反应是通过调节超电势来控制反应速率，无需像热化学反应那样需在很高的温度下进行，一般在常温下即可；③可更好地选择所要得到的产品，特别是有些在电极界面上生成的活泼中间体尚未均匀地分散到溶液之前就与试剂反应，保证了很高的中间物浓度；④有些在热化学反应器中难于合成的化合物，在电化学反应器中能完成；⑤电化学反应用的试剂之一是电子，这是特别洁净的试剂，不会引进任何杂质，产品纯度也高。这些特点无疑是一般热化学反应所无法比拟的，这也是电化学合成在近几十年来迅速发展的原因。

习 题

6-1 用电流强度为5A的直流电来电解稀硫酸溶液，在300K、100kPa下如果要获得氧气和氢气各1dm^3，需分别通电多少时间？已知该温度下水的蒸气压为3.565kPa。

6-2 25℃时0.02mol·dm^{-3} KCl溶液的电导率为0.2768S·m^{-1}。一电导池充以此溶液，在25℃时测得电阻为453Ω，在同一电导池中装入同一体积的浓度为0.555g·dm^{-3} $CaCl_2$溶液，测得电阻为1050Ω。计算：

(1)电导池常数;(2)$CaCl_2$ 溶液的电导率;(3)$CaCl_2$ 溶液的摩尔电导率。

6-3 用银电极电解 $AgNO_3$ 溶液。通电一段时间后,测得在阴极上析出 1.15g 银,并知阴极区溶液中 Ag^+ 的总量减少了 0.605g。试计算 $AgNO_3$ 溶液中离子的迁移数 t_{Ag^+} 和 $t_{NO_3^-}$。

6-4 以银电极通电于氰化银钾溶液时,银在阴极上析出。每通过 1F 的电量,阴极区失去 1.40molAg^+ 和 0.8molCN^-,得到 0.6molK^+。试求:(1)氰化银钾络合物的化学式;(2)正、负离子的迁移数。

6-5 291K 时,已知 KCl 和 NaCl 的无限稀释摩尔电导率分别为 129.65×10^{-4} 和 108.6×10^{-4} $S\cdot m^2\cdot mol^{-1}$,K^+ 和 Na^+ 的迁移数分别为 0.496 和 0.397。试计算:(1)KCl 溶液中 K^+ 和 Cl^- 的摩尔电导率;(2)NaCl 溶液中 Na^+ 和 Cl^- 的摩尔电导率。

6-6 25℃时将电导率为 0.1412$S\cdot m^{-1}$的 KCl 溶液装入一电导池中,测得其电阻为 525Ω,在同一电导池中装入 0.1$mol\cdot dm^{-3}$的 NH_4OH 溶液,测得电阻为 2030Ω。利用表 6-1-3 的数据计算 NH_4OH 的解离度和解离平衡常数。

6-7 已知 25℃时 AgBr 的溶度积 $K_{sp}=6.3\times10^{-13}$。利用表 6-1-3 的数据计算 25℃时用纯水配制的 AgBr 饱和溶液的电导率。提示:要考虑纯水的电导率,25℃时纯水的电导率为 5.4804×10^{-6} $S\cdot m^{-1}$。

6-8 25℃时测得饱和 $SrSO_4$ 溶液的电导率为 1.482×10^{-2} $S\cdot m^{-1}$,该温度下水的电导率为 1.5×10^{-4} $S\cdot m^{-1}$。试计算在该条件下 $SrSO_4$ 的溶解度。所需离子的无限稀释摩尔电导率可查表 6-1-3。

6-9 应用德拜-休克尔公式计算 25℃时下列溶液中电解质离子的平均活度系数 $\gamma_\pm$:(1)0.005$mol\cdot kg^{-1}$ NaBr 溶液;(2)0.001$mol\cdot kg^{-1}$ $ZnSO_4$ 溶液;(3)0.025$mol\cdot kg^{-1}$ $K_3Fe(CN)_6$ 溶液。

6-10 电池 Pb|$PbSO_4$(s)|$Na_2SO_4\cdot10H_2O$ 饱和溶液|Hg_2SO_4(s)|Hg,在 25℃时 $E=0.9647V$,$\left(\frac{\partial E}{\partial T}\right)_p=1.74\times10^{-4}\ V\cdot K^{-1}$。(1)写出电池反应;(2)计算 25℃时该电池反应的 $\Delta_r H_m$、$\Delta_r G_m$ 和 $\Delta_r S_m$,以及电池可逆放电时的热 $Q_{r,m}$。

6-11 电池 Ag|AgCl(s)|KCl 溶液|Hg_2Cl_2(s)|Hg 的电池反应为:

$$Ag+1/2Hg_2Cl_2(s)=\!=\!=AgCl(s)+Hg$$

已知 25℃时此电池反应的 $\Delta_r H_m=5435J\cdot mol^{-1}$,各物质的规定熵 $S_m/(J\cdot K^{-1}\cdot mol^{-1})$分别为:Ag 42.55;AgCl 96.2;Hg(l) 77.4;Hg_2Cl_2(l)195.8。试计算 25℃时电池电动势 E 和温度系数$\left(\frac{\partial E}{\partial T}\right)_p$。

6-12 写出下列电池的电池反应,利用表 6-3-1 的数据计算 25℃时各电池反应的 $\Delta_r G_m$ 和 $K^\ominus$,并指明各电池反应能否自发进行。

(1) Cd|Cd^{2+}($a_{Cd^{2+}}=0.01$)‖Cl^-($a_{Cl^-}=0.5$)|Cl_2(g,100kPa)|Pt

(2) Pb|Pb^{2+}($a_{Pb^{2+}}=1$)‖Ag^+($a_{Ag^+}=1$)|Ag

(3) Zn|Zn^{2+}($a_{Zn^{2+}}=0.0004$)‖Cd^{2+}($a_{Cd^{2+}}=0.2$)|Cd

6-13 将下列反应设计成原电池,并利用表 6-3-1 的数据计算 25℃时各电池反应的 $\Delta_r G_m$ 和 $K^\ominus$。

(1) $2Ag^+ + H_2(g) \longrightarrow 2Ag + 2H^+$

(2) $Sn^{2+} + Pb^{2+} \longrightarrow Sn^{4+} + Pb$

(3) $AgCl(s) \longrightarrow Ag^+ + Cl^-$

(4) $AgCl(s) + I^- \longrightarrow AgI(s) + Cl^-$

(5) $Fe^{2+} + Ag^+ \longrightarrow Fe^{3+} + Ag$

(6) $Cl_2(g) + 2I^- \longrightarrow I_2(s) + 2Cl^-$

6-14 电池 Pt|H_2(g,100kPa)|HCl(0.1$mol\cdot kg^{-1}$)|Cl_2(g,100kPa)|Pt 在 25℃时 $E=1.4881V$,试计算 HCl 的 $\gamma_\pm$。

6-15 电池 Sb|Sb_2O_3(s)|某溶液‖KCl(0.1$mol\cdot kg^{-1}$)|Hg_2Cl_2(s)|Hg,25℃时,当某溶液为 pH=3.98 的缓冲溶液时,测得 $E_1=0.2280V$,当某溶液为待测 pH 的溶液时,测得 $E_2=0.3451V$。试计算待测溶液的 pH。

6-16 浓差电池 Pb(s)|$PbSO_4$(s)|$CdSO_4$($b_1=0.2mol\cdot kg^{-1}$,$\gamma_\pm=0.1$)‖$CdSO_4$($b_1=0.02mol\cdot kg^{-1}$,$\gamma_\pm=$

0.32)|$PbSO_4$(s)|Pb,已知两液体接界处,Cd^{2+}的平均迁移数为0.37。(1)写出电池反应;(2)计算液体接界电势。

6-17 已知25℃时$\varphi^{\ominus}(Fe^{3+}|Fe^{2+})=0.770V$,$\varphi^{\ominus}(Fe^{3+}|Fe)=-0.036V$,试计算25℃时$\varphi^{\ominus}(Fe^{2+}|Fe)$。

6-18 已知25℃时AgBr的溶度积$K_{sp}=4.88\times10^{-13}$。$\varphi^{\ominus}(Ag^{+}|Ag)=0.7994V$,$\varphi^{\ominus}(Br^{-}|Br_2)=1.065V$。计算25℃时:(1)银-溴化银电极的标准电极电势$\varphi^{\ominus}[Br^{-}|AgBr(s)|Ag]$;(2)AgBr(s)的标准摩尔生成吉布斯函数$\Delta_f G_m$。

6-19 已知25℃时$2H_2O(g)$══$2H_2(g)+O_2(g)$的标准平衡常数$K^{\ominus}=9.7\times10^{-81}$,此温度下水的饱和蒸气压为3200Pa。试计算25℃时下列电池的电动势。

$$Pt|H_2(g,100kPa)|H_2SO_4(0.01mol\cdot kg^{-1})|O_2(g,100kPa)|Pt$$

6-20 25℃时用铂电极电解$1mol\cdot dm^{-3}$的H_2SO_4溶液。(1)计算理论分解电压;(2)若两电极的面积为$1cm^2$,电解液的电阻为100Ω,H_2和O_2的超电势η与电流密度i的关系如下:$\eta_{H_2}/V=0.472+0.118\lg(i/A\cdot cm^2)$,$\eta_{O_2}/V=1.062+0.118\lg(i/A\cdot cm^2)$。当通过溶液的电流为1mA时,外加电压为多少?

第7章　表面化学

密切接触的两相之间的过渡区(大约几个分子层厚度)称为界面,若密切接触的两相中有一相是气体则称为表面。前面讨论系统的热力学性质时,均未考虑界面,这是因为在通常的情况下,处于物系界面层的分子比物系内部的分子少得多,因而可以忽略不计。实际上,界面层分子受的力与内部分子受的力不同,因此表现出一些特殊的性质,当系统的分散度很大时,则必须考虑界面层分子的特殊性质和由此产生的界面现象。

§7-1　表面热力学基础

1. 比表面量

通常用比表面来表示系统的分散度,比表面定义为单位体积或单位质量的物质所具有的表面积,分别用 S_V 和 S_W 表示,即

$$S_V=\frac{A_s}{V}\qquad\qquad S_W=\frac{A_s}{m}$$

式中,A_s 为系统的表面积;V 为系统的体积;m 为系统的质量。

第2章讨论过的热力学函数中,V、U、H、S、A 和 G 都是广度性质的状态函数,这些广度性质的状态函数是温度、压力和系统的组成的函数。但对于比表面大的系统来说,这些广度性质的状态函数不仅与温度、压力和系统的组成有关,还和系统的表面积有关。因此,在描述系统的状态时,必须相应地增加表面积 A_s 这个变量,则系统的任一广度性质的状态函数 X 可表示为

$$X=X(T,p,A_s,n_B,n_C,n_D,\cdots)\tag{7-1-1}$$

当系统的温度、压力、表面积和组成发生变化时,系统广度性质的状态函数 X 的变化为

$$\mathrm{d}X=\left(\frac{\partial X}{\partial T}\right)_{p,A_s,n_C}\mathrm{d}T+\left(\frac{\partial X}{\partial p}\right)_{T,A_s,n_C}\mathrm{d}p+\left(\frac{\partial X}{\partial A_s}\right)_{T,p,n_C}\mathrm{d}A_s+\sum_B\left(\frac{\partial X}{\partial n_B}\right)_{T,p,n_{C\neq B}}\mathrm{d}n_B\tag{7-1-2}$$

式(7-1-2)中的偏导数 $\left(\frac{\partial X}{\partial A_s}\right)_{T,p,n_C}$ 称为比表面量,表示在温度、压力和组成不变的条件下,增加单位表面积,引起系统广度性质的状态函数 X 的变化。比表面量定义如下:

比表面体积　$\left(\frac{\partial V}{\partial A_s}\right)_{T,p,n_C}$

比表面热力学能　$\left(\frac{\partial U}{\partial A_s}\right)_{T,p,n_C}$

比表面焓　$\left(\frac{\partial H}{\partial A_s}\right)_{T,p,n_C}$

比表面熵　$\left(\frac{\partial S}{\partial A_s}\right)_{T,p,n_C}$

比表面亥姆霍兹函数　$\left(\frac{\partial A}{\partial A_s}\right)_{T,p,n_C}$

比表面吉布斯函数 $\left(\frac{\partial G}{\partial A_s}\right)_{T,p,n_C}$

其中，最重要的是比表面吉布斯函数，用符号 σ 表示，单位为 $J \cdot m^{-2}$，等于系统增加单位面积时所增加的吉布斯函数。

关于比表面量的定义，以下几点值得注意：①只有系统的广度性质的状态函数才有比表面量；②只有广度性质的状态函数 X 在温度、压力和各相物质的量不变的条件下，对表面积的偏导数才称为比表面量；③比表面量是强度性质的状态函数，与系统的温度、压力有关。

2. 表面热力学基本方程

根据式(7-1-2)，以吉布斯函数为例，其微分式为

$$dG=\left(\frac{\partial G}{\partial T}\right)_{p,A_s,n_C}dT+\left(\frac{\partial G}{\partial p}\right)_{T,A_s,n_C}dp+\left(\frac{\partial G}{\partial A_s}\right)_{T,p,n_C}dA_s+\sum_B\left(\frac{\partial G}{\partial n_B}\right)_{T,p,n_{C\neq B}}dn_B \tag{7-1-3}$$

由热力学基本方程可得

$$\left(\frac{\partial G}{\partial T}\right)_{p,A_s,n_C}=-S \qquad \left(\frac{\partial G}{\partial p}\right)_{T,A_s,n_C}=V \tag{7-1-4}$$

并且

$$\left(\frac{\partial G}{\partial A_s}\right)_{T,p,n_C}=\sigma \qquad \left(\frac{\partial G}{\partial n_B}\right)_{T,p,n_{C\neq B}}=\mu_B \tag{7-1-5}$$

将式(7-1-4)和(7-1-5)代入(7-1-3)中，得

$$dG=-SdT+Vdp+\sigma dA_s+\sum_B\mu_B dn_B \tag{7-1-6}$$

由 U、H、A 与 G 的关系式可得

$$dU=d(G-pV+TS)=dG-pdV-Vdp+TdS+SdT$$

$$dH=d(G+TS)=dG+TdS+SdT$$

$$dA=d(G-pV)=dG-pdV-Vdp$$

将式(7-1-6)代入，得

$$dU=TdS-pdV+\sigma dA_s+\sum_B\mu_B dn_B \tag{7-1-7}$$

$$dH=TdS+Vdp+\sigma dA_s+\sum_B\mu_B dn_B \tag{7-1-8}$$

$$dA=-SdT-pdV+\sigma dA_s+\sum_B\mu_B dn_B \tag{7-1-9}$$

由式(7-1-6)～(7-1-9)可得

$$\sigma=\left(\frac{\partial G}{\partial A_s}\right)_{T,p,n_C}=\left(\frac{\partial U}{\partial A_s}\right)_{S,V,n_C}=\left(\frac{\partial H}{\partial A_s}\right)_{S,p,n_C}=\left(\frac{\partial A}{\partial A_s}\right)_{T,V,n_C} \tag{7-1-10}$$

由此可见，σ 是在指定相应变量不变的条件下，增加单位表面积时，系统相应的热力学函数的增量。

式(7-1-6)～(7-1-9)构成了含表面的热力学基本方程，简称表面热力学基本方程。在这组热力学基本方程中明确地包含了表面积的变化对热力学状态函数的影响，而第 2 章导出的多组分系统的热力学基本方程，即式(2-1-13)～(2-1-16)仅是在忽略表面积时的多组分系统热力学基本方程的一个特例。

3. 表面功

处于物系界面层的分子与处于内部的分子所受的力不同，能量也不同，以最简单的液体蒸气组成的系统为例加以说明。

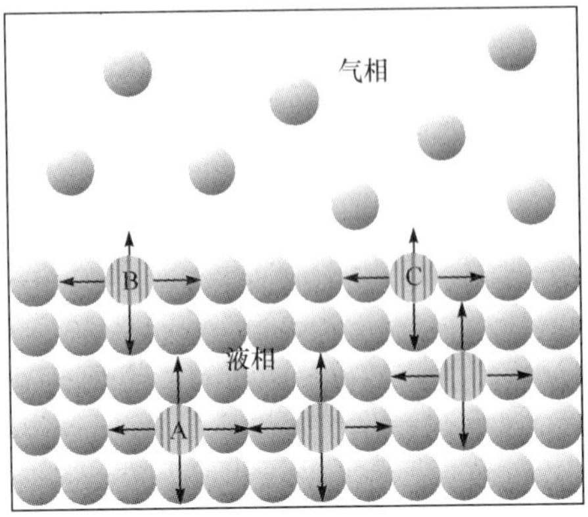

图 7-1-1　气-液界面

如图 7-1-1 所示，处在液体内部的分子 A，周围分子对它的吸引力是相等的，彼此之间互相抵消，所受的合力为零。处在表面层的分子 B 和 C 则不同，在 B 及 C 的上方是气体，由于单位体积内气体分子数目远比液体内部分子少，所以液体内部分子对处在表面的分子 B 及 C 的吸引力要大于气体分子对它的吸引力，因此 B、C 所受的合力不为零，其合力方向垂直于液面而指向液体内部，即液体表面分子受到向内的拉力，宏观上，我们会观察到液体的表面会自动地收缩。若要扩展液体的表面，把一部分分子从内部移到表面，就需要克服向内的拉力而做功，这种在形成新表面过程中所消耗的功称为表面功，用符号 W'_r 表示。表面功是系统在温度、压力和组成不变的条件下，可逆地增加表面积对系统做的非体积功，由热力学第二定律可知，在温度、压力和组成不变的条件下有

$$\delta W'_r = dG = \sigma dA_s \tag{7-1-11}$$

式中，比例常数 σ 是比表面吉布斯函数，又可以看作是在温度、压力和组成不变的条件下，可逆地增加单位表面积对系统做的非体积功，又称为比表面功。此时，环境对系统做的非体积功变成了表面层分子的吉布斯函数。要扩大系统的表面积，环境对系统做功，系统的总的表面吉布斯函数增加。

4. 表面张力及其影响因素

从另一方面来看，表面存在一种称为表(界)面张力的力。例如把一个系有细线圈的金属丝环在肥皂液中浸一下，取出后环中形成一层液膜，细线圈可以在液膜上游动，如图 7-1-2(a) 所示。

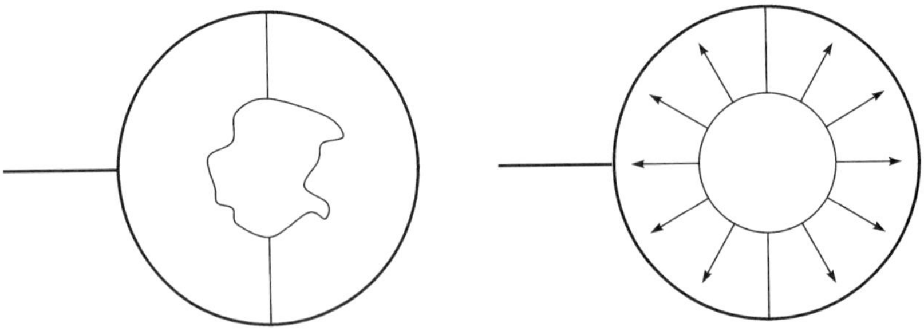

(a) 丝线内肥皂膜未刺破时　　(b) 丝线内肥皂膜刺破后

图 7-1-2　表面张力的作用

如果把细线圈内的液膜刺破，细线圈即被弹开成圆形，如图 7-1-2 (b)所示，液面对线圈沿着环的半径方向有向外拉的力，如图中箭头所指的方向。把沿着液体的表面、垂直作用于单位长度上的紧缩力称为表面张力，也用 σ 表示，单位为 $N \cdot m^{-1}$。对于平液面来说，表面张力的方向与液面平行；而对于弯曲液面来说，表面张力的方向总是在弯曲液面的切面上。可以从下面的例子看到表面张力的作用，如图 7-1-3 所示。

将一金属框浇上肥皂液后，可逆地拉动金属框上可移动的边，使之移动 dx 的距离，肥皂膜的表面积扩大 dA_s，力为 F，因为肥皂膜有两个表面，所以

$$dA_s = 2l \cdot dx$$

在此过程中环境对系统做的表面功为

$$\delta W_r' = F \cdot dx = 2l\sigma \cdot dx = \sigma \cdot dA_s$$

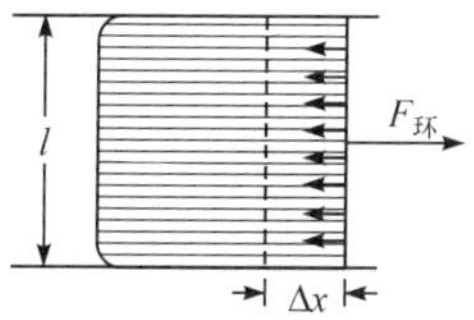

图 7-1-3 做表面功示意图

当温度、压力和组成恒定时，$\delta W_r' = dG = \sigma \cdot dA_s$，即

$$\sigma = \left(\frac{\partial G}{\partial A_s}\right)_{T,p,n_C}$$

因此表面张力与比表面吉布斯函数数值相等，量纲相同，但它们的物理意义不同。

表面张力是一种强度性质的物理量，其值与物质的种类、共存另一相的性质以及温度压力等因素有关。由于温度升高，分子的密度减小，表面层分子间的吸引作用减小，所以一般说来，温度升高，表面张力降低；由于压力增加，分子的密度增加，表面层分子间的排斥作用增大，所以一般说来，压力增加，表面张力降低，例如水在 0.098MPa 下，$\sigma = 72.82 \times 10^{-3} N \cdot m^{-1}$，而在 9.8MPa 下，$\sigma = 66.43 \times 10^{-3} N \cdot m^{-1}$，一般来说，压力变化不大时，压力对表面张力的影响不大。界面张力的值还与共存的另一相的性质有关，这可从表 7-1-1 的数据看出。

表 7-1-1 液-液界面张力

第一相	第二相	T/K	$\sigma/(N \cdot m^{-1})$	第一相	第二相	T/K	$\sigma/(N \cdot m^{-1})$
水	正丁醇	293	0.0018	汞	水	293	0.415
	乙酸乙酯	293	0.0068			298	0.416
	苯甲醛	293	0.0155		乙醇	293	0.389
	苯	293	0.0350		正庚烷	293	0.378
	正庚烷	293	0.0502		苯	293	0.357
聚合物	水	298	0.057				

固体物质也存在表面张力，由于固体分子间作用力远大于液体分子间作用力，因此固体的表面张力比液体的表面张力大得多，但固体表面张力的测定比较困难，目前主要采取间接的方法估算或理论计算。

5. 过程自发性判据

前述在等温、等压和不做非体积功的条件下，根据 ΔG 来判断封闭系统中自发过程的方向和平衡，即

$$dG_{T,p} \leqslant 0 \quad \begin{cases} 自发 \\ 平衡 \end{cases} \quad (W'=0) \tag{7-1-12}$$

根据式(7-1-6)，在等温、等压和组成不变的条件下，式(7-1-12)可以写成

$$dG_{T,p,n_B}=\sigma dA_s \leqslant 0 \quad \begin{cases}\text{自发}\\ \text{平衡}\end{cases} \quad (W'=0) \tag{7-1-13}$$

式(7-1-13)表明在等温、等压、组成不变的条件下，即凡是使 A_s 变小的过程都会自发进行，这是产生表面现象的热力学原因。如体积一定的几何形状中，球体表面积最小，一定量的液体自其他形状变为球形时就伴随着表面积的缩小，或者说液体表面有自动收缩的趋势。这就是为什么液滴、气泡总是呈球状。

例 7-1-1　20℃时，将 1g 汞分散成直径为 7×10^{-8} m 微粒，试求过程的 ΔG。已知汞的密度为 $13.6\times10^3\,kg\cdot m^{-3}$，汞的表面张力为 $483\times10^{-3}\,N\cdot m^{-1}$。

解　$\Delta G=\sigma\Delta A$

1g 汞的体积 $V=m/\rho$，分散成直径为 7×10^{-8} m 微粒的粒数

$$N=\frac{V}{(4/3)\pi r^3}=\frac{3m}{4\pi r^3\rho}$$

$$\Delta G=\sigma N4\pi r^2=3m\sigma/(\rho r)$$

$$=[3\times10^{-3}\times483\times10^{-3}/(13.6\times10^3\times3.5\times10^{-8})]\text{J}=3.04\text{J}$$

由于 $\Delta G>0$，所以大汞滴不能自动地分散成若干小汞滴。

§7-2　液体的表面性质

1. 弯曲液面的附加压力

在一定的外压下，水平液面下的液体所受的力等于外压，这是因为水平面内表面张力也在水平面上，且各处表面张力互相抵消，所以水平液面的表面张力不会影响液体内、外的压力。弯曲液面下的液体情况与平面液体不同，如图 7-2-1 所示。

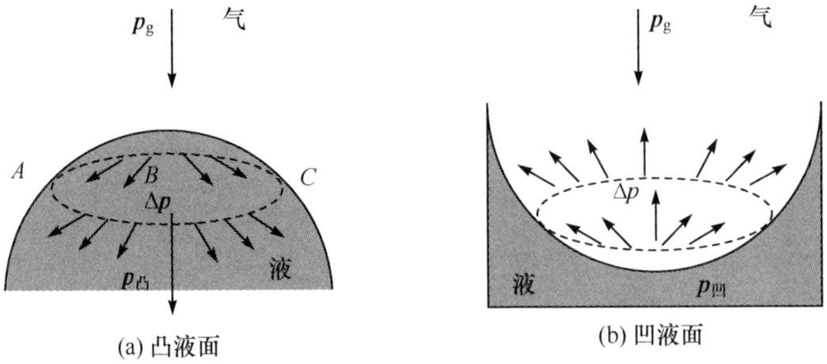

图 7-2-1　弯曲液面的附加压力

图 7-2-1 中(a)和(b)皆为球形弯曲液面，p_g 为大气压力，p_l 为弯曲液面内承受的压力。我们在凸液面(a)上任取一小截面 ABC，沿截面周界线，表面张力的方向垂直于周界线，且与弯曲液面相切。周界线上表面张力的合力对截面下的液体产生垂直方向的压力 Δp，使弯曲液面下的液体承受的压力 p_l 大于液面外大气的压力，即

$$\Delta p=p_l-p_g \tag{7-2-1}$$

弯曲液面的附加压力 Δp 与液体的表面张力 σ 以及液面的曲率半径有关，由图(7-2-2)可导出液体的表面张力 σ 与附加压力 Δp 的关系。

半径为 r 的球形液体，在其上部取一小切面 AB，圆形切面的半径为 r_1。切面周界线上表

面张力在水平方向上的分力互相抵消，而在垂直方向上的分力为 $\sigma\cos\alpha$。因此在垂直方向上这些分力的合力为

$$F=2\pi r_1\sigma\cos\alpha$$

因为 $\cos\alpha=r_1/r$

所以 $F=2\pi r_1^2\sigma/r$

$$\Delta p=F/(\pi r_1^2)=2\sigma/r \tag{7-2-2}$$

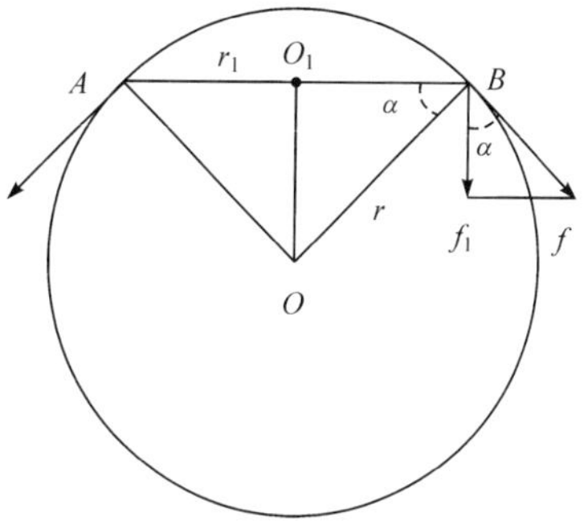

图 7-2-2 附加压力与曲率半径的关系

为了表示附加压力的方向，对于凸液面，规定 $r>0$，$\Delta p>0$，附加压力的方向指向液体；对于凹液面，规定 $r<0$，$\Delta p<0$，附加压力的方向指向气体；对于水平液面，规定 $r=\infty$，$\Delta p=0$。Δp 的大小与弯曲液面的曲率半径成反比，与表面张力成正比。

式(7-2-2)称为拉普拉斯(Laplace)方程，只适用于球形小液滴或液体中的球形小气泡内的附加压力的计算。对于像空气中的肥皂泡那样的球形液膜有内、外两个表面，均产生向球心的附加压力，因此附加压力为

$$\Delta p=4\sigma/r$$

描述一个任意曲面，一般需要两个曲率半径，所以附加压力更一般的形式为

$$\Delta p=\sigma\left(\frac{1}{r_1}+\frac{1}{r_2}\right) \tag{7-2-3}$$

式(7-2-3)称为杨-拉普拉斯(Young-Laplace)方程。

2. 弯曲液面的饱和蒸气压

由于弯曲液面上存在附加压力，使弯曲液面下的液体所受的压力与平面液体不同，因此弯曲液面下的液体的化学势与平面液体化学势不同，进而造成与液体成平衡的饱和蒸气压也不同。设外压为 p，球形小液滴的半径为 r，平衡的饱和蒸气压为 p_r，与平面液体平衡的饱和蒸气压为 p_0。等温、等压下气液两相达成平衡时，任一组分在两相的化学势相等，由此可得球形小液滴的化学势 μ_r 和平面液体的化学势 μ_0 分别为

$$\mu_r=\mu^\ominus+RT\ln(p_r/p^\ominus) \qquad \mu_0=\mu^\ominus+RT\ln(p_0/p^\ominus)$$

$$\Delta\mu=\mu_r-\mu_0=RT\ln(p_r/p_0)$$

根据化学势与压力的关系，可得

$$\Delta\mu=\int_p^{p+\Delta p}\left(\frac{\partial\mu}{\partial p}\right)_T\mathrm{d}p=\int_p^{p+\Delta p}V_m(\mathrm{l})\,\mathrm{d}p$$

略去压力对液体体积的影响，可得

$$\Delta\mu=V_m(\mathrm{l})\cdot\Delta p=V_m(\mathrm{l})\cdot 2\sigma/r=RT\ln(p_r/p_0) \tag{7-2-4}$$

若液体的密度为 ρ，液体的摩尔质量为 M，则 $V_m(\mathrm{l})=M/\rho$，代入式(7-2-4)中，得

$$RT\ln(p_r/p_0)=2\sigma M/\rho r \tag{7-2-5}$$

式(7-2-5)称为开尔文(Kelvin)方程。对于凸液面(如小液滴)，$r>0$，因此 $p_r>p_0$，即小液滴的蒸气压大于平面液体的蒸气压，且 r 越小，其饱和蒸气压越大；而对于凹液面(如液体中的小气泡)，$r<0$，因此 $p_r<p_0$，即小气泡内的蒸气压小于平面液体的蒸气压，且 r 越小，其饱和蒸气压越小。

开尔文方程不仅适用于液体，也适用于微小的固体物质，此时 r 为与固体粒子体积相等的

球形粒子的半径。根据开尔文方程，小晶体的蒸气压恒大于普通晶体的蒸气压，导致小晶体的溶解度大于普通晶体的溶解度，类似的推导可得

$$RT\ln\frac{c_r}{c_0}=\frac{2\sigma M}{\rho r} \qquad (7\text{-}2\text{-}6)$$

式中，c_r 和 c_0 分别为微小晶体和普通晶体的溶解度。

例 7-2-1　在 293.15K 时，水的饱和蒸气压为 2337.8Pa，密度为 $0.9982\times10^3\,kg\cdot m^{-3}$，表面张力为 $72.75\times10^{-3}\,N\cdot m^{-1}$。试分别计算球形小液滴小气泡的半径在 $10^{-5}\sim10^{-9}$ m 之间的不同数值下饱和蒸气压之比 p_r/p_0。

解　小液滴的半径为 10^{-5} m 时，根据开尔文方程，有

$$\ln\frac{p_r}{p_0}=\frac{2\sigma M}{\rho RTr}=\frac{2\times72.75\times10^{-3}\times18.015\times10^{-3}}{8.314\times293.15\times998.2\times10^{-5}}=1.07\times10^{-4}$$

$$\frac{p_r}{p_0}=1.0001$$

对于小气泡，曲率半径为 -10^{-5} m，根据开尔文方程，有

$$\ln\frac{p_r}{p_0}=-1.07\times10^{-4} \qquad \frac{p_r}{p_0}=0.9999$$

计算结果如下：

r/m	10^{-5}	10^{-6}	10^{-7}	10^{-8}	10^{-9}
小液滴	1.0001	1.001	1.01	1.114	2.937
小气泡	0.9999	0.9989	0.9893	0.8977	0.3405

3. 润湿现象

1）润湿

润湿现象与生产和日常生活密切相关，也是许多近代工业技术的基础，例如，机械的润滑、矿物的浮选、采油、印染、洗涤、粘接、农药的喷洒等都与润湿相关。

把液体滴在固体表面上，视其气-液、液-固和固-气界面张力的大小，液体可以在固体表面上呈凸透镜状或呈椭球状，如图 7-2-3 所示，分别称为润湿和不润湿。

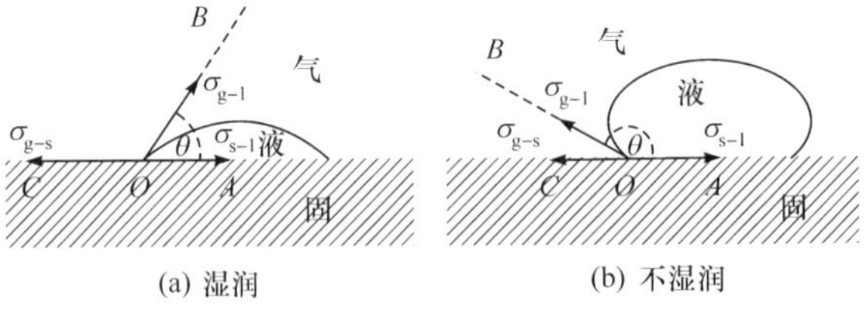

图 7-2-3　润湿与不润湿

润湿过程实际上是原来的气-固界面被液-固界面取代，同时又增加了气-液界面的过程。液体能否润湿固体可以用接触角 θ 来表示，接触角 θ 是固-液界面张力与气-液界面张力的夹角。若 $\theta<90°$ 则表示液体能润湿固体，如图 7-2-3(a) 所示；若 $\theta>90°$ 则表示液体不能润湿固

体，如图 7-2-3(b)所示。接触角 θ 是由三个界面张力的相对大小决定的，O 点是这三个界面张力的交点，平衡时有

$$\sigma_{g\text{-}s}=\sigma_{l\text{-}s}+\sigma_{g\text{-}l}\cos\theta \qquad 即 \qquad \cos\theta=\frac{\sigma_{g\text{-}s}-\sigma_{l\text{-}s}}{\sigma_{g\text{-}l}} \tag{7-2-7}$$

式(7-2-7)称为杨氏(Young's)方程。由式(7-2-7)可看出：

(1) 当 $\sigma_{g-s}-\sigma_{l-s}<0$ 时，$\cos\theta<0$，$\theta>90°$，液体不能润湿固体，如图 7-2-3 (b)所示。这说明用液-固界面代替气-固界面将引起总表面吉布斯函数增加，因此液体不能润湿固体，当 σ_{g-l} 一定时，$\sigma_{g-s}-\sigma_{l-s}$ 值越小，则 θ 越大，液体越不能润湿固体，到 $\theta=180°$时，则液体完全不能润湿固体。

(2) 当 $\sigma_{g-s}-\sigma_{l-s}>0$ 时，$\cos\theta>0$，$\theta<90°$，液体能润湿固体，如图 7-2-3 (a)所示。这说明用液-固界面代替气-固界面将引起总表面吉布斯函数降低，因此液体能润湿固体，当 σ_{g-l} 一定时，$\sigma_{g-s}-\sigma_{l-s}$ 值越大，则 θ 越大，液体越能润湿固体，到 $\theta=0°$时，达到平衡的极限，此时液体完全润湿固体，由杨氏方程可得

$$\sigma_{g-s}-\sigma_{l-s}-\sigma_{g-l}=0 \tag{7-2-8}$$

2) 铺展

液体还可以在固体表面上呈薄膜状，这称为铺展，液体在固体上铺展的过程如图 7-2-4 所示。

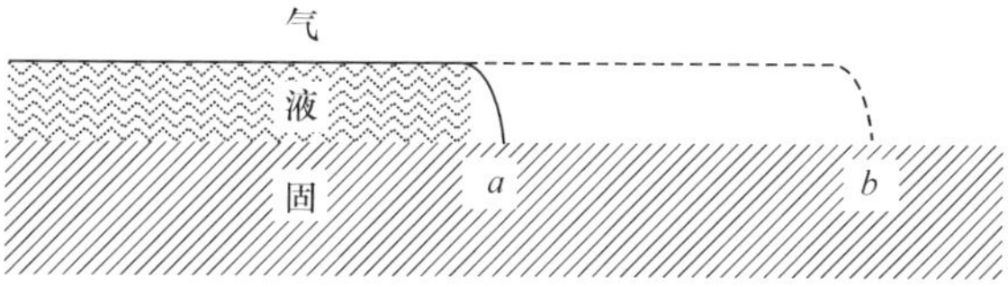

图 7-2-4　液体在固体表面的铺展过程

在等温、等压以及 $W'=0$ 的条件下，液体在固体上铺展的过程是 $\Delta G<0$ 的自发过程。该过程的 ΔG 为

$$\Delta G=\sigma_{g-l}+\sigma_{l-s}-\sigma_{g-s}<0$$

即

$$\varphi=\sigma_{g-s}-\sigma_{l-s}-\sigma_{g-l}>0 \tag{7-2-9}$$

式中，φ 称为铺展系数。把液体滴在完全不互溶的另一种液体上，也可以形成铺展和不铺展两种情况。同样可得，液体(1)可以在完全不互溶的液体(2)上铺展的条件为

$$\varphi=\sigma_{2-g}-\sigma_{1-2}-\sigma_{1-g}>0$$

例 7-2-2　20℃时，水的表面张力为 $72.8\times10^{-3}\,N\cdot m^{-1}$，汞的表面张力为 $483\times10^{-3}\,N\cdot m^{-1}$、汞-水的界面张力为 $375\times10^{-3}\,N\cdot m^{-1}$。试判断水能否在汞的表面上铺展。

解　设水为液体 1，汞为液体 2，则液体 1 在液体 2 上铺展的条件为

$$\varphi=\sigma_{2-g}-\sigma_{1-2}-\sigma_{1-g}>0$$

$$\varphi=[(483-375-72.8)\times10^{-3}]\,N\cdot m^{-1}=35.2\times10^{-3}\,N\cdot m^{-1}>0$$

故水能在汞上铺展。

4. 毛细现象

把半径为 r 的毛细管插入液体中，若液体能润湿管壁，管中将形成凹面，如图 7-2-5 所示。

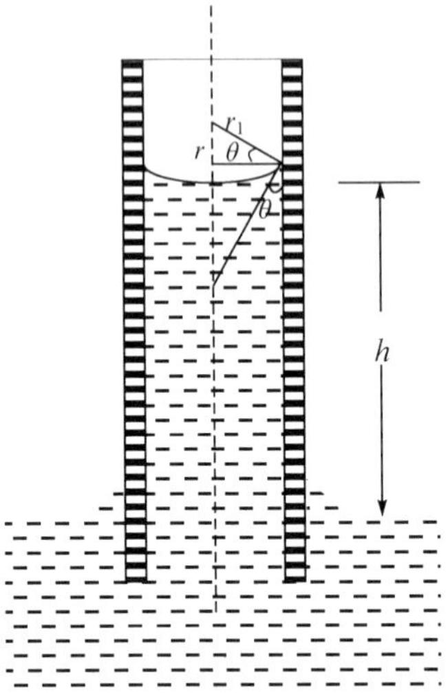

图 7-2-5　毛细管现象

液面与管壁的夹角 θ 即为接触角。由于附加压力的作用，凹面下的液体受的压力小于管外水平液面下的液体所受的压力，因此液体将被压入毛细管内使液柱上升，直到上升液柱产生的静压力 ρgh 与附加压力的数值相等，液柱高度不再变化，即

$$\Delta p = 2\sigma/r_1 = \rho gh \tag{7-2-10}$$

式中，ρ 为液体的密度；g 为重力加速度。若毛细管的半径为 r，由图 7-2-5 可知，曲率半径 r_1 与毛细管的半径为 r 的关系为

$$r_1 = r/\cos\theta$$

代入式(7-2-10)中，得

$$h = 2\sigma\cos\theta/\rho gr \tag{7-2-11}$$

式(7-2-11)表明，在一定温度下，毛细管的半径 r 越小，液体对管壁的润湿越好，液体在毛细管中上升得越高。当液体不能润湿管壁时，式(7-2-11)也能适用，此时 $\theta>90°$，$\cos\theta<0$，管中形成凸液面，h 为负值，毛细管内液面低于管外液面，即毛细管内液面下降。

5. 溶液的表面吸附

1）*溶液的表面张力和吸附现象*

将溶质加入到溶剂中形成溶液时，溶液的表面张力也将随溶质的加入而发生变化。溶液的表面张力随溶质浓度的变化大致可分为三种类型，如图 7-2-6 所示。

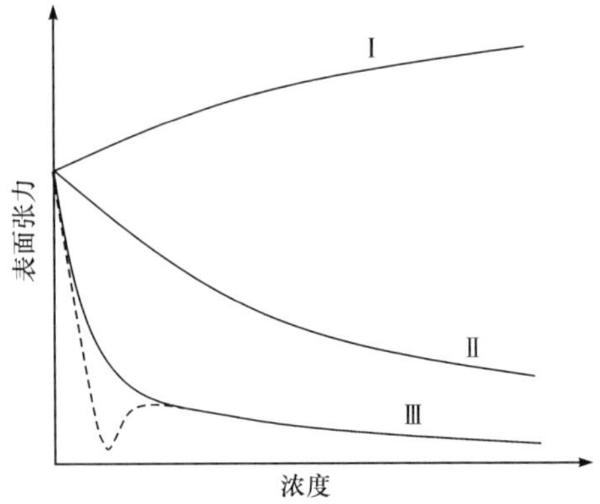

图 7-2-6　表面张力与浓度的关系

曲线Ⅰ表明，随着溶质浓度的增加，溶液的表面张力稍有升高，以水溶液而言，无机盐、酸、碱、蔗糖、甘油等属于此类。曲线Ⅱ表明，随着溶质浓度的增加，溶液的表面张力缓慢地降低，许多有机酸、醇、醚、酮等属于此类。曲线Ⅲ表明，在水中加入少量溶质就能使溶液的表面张力急剧降低，至浓度达到某一值后，溶液的表面张力几乎不随溶质浓度的上升而变化，肥皂、合成洗涤剂等属于此类。这种加入少量就能显著降低溶液表面张力的物质称为表面活性剂或表面活性物质。表面活性剂具有调节润湿程度、助磨、乳化、增溶等作用，在生产、科研以及日常生活中被广泛使用。

进一步考察以上三种类型的溶液，发现溶质在表面层有相对富集或相对贫化的现象，即溶质在表面层浓度发生了变化。这种物质在界面层中浓度能自动发生变化的现象称为吸附。对于曲线Ⅰ(表面张力升高)，溶质在表面层的浓度小于溶液内部的浓度，发生了负吸附；对于曲线Ⅱ、Ⅲ(表面张力降低),溶质在表面层的浓度大于溶液内部的浓度,发生了正吸附。

溶液的表面吸附现象可用等温等压下表面吉布斯函数自动减小的趋势来说明。通常溶液的表面积是一定的,在等温等压下溶液只能通过降低表面张力来降低表面吉布斯函数。加入溶质后使溶液的表面张力降低,则溶质将自动在表面层富集,增加表面层的浓度,进一步降低溶液的表面张力。另一方面,表面层浓度与本体浓度差的存在,又导致溶质向溶液本体扩散,而使浓度趋于均匀一致,当这两种相反的趋势达到平衡时,溶质在表面层的浓度一定,这就是正吸附。反之加入溶质后使溶液的表面张力升高,则形成负吸附。

2) 吉布斯吸附等温式

在单位表面积的表面层中,所含溶质的物质的量与等量溶剂在溶液本体中所含溶质的物质的量之差,称为溶质的表面吸附量或表面过剩量,用 Γ 表示,其单位为 $mol \cdot m^{-2}$。

$$\Gamma=\frac{n_2^s-n_1^s \cdot (n_2/n_1)}{A_s} \tag{7-2-12}$$

式中,n_1^s、n_2^s 分别表示表面层中溶剂和溶质的物质的量;n_1、n_2 分别表示溶液本体中溶剂和溶质的物质的量。吉布斯用热力学方法导出了表面过剩量与温度、浓度和表面张力的关系

$$\Gamma=-\frac{c}{RT}\frac{d\sigma}{dc} \tag{7-2-13}$$

式中,σ 为表面张力;c 为溶液本体的浓度。根据式(7-2-13),测定溶液的表面张力随溶质浓度的变化,可以计算不同浓度时的表面过剩量。

§7-3 固体的表面性质

1. 固体的表面吸附

固体表面层的分子与液体表面层的分子一样,力场不饱和,但是固体表面的分子可以捕获其他物质的分子,使其力场达到饱和,从而降低表面吉布斯函数。所以固体有吸附气体分子和从溶液中吸附溶质分子的特性。具有吸附能力的固体称为吸附剂,被吸附的物质称为吸附质。

1) 物理吸附和化学吸附

固体对气体的吸附按其作用力的性质不同可分为两大类:一类是物理吸附,吸附剂与吸附质的原子间的作用力是范德华力;另一类是化学吸附,吸附剂与吸附质的原子间形成化学键。它们具有不同的性质和规律,如表 7-3-1 所示。

表 7-3-1 物理吸附与化学吸附的区别

吸附类别	物理吸附	化学吸附
吸附力	van der Waals 力	化学键力
吸附热	较小,与液化热相似	较大,与反应热相似
选择性	无选择性	有选择性
分子层	单分子层或多分子层	单分子层
吸附速率	较快,不受温度影响,一般不需要活化能	较慢,随温度升高速率加快,需要活化能
吸附稳定性	不稳定,易解吸	比较稳定,不易解吸

这两种吸附并不是不相关的，它们有差异也有共同之处。例如，两类吸附热都可以用克拉佩龙-克劳修斯方程来计算。又如，朗格缪尔吸附理论可用于两类吸附。这两类吸附也可以同时发生。例如，氧在金属钨表面上，有的是氧分子状态(物理吸附)，有的是氧原子状态(化学吸附)，由此可见，物理吸附和化学吸附可以相伴发生。一般来说，低温下主要是物理吸附，高温下主要是化学吸附。

2）吸附等温式

对于固体表面的吸附，吸附量为单位质量的固体所吸附的气体的物质的量或所吸附的气体的体积(在标准状态下)，用符号 Γ 来表示，即

$$\Gamma=x/m \qquad 或 \qquad \Gamma=V/m \tag{7-3-1}$$

式中，x 为被吸附气体的物质的量；m 为吸附剂的质量；V 为被吸附气体的体积。Γ 与温度和被吸附气体的压力有关，因吸附为放热反应，所以随温度的升高，吸附量降低。等温下吸附达平衡时，吸附量 Γ 与压力 p 的关系曲线称为吸附等温线。吸附等温线有各种形式，如图 7-3-1 所示。吸附等温线也可以用方程式表示，称为吸附等温式。

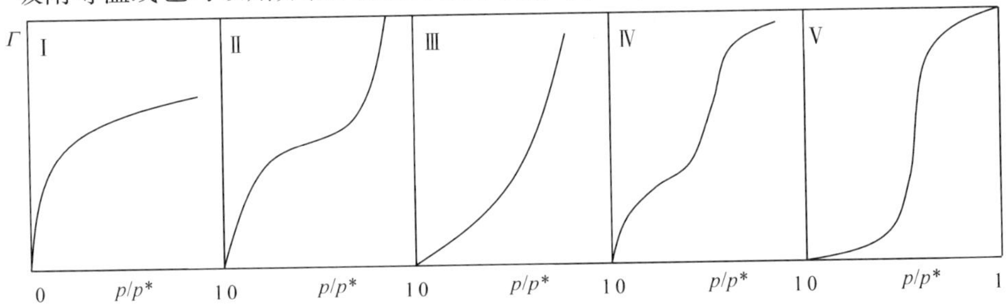

图 7-3-1　五种类型的吸附等温线

A. 弗罗因德利希等温式

弗罗因德利希(Freundich)由实验数据总结出如下的经验公式：

$$x/m=kp^n \tag{7-3-2}$$

式中，x 为被吸附气体的量(以物质的量或标准状态下的体积表示)；m 为吸附剂的质量；p 为吸附达平衡时气体的压力；k 和 n 是两个经验常数，在一定温度下，对一定的吸附剂而言为常数。k 值一般随温度的升高而降低，n 的数值一般在 0～1，其值越大，表示压力对吸附的影响越显著。为了求出 k 和 n 的值，可将式(7-3-2)取对数，得

$$\lg(x/m)=\lg k+n\lg p \tag{7-3-3}$$

式(7-3-3)表明，以 $\lg(x/m)$ 对 $\lg p$ 作图，应为直线，$\lg k$ 和 n 分别为该直线的截距和斜率。

弗罗因德利希吸附等温式为经验公式，它的形式简单，使用方便，因而得到广泛的应用。通常弗罗因德利希经验式只适用于中压范围内，当压力很高或很低时，偏差较大。但经验常数 k 和 n 没有明确的物理意义，且在此式适用的范围内，只能概括地表示一部分实验事实，而不能说明吸附作用的机理。弗罗因德利希经验式也适用于固体从溶液中的吸附，只需将气体的压力改为溶质的浓度即可：

$$x/m=kc^n \tag{7-3-4}$$

B. 朗格缪尔吸附等温式

朗格缪尔(Langmuir)吸附等温式是最早提出的具有一定的理论基础的吸附等温式。该

理论的要点如下：

（1）吸附是单分子层吸附。由于固体表面上的原子力场不饱和，若气体分子碰撞到固体表面时即被吸附，当固体表面吸附了一层分子后，这种力场得到饱和，气体分子只有碰撞到尚未吸附气体分子的空白表面上才能被吸附，即吸附是单分子层的。

（2）固体表面是均匀的，各处的吸附能力相同，吸附热为一常数，不随覆盖程度而变化。

（3）被吸附在固体表面上的分子之间无相互作用力。

（4）吸附平衡是动态平衡。当气体分子碰撞到固体表面时，被固体表面吸附；另一方面，被吸附的气体分子如果有足够的能量，克服固体表面的吸引力，被吸附的气体分子也可以重新回到气相空间，即发生解吸。开始阶段，由于固体的空白表面较多，吸附的速率较大，随着固体表面被吸附的气体分子增多，解吸的速率增加，当吸附速率和解吸速率达到相等时，即达到了吸附平衡。从宏观上看，气体不再发生吸附和解吸，实际上吸附和解吸仍在不断地进行，只是它们的速率相等而已。

引入表面覆盖率的概念，它的定义是已被吸附质覆盖的固体表面积与固体的总表面积之比，用θ表示

$$\theta=\frac{\text{已被吸附质覆盖的固体表面积}}{\text{固体的总表面积}}$$

设某一时刻固体的表面覆盖率为θ，则固体的空白率为$1-\theta$。气体的吸附速率应正比于固体的空白率和气体的压力，即

$$\text{吸附速率}=k_1(1-\theta)p$$

式中，k_1为吸附速率常数；p为气体的压力。解吸速率只正比于固体的表面覆盖率，即

$$\text{解吸速率}=k_2\theta$$

式中，k_2为解吸速率常数。当吸附达到平衡时，吸附速率和解吸速率相等，因此有

$$k_1(1-\theta)p=k_2\theta$$

上式经整理后得

$$\theta=\frac{k_1 p}{k_2+k_1 p}$$

令$b=k_1/k_2$，代入上式得

$$\theta=\frac{bp}{1+bp} \tag{7-3-5}$$

式(7-3-5)即为朗格缪尔吸附等温式。b称为吸附平衡常数，也称为吸附系数，b值越大，表示固体的吸附能力越强。若用Γ_∞表示固体表面完全覆盖了一层气体分子的吸附量，Γ表示压力为p时的吸附量，则

$$\Gamma=\Gamma_\infty\frac{bp}{1+bp} \tag{7-3-6}$$

由式(7-3-6)可以看出：

（1）当压力很低时，$bp\ll 1$，$\Gamma\approx\Gamma_\infty bp$，$\Gamma$与$p$成直线关系。

（2）当压力很高时，$bp\gg 1$，$\Gamma\approx\Gamma_\infty$，$\Gamma$不再随压力变化，表示吸附达到饱和。

（3）将式(7-3-6)改写为如下的形式：

$$\frac{1}{\Gamma}=\frac{1}{\Gamma_\infty}+\frac{1}{\Gamma_\infty bp} \tag{7-3-7}$$

由式(7-3-7)可以看出，以 $1/\Gamma$ 对 $1/p$ 作图为一直线，该直线截距为 $1/\Gamma_\infty$，斜率为 $1/(\Gamma_\infty b)$，因此以 $1/\Gamma$ 对 $1/p$ 作图，由直线的截距和斜率可以求得 Γ_∞ 和 b。由饱和吸附量可以计算固体的比表面积。若每个分子的横截面积为 A_M，则比表面 S_W 与 A_M 和 Γ_∞ 的关系为

$$S_W = LA_M\Gamma_\infty \tag{7-3-8}$$

C. BET 吸附等温式及多分子层吸附理论

由于大多数固体对气体的吸附并不是单分子吸附，尤其是物理吸附，往往是多分子层吸附，因此其吸附等温线不符合朗格缪尔等温式。1938 年，Brunauer、Emmett、Teller 在朗格缪尔理论的基础上，提出了多分子层吸附理论，并推导出著名的 BET 公式。

多分子层吸附理论接受了朗格缪尔理论中关于吸附作用是吸附和解吸两个相反过程达到平衡的概念，以及吸附分子的解吸不受四周其他分子的影响等观点，其改进之处是如下假设。

(1) 吸附是多分子层的，表面吸附了一层分子之后，由于被吸附气体本身的范德华力，还可以继续发生多分子层吸附。

(2) 第一层是气体分子与固体表面分子直接作用引起的吸附，第二层以后则是气体分子间相互作用产生的吸附。第一层的吸附热相当于表面反应热，第二层以后各层的吸附热都相同，接近于气体凝聚热。

(3) 在一定温度下，当吸附达到平衡时，气体的吸附量 Γ 等于各层吸附量的总和。

根据上述观点，经过比较复杂的数学运算，BET 推出下式：

$$\Gamma = \frac{\Gamma_m C p}{(p^* - p)\left[1 + (C+1)\dfrac{p}{p^*}\right]} \tag{7-3-9}$$

式中，Γ 为平衡压力 p 时的吸附量；Γ_m 为固体表面盖满单分子层时的吸附量；p^* 为实验温度下气体的饱和蒸气压；C 为与吸附热相关的常数，反映固体表面和气体分子间作用力的强弱程度。式(7-3-9)称为 BET 吸附等温式，因其中包含两个常数 C 和 Γ_m，所以也称为 BET 二常数公式。

BET 吸附等温式通常只适用于 p/p^* 为 0.05～0.35 的情况，这是因为当 p/p^* 小于 0.05 时，压力太小，建立不起多层物理吸附平衡。当 p/p^* 大于 0.35 时，由于毛细凝聚变得显著起来，破坏了多层物理吸附平衡，此时 BET 公式应予以修正。

BET 吸附等温式可以说明多种类型的吸附等温线，比朗格缪尔理论前进了一大步，但由于 BET 理论没有考虑固体表面的不均匀性以及同层分子之间的相互作用，因而也有一定的局限性，不能说明所有的吸附等温线。

2. 气-固表面吸附热力学

吸附过程是自发过程，即 $\Delta G<0$，但吸附是吸热过程还是放热过程，可由下面的讨论说明。

在物理吸附的过程中，气相分子变到吸附态分子的过程与气体的液化很相似，所以，可按照克劳修斯-克拉佩龙的导出过程来推导吸附平衡时温度与压力的关系。

假设在温度 T、压力 p 下，系统达到吸附平衡，则吸附质在吸附相(α)和气相(g)的化学势必然相等，即 $\mu_\alpha = \mu_g$。在维持吸附量不变的条件下，当温度从 T 改变到 $T+\mathrm{d}T$，压力从 p 改变到 $p+\mathrm{d}p$，此时吸附质在两相中的化学势也必然相等，即

$$\mu_\alpha + \mathrm{d}\mu_\alpha = \mu_g + \mathrm{d}\mu_g \tag{7-3-10}$$

因为

$$\mathrm{d}\mu_\alpha = \mathrm{d}G_\alpha = -S_\alpha\mathrm{d}T + V_\alpha\mathrm{d}p \qquad \mathrm{d}\mu_g = \mathrm{d}G_g = -S_g\mathrm{d}T + V_g\mathrm{d}p$$

由此可得

$$\left(\frac{\partial p}{\partial T}\right)_n=\frac{S_\alpha-S_g}{V_\alpha-V_g} \tag{7-3-11}$$

下标 n 代表吸附量恒定不变。平衡状态下吸附过程为可逆过程，所以

$$S_\alpha-S_g=\frac{H_\alpha-H_g}{T}=\frac{\Delta_{ads}H}{T} \tag{7-3-12}$$

式中，$\Delta_{ads}H$ 为吸附焓，在等温、等压、不做非体积功的条件下就等于吸附热。假定气体为理想气体，由于吸附质在气相中的体积远大于在吸附相的体积，故

$$V_\alpha-V_g\approx-\frac{nRT}{p} \tag{7-3-13}$$

将式(7-3-13)、(7-3-12)代入式(7-3-11)并整理，得

$$\left(\frac{\partial \ln p}{\partial T}\right)_n=-\frac{\Delta_{ads}H_m}{RT^2} \tag{7-3-14}$$

式中，$\Delta_{ads}H_m=\Delta_{ads}H/n$，为吸附质在吸附剂上的摩尔吸附焓。如果吸附焓不随温度而变化，将上式积分，可得

$$\Delta_{ads}H_m=-\frac{RT_2T_1}{T_2-T_1}\ln\frac{p_2}{p_1} \tag{7-3-15}$$

式中，p_1 和 p_2 分别表示在 T_1 和 T_2 下达到某一相同吸附量的平衡压力，可由不同温度下的吸附等温线得出。温度升高时，要维持同样的吸附量，必然要增大气体的压力，即若 $T_2>T_1$，必然 $p_2>p_1$，由式(7-3-15)可知 $\Delta_{ads}H_m<0$，吸附为放热过程。

3. 气-固相催化反应动力学

1）催化剂和催化作用

某些物质(一种或多种)加入到反应系统中，能改变反应速率，而该物质在反应前后其数量和化学性质都未改变，这种物质称为催化剂，有催化剂参加的反应称为催化反应，催化剂这种改变反应速率的作用称为催化作用。有些催化剂能加快反应速率，称为正催化剂；有些催化剂能降低反应速率，称为负催化剂。催化剂之所以能改变反应速率是因为催化剂参与并改变了反应途径(图 7-3-2)，降低了反应的活化能，使反应速率加快，但催化剂最后从反应系统中分离出来，因此催化剂不会改变反应的始末态，也不影响化学平衡，只是缩短达到平衡的时间。化学反应达平衡实际是正、逆反应速率相等的一个动态平衡，催化反应也是如此，所以催化剂既能加速正反应，也能加速逆反应。这一点对于实验寻找催化剂特别有用，例如氨的合成需在高温高压下进行，通过实验寻找氨合成的催化剂难于进行，但氨的分解可以在常温常压下进行，因此可以通过实验寻找氨分解的催化剂，该催化剂自然也是氨合成的催化剂。催化剂具有选择性，一方面是不同的反应需要不同的催化剂，例如加氢反应的催化剂不能作为脱水反应的催化剂；另一方面同一反应物用不同的催化剂可以得到不同的产物，例如，乙醇在 473～523K 用金属铜作催化剂得到 CH_3CHO 和 H_2，在 623～633K 用 Al_2O_3(或 ThO_2)作催化剂得到 C_2H_4 和 H_2O，在 673～723K 用 ZnO、Cr_2O_3 作催化剂得到丁二烯。

催化反应中反应物为气体，催化剂为固体的气-固相催化反应是一类重要的催化反应，许多重要的化工产品的生产，例如石油的裂解、塑料的合成、氨、尿素、硝酸、橡胶等的生产都与气-固相催化有关。

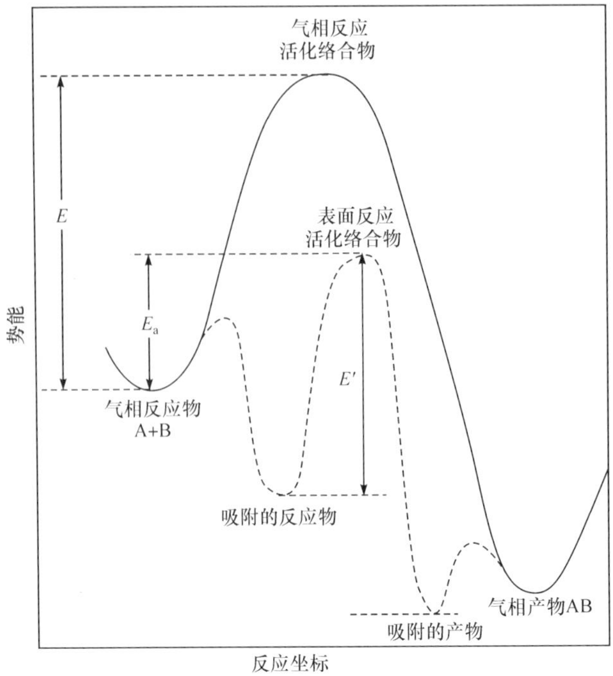

图 7-3-2　气相催化反应与非催化反应

2）吸附势能曲线

气-固相催化的机理与气体在催化剂表面的吸附有关，反应物分子在催化剂表面发生化学吸附并活化，使反应容易进行。Ni 是许多加氢反应的催化剂，下面以氢在 Ni 表面上的吸附为例说明吸附在气-固相催化中的作用。图 7-3-3 为氢在 Ni 表面上吸附的势能曲线。

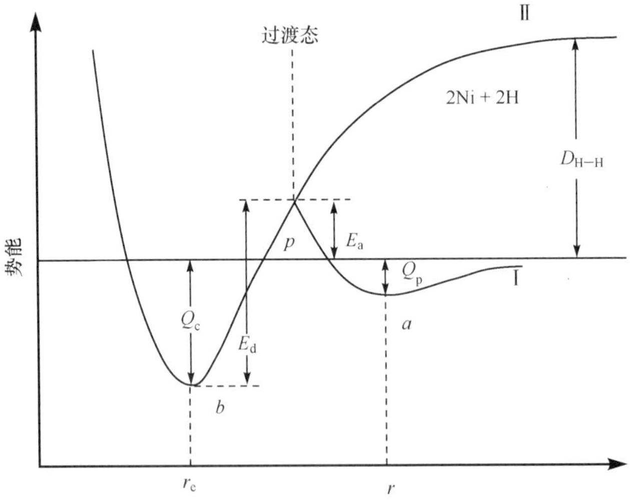

图 7-3-3　氢在 Ni 表面上吸附的势能曲线

图中曲线Ⅰ为 H_2 在 Ni 表面上发生物理吸附的势能曲线，以 H_2 与 Ni 表面相距无穷远为能量的零点。曲线表明，随着 H_2 与 Ni 表面的距离的减小，系统的势能也随之降低，a 点是势能曲线的最低点，表明 H_2 与 Ni 表面形成了物理吸附，此时 H_2 与 Ni 表面的距离刚好为 H 原子与 Ni 原子的范德华半径之和。过了 a 点以后，随着 H_2 与 Ni 表面的距离的增大，系统的势能升高。Q_p 为物理吸附放的热，形成物理吸附时放出的热较少，一般不超过 H_2 的液化热。曲线Ⅱ为 H_2 在 Ni 表面发生化学吸附的势能曲线，两个氢原子相距无穷远时的势能与氢分子 H_2 的势能差即为 H_2 的解离能（432.6kJ·mol^{-1}），随着两个氢原子间距离的减小，系统的势能也随之降低，b 点是位能曲线的最低点，此时氢原子 H 与 Ni 表面的距离为 H 原子和 Ni 原子的共价半径之和，此时 H 原子与 Ni 表面形成了化学吸附，过了 b 点以后，随着两个氢原子间距离的增大，系统的势能将升高。Q_c 为化学吸附放的热，这表明 H 原子与 Ni 表面形成化学吸附时放出的热较多。

曲线 apb 是物理吸附势能曲线和化学吸附势能曲线的组合，p 点是这两条曲线的交点，是物理吸附转变为化学吸附的过渡态。曲线表明，若 H_2 与 Ni 表面首先形成物理吸附，则只需越过在 p 点的能峰 E_a，H_2 将与 Ni 表面形成化学吸附，氢分子分成两个氢原子，并形成 Ni—H 键。E_a 是化学吸附的活化能。如果不通过物理吸附，直接把氢分子分成两个氢原子需要的能量 D_{H-H} 远远高于 E_a，由此可见物理吸附的重要性。

3) 气-固相催化反应速率

气体在固体催化剂存在下发生反应，一般由下述几个步骤组成：

(1) 气体分子由气相向固体催化剂表面扩散。

(2) 气体分子在固体表面吸附。

(3) 气体分子在固体表面发生反应，生成产物。

(4) 产物分子从固体表面解吸。

(5) 产物分子由固体催化剂表面向气相扩散。

在上述连续步骤中，最慢的步骤控制着整个反应的快慢，(1)、(5)步骤称为扩散过程，(2)、(3)、(4)称为表面过程。当催化剂活性高，反应温度较高，孔径大时，表面过程容易进行，这时扩散可能成为制约反应进行的因素，这种情形称为扩散控制；若气体流速高，气体向固体表面扩散很快，由于催化剂活性小、温度低，因此表面过程可能跟不上气体的扩散过程，成了制约反应的因素，这种情形称为表面控制。表面过程实际上是一个反应动力学问题，因而又称为动力学控制。对于同一反应，若改变操作条件，可能改变控制步骤。从以上分析可以得出，在高温、低流速、大粒度催化剂下反应可能为扩散控制；而在低温、高流速、小粒度催化剂下反应可能为动力学控制。

下面讨论由表面过程控制的气-固相催化反应动力学。在气-固相催化反应中，气体在固体表面的吸附为化学吸附，若化学吸附为单分子层吸附，可以用朗格缪尔吸附等温式表示。对于单分子气相反应 $A \longrightarrow B$，若反应的机理为

吸附： $A+S \longrightarrow A—S$ （快）

反应： $A—S+B \longrightarrow B—S+A$ （慢）

解吸： $B—S \longrightarrow B+S$ （快）

式中，S 表示催化剂表面上的活性中心；A—S、B—S 表示吸附在活性中心的 A、B 分子，最慢的步骤是表面单分子反应。设反应速率比例于反应物分子 A 的表面覆盖率 θ_A，即

$$-\frac{dp_A}{dt}=k\theta_A \qquad (7\text{-}3\text{-}16)$$

因吸附很快,可以随时保持平衡,根据朗格缪尔吸附等温式,有

$$\theta_A=\frac{b_A p_A}{1+b_A p_A}$$

式中,b_A 为反应物 A 的吸附平衡常数,代入(7-3-16)中,得

$$-\frac{dp_A}{dt}=\frac{kb_A p_A}{1+b_A p_A} \tag{7-3-17}$$

下面分几种情况讨论:

(1) 若反应物 A 的吸附很弱,即 b_A 很小,或压力很小,有 $b_A p_A \ll 1$,则式(7-3-17)变为

$$-\frac{dp_A}{dt}=kb_A p_A=k' p_A \tag{7-3-18}$$

式(7-3-18)表明,当反应物 A 的吸附很弱,则在低压下为一级反应。例如磷化氢在玻璃、陶瓷上的分解,甲酸蒸气在玻璃、铂、铑上的分解都符合一级反应。

(2) 若反应物的吸附很强,即 b_A 很大,或压力很大,有 $b_A p_A \gg 1$,则式(7-3-17)变为

$$-\frac{dp_A}{dt}=k \tag{7-3-19}$$

式(7-3-19)表明,当反应物 A 的吸附很强,则在高压下为零级反应。此时,固体表面完全被反应物分子覆盖,改变压力对反应物分子在表面的浓度几乎没什么影响,因此反应速率维持恒定,为零级反应。例如氨在钨上的分解为零级反应。

(3) 若吸附介于强弱之间,或压力在中压范围内,则反应在 0～1 级之间,可以表示为

$$-\frac{dp_A}{dt}=k' p_A^n \qquad (0<n<1) \tag{7-3-20}$$

反应级数为分数,例如 SbH_3 在锑表面的分解为 0.6 级反应。由以上的讨论可以看出,从吸附的强弱来看,吸附很强时为零级反应,吸附很弱时为一级反应,吸附不强不弱时反应级数介于 0～1。从反应物的压力来看,高压下为零级反应,低压下为一级反应,在中压范围内反应级数介于 0～1。例如 PH_3 在钨表面的分解,当温度在 883～993K 时,压力 130～660Pa,为零级反应;压力 0～260Pa,为分数级反应;压力 0.13～1.3Pa,为一级反应。

对于双分子反应 A+B ⟶ P 可能存在两种情况,一种情况是反应物 A、B 首先被固体催化剂表面吸附,被吸附的反应物分子 A、B 之间发生反应,这种机理称为朗格缪尔-欣谢伍得(Hinshelwood)机理;另一种是被吸附在固体催化剂表面的反应物分子与气相空间的分子进行反应,这种机理称为里迪尔(Rideal)机理。

被吸附的反应物分子 A、B 之间的反应,若反应为 A+B ⟶ P 的机理为

吸附: A+S ⟶ A—S (快) B+S ⟶ B—S (快)

表面反应: A—S+B—S ⟶ P—S (慢) P—S ⟶ P+S (快)

最慢的步骤是表面双分子反应,设反应速率为

$$-\frac{dp_A}{dt}=k_s\theta_A\theta_B \tag{7-3-21}$$

当两种气体分子都能被催化剂表面吸附时,每一种气体的表面覆盖率为

$$\theta_A=\frac{b_A p_A}{1+b_A p_A+b_B p_B} \qquad \theta_B=\frac{b_B p_B}{1+b_A p_A+b_B p_B}$$

代入式(7-3-21)中,得

$$-\frac{\mathrm{d}p_A}{\mathrm{d}t}=\frac{k_s b_A b_B p_A p_B}{(1+b_A p_A+b_B p_B)^2} \tag{7-3-22}$$

令 $k_s b_A b_B=k$，式(7-3-22)变为

$$-\frac{\mathrm{d}p_A}{\mathrm{d}t}=\frac{k p_A p_B}{(1+b_A p_A+b_B p_B)^2} \tag{7-3-23}$$

式(7-3-23)表明，低压下，或A和B的吸附很弱，则A和B的表面覆盖率都很小，此时 $1+b_A p_A+b_B p_B\approx 1$，式(7-3-23)变为

$$-\frac{\mathrm{d}p_A}{\mathrm{d}t}=k p_A p_B$$

即为二级反应。

若反应物A被吸附，被吸附的A分子再和气相中的B分子反应，即

$$\mathrm{A+S\longrightarrow A—S}\ \text{(快)}\qquad \mathrm{A—S+B\longrightarrow P—S}\ \text{(慢)}\qquad \mathrm{P—S\longrightarrow P+S}\ \text{(快)}$$

反应物B不被催化剂表面吸附，或吸附很弱，则

$$\theta_A=\frac{b_A p_A}{1+b_A p_A}$$

因此反应速率为

$$-\frac{\mathrm{d}p_A}{\mathrm{d}t}=k\theta_A p_B=\frac{k b_A p_A p_B}{1+b_A p_A} \tag{7-3-24}$$

式(7-3-24)在特殊情况下也可以作一些简化。若催化剂表面对A的吸附很弱，$1+b_A p_A\approx 1$，则

$$-\frac{\mathrm{d}p_A}{\mathrm{d}t}=k b_A p_A p_B=k' p_A p_B$$

即为二级反应。若A的吸附很强，$1+b_A p_A\approx b_A p_A$，则

$$-\frac{\mathrm{d}p_A}{\mathrm{d}t}=k p_B \tag{7-3-25}$$

此时，催化剂表面完全被A分子覆盖，A的压力变化几乎对反应速率无影响，所以反应速率只与B的压力有关。

§7-4 表面化学的应用

1. 表面活性剂

在浓度很低时就能显著地降低表(界)面张力的物质称为表面活性剂。总表面能等于表面张力与表面积的乘积，所以表面活性剂降低表面张力的同时也降低了溶液的表面能。表7-4-1中的数据表示向水中加入少量几种化合物时引起水的表面能的降低情况，这几种化合物就是表面活性剂。

表7-4-1 几种化合物对水表面能降低的影响

加入的化合物	温度/℃	加入浓度/(mol·dm^{-3})	表面能/(MJ·m^{-2})
—	20	—	72.80
乙醇	18	0.0156	68.10
苯酚	20	0.0256	58.20

续表

加入的化合物	温度/℃	加入浓度/($mol \cdot dm^{-3}$)	表面能/($MJ \cdot m^{-2}$)
十八醇硫酸酯钠盐	40	0.0156	34.80
十二醇硫酸酯钠盐	60	0.0156	30.40

1) 表面活性剂的基本性质

表面活性剂之所以能够降低表面(界面)能,主要原因之一是这些物质分子结构上的特点。这些物质大都是长链不对称的有机物,一头是非极性(憎水性)的基团,一头是极性(亲水性)的基团。如图 7-4-1 中油酸的分子模型,油酸是一种脂肪酸(RCOOH),R 表示非极性基团,—COOH为极性基团。

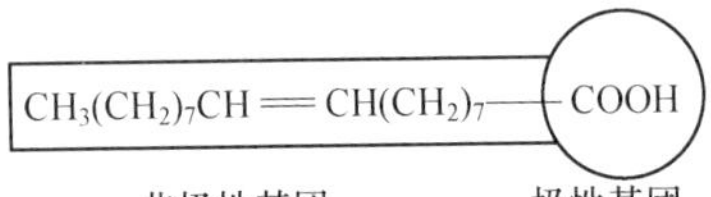

图 7-4-1　表面活性剂分子模型

表面活性剂的非极性基团一般是 8～18 碳的直链烃(也可能是环烃),当表面活性剂加入水中后,亲水性的极性基团趋向于溶在水中,而憎水性的非极性基团则竭力阻止其溶解,两种趋向的结果使表面活性剂分子在表面定向排列,亲水性的极性基团浸在水中,憎水性的非极性基团则朝向空气,以降低表面吉布斯函数。随着表面活性剂加入量的增加,到表面层做定向排列的分子越来越多,最后形成了紧密排列的单分子层,此时的吸附量即为饱和吸附量,继续提高溶液中表面活性剂的浓度,活性剂分子从几个开始迅速地聚集起来,形成稳定的胶束。形成胶束的浓度在一个极窄的范围,当溶液中胶束量开始显著增加时的浓度称为临界胶束浓度,通常称为 CMC。表面活性剂分子在溶液本体及表面层中的分布如图 7-4-2 所示。

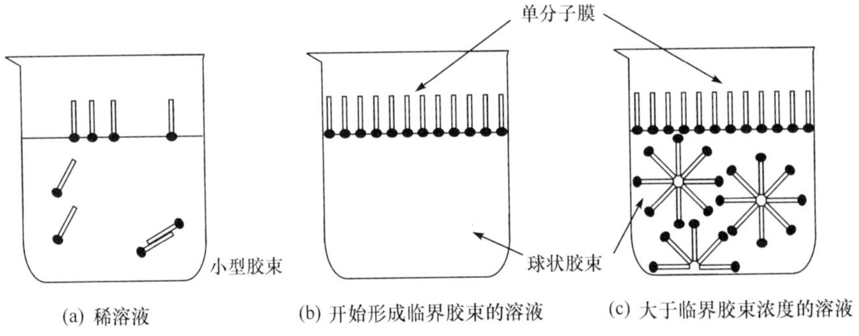

图 7-4-2　表面活性剂分子在溶液本体及表面层中的分布

在一定温度下,当吸附达平衡时,吸附量 Γ 随浓度 c 变化的曲线称为吸附等温线。对于表面活性物质,一般情况下吸附等温线如图 7-4-3 所示。

相应的吸附等温式可用经验公式表示如下:

$$\Gamma=\Gamma_{\infty} \cdot \frac{Kc}{1+Kc} \tag{7-4-1}$$

式中,K 为一经验常数,与溶质的表面活性大小有关。由式(7-4-1)可以看出,当浓度很小时,Γ 与 c 呈直线关系;当浓度较大时,Γ 与 c 呈曲线关系;当浓度足够大时,吸附达到饱和,吸附量不再随浓度变化,此时的吸附量称为饱和吸附量,用 Γ_{∞} 表示。可以认为吸附达到饱和时溶质分子在表面层做定向排列。饱和吸附量 Γ_{∞} 可以近似看作溶质分子在单位表面上排一个单分

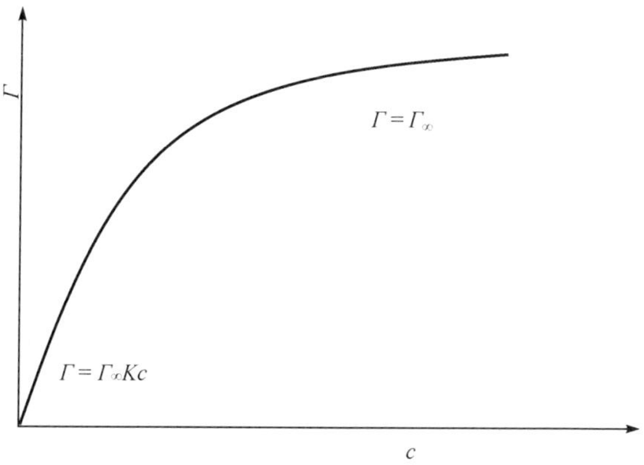

图 7-4-3 溶液的吸附等温线

子层的物质的量。由实验测出 Γ_∞ 的值,即可计算一个表面活性物质分子所的占面积 A_M,即

$$A_M = \frac{1}{\Gamma_\infty L} \qquad (7\text{-}4\text{-}2)$$

式中,L 为阿伏伽德罗常量。A_M 也可近似认为是分子的横截面积,这是因为 Γ_∞ 是表面过剩量,此时表面层浓度与内部浓度相比,内部浓度可以略去不计,再者表面层的分子并非绝对紧密排列整齐,特别是高温时,表面层不是绝对没有溶剂分子。

2) 表面活性剂的分类

表面活性剂通常可以分为下面几类。

A. 离子型

(1) 阴离子型:表面活性剂分子在水溶液中解离后,与非极性基团相连的亲水基团为阴离子,称为阴离子型。例如,$RCOONa \longrightarrow RCOO^- + Na^+$,所以 $RCOONa$ 为阴离子型。常用的有

羧酸盐:如肥皂 $RCOONa(R:C_{15},C_{17})$;

磺酸盐:如十二烷基苯磺酸钠(洗衣粉主要成分)

$$C_{12}H_{25}\!\!-\!\!\bigcirc\!\!-\!\!SO_2Na$$

硫酸酯盐:如高级醇硫酸酯盐 $R\!-\!OSO_3Na$。

(2) 阳离子型:表面活性剂分子在水溶液中解离后与非极性基团相连的亲水基团为阳离子。常用的是铵盐类,例如

$$\begin{array}{ccc} & CH_3 & & CH_3 \\ & | & & | \\ R\!-\!N\!-\!HCl & \longrightarrow & R\!-\!\overset{+}{N}\!-\!H + Cl^- \\ & | & & | \\ & CH_3 & & CH_3 \end{array}$$

(3) 两性类:这种表面活性剂分子中同时有阳离子和阴离子。常用的有氨基酸型,例如

$$C_{12}H_{15}\overset{+}{N}H_2\!-\!CH_2COO^-$$

甜菜碱型,例如

$$R—\overset{+}{N}H(CH_3)_2—CH_2COO^-$$

B. 非离子型

在水中不解离的表面活性剂，有聚氧烯型，例如

$$R—O(CH_2CH_2O)_nH$$

多元醇型，例如

$$R—COOCH_2C\begin{array}{l}\diagup CH_2—OH\\ —CH_2—OH\\ \diagdown CH_2—OH\end{array}$$

3）表面活性剂的作用

表面活性剂由于具有特殊的结构，因此具有润湿、乳化、增溶、去污、消泡等作用，在生产、科研和日常生活中被广泛地使用。

A. 润湿作用

表面活性剂的润湿作用包括它对原来不润湿的固体表面的润湿，原来已经被甲润湿的表面发生反转而被乙润湿，原来有润湿性的表面变得失去润湿性这三种情况。例如许多植物、害虫和杂草表面常覆盖一层低表面能的疏水蜡质层，这使其表面不易被水和药液润湿，为此需要在药液中添加润湿剂，润湿剂会以疏水的碳氢链通过分子间力吸附在蜡质的表面，而亲水基则伸入药液中形成定向吸附膜取代疏水的蜡质层。由于亲水基与药液间具有很好的相容性，药液能够在其表面铺展。

B. 乳化作用

如果将水和油两种互不相溶的液体混合，静置一段时间会观察到分层现象。而在其中加入表面活性剂并振荡后，由于表面活性剂能在液滴界面上发生定向吸附，一头向水，一头向油，使振荡过程中形成的分散液滴界面上裹了一层保护膜，这层膜使分散液滴相互碰撞时难于凝聚，而使液体以细小微粒分散在另一种液体中，形成稳定的系统。

C. 增溶作用

如在洗涤过程中，被洗涤的油污从清洗物表面下来，并增溶到表面活性剂胶束中，不会再重新沉积到被清洗物表面上。又如适宜浓度的脂肪酸阴离子(脂肪酸阴离子表面活性剂的表面活性离子)可使天然蛋白质沉淀，在高浓度下又能使沉淀溶解，这可成为蛋白质的分离和提纯的新途径。再如人体食用的脂肪，在胃中脂肪酶作用下水解成脂肪酸，增溶于胆盐(由胆固醇合成，进入胆管后形成卵磷脂和胆固醇的混合胶束)中，被小肠吸收。

D. 去污作用

去污作用是涉及润湿、渗透、乳化、分散、增溶等诸多方面的复杂过程。由于水-油界面张力大，水不能润湿油污，无法达到去污目的；当加入洗涤剂(含表面活性剂)后，洗涤剂的亲油基指向油污表面或固体表面并吸附于其上，在机械作用力下油污从固体表面被“拉”下来，当然也有洗涤剂分子渗透到油污-固体表面的界面处“顶”起油污；洗涤剂分子在固体表面和油污表面形成吸附层，进入水相中的油污被分散或增溶。最后油污在机械力作用下均匀地悬浮(或乳化)在水相中，或被水冲走。

在科学研究和工业生产中表面活性剂有大量的应用，其范围从一些主要工艺过程，如采矿和石油工业中原材料的回收和纯化，到提高如油漆、化妆品、医药和食品等最终产品的质量。

表 7-4-2 列出了某些表面活性剂的主要应用领域。

表 7-4-2 表面活性剂的主要用途

工业应用		个人消费品
农药	润滑剂	黏合剂
建筑材料	脱模剂	蜡和抛光
水泥添加剂	矿石浮选	化妆品
煤液化	造纸	消毒剂
涂饰和平整添加剂	石油回收	食品和饮料
电镀	印刷和印刷墨水	家庭清洗和洗涤
乳液聚合	表面制备	油漆
工业清洗	纺织业	医药
皮革工艺	防水	

选择表面活性剂用途的重要依据是其 HLB 值(亲水亲油平衡值),其原理为:由于每一个表面活性剂分子都包含着亲水基和亲油基(疏水)两部分,亲水基的亲水性代表表面活性剂溶水能力,而疏水基的疏水性代表溶油能力,两者互相作用,因而认为亲水性与疏水性之比能用来表达表面活性剂的性能。实验表明:在亲水基相同时,随疏水基碳链摩尔质量的增大,疏水性也增强。对非离子型表面活性剂的亲水性也有类似的规律。鉴于这种实验规律,Griffin 提出用 HLB 值来表示非离子性表面活性剂的亲水性,计算公式如下:

$$\text{HLB 值}=\frac{\text{亲水基部分的摩尔质量}}{\text{表面活性剂的摩尔质量}}\times 20$$

各种表面活性剂的作用及其 HLB 值对应关系如表 7-4-3 所示。不过,HLB 值法也是有局限性的,不可能得到完全满意的结果。

表 7-4-3 HLB 值与表面活性剂性能的关系

表面活性剂性能	HLB 范围
消泡作用	1～3
乳化作用(油包水型)	3～6
润湿作用	7～9
乳化作用(水包油型)	8～18
去污作用	13～15
增溶作用	15～18

2. 膜分离技术

膜是指在固体或液体表面上展开的一层物质,这种膜的厚度小到重力作用可以忽略不计。膜的应用非常广泛,例如在波涛汹涌的海上,一茶匙油就足以使半英亩的池塘平静下来,可见油膜有平浪的作用。膜也可用于测定分子结构和高聚物的相对分子质量、控制液体的蒸发、研究表面化学反应、制备纳米尺度的微结构等。特别是 1960 年 Loeb 和 Sourirajan 用相转化工艺制备出具有实际应用价值的非对称醋酸纤维素反渗透膜,标志着膜实用时代的到来。此后伴随着物理化学、聚合物化学、生物学、医学和生理学等学科的进一步发展,各种新型膜材料和膜分离技术不断出现，在近 30 年取得了长足的发展。

膜主要分为无机膜和有机膜，无机膜是指采用陶瓷、金属、金属氧化物、玻璃、硅酸盐、沸石及碳素等无机材料制成的半透膜。根据其表层结构不同分为致密膜和多孔膜。根据化学组成，无机膜有 Al_2O_3 膜、ZrO_2 膜、TiO_2 膜、SiO_2 膜等单组分膜，还有 Al_2O_3-SiO_2 膜、SiO_2-TiO_2、Al_2O_3-SiO_2-TiO_2 等双组分和多组分膜。有机膜由高分子材料合成，如醋酸纤维素、芳香族聚酰胺、聚丙烯等，它具有制备简单、工艺成熟、成本低、膜产品可塑性强等优点，吸引着人们不断对其开发利用。

1）膜分离过程基本原理

膜分离是利用一张特殊制造的具有选择透过性能的薄膜，在外力推动下对混合物进行分离、提纯、浓缩的一种分离方法。膜可以是固相、液相或气相。目前使用的膜绝大多数是固相膜。分离膜之所以能使混在一起的物质分开，主要通过两种手段：一种是根据混合物物理性质的不同，主要是质量、体积和几何形态差异，用过筛的办法将其分离；另一种是根据混合物化学性质的不同，物质首先从与膜表面接触的混合物中进入膜内，然后从膜的表面扩散到膜的另一表面，达到分离的目的。

膜分离过程以选择透过性膜为分离介质，它可以使混合物质有的通过有的留下。但是，不同的膜分离过程，它们使物质留下、通过的原理有的类似，有的完全不一样。在膜分离过程中，通过膜相际传质过程基本形式如图 7-4-4 所示。

图 7-4-4(a)是最简单的形式，称为被动传递，为热力学“下坡”过程。所有通过膜的组分均以化学势梯度为浓度推动力。组分在膜中化学势梯度可以是膜两侧的压力差、浓度差、温度差或电势差。当膜两侧存在某种推动力时，原料各组分有选择性地透过膜，以达到分离、提纯的目的。图 7-4-4(b)是促进传递过程，在此过程中，各组分通过的传质推动力仍是膜两侧的化学势梯度，各组分由其特定的载体带入膜中。促进传递是一种具有高选择性的被动传递。图 7-4-4(c)为主动传递，与前两者情况不同，各组分可以逆其化学势梯度而传递，为热力学“上坡”过程，其推动力是由膜内某化学反应提供，主要发现于生命膜。

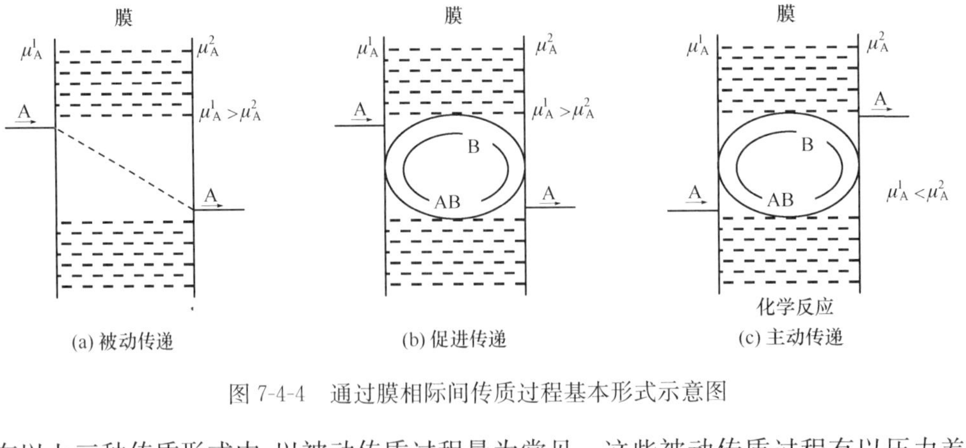

图 7-4-4　通过膜相际间传质过程基本形式示意图

在以上三种传质形式中，以被动传质过程最为常见。这些被动传质过程有以压力差为推动力的超滤、微滤和反渗透，有以浓度差为推动力的渗析，有以电位差为推动力的电渗析，有以压力差和浓度差或化学反应相结合的渗透蒸发、乳化液膜等。

2）膜分离技术的应用

膜分离技术主要有以下几个方面的应用。

A. 水的净化

反渗透等膜分离技术已被用于电子工业、纯水、医药工业及无菌纯水等的超纯水制备系统中。例如半导体电子工业所用的高纯水，以往主要是采用化学凝聚、过滤、离子交换树脂等制备方法，这些方法的最大缺点是流程复杂，再生离子交换树脂的酸碱用量大，成本高。随着电子工业的发展，对生产中所用纯水水质提出了更高要求，由膜技术与离子交换法组合过程生产的纯水中杂质含量已可接近理论纯水。

B. 在食品工业中的应用

膜分离技术用于食品工业是从乳品加工和啤酒无菌过滤开始的，随后逐渐用于果汁和饮料加工、酒类精制、酶工业等方面。与传统的食品加工技术相比，膜分离技术有三个特点：一是节能，食品工业中，传统的脱水方法是蒸发，需要吸收大量的热量，而用膜分离技术方法脱水，能量消耗大大降低；二是最大限度保留原来的营养成分，在食品加热蒸发过程中，不耐高温的营养成分易被破坏，膜分离是在常温下进行脱水，所以可以把食品中的营养成分全部或大部分保存下来；三是可以简化工艺流程和操作步骤。

C. 在医疗、卫生方面的应用

膜技术在制药领域中的应用非常广泛，如在原药生产、制药工艺和原材料的回收利用等方面，可根据不同需要，采用膜电解、电渗析、透析、微滤、超滤或反渗透等膜分离技术，达到分离的目的。此外，在医用纯水及注射用水的制备、中药注射剂及口服液的制备、中药有效成分提取、人工肾、血液透析及腹水的超滤、培养基的除菌等，都取得了重要的科研成果。

D. 在石油、化工方面的应用

膜技术在石油、化工方面的应用非常广泛，如在有机合成、石油化工、油漆涂料、溶剂喷涂和半导体等工业中，利用膜技术回收大量有机蒸气，回收强化采油伴生气中二氧化碳；在油田注水中利用中空纤维超过滤技术，对浊度较高的水进行净化；利用膜技术中的液膜法，将酶固定在内水相中的乳化液膜制成酶反应器，进行氨基酸的生成与分离等。

E. 在环境工程中的应用

膜技术是一项广泛用于工业废水治理的有效手段。例如汽车工业、电器工业等部门用超滤和反渗透组合系统处理电泳漆废水；电镀行业用反渗透法处理电镀铬、铜、锌、镉等产生的废水；用超滤和反渗透处理造纸工业产生的亚硫酸纸浆废液；对于含油和脱脂废水，如钢铁工业的压延、金属切削、研磨所用的润滑剂废水，石油炼制厂及油田含油废水，金属表面处理前的除油废水等，都可以用膜技术进行处理。

20 世纪的膜技术基本上处于单性能阶段，21 世纪的膜技术将向复合机能膜即系统化膜方向发展。在膜的研究中将应用到超分子化学的知识，以化学传感器、人工细胞、人工脏器等目标，对分子认识型膜材料及膜系统进行开发与研究，包括分子认识型膜材料和膜系统的概念设计、合成制备以及其超分子特性等方面的研究。

3. 吸附剂及其应用

1771 年发现了木炭吸附气体现象，200 多年来固体吸附操作已在化工、石油、食品医药、废水废气处理等各个领域得到广泛应用。吸附剂是一种能有效地从气体或液体中吸附其中某些成分的固体物质。一般具有以下特点：

(1) 比表面大，孔丰富且结构适宜，对吸附质有强烈的吸附能力。

(2) 化学性质稳定，不与吸附质和介质发生化学反应，在吸附条件下不发生相变。

(3) 热稳定性好，机械强度高。

(4) 制造方便，容易再生。

吸附剂有硅胶、活性氧化铝、活性炭、树脂吸附剂、腐殖酸吸附剂、黏土、硅藻土、煤灰、沸石分子筛、生物吸附剂、甲壳素衍生物吸附剂等，其中最常用的有活性炭、硅胶和沸石分子筛，以下简要介绍它们的性质和用途。

活性炭是一种非极性吸附剂，外观为暗黑色，有粒状和粉状两种。工业采用的是粒状活性炭，其主要成分为无定形碳和少量的氧、氢、硫等元素，以及水分、灰分。活性炭具有巨大的比表面和特别发达的微孔，通常比表面积高达每克几百至上千平方米，因此具有良好的吸附性能，还具有稳定的化学性质，可以耐强酸、强碱，能经受水浸、高温、高压作用，不易破碎。活性炭广泛用于气体和液体的精制、分离和净化，常用作催化剂载体，其缺点是机械强度差，高温易燃，现在常加入辅料弥补其不足。活性炭可用作气相吸附剂，如原子能工业废气中含放射性的碘甲烷，使用添加了 5%碘甲烷或三亚乙基二胺的高表面积活性炭能吸附除去碘甲烷；也可用作液相吸附剂，如工业废水、下水和粪便的凝聚沉淀，活性污泥中的 COD 成分和颜色在二次处理中不能充分除去，必须使用活性炭吸附方法进一步进行深度处理。家用净水器中使用活性炭主要是为了吸附除去水中的残余氯和三卤甲烷等有害物质。

硅胶是二氧化硅微粒子的三维凝聚多孔体的总称，其组成为 $x\mathrm{SiO_2}\cdot y\mathrm{H_2O}$，有粒状和棒状，其内部存在各种孔结构。由于硅胶表面被各种硅羟基覆盖，具有氢键、极性吸附位，能与水、醇类、酚类、胺类等形成氢键，是典型的极性吸附剂，主要用于干燥剂、吸附剂和催化剂载体等。如孔径稍大的中孔硅胶在相对湿度为 50%～90%时，吸附等温线迅速上升，在湿度高时吸附量大，这种作用可用于美术品、衣服和乐器的保存，房屋地板和壁柜的防止结露、干燥。硅胶也可用于食品的保存和干燥，啤酒、酱油、酒和醋等发酵液体食品中有害蛋白质的选择吸附去除。粒状或微粉末状二氧化硅可以直接用作催化剂，或在表面负载活性金属后作催化剂。由于具有多孔结构，气体分子扩散快，而且耐酸，能在酸性气体中使用。

沸石原是天然铝硅酸盐矿物的名称，该矿物的骨架中含有结晶水，骨架结构稳定，在结晶水脱附或吸附时都不破坏。后来又人工合成了结构与性质和天然沸石相似的物质，称为分子筛。分子筛的化学通式为 $\mathrm{M}_{x/n}[(\mathrm{AlO_2})_x\cdot(\mathrm{SiO_2})_y]\cdot m\mathrm{H_2O}$，M 为化合价为 n 的金属离子，通常是 $\mathrm{Na^+}$、$\mathrm{K^+}$、$\mathrm{Ca^{2+}}$ 等。分子筛的基本构成为硅氧四面体和铝氧四面体，硅、铝位于四面体的中心，氧原子则在四面体的顶角，通过共用四面体顶角的氧原子使多个四面体形成多元环，这些多元环形成多孔的骨架结构，在结构中有许多孔径均匀的通道和排列整齐、内表面相当大的空穴。这些晶体只能允许直径比空穴孔径小的分子进入孔穴，从而可使大小不同的分子分开，起到筛选分子的作用，所以称为分子筛。

根据沸石分子筛的结构和表面性质可知，它们有微孔和大的比表面，通常作为固体吸附剂，还用于气体和液体的干燥、纯化、分离和回收等。分子筛孔径均匀，并与普通分子大小接近，是优良的吸附剂；且分子筛表面有金属阳离子，内表面高度极化，有强大的静电场，对水等极性小分子和不饱和分子有强烈的选择吸附能力，尤其是对于临界直径小于其孔径的分子，能达到分离的目的。例如，3A 分子筛孔径约为 0.3nm，只能有效地吸附水；5A 分子筛孔径为 0.5nm，正丁烷和异丁烷的分子直径分别为 0.49nm 和 0.56nm，所以 5A 分子筛只能吸附正丁烷，异丁烷的吸附很小；再如分子筛对炔烃有强选择吸附能力，在乙炔与乙烯混合气体中，5A分子筛可以使乙炔富集，可用13X分子筛能选择性吸附苯，可用于苯与环己烷混合溶液中苯的分离。

4. 粉体与纳米材料

粉体是微小固体颗粒的群体。粉体对人类的生活和生产活动具有重要的影响。在自然界中，粉体是常见的一种物质存在形式，如河沙、粉尘等；在日常生活中，粉体是不可缺少的生活用品，如食盐、面粉、洗衣粉等；在化学工业中，约有60%的产品是粉体，考虑粉体原料和中间产物，在化学工业中粉体的处理量可达粉体产品的3～4倍；在食品、医药、电子、冶金、矿山、能源等工业中，粉体不仅是重要的原料，也是重要的产品。

粉体颗粒的尺寸在数百微米以下，直至纳米尺度，可用颗粒、超细颗粒、超微颗粒和纳米颗粒等概念来区分固体尺寸大小的差异。其中，颗粒泛指尺寸在数百微米以下、直至纳米尺度的颗粒，超细颗粒是指尺寸在10um以下的颗粒，超微颗粒是指尺寸在1um以下的颗粒，纳米颗粒（又称纳米粒子）是指尺寸在1～100nm范围内的颗粒。

粉体的最大特点是具有大的比表面积和表面吉布斯函数。对某一物质来说，随着颗粒直径变小，比表面积将会显著增大，颗粒表面原子数相对增多，由于表面原子周围缺少相邻的原子，因此有许多悬空键，具有不饱和性和很高的活性，且极不稳定。由此引发了粉体的一些特殊的表面现象，如与块状固体相比，颗粒对气体的吸附和在溶液中的吸附能力大大提高，粉体具有特殊的润湿与毛细管现象，颗粒的饱和蒸气压提高，颗粒的凝聚性增加等。

其中，纳米粒子及由其构成的纳米材料因其性能的特殊性，在各个领域得到广泛的研究和应用。

1959年12月29日，美国的理论物理学家理查德·费曼首先提出了纳米技术的基本概念，就是按人的意志安排一个个原子；20世纪80年代，诞生了用纳米命名的材料，指的是由纳米粒子组成的新型材料，按照维数，纳米材料大致可分为四类：①零维的纳米粉末，指在空间三维尺度均在纳米尺度，如纳米颗粒、原子团簇等；②一维的纳米纤维管，指在空间有二维处于纳米尺度，如纳米丝、纳米棒、纳米管等；③二维的纳米薄膜，指在三维空间中有一维在纳米尺度，如多层膜等；④三维的纳米块体等。

由于纳米粒子是处在原子簇和宏观物体交界的过渡区域，本身的结构和特性决定了纳米材料的许多新特性，它具有如下几方面效应，并由此派生出传统固体不具有的许多特殊性质。

A. 表面效应

纳米粒子尺寸小，位于表面的原子占相当大的比例，表面效应是指纳米粒子的表面原子数与总原子数之比随着纳米粒子尺寸的减小而大幅度增加，例如，粒子粒径从100nm减小至1nm，其表面原子占粒子中原子总数从20%增加到99%。因此，随着粒径减小，粒子比表面积增大，每克粒径为1nm粒子的比表面积是粒径为100nm粒子比表面积的100倍。根据这一性质，在家电行业，可用纳米材料制成多功能塑料，具有抗菌、除味、防腐、抗老化等作用，可用作电冰箱、空调外壳里的抗菌除味塑料；在环境保护领域，将出现功能独特的纳米膜，这种膜能够探测到由化学和生物制剂造成的污染，并能够对这些制剂进行过滤，从而消除污染；在纺织工业领域，在合成纤维树脂中添加纳米 SiO_2、纳米 ZnO、纳米 SiO_2 复配粉体材料，经抽丝、织布，可制成杀菌、防霉、防臭和抗紫外线辐射的内衣和服装，可用于制造抗菌内衣、用品。

纳米粒子由于大量的表面原子所处的晶体场环境及结合能与内部原子有所不同，存在许多悬空键，并具有不饱和性质，因而极易与其他原子相结合而趋于稳定，所以，具有很高的化学活性。例如，金属的纳米粒子在空气中会燃烧，为防止自燃，可采用表面包覆或有意识地控制氧化速率，使其缓慢氧化生成一层极薄而致密的氧化层，确保表面稳定；无机材料的纳米粒子暴露在大气中会吸附气体，并与气体发生反应。在催化工业领域，纳米材料为有效、高性能的催化剂制备提供了可能，如纳米粒子铂黑、Ag、Al_2O_3 和 Fe_2O_3 等在聚合物合成反应中作催化剂可大大提高反应效率，把纳米粒子掺和到发动机液态燃料中或掺和到火箭的固体燃料中，则可提高燃烧效率。

此外，纳米材料中表面原子所占的比例很大，它对材料性能的影响非常明显。事实上，纳米材料的许多物性主要是由表面决定的。例如，低温超塑性是纳米材料的一个重要特征，许多纳米材料陶瓷在室温下就会发生塑性变形，因为塑性变形主要是通过晶粒之间的相对滑移来实现的，纳米材料大量的表面原子可以使得变形中一些初发微裂能够迅速弥合，避免了脆性断裂的发生；而普通陶瓷只有在 1000℃以上，在小于一定的应变速率时才能表现出塑性。如氟化钙纳米材料在室温下可以大幅度弯曲而不断裂，碳纳米管的质量约为钢的六分之一，其强度则可达钢的几十倍，如果在其两端施加压力，碳纳米管会弯曲，当外力撤去时，它又会恢复到初始状态。

B. 量子效应

量子效应是指当粒子尺寸下降到某一值时，金属费米能级附近的电子能级由准连续变为离散的现象，纳米半导体微粒存在不连续的被占据的最高分子轨道能级，并且存在被占据的最低的分子轨道能级，同时，能隙变宽。由此导致的纳米粒子的催化、电磁、光学和超导等微观性质和纳米固体材料的宏观性质表现出与宏观块状材料显著不同的特点。

C. 小尺寸效应

小尺寸效应是指当超微粒子尺寸不断减小，在一定条件下，会引起材料宏观物理、化学性质上的变化。当金属被细分到小于光波波长的尺寸时，会失去原有的光泽而呈现黑色，这表明金属超微粒子对光的反射率很低，一般低于 1%，大约有几纳米的厚度即可消光，利用此特性可制作高效光热、光电转换材料，可高效地将太阳能转化为热、电能，此外又可作为红外敏感元件、红外隐身材料等。在医药领域，纳米材料粒子将使药物在人体内的传输更为方便，用数层纳米粒子包裹的智能药物进入人体后可主动搜索并攻击癌细胞或修补损伤组织。

此外，纳米材料还有宏观量子隧道效应、介电限域效应、纳米结构单元之间的交互作用等效应。

正是由于这些特殊效应，才产生了纳米材料特殊的力学性能、磁学性能、热学性能、光学性能、电学特性、化学特性、生物学性能等，将纳米材料应用于科学研究和国民生产，必将对未来的生活产生深远的影响。

习　题

7-1 在 293.15K 及 101.325kPa 下，把半径为 1×10^{-3}m 的汞滴分散成半径为 1×10^{-9}m 的小汞滴，试求此过程系统的表面吉布斯函数的增量。已知 293.15K 汞的表面张力为 0.470N·m^{-1}。

7-2 证明：(1)
$$\left(\frac{\partial U}{\partial A_s}\right)_{T,p}=\sigma-T\left(\frac{\partial \sigma}{\partial T}\right)_{p,A_s}-p\left(\frac{\partial \sigma}{\partial p}\right)_{T,A_s}$$

(2)
$$\left(\frac{\partial H}{\partial A_s}\right)_{T,p}=\sigma-T\left(\frac{\partial \sigma}{\partial T}\right)_{p,A_s}$$

7-3 25℃时,水的表面张力为 $71.79\times10^{-3}\text{N}\cdot\text{m}^{-1}$,$\left(\frac{\partial\sigma}{\partial T}\right)_{p,A_s}=-0.157\times10^{-3}\text{N}\cdot\text{m}^{-1}\cdot\text{K}^{-1}$。计算25℃、101.325kPa下可逆地增大 2m^2 表面积时系统的 ΔG、ΔH、ΔS、W 和 Q。

7-4 已知 $CaCO_3$ 在773.15K时的密度为 $3900\text{kg}\cdot\text{m}^{-3}$,表面张力为 $1210\times10^{-3}\text{N}\cdot\text{m}^{-1}$,分解压力为101.325Pa。若将 $CaCO_3$ 研磨成半径为 $3\times10^{-8}\text{m}$ 的粉末,求其在773.15K时分解压力。

7-5 373K水的表面张力为 $58.9\times10^{-3}\text{N}\cdot\text{m}^{-1}$,密度为 $958.4\text{kg}\cdot\text{m}^{-3}$,若在水中有一半径为 $5\times10^{-8}\text{m}$ 的小气泡,则该温度下泡内水的饱和蒸气压为多少?

7-6 293.15K时,水的饱和蒸气压为2.337kPa,密度为 $998.3\text{kg}\cdot\text{m}^{-3}$,表面张力为 $72.75\times10^{-3}\text{N}\cdot\text{m}^{-1}$,试求半径为 10^{-9}m 的小水滴在293.18K时的饱和蒸气压。

7-7 水蒸气迅速冷却至25℃时会发生过饱和现象,已知25℃时水的表面张力为 $71.5\times10^{-3}\text{N}\cdot\text{m}^{-1}$,密度为 $997\text{kg}\cdot\text{m}^{-3}$,当过饱和水蒸气压为水的平衡蒸气压的4倍时,试计算:(1)在此过饱和的情况下,开始形成水滴的半径;(2)此种水滴所包含的分子数。

7-8 常温下汞的密度为 $13\,500\text{kg}\cdot\text{m}^{-3}$,表面张力为 $480\times10^{-3}\text{N}\cdot\text{m}^{-1}$。将内径为 $1\times10^{-3}\text{m}$ 的玻璃管插入汞时,管内液面将降低多少?(汞与玻璃的接触角为180°,重力加速度为 $9.8\text{m}\cdot\text{s}^{-2}$)

7-9 293.15K时,乙醚-水、乙醚-汞及水-汞的表面张力分别为0.0107、0.379及 $0.375\text{N}\cdot\text{m}^{-1}$,若在乙醚与汞的界面上滴一滴水,试求其润湿角。

7-10 氧化铝瓷件上需覆盖银,当烧至1000℃时,液态银能否润湿氧化铝瓷件表面?已知在1000℃时 σ[氧化铝(固)-气]$=1000\times10^{-3}\text{N}\cdot\text{m}^{-1}$、$\sigma$[银(液)-气]$=920\times10^{-3}\text{N}\cdot\text{m}^{-1}$、$\sigma$[氧化铝(固)-银(液)]$=1770\times10^{-3}\text{N}\cdot\text{m}^{-1}$。

7-11 292K时,丁酸水溶液的表面张力可以表示为 $\sigma=\sigma_0-a\ln(1+bc)$。式中,$\sigma_0$ 为纯水的表面张力,a 和 b 皆为常数。

(1) 试求该溶液中丁酸的表面过剩量 Γ 和浓度 c 的关系。

(2) 若已知 $a=13.1\times10^{-3}\text{N}\cdot\text{m}^{-1}$,$b=19.62\text{dm}^3\cdot\text{mol}^{-1}$,计算当 $c=0.200\text{mol}\cdot\text{dm}^{-3}$ 时的吸附量 Γ。

(3) 当丁酸浓度足够大,达到 $bc\gg1$ 时表面过剩量 Γ_∞ 为若干?

7-12 在298K,乙醇水溶液的表面张力与溶液活度的关系为 $\sigma=\sigma_0-Aa+Ba^2$,式中常数 $A=5\times10^{-4}\text{N}\cdot\text{m}^{-1}$,$B=2\times10^{-3}\text{N}\cdot\text{m}^{-1}$。求活度为0.5时的表面过剩量 Γ。

7-13 用一机械装置可从一稀肥皂溶液上刮下极薄的一层液体,若是在25℃刮去 300cm^2 表面积,得到 2cm^3 溶液,其中肥皂含量为 $4.013\times10^{-5}\text{mol}$,而溶液内部 2cm^3 溶液中肥皂的含量为 $4.00\times10^{-5}\text{mol}$。试根据吉布斯吸附公式和 $\sigma=\sigma_0-bc$,计算溶液的表面张力。已知:$\sigma_0=72\times10^{-3}\text{N}\cdot\text{m}^{-1}$。

7-14 在351.45K时,用焦炭吸附 NH_3 气测得数据如下:

p/kPa	0.7224	1.307	1.723	2.898	3.931	7.528	10.102
$(x/m)/(\text{dm}^3\cdot\text{kg}^{-1})$	10.2	14.7	17.3	23.7	28.4	41.9	50.1

试用图解法求方程式 $x/m=kp^n$ 中的常数 k 及 n 的数值。

7-15 已知在273.15K时,用活性炭吸附 $CHCl_3$,其饱和吸附量为 $93.8\text{dm}^3\cdot\text{kg}^{-1}$,若 $CHCl_3$ 的分压为13.375kPa,其平衡吸附量为 $82.5\text{dm}^3\cdot\text{kg}^{-1}$。求:

(1) 朗格缪尔吸附等温式中的 b 值。

(2) $CHCl_3$ 的分压为6.6672kPa时,平衡吸附量为多少?

7-16 在473K时,测定氧在某催化剂上的吸附作用,当平衡压力为101.325kPa和1013.25kPa时,每千克催化剂吸附氧气的量(已换算成标准状况)分别为2.5及 4.2dm^3,设该吸附作用服从朗格缪尔公式,计算当氧的吸附量为饱和值的一半时的平衡压力。

7-17 已知 N_2O 在Au表面上的分解反应为 $2N_2O(g)=2N_2(g)+O_2(g)$,900℃时该分解反应的速率常数为 $2.16\times10^{-4}\text{s}^{-1}$,$N_2O$ 的初始压力为46.66kPa。计算:(1)在Au表面的催化下经2.5h后 N_2O 的压力;(2)转化率达95%所需的时间及系统的总压。

7-18　25℃时 SbH_3 在 Sb 上分解的数据如下：

t/s	0	5	10	15	20	25
p_{SbH_3}/kPa	100	73.1	50.9	32.7	18.9	9.3

试证明此反应符合速率方程：$-\dfrac{dp}{dt}=kp^{0.6}$，并计算速率常数。

7-19　1100K 时 NH_3 在 W 上的分解数据如下：

NH_3 的初压 p/kPa	35.33	17.33	7.73
半衰期 $t_{1/2}$/min	7.6	3.7	1.7

求该反应的速率常数。

7-20　甲酸在 Au 上分解为一级反应，140℃时 $k=5.5\times10^{-4}\ s^{-1}$，180℃时 $k=9.2\times10^{-3}\ s^{-1}$，求表观活化能 E_a。

第 8 章　胶 体 化 学

胶体化学是物理化学的一个重要分支，且与其他章节如热力学、表面化学相互交叉。它既涉及化学中的最基础的理论，又具有极广泛的实用性，它的应用涉及生产过程各个领域如药物制剂、高分子材料（油漆、涂料、轻纺、橡胶、塑料）、日用化工、食品（牛奶、啤酒、面包）、能源（强化采油、乳化和破坏）、环境（烟雾、除尘、水处理）、医学等。尤其是近年来随着科技的发展，胶体化学在超微胶体颗粒（纳米粒、微米粒）和纳米材料的制备、研究生命科学中物质和信息传递等方面将发挥越来越重要的作用。掌握胶体化学知识对于指导工农业生产以及科学研究都具有十分重要的意义。

§8-1　胶体的概念与性质

1. 分散系统

通常把一种或几种物质分散在另一种物质中所构成的系统称为分散系统。例如牛奶中奶油液滴分散在水中，颜料分散在有机液体中形成油漆等。最简单分散系统是由两相组成，分散系统中以颗粒状态存在的相为分散相，是不连续相；而颗粒所处的介质称为分散介质，即连续相。分散相颗粒、液滴或者气泡可以是球体状的，另一方面固体颗粒也可以是立方体、片状或者棒状等，通常这种颗粒的大小为 $10^{-9} \sim 10^{-7}$ m。粒子被分散得越小，即分散程度越高，系统的界面面积就越大。从热力学观点来看，此类系统也就越不稳定，这表明粒子的大小直接影响了系统的物理化学性质。

早在 1861 年，英国科学家格雷姆（Graham）就提出了胶体的概念。后来经过很多科学家研究得出，胶体只是在一定分散范围内物质存在的一种状态，而不是某一类特殊的物质。研究表明任何典型的晶体物质都可以通过降低溶解度或者选择适当的分散介质等方法制成胶体。例如氯化钠晶体颗粒分散在水中是溶液，系统中氯化钠晶体和水分子以分子形态均匀分散，但氯化钠晶体分散在乙醇中，由于溶解度降低，氯化钠晶体团聚而在乙醇相中成为胶体。这也说明胶体不是物质固有的状态，而是在不同分散相中分散程度不同而表现出来的一种状态。胶体分散系统在自然界尤其是生物界普遍存在，如血液、体液、细胞、软骨等都是典型的胶体系统。表 8-1-1 汇总了一些常见的胶体分散系统类型。

表 8-1-1　胶体分散系统类型

分散介质	分散相	名　称	实　例
液体	固	胶体、悬浮液	墨水、泥浆、牙膏
	液	乳状液	牛奶、含水原油
	气	泡沫	肥皂泡沫
气体	固	气胶体	烟、尘
	液		雾

续表

分散介质	分散相	名　称	实　例
固体	固	固态悬浮体	合金、有色玻璃
	液	固态乳状液	珍珠
	气	固态泡沫	泡沫塑料、沸石

在很多实际情况下，系统可能会更复杂。系统中可能不止一种分散相，并且每一相(分散相或分散介质)可能是多组分的(例如在一种水相中，可能存在有电解质、表面活性剂、聚合物和其他分子物种)。冰淇淋就是一个典型的例子，它是一种复杂分散系统，其中存在着三种分散相：固体颗粒(冰)、液滴(脂肪球体)和气泡(空气)。

胶体系统的重要特征是分散相和分散介质之间的巨大相界面，有比较大的界面吉布斯能，从而产生各种界面现象。表面化学和胶体化学都是物理化学学科中重要的内容，二者关系密切。胶体化学侧重于胶体颗粒所具有的性质如动力学、电学、光学性质等，表面化学则侧重于相界面的特征。

胶体是高分散的多相分散系统。这一点与溶液大为不同，溶液一般以分子或离子的形式存在于介质中，其间不存在相界面，是均相分散系统。它们二者的区别主要是随着分散相颗粒大小以及界面积的变化而呈现不同的性质。溶液中分散相颗粒(分子)和连续相间的界面尺寸很小，界面性质对物质性质的影响可以忽略不计。其特征是溶质与溶剂的结构颗粒很微小，表现为透明、不能发生光的散射、扩散速度快、溶质与溶剂均可通过半透膜。在一定条件下，溶液的溶质和溶剂不会自动地分离为两相，为均相分散系统，是热力学稳定系统。随着分散相的颗粒尺寸逐渐增大，当分散相和分散介质间的界面增大到不能忽略界面性质对物质性质的影响时，系统就由溶液系统逐渐变为胶体系统。

本教材为了学习的方便，按照分散相的物理化学性质将胶体分为三种类型：无机胶体系统、有机胶体系统和高分子溶液系统。

2. 胶体的光学性质

胶体的光学性质是其高分散度和不均匀性(多相)性质的反映。我们可以利用这种光学性质识别胶体，研究胶体颗粒的大小、形状和运动规律。

1) 丁铎尔效应

1869 年，英国的物理学家丁铎尔(Tyndall)首先发现，如果在暗室里将一束光线透过胶体，在光束的垂直方向观察，可以在光透过胶体的途径上看到一个光柱，如图 8-1-1 所示，这就是丁铎尔效应。

根据光的电磁理论，丁铎尔效应产生的实质是光的散射。当光线照射到微粒上时，可能发生两种情况：①若微粒尺寸大于入射光波长很多倍，则发生光的反射(或折射)；②若微粒尺寸小于入射光波长，则发生光的散射。可见光的波长在 400～760nm，大于一般胶体颗粒的尺寸。当可见光(电磁波)照射在微粒上时，引起微粒中的电子的强迫振动，成为二次波源，向各个方向发射与入射光有相同频率的电磁波即散射光波。若被照系统是完全均匀的，则所有散射光波因互相干涉而完全抵消，结果就没有散射光；如果被照系统的光学均匀性遭到破坏，辐射出来的次波不会抵消，结果产生散射光。由于胶体的高分散度和多相性，入射光照射在胶体

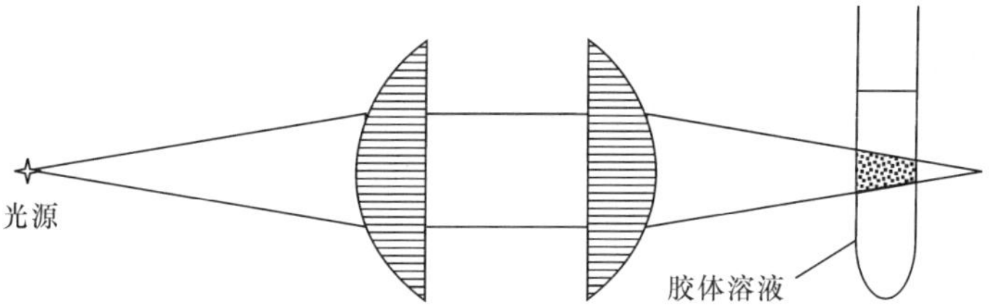

图 8-1-1 丁铎尔效应

颗粒上，必然会产生散射光。当然，由于分子热运动引起密度或浓度涨落，也会造成光学的不均匀性，产生光的散射。产生散射光的强度，可用瑞利公式计算。

2）瑞利公式

1871 年英国人瑞利(Rayleigh)假设分散相颗粒为球形，颗粒间无相互作用，入射光是非偏振光，利用电磁场理论导出单位体积分散系统的散射光强度 $I(R,\theta)$ 随散射角 θ 和距离 R 的变化如下，参见图 8-1-2。

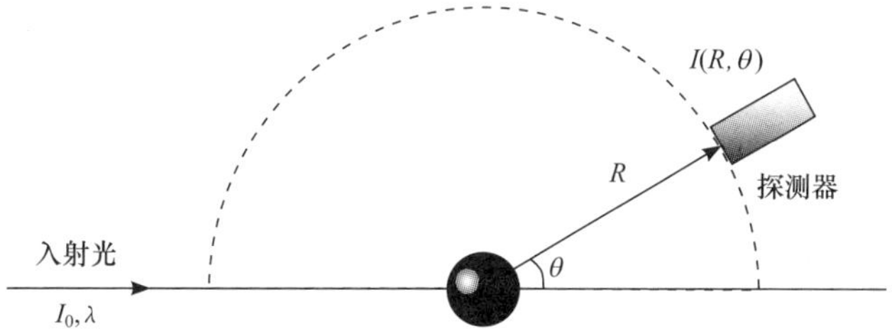

图 8-1-2 光散射测定

$$I(R,\theta)=I_0\frac{9\pi^2\rho v^2}{2\lambda^4R^2}\left(\frac{n_2^2-n_1^2}{n_2^2+2n_1^2}\right)^2(1+\cos^2\theta) \tag{8-1-1}$$

式中，I_0 是入射光强度；λ 是波长；ρ 和 v 分别是颗粒的数密度($\rho\overset{\text{def}}{=}N/V$，$N$ 为体积 V 中的颗粒数)和单个颗粒的体积；n_1 和 n_2 分别为分散介质和分散相的折射率。式(8-1-1)表明：

(1) 散射光的强度与入射光波长的四次方成反比。因此入射光波长越短，散射光越强。如果入射光为白光，则其中波长较短的蓝色和紫色光散射作用最强；而波长较长的红色光散射较弱，大部分将透过胶体。因此，当白光照射胶体时，从侧面看，散射光呈蓝紫色，而透过光呈橙红色(如氯化银、溴化银等胶体，迎着透射光看是红黄色，而从垂直于入射光的方向观察则带蓝色)。晴朗的天空呈现蓝色是由空气中的尘埃颗粒和小水滴散射太阳光引起的，而日出日落天空呈橙红色是由透射光引起的。

(2) 散射光的强度与分散相和分散介质的折射率有关。当分散相与分散介质折射率相差越大时，散射光越强，反之则越弱。胶体具有明显的丁铎尔效应，而高分子溶液中被分散物与分散介质之间具有极强的结合力，二者的折射率极为接近，所以丁铎尔效应很弱。因此，可用丁铎尔效应来区分胶体和高分子溶液。

(3) 散射光强度与单位体积中的颗粒数成正比。对于物质种类相同，仅颗粒数浓度不同的胶体，若测量条件相同，两胶体的散射光强度之比应等于其浓度之比，即 $I_1/I_2=\rho_1/\rho_2$。因此，若已知其中一个胶体的浓度，即可求出另一胶体的浓度。散射光强度又称为浊度，浊度计就是根据这一原理设计的。

高度分散的憎液胶体从外观上看是完全透明的,一般显微镜的分辨率约为 200nm,不能直接观察胶体颗粒。利用瑞利散射原理设计的超显微镜,可以研究 5～15nm 颗粒的散射光现象。应用电子显微镜,可以将物像放大 10 万～50 万倍,能直接观察到颗粒形状及测定某些胶核的大小,这给研究胶体带来了极大的方便。

3. 胶体的动力学性质

胶体的动力学性质主要指胶体颗粒在介质中的无规则运动,以及由此产生的扩散与渗透现象,并讨论重力场和离心场对颗粒运动的影响。通过对胶体动力学性质的研究,可以得知胶粒大小、形状及其沉降的原因。

1) 布朗运动

1827 年,英国植物学家布朗在显微镜下首先观察到悬浮在水中的花粉颗粒做永不停息的无规则运动(称为布朗运动)。1903 年,齐格蒙德发明了超显微镜,用它观察到胶体颗粒不断地做不规则的"之"字形的连续运动,如图 8-1-3 所示,其强度随颗粒粒度的减小和温度升高而增加。

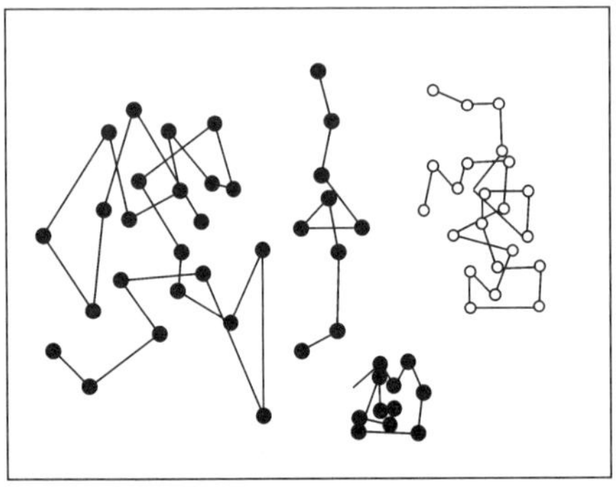

图 8-1-3　布朗运动

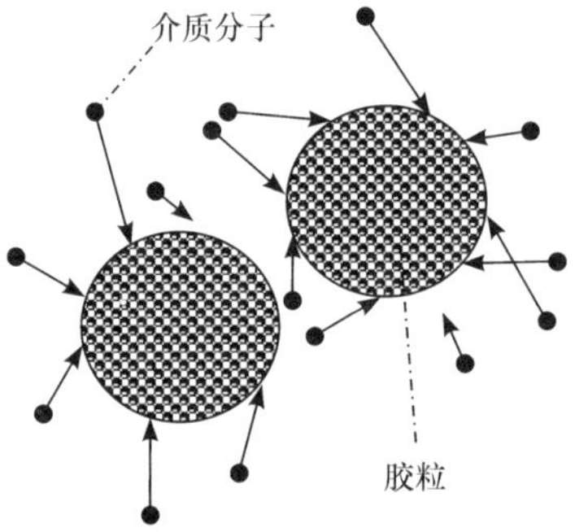

图 8-1-4　介质分子对胶粒的冲击

产生布朗运动的原因是分散介质分子对胶粒的撞击。介质分子一直处于不停的、无序的热运动状态,处在介质分子包围之中的胶体颗粒受介质分子热运动的撞击,在某一瞬间,它所受的来自各个方向的撞击力不会互相抵消,如图 8-1-4 所示,加上颗粒自身的热运动。因而,它在不同的时刻以不同速度、不同方向做无规则运动。1905 年,爱因斯坦用概率的概念和分子运动论的观点,创立了布朗运动的理论,推导出了爱因斯坦-布朗平均位移公式

$$<x>=\left(\frac{RTt}{L3\pi\eta r}\right)^{1/2} \tag{8-1-2}$$

式中,$<x>$为在观察时间 t 内,颗粒沿 x 轴方向的平均位移;r 为颗粒的半径;η 为介质黏度;L 为阿伏伽德罗常量。

1908 年珀林(Perrin)、1911 年斯威德伯格(Svedberg)等用金胶体、藤黄进行实验,将测得的$<x>$和 t 代入式(8-1-2)计算阿伏伽德罗常量 L,所得结果与现在采用的数值非常接近,这不但证明了爱因斯坦-布朗平均位移公式是准确的,也使分子运动论得到了实验证明。此后,分子运动论才逐渐为人们普遍接受。

2）扩散作用

胶体颗粒的热运动会引起胶体中分散相颗粒的扩散作用。所谓扩散，是指胶体颗粒从高浓度区向低浓度区定向迁移现象，扩散的推动力是浓度梯度，即胶粒从高浓度处向低浓度处扩散是自发的。浓度梯度越大，扩散速率也越快。此外，升高温度也可以加剧分子热运动，也会加快扩散速率。从微观现象来看，溶液的扩散是分子热运动的结果，而胶体颗粒的扩散则是颗粒的布朗运动引起的。1905 年，爱因斯坦对球形颗粒导出了颗粒胶粒在 t 时间的平均位移 $\langle x \rangle$ 和扩散系数 D 之间的关系式

$$\langle x \rangle^2 = 2Dt \tag{8-1-3}$$

由式(8-1-2)和(8-1-3)可得：

$$D = \frac{RT}{6\pi\eta rL} \tag{8-1-4}$$

式中，D 为扩散系数，它的物理意义是在单位浓度梯度下，单位时间内通过单位面积的质量。从 D 可求得颗粒的大小。颗粒的半径越小，介质的黏度越小，温度越高，则 D 越大，颗粒越易扩散。

实验测定表明，一般分子或离子的扩散系数 D 的数量级为 $10^{-9}\,m^2 \cdot s^{-1}$，而胶体颗粒为 $10^{-13} \sim 10^{-10}\,m^2 \cdot s^{-1}$，相差 2～4 个数量级，所以胶体颗粒与真溶液相比，颗粒要大得多，其扩散速率一般比真溶液小约几百倍。

3）沉降与沉降平衡

胶体分散系统中的物质颗粒由于受自身的重力作用而下沉的过程，称为沉降。分散相中的颗粒受两种作用的影响：一种是重力场的作用，另一种则是布朗运动所产生的扩散作用，这是两个相反的作用。对于一般溶液，溶质可以看作分子形态分散在溶剂中，分子热运动占绝对优势，远远大于地球对它的重力作用，因而能够自如地活动在分散介质所允许的范围之内。对于颗粒尺寸较大的分散系统（如浑浊的泥水），由于颗粒很大，布朗运动所产生的扩散作用实在太弱，以致无法克服自己重力的影响，颗粒向下沉降，静置多时可澄清。如图 8-1-5 所示，胶体分散系统颗粒的大小介于这两种系统之间，扩散与沉降综合作用的结果，形成了下部浓、上部稀的浓度梯度，若扩散速率等于沉降速率，则系统达到沉降平衡，这是一种动态平衡。此时，颗粒可以上下移动，但颗粒分布的浓度梯度不变。

珀林推导出在重力场下，达到沉降平衡时，颗粒浓度随高度的分布为

$$\ln\frac{c_2}{c_1} = -\frac{Mg}{RT}\left(1-\frac{\rho_0}{\rho}\right)(h_2-h_1) \tag{8-1-5}$$

式中，c_2、c_1 分别为浓度；h_2、h_1 为截面上颗粒的高度；ρ、ρ_0 分别为分散相（颗粒）及分散介质的密度；M 为颗粒相对分子质量；g 为重力加速度。式(8-1-5)不受颗粒形状的限制，但要求颗粒大小相等。

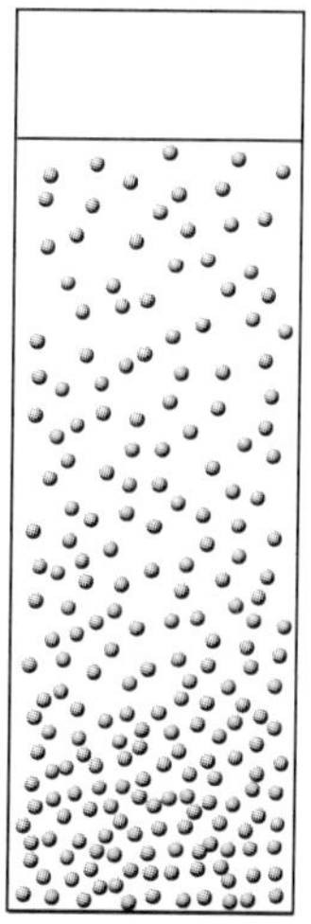

图 8-1-5　沉降平衡示意图

从式(8-1-5)可知，颗粒的质量越大，则其平衡浓度随高度的降低也越大。表 8-1-2 列出一些不同分散系统中颗粒浓度降低 1/2 时所需高度的数据。应该指出，式(8-1-5)所表示的是分布已经达到平衡后的情况，对于颗粒较大的系统通常沉降较快，可以很快达

到平衡。而高度分散的系统中的颗粒沉降缓慢，往往需要较长时间才能达到平衡。从表 8-1-2 可知，颗粒分散程度属于同一数量级（1.86×10^{-7}m 和 2.30×10^{-7}m）的粗分散金胶体和藤黄悬浮体，颗粒浓度降低一半时的高度相差可达 150 倍，这是由于金和藤黄的密度相差悬殊。对于高度分散的金胶体，浓度减少一半所需的高度达 2m 多，在实验室的烧杯中，将不能察觉浓度分布，可看作是上下均匀的系统。

表 8-1-2　不同大小的颗粒浓度降低 1/2 时的高度

系　统	颗粒直径/m	颗粒浓度降低 1/2 时的高度/m
藤黄悬浮体	2.30×10^{-7}	3×10^{-5}
粗分散金胶体	1.86×10^{-7}	2×10^{-7}
金胶体	8.35×10^{-9}	2×10^{-2}
高分散金胶体	1.86×10^{-9}	2.15
氧气	2.70×10^{-10}	5×10^{3}

对于颗粒较大的胶体分散系统，当偏离沉降平衡很远（如均匀搅拌），可测定出颗粒以一定速率沉降。在重力场中，沉降速率

$$v=\frac{2}{9}r^2(\rho-\rho_0)\frac{g}{\eta} \tag{8-1-6}$$

式中，v 为沉降速率；r 为分散相颗粒半径；ρ、ρ_0 分别为分散相及分散介质的密度；g 为重力加速度；η 为分散介质的黏度。根据式(8-1-6)，若已知密度和黏度，可以从测定颗粒沉降的速率来计算颗粒的半径。反之，若已知颗粒的大小，则可以从测定一定时间内下降的距离来计算溶液的黏度 η。落球式黏度计就是根据这个原理而设计的。

实际上，由于高度分散的胶体颗粒很小，颗粒的扩散作用不可忽视，具有动力学稳定性，达到平衡的时间十分长，并且通常温度变化引起的对流也阻止了平衡的建立，很难看到高分散度胶体的沉降平衡。通常胶体中的胶粒只能在超离心力场中才能明显沉降下来。1924 年超速离心机的发明，可使转速达到每分钟十几万转，其离心力约为重力的 100 万倍。胶体颗粒或者高分子物质的沉降速率加快，均可以较快沉降。超离心技术是研究蛋白质、核酸、病毒以及其他大分子化合物相对分子质量的重要手段，也是分离提纯各种细胞器的重要工具，临床上可对某些疾病起到确诊或者辅助诊断的作用。

4. 胶体的电学性质

胶体通常是固体分散在液体中所形成的高度分散的多相系统。胶体颗粒表面由于电离或吸附离子等原因而带电，同时介质必然带相反的电荷，从而使胶体表现出电泳、电渗、沉降电势、流动以及沉降电势等电动现象。

1）带电界面的双电层结构

在溶液中的固-液界面层上会呈现带电现象。其原因主要有以下两种：①吸附作用，固体表面可以从溶液中有选择地吸附某种离子而带电，固体若为离子晶体，可吸附溶液中的构晶离子，若吸附正离子，晶体表面带正电荷，反之，则带负电荷。大多数胶体颗粒的带电属于这种类型。②电离，固体表面上的物质颗粒在溶液中发生电离，也可导致固体表面带电。固体表面上的带电离子，不论它是如何产生的，皆应视其为固体颗粒的组成部分。例如蛋白质分子含有羧

基和氨基，在水中可以解离为—COO^- 或—NH_3^+，从而使蛋白质分子带电，至于带什么电性则取决于介质的 pH。

带电的固体颗粒表面，由于静电吸引力的存在，必然要吸引等电量的、与固体表面带有相反电荷的离子(简称反离子或异电离子)环绕在固体颗粒的周围，这样便在固-液两相之间形成双电层结构。

关于双电层的结构，曾经先后提出过亥姆霍兹的平板电容器型双电层模型(1879 年)、古依-查普曼的扩散双电层模型(1910～1913 年)和斯特恩模型(1924 年)。斯特恩模型是在前两个模型的基础上修正和补充，成为了近代双电层模型，如图 8-1-6(a)所示。若固体表面带正电荷，溶液中的某些负离子受到固体表面足够大的静电力、范德华力及其他形式的吸引力，就会使这些离子所具有的能量足以克服各种形式的阻力，而牢固地吸附在固体表面上。在水溶液中，被吸附的离子应该是水化的。这种特性吸附相当牢固，即使在外电场的作用下，吸附层也随着固体颗粒一起运动。因此，该吸附层可视为固体表面层的一部分，称为紧密层，也称斯特恩层。当水化离子吸附在固体表面时，离子中心距固体表面的距离约为水化离子的半径，这些水化离子中心连线所形成的假想面，称为斯特恩面。当固-液两相发生相对移动时，滑动面是在斯特恩面之外，它与固体表面的距离约为分子直径大小的数量级，一旦固-液两相发生相对移

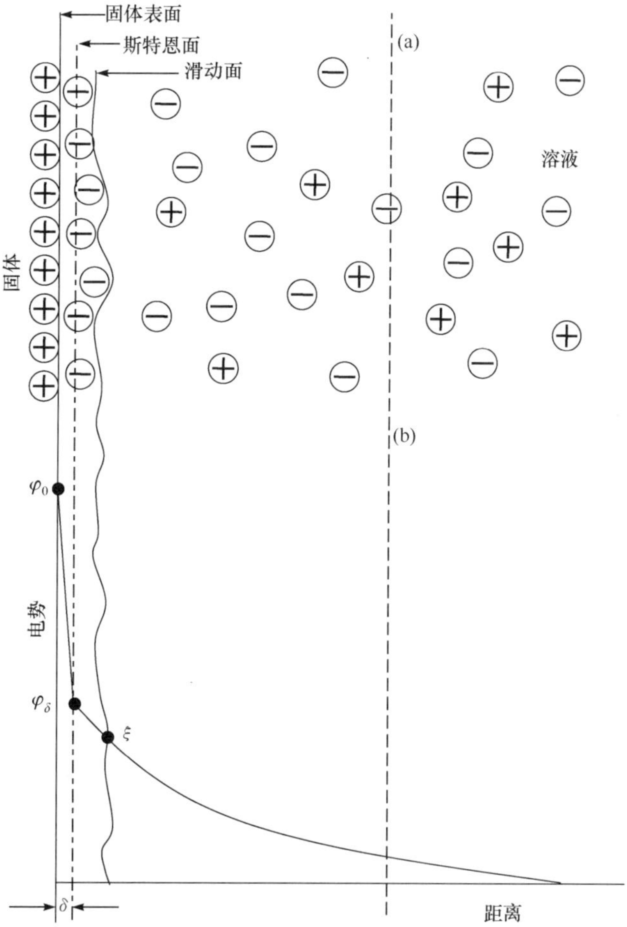

图 8-1-6　斯特恩双电层模型

动，滑动面便呈现出来。斯特恩面之外至溶液本体称为扩散层，由于吸附平衡是动态平衡，被吸附的负离子因解吸作用，也可向溶液本体中扩散，即滑动面以内的负离子并非固定不动，而是存在进出的平衡，所以斯特恩面以外为扩散层。

图 8-1-6(b)表示电势 φ 随距离变化的情况，φ_0 表示固体表面与溶液本体之间的电势差，即热力学电势；φ_δ 表示紧密层与扩散层的分界处同溶液本体之间的电势差，称为斯特恩电势；滑动面与溶液本体之间的电势差，称为 ξ 电势，也称电动电势。

2）胶体的胶团结构

胶体中的分散相与分散介质之间存在着界面。因此，结合扩散双电层理论来剖析胶体的胶团结构。

以 KI 溶液滴加至 $AgNO_3$ 溶液中形成的 AgI 胶体为例。当 $AgNO_3$ 溶液过量时，形成 AgI 正胶体，其胶团结构如图 8-1-7 所示。每个胶粒的核心部分都是 m 个 AgI 分子，其周围选择吸附周围介质中的 n 个 Ag^+ 形成带正电的胶核。胶核又与分散介质中的反离子 NO_3^- 存在静电力、范德华力等形式吸引力，使过剩的($n-x$)个反离子分布在滑动面以内，另一部分(x 个)则分布在紧密层以外，形成扩散层。滑动面所包围的带电体，称为胶体颗粒(胶粒)。由于胶粒带正电，所有胶体为正胶体。整个扩散层及其所包围的胶体颗粒，则构成电中性的胶团。

若将 $AgNO_3$ 溶液滴加至 KI 溶液中，形成的胶核由于吸附溶液中过量的 I^- 而带负电荷，K^+ 为反离子，胶团的结构也可以用图 8-1-8 的剖面图来描述。

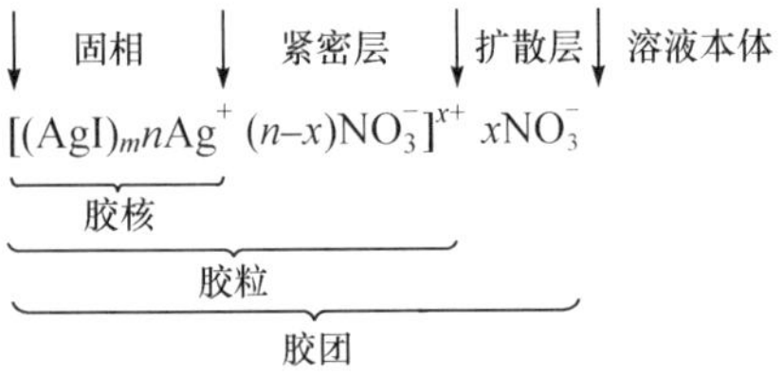

图 8-1-7　胶团的结构

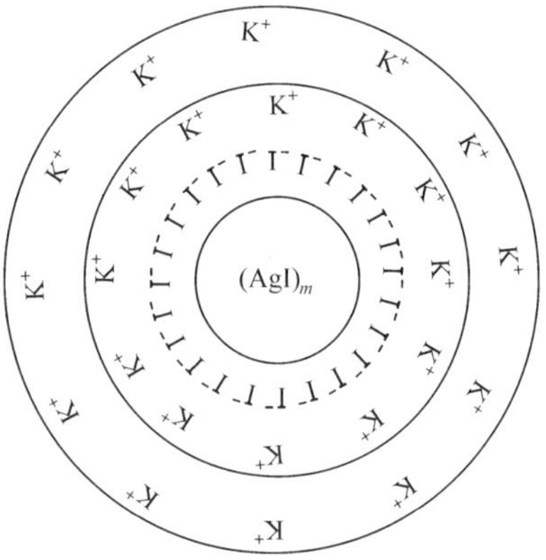

图 8-1-8　AgI 胶团剖面图

在书写胶团的结构式时，应注意电量平衡，即整个胶团中反离子所带的电荷数应等于胶核表面上的电荷数，也就是说整个胶团应当是电中性的。

3）电动现象

由于胶粒是带电的，实验发现：在外电场的作用下，固、液两相可发生相对运动；另一方面，在外力的作用下，迫使固、液两相进行相对移动时，又可产生电势差。这两类相反的过程皆与电势差的大小及两相的相对移动有关，故称为电动现象，这是胶体的电学性质。

A. 电泳

在外电场的作用下，胶体颗粒在分散介质中定向移动的现象称为电泳。如图 8-1-9 所示，从已盛有少量 NaCl 溶液的 U 形管下端小心加入棕红色的 $Fe(OH)_3$ 胶体，使界面保持清晰，

NaCl 溶液层中插入两电极并通以直流电，一段时间后发现，阴极部棕红色界面上升而阳极部下降，表明 $Fe(OH)_3$ 胶体带正电。胶粒的电泳速度受多种因素的影响，电势梯度越大，颗粒带电越多，颗粒的体积越小，则电泳速度越快；介质的黏度越大，电泳速度则越慢。此外，若在胶体中加入电解质，则会对电泳有显著影响。随胶体中外加电解质的增加，电泳速度常会降低至变为零，甚至改变胶粒的电泳方向，外加电解质可以改变胶粒带电的符号。

利用电泳现象可以进行分析鉴定或分离操作。例如，利用电泳分离人体血液中的血蛋白、球蛋白和纤维蛋白原等。20 世纪 80 年代发展起来的高效毛细管电泳具有高效、快速、简单等优点，在化学、生命科学和药学等领域得到了广泛应用。

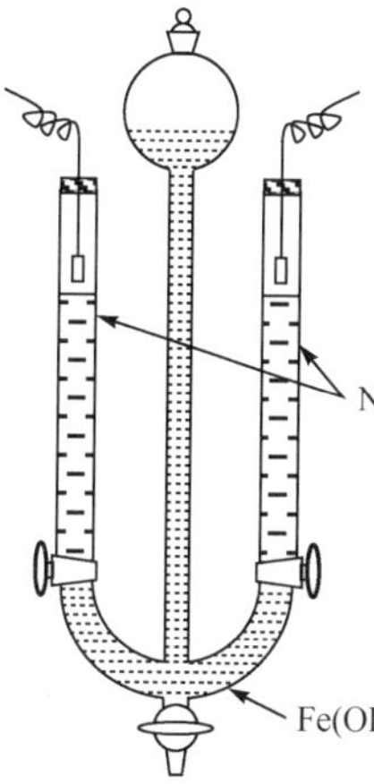

图 8-1-9 U 形电泳装置

B. 电渗

在多孔塞（或毛细管）的两端施加一定的电压，分散介质（由过剩反离子所携带）通过多孔塞而定向流动，这种现象称为电渗。分散介质流动的方向及流速的大小与多孔塞的材料及流体的性质有关。例如，用氧化铝或碳酸钡做成的多孔塞时，水向阳极流动，表明这时流体带负电荷；用玻璃毛细管时，水向阴极流动，表明流体带正电荷。产生电渗现象的原因是多孔塞的表面上水溶液带有不同性质的电荷。

与电泳一样，胶体中外加电解质也影响电渗速度，随着电解质的增加，电渗速度降低，甚至改变液体的流动方向。利用电渗可用于多孔材料（如黏土等）的脱水、干燥等。

C. 流动电势和沉降电势

在外力的作用下，迫使液体通过多孔隔膜（或毛细管）定向流动，多孔隔膜两端所产生的电势差，称为流动电势，它是电渗的逆过程。例如原油在油管中输送时会产生流动电势，电势太高会产生电火花，引发事故。通常将油管接地或者加入油溶性电解质，增加介质的电导，减少流动电势。在重力场作用下，带电颗粒在介质中迅速沉降，在液体上下层之间将产生沉降电势，它是电泳的逆过程。例如储油罐中悬浮水滴的沉降会产生沉降电势，因烃类物质介电常数很小，流动电势和沉降电势的积累有时会达到很危险的程度，必须加以消除。

§8-2 无机胶体系统

1. 无机胶体的制备

无机胶体系统通常指构成分散相的物质为无机化合物的颗粒或者晶体。通常有两类方法获得分散相颗粒大小在胶体范围内的无机胶体系统：一类是分散法，即直接将大块物质粉碎为小的分散相颗粒，并使之分散于介质中；另外一类是凝聚法，即将溶于分散介质中的分子或离子凝聚成不溶于分散介质的胶体颗粒，这种方法类似于空气中水蒸气冷却凝成雾滴的过程。分散法和凝聚法比较，前者使分散相比表面急剧增大，系统自由能增加，因而需外界做大量的功；后者是系统自由能减少，分散相比表面减少的过程，或是过饱和状态的分散相物质析出。因此从能量上说，凝聚法比分散法制备胶体更为有利。此外，为了获得稳定的胶体，还需满足两个条件：一是分散相在介质中的溶解度要小；二是需要在制备过程中加入稳定剂（如电解质或表面活性剂）。

1）分散法

（1）机械研磨法。研磨法是一种机械粉碎法，常用的设备有球磨机和胶体磨。胶体磨有两片靠得很近的由坚硬耐磨合金或金刚砂制成的磨盘，当上下磨盘以 5000～10 000r · min^{-1} 的转速反向转动时，粗颗粒就被磨细。由于颗粒磨得越细越容易聚结，常加入丹宁或明胶等物质作稳定剂，以防止分散相的微粒聚集。胶体磨已广泛应用于工业生产，它可以用来研磨颜料、药物、干血浆、大豆等。例如，铂重整催化剂载体 Al_2O_3 在成球前必须将它的滤饼磨成胶浆。

（2）超声波分散法。该法是用超声波（频率大于 16 000Hz）所产生的能量来进行分散。一般使用超声波发生器，将 100 000r · min^{-1}左右的高频电流通过两个电极，此时两极间的石英片发生相同频率的机械振动，既可以由液体局部产生的疏密交替波将物质粉碎，也可以通过气穴作用产生的撕碎力将被分散物质粉碎，从而使分散相均匀分散。

（3）胶溶法。在新生成的并经过洗涤的沉淀中加入少量适当的电解质（稳定剂），经过搅拌，沉淀就重新分散成胶体。例如，向新生成的 $Fe(OH)_3$ 沉淀中加入少量 $FeCl_3$ 溶液，经搅拌后，就制得红棕色的氢氧化铁胶体。例如

$$Fe(OH)_3\text{（新鲜沉淀）}\xrightarrow{\text{加 }FeCl_3}Fe(OH)_3\text{（溶胶）}$$

（4）电弧法。主要用于制备金属胶体，将欲分散的金属（如 Au、Pt、Ag 等）作为电极，浸入水中，通入直流电，调节两电极间的距离，使其产生电弧。在电弧作用下，电极表面上的金属原子蒸发，但立即被水冷却而凝聚成胶体颗粒，在制备时，如果先加入少量的碱作为稳定剂，可得到较为稳定的水胶体。此法实际上包括了分散与凝聚两个过程。

2）凝聚法

A. 物理凝聚法

利用物理的方法使分散相物质分子在分散介质中凝聚，所用的物理方法包括将某种物质的蒸气通入另一种不能将其溶解和发生化学反应形成可溶物的分散介质中（蒸气凝聚法）；应用冷却方法或改变溶剂组成的方法，使饱和或接近饱和的溶液过饱和或者说使溶质的溶解度降低，而凝聚成胶体系统。例如将水加入硫磺的乙醇饱和溶液中，由于硫磺在水中的溶解度很低而以胶粒大小析出，形成淡黄色浑浊硫磺的水胶体。

B. 化学凝聚法

利用各种化学反应生成不溶性产物，在不溶性产物从溶液中过饱和析出时，使之停留在胶粒大小阶段。因为胶体颗粒的成长取决于两个因素：晶核生成速度和晶体生长速度，有利于晶核大量生成而减慢晶体生长速度的因素都有利于胶体的形成，如反应物浓度、溶剂种类、反应温度及时间等，关键是控制溶液的过饱和度。可利用的化学反应有复分解、水解、氧化还原等反应。例如：

（1）氧化还原反应。用甲醛还原金盐制得胶体：

$$2KAuO_2+3HCHO+K_2CO_3\longrightarrow 2Au+3HCOOK+H_2O+KHCO_3$$

得到红色负电性金胶体，稳定剂是 AuO_2^- 。

（2）水解反应。三氯化铁水解生成氢氧化铁胶体

$$FeCl_3\text{（稀溶液）}+3H_2O\text{（沸水）}\longrightarrow Fe(OH)_3\text{（红棕色胶体）}+3HCl\uparrow$$

（3）复分解反应。碘化银胶体可按下列反应制得

$$AgNO_3\text{（稀溶液）}+KI\text{（稀溶液）}\longrightarrow AgI\text{（黄色胶体）}+KNO_3$$

注意:制备中硝酸银和碘化钾两者的用量不能等物质的量,其中一个必须略为过量。

2. 无机胶体的稳定性

1) 影响胶体稳定的因素

胶体的分散相有巨大的比表面积,表面吉布斯能很高,因此是热力学不稳定系统。胶粒易于相互接近吸引合并成较大颗粒而降低吉布斯能,当颗粒聚结到一定程度后,会因重力的作用下沉,而使胶体破坏。但通常制备好的胶体可以稳定地存在相当长的时间而不聚沉。例如法拉第所制成的红色金胶体,静置数十年以后才聚沉于管壁上。这是因为三个因素:

(1)布朗运动。由于胶体的颗粒小,布朗运动激烈,以致胶粒不因重力作用下沉。胶体的这种性质称为动力学稳定性。胶体系统分散度越大,胶粒的布朗运动越激烈,扩散能力越强,动力稳定性越大,胶粒就越不容易聚沉。

(2) 胶粒带电的稳定作用。由胶团的结构可知,胶粒周围存在着反离子的扩散层,胶粒相互接近时首先是彼此的反离子相接触。带有相同电荷的离子静电斥力阻止胶粒的进一步靠近而聚集,从而保持胶体的稳定性。ξ电势越大,表明胶粒电荷越多,胶粒间的电性斥力越大,胶体系统越稳定。

(3) 溶剂化的稳定作用。胶粒表面吸附的离子都处于溶剂化状态,不仅降低了吉布斯能,而且形成的溶剂化膜可以防止胶粒因靠近而聚沉。特别是高分子溶液的稳定因素溶剂化作用往往比电荷作用更重要,例如溶解在苯中的橡胶或聚苯乙烯根本不带电,只靠溶剂化作用维持稳定性。

2) 胶体聚沉的规律

胶体中的分散相微粒相互聚结合并,颗粒变大,进而产生沉淀的现象,称为聚沉。虽然胶体具有动力学稳定性和聚结稳定性,但其本质是热力学不稳定系统,在外部因素下如加热、机械作用、加入电解质等都可以造成胶体的聚沉。对聚沉影响最大、作用最敏感的因素是电解质。胶体受电解质的影响非常敏感,通常用聚沉值来表示电解质聚沉能力。所谓聚沉值是使一定量的胶体在一定时间内完全聚沉所需电解质的最小浓度,通常用 $mmol \cdot dm^{-3}$ 表示。某电解质的聚沉值越小,表明其聚沉能力越强,因此,将聚沉值的倒数定义为聚沉能力。表 8-2-1 所列是一些胶体的不同外加电解质的聚沉值。

表 8-2-1　不同电解质对不同胶体的聚沉值

As_2S_3(负胶体)		AgI(负胶体)		Al_2O_3(正胶体)	
电解质	聚沉值/($mmol \cdot dm^{-3}$)	电解质	聚沉值/($mmol \cdot dm^{-3}$)	电解质	聚沉值/($mmol \cdot dm^{-3}$)
LiCl	58	$LiNO_3$	165	NaCl	43.5
NaCl	51	$NaNO_3$	140	KCl	46
KCl	49.5	KNO_3	136	KNO_3	60
KNO_3	50	$RbNO_3$	126	KCNS	67
KAc	110				
$CaCl_2$	0.65	$Ca(NO_3)_2$	2.40	K_2SO_4	0.30
$MgCl_2$	0.72	$Cu(NO_3)_2$	2.60	$K_2Cr_2O_7$	0.63
$MgSO_4$	0.81	$Pb(NO_3)_2$	2.43	$K_2C_2O_4$	0.69
$AlCl_3$	0.093	$Al(NO_3)_3$	0.067	$K_3[Fe(CN)_6]$	0.08
$Al(NO_3)_3$	0.095	$La(NO_3)_3$	0.069	$K_4[Fe(CN)_6]$	0.05

电解质对胶体的聚沉作用与所加电解质的性质、浓度有关，还与胶体本身所吸附物质的电性有关。从一系列聚沉实验可得以下几条规律：

(1) 起聚沉作用的主要是反号离子，电解质负离子对带正电的胶体起主要聚沉作用，正离子对负电性胶体起主要聚沉作用，而聚沉能力随离子价的增加而显著增加，这个规律称舒尔策-哈代(Schulze-Hardy)价数规则。从表 8-2-1 所示，As_2S_3 胶体的胶体颗粒带负电荷，起聚沉作用的是电解质的阳离子。KCl、$MgCl_2$、$AlCl_3$ 的聚沉值分别为 49.5、0.7、0.093mol · m^{-3}。若以 K^+ 为比较标准，聚沉能力关系为

$$Me^+ : Me^{2+} : Me^{3+} = 1 : 70.7 : 532$$

一般可近似地表示为反离子价数的 6 次方之比，即

$$Me^+ : Me^{2+} : Me^{3+} = 1^6 : 2^6 : 3^6 = 1 : 64 : 729$$

上述关系是在其他因素完全相同的条件下导出的，它表明同号离子的价数越高，聚沉能力越强。但是也有反常现象，如 H^+ 虽为一价，却有很强的聚沉能力。

(2) 同价的正离子(如碱金属或碱土金属)对负电胶体的聚沉能力，是随着离子水化半径减少而增加。例如碱金属离子对负电胶体的聚沉能力为

$$Li^+ < Na^+ < K^+ < Rb^+ < Cs^+$$

这是因为正离子的水化能力很强，而且离子半径越小，水化能力越强，水化层越厚，被吸附的能力越小，其进入斯特恩层的数量减少，而使聚沉能力减弱。

对于一价负离子，聚沉能力为

$$CNS^- < I^- < Br^- < ClO_3^- < Cl^- < BrO_2^- < H_2PO_4^- < IO_3^- < F^-$$

这种将带有相同电荷的离子按聚沉能力大小排列的顺序，称为感胶离子序。

(3) 与胶体电性同号的离子也有一定的作用，大的或高价的负(或正)离子对负(或正)电性胶体有一定的稳定作用。

欲使胶体聚沉而加入电解质的量并不是越多越好。当加入量过大时，由于反离子过多，甚至可以使胶粒带电的符号改变(相应 ξ 电势也变号)，胶体反而不聚沉。

3) DLVO 理论

胶体的稳定性现代理论的基本概念是 1941 年由德查金(Darjaguin)和朗道(Landau)以及 1948 年由维韦(Verwey)和奥弗比克(Overbeek)分别提出的胶粒带电引起的聚结稳定性理论，简称 DLVO 理论。此理论是以胶体颗粒间的相互吸引力和相互排斥力为基础，当颗粒相互接近时，这两种相反的作用力就决定了胶体的稳定性。其要点如下所述。

A. 胶体颗粒间的相互吸引

胶体颗粒间存在着相互吸引力，这就是范德华引力。它是色散力、极性力和诱导偶极力之和。一般分子的引力及其大小与颗粒间的距离的六次方成反比，而胶粒间的吸引力与胶粒间的距离的三次方成反比。由于胶粒是大量分子的聚合体，故胶粒间的引力是所有分子引力的总和。对于半径为 R 的两个球形胶粒，当它们之间的最短距离为 h，且 $h \ll R$ 时，单位面积上的相互作用吸力势能 U_A 为：

$$U_A = -\frac{AR}{12h} \tag{8-2-1}$$

式中，A 为 Hamaker 常数，它与胶粒的性质(如单位体积内的原子数、极化率等)有关，为 $10^{-20} \sim 10^{-9}$J。

B. 胶体颗粒间的相互排斥

根据扩散双电层模型，胶粒都带有电荷并为离子氛所包围。具有相同电荷的颗粒间存在着排斥力，其大小决定于颗粒电荷数目和相互间距离。颗粒间的排斥力势能对抗颗粒间吸引力，使胶体保持稳定。当胶粒间的距离较大时，其双电层未重叠，没有排斥力。当胶粒靠近使双电层部分重叠时，由于重叠部分中反离子浓度比未重叠部分浓度大，反离子将从高浓度向低浓度处扩散，由此产生渗透性斥力使胶粒相互脱离。排斥力势能 U_R 可以表示为

$$U_R = K\varepsilon R\varphi_0^2 \exp(\kappa h) \tag{8-2-2}$$

式中，K 为常数；ε 为介质的界电常数；φ_0 为胶粒表面的电势；κ 为离子氛的半径的倒数；R 和 h 的意义同前。

C. 胶体颗粒间的势能曲线

系统的总势能 U 是斥力势能 U_R 和吸力势能 U_A 的加和，即 $U=U_R+U_A$。胶体系统的相对稳定或聚沉取决于 U_R、U_A 及相对大小，当斥力势能 U_R 在数值上大于吸力势能 U_A，而且足以阻止由于布朗运动使颗粒相互碰撞而黏结时，则胶体处于相对稳定的状态，即 $U_R>|U_A|$，$U<0$。调整斥力势能和吸力势能的相对大小，可以改变胶体系统的稳定性。

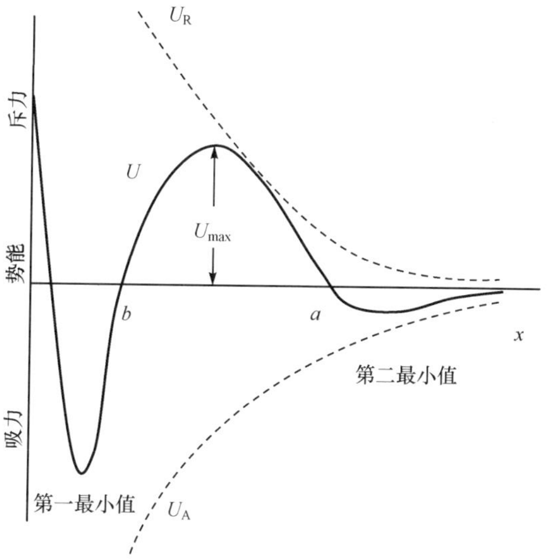

图 8-2-1　斥力势能、吸力势能及总势能曲线图

U、U_A、U_R 均随胶团间距离而改变，如图 8-2-1 所示。虚线 U_A 和 U_R 分别为吸力势能曲线和斥力势能曲线。当距离较远时，U_A 和 U_R 皆趋于零；当距离 x 趋于零时，U_R 和 U_A 分别趋于正无穷大和负无穷大。当两个颗粒从远处逐渐接近时，首先起作用的是吸力势能，即在 a 点以前 U_A 起主导作用；在 a 与 b 之间斥力势能 U_R 起主导作用，且使总势能曲线（实线）出现极大值 U_{max}。此后，吸力势能 U_A 在数值上迅速增加，并形成第一最小值。若两颗粒进一步靠近，由于两带电胶粒之间产生强大的静电斥力，总势能急剧加大。图中 U_{max} 为胶体颗粒间净的斥力势能的数值，代表胶体发生聚沉时必须克服的“势垒”。当迎面相碰的一对胶体颗粒所具有的平动能足以克服这一势垒时，它们才能进一步靠拢而发生聚沉。在总的势能曲线上出现两个最小值，较深的第一最小值如同一陷阱，落入此陷阱的颗粒则形成结构紧密而又稳定的聚沉物，所以称其为不可逆聚沉或永久性聚沉；很浅的为第二最小值，颗粒落入此处可形成疏松的沉积物，但不稳定，外界条件稍有变动，沉积物可重新分离而成胶体。

以上定性地粗略介绍了 DLVO 理论的基本内容。DLVO 理论确定了扩散双电层与胶体稳定性之间的关系，指出了颗粒相互靠近时其势能的变化规律。该理论所阐述的基本原理对于理解胶体分散系统聚结稳定性的实质是很有价值的。

4）无机胶体的净化

用化学凝聚法制备的一些胶体往往含有较多的电解质和其他杂质。少部分电解质的存在能起到稳定剂的作用，但过多电解质的存在反而容易引起胶粒聚沉而破坏胶体的稳定性，因此应必须将胶体净化，除去过量的电解质。常用的净化方法是渗析法和超过滤法。

渗析法是利用胶粒不能透过半透膜，而分子、离子能通过的原理，分离胶体中多余的电解质和其他杂质。一般可用羊皮纸、动物膀胱膜、硝酸纤维、醋酸纤维等作为半透膜，将胶体装于膜内，再放入流动的水，膜内的电解质和杂质会向膜外渗透，即可达到净化胶体的目的。为了加快渗透速率，可以增加半透膜面积，提高温度或外加电场。在外电场作用下，加速正负离子的定向运动速度，从而提高渗析速率，这种方法称为电渗析。

渗析法在工业和医学上有广泛应用，如制照相底片用的无灰明胶的提纯，某些燃料的脱水、提纯，海水淡化，废水处理和肾功能衰竭病人的血透，都要用到渗析原理。

超过滤法是用孔径细小的半透膜（孔径 $10^{-8}\sim3\times10^{-7}$ m）在加压或吸滤的情况下使胶粒和其他小分子杂质分开。如果超过滤时在半透膜的两边施加一定电压，则称为电超过滤法。纯化胶体的效果更好。

生物化学中常用超过滤法测定蛋白质分子、酶分子、病毒和细菌分子的大小。医药工业上用超过滤法除去中草药中的淀粉、多聚糖等高分子杂质，从而提取有效成分进行制剂。

3. 无机胶体的应用

1）凝胶

凝胶是胶体分散系统中一种特殊的存在形式，介于固体与液体之间。随着凝胶的形成，溶液或胶体失去流动性，因而显示出固体的性质，如具有一定的几何外形、弹性、强度等。但从其内部结构来看，又与通常的固体根本不同，它存在着固、液两相，属于胶体分散系统，其结构强度有限，易于破坏。根据分散相质点的性质（刚性或柔性）可将凝胶分为刚性凝胶和弹性凝胶两类。大多数无机凝胶如 SiO_2、TiO_2、V_2O_5、Fe_2O_3 等是刚性凝胶，因质点本身和骨架具有刚性，活动性小，故凝胶吸收或释出液体时自身体积变化很小，属于非膨胀型。柔性的线型高聚物分子所形成的凝胶，例如橡胶、明胶、琼脂等属于弹性凝胶，因分散相质点本身具有柔性，故此类凝胶具有弹性，变形后能恢复原状。

凝胶在国民经济与人们日常生活中占有重要地位。工业上，橡胶软化剂的应用、皮革的鞣制、纸浆的生产、吸收剂、催化剂和离子交换剂的使用等都与凝胶有关。在生物学和生理学中尤有重要意义，细胞膜、红血球膜和肌肉组织的纤维等都是凝胶状物质。不少生理过程，如血液的凝结、人体的衰老等也都与凝胶的性质有关。

凝胶具有如下的性质：

（1）凝胶的膨胀作用。弹性凝胶由线型大分子链节构成，因分子链有柔性，故吸附液体时很容易改变自身的体积，这种现象称为膨胀作用。这种作用具有选择性，只能吸收对它来讲是亲和性很强的液体，其膨胀可以是有限的，也可以是无限的（膨胀网络最终破裂并完全溶解于液体之中，形成均相溶液）。膨胀过程可以分为两个阶段：第一阶段是溶剂分子钻入凝胶中，与大分子相互作用形成溶剂化层，此过程时间很短，速度快，并伴有热效应；第二阶段是液体的渗透作用，此时凝胶吸收大量液体，体积大大增加。

发生膨胀的凝胶能对外界产生很大的压力，称为膨胀压或溶胀压。这与溶剂透过半透膜向溶液中扩散能产生渗透压相类似，这种压力很大(可达十几或几十个大气压)。因此古埃及人将木头塞入岩石裂缝，并用水浸泡木头使之膨胀，利用产生的膨胀压力开采建造金字塔的石头，即所谓的"湿木裂石"。

(2) 凝胶的脱液收缩：新形成的凝胶在老化过程中，一部分液体自动从凝胶中分离出来，凝胶本身体积缩小的现象称凝胶的脱液收缩，也称离浆。形成凝胶网状结构的质点随时间的延长而更加靠近，从而使凝胶骨架结构缩小，将部分液体分子从凝胶中挤出。脱液收缩不同于物质的干燥，该过程在潮湿的环境下同样能够进行。被挤出的液体是大分子稀溶液或稀胶体，而不是纯溶剂。对于弹性凝胶，脱液收缩可以看作是膨胀的逆过程，该过程是可逆的，只要稍微受热即可吸收液体，恢复为原来的凝胶。对于刚性凝胶，脱液收缩则由于形成网状结构的质点间相互作用力远远强于和液体分子间的作用力，因此是不可逆的。

在日常生活中，经常可以看到凝胶脱液收缩的例子，如新鲜的豆腐、果冻会在放置过程中脱液；稀饭胶凝后久置，特别在夏天也有脱液收缩现象。

(3) 凝胶中的扩散和化学反应：凝胶具有固体的性质，同时具有液体的性质，小分子、离子可以在凝胶中自由扩散。在电化学中，凝胶中的扩散作用被用来制备盐桥。近年来发展很快的凝胶色谱法，就是利用了凝胶的这种性质。凝胶色谱是采用凝胶颗粒填充色谱柱，被分离样品中尺寸小的分子容易进入凝胶孔，尺寸大的就比较困难。当用溶剂淋洗时，被吸附在色谱柱上的物质将按照分子尺寸从大到小的顺序被淋洗下来，从而达到分离的目的。这就是凝胶色谱(GPC)技术的基本原理。

很多天然的或人工的半透膜，如火棉胶膜(硝化纤维素膜)、醋酸纤维素膜等都是凝胶膜或干凝胶。控制膜孔的尺寸，可以让小于膜孔的分子透过，大于膜孔分子被阻挡，从而达到筛分的作用。当膜带有电荷时，如离子交换膜、蛋白膜等，这种膜对于离子的扩散和透析有选择性。带正电荷的膜可以加速负离子的通过，而阻止正离子的透过；带负电荷的膜可以加速正离子的通过，而阻止负离子的透过。

凝胶膜目前已广泛应用于食品、环保、生物医学、电子、化学等领域，进行混合气体或液体的分离，称为膜技术。最常见的分离方法是微滤、超滤、反渗透、电渗析等。近年来，一种新型的膜分离技术——渗透蒸发正在形成和完善，它在处理沸点相近的物质、共沸物同分异构体的分离以及脱除有机溶液中的微量水等方面显示出独特的优势。

化学反应也可以在凝胶中进行。由于凝胶内部的液体被网架相对固定而不产生对流，当化学反应生成不溶物时会出现周期性分布。例如在3.3%的热明胶溶液内加入少量 $K_2Cr_2O_7$(含量为0.1%)，在培养皿中胶凝后，于皿的中心处滴几滴浓的 $AgNO_3$ 溶液，几天后可以观察到褐色的 $Ag_2Cr_2O_7$ 沉淀以同心圆环状向外分布，见图 8-2-2，这种现象最初是 Liesegang(1896 年)发现的，称为

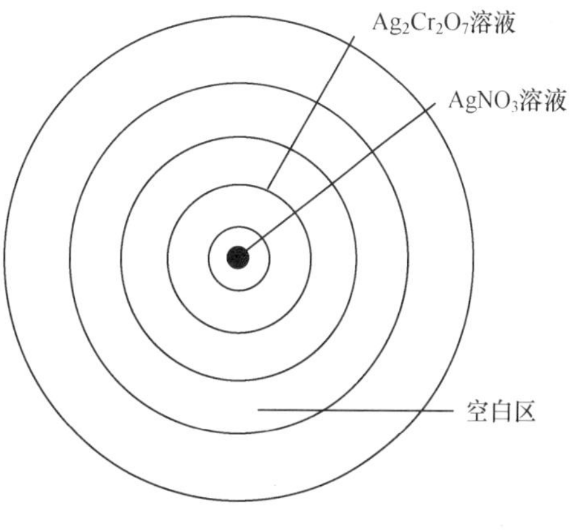

图 8-2-2　Liesegang 环

Liesegang 环。产生这种环的原因在于：当高浓度的 $AgNO_3$ 由内向外扩散时，低浓度的 $K_2Cr_2O_7$ 也由外向内扩散，二者相遇，要生成 $Ag_2Cr_2O_7$ 沉淀必须达到过饱和程度才行。在最初形成的 $Ag_2Cr_2O_7$ 沉淀后，紧靠第一个环的区域中 $K_2Cr_2O_7$ 的浓度就降低了，于是出现空白区。过此地带后，又能满足过饱和条件，从而出现第二、第三个环。自然界中有很多类似的现象，如天然矿石中的玛瑙和宝石上的花纹，树木上的年轮，动物体内的胆石等都具有这种周期性的结构。

2）纳米粒子

由于纳米粒子的尺寸（1～100nm）在胶体分散系统的分散相的范围内，因而，当纳米粒子分散在另一相中形成胶体分散系统时，系统就具有胶体的性质。纳米粒子和纳米材料的制备是纳米科技的核心问题，能够用来制备胶体的方法也可以制备纳米粒子，如机械研磨法、超声波分散法、胶溶法、电分散法等分散方法以及物理凝聚法、化学凝聚法等凝聚方法。除此之外，溶胶-凝胶技术是制备无机纳米结构材料的一种特殊工艺。凝胶是分散相粒子相互连接形成的网状结构，分散介质填充于其间。溶胶-凝胶是以无机盐或金属有机盐水解先形成溶胶胶体系统，在一定条件下胶体粒子以某种方式相互连接形成凝胶，凝胶再经过陈化、干燥、焙烧等后处理得到金属氧化物纳米粒子的方法。

下面以无粉制备纳米陶瓷材料为例介绍溶胶-凝胶工艺，其工艺路线如下。

A. 氧化物的形成

以一种或多种醇盐的均匀溶液作原料，醇盐是制备氧化硅、氧化铝、氧化钙及氧化锆的有机金属前驱体，可用一种催化剂来启动化学反应并控制 pH。首先，反应是使溶液活化的水解反应[反应(8-2-3)]，然后是沉积聚合并伴随进一步水解[反应(8-2-4)]，这些反应增加氧化物聚合物的相对分子质量[反应(8-2-5)和反应(8-2-6)]。水和醇混合物的 pH 对聚合的方式有一定的影响，可控制反应条件使聚合物的尺寸在纳米粒子范围内，形成胶体系统。例如，在使用丁氧醇铝制备氧化铝时，可能的反应有

$$Al(OC_4H_9)_3 + H_2O \!=\!=\!= Al(OC_4H_9)_2(OH) + C_4H_9OH \tag{8-2-3}$$

$$2Al(OC_4H_9)_2(OH) \!=\!=\!= 2AlO(OH) + yC_4H_9OH \tag{8-2-4}$$

$$2Al(OC_4H_9)_2(OH) + 2H_2O \!=\!=\!= 2Al(OH)_3 + 2C_4H_9OH \tag{8-2-5}$$

$$AlOOH \text{ 或 } Al(OH)_3 \!=\!=\!= Al_2O_3 + zH_2O \tag{8-2-6}$$

B. 凝胶成型

为了制得特定形状的由纳米粒子构成的纳米固体材料，用特制的基片将溶胶转移出来，暴露在空气中形成一维（纤维）、二维（膜）或三维（块体）的凝胶，其中的氧化物骨架是由溶胶粒子的连续联结构成的。

C. 凝胶的干燥

可以用自然蒸发来干燥凝胶，也可以向溶液中添加干燥控制剂来制备干凝胶，还可以用超临界干燥技术在高压釜中进行。从溶液制备到凝胶，质量大约损失 50%，当凝胶干燥时，质量还要减少一半，伴随质量的损失，还有大约 70%体积的减少。

D. 烧结成型得到致密产品

仅仅是反应、成胶并干燥还不能说明已形成了陶瓷。此时，材料的确有许多陶瓷的特性，但是陶瓷仍具有一些气孔，水和溶液可以通过这些与表面相通的气孔而逃逸，因为这些气孔直到 600℃以上的温度仍然是开放的。为了特殊的应用需要，硬凝胶可以被加热到各种不同的温度。在硅的干凝胶中直到 1000℃，微孔仍不能完全消除。

此外，溶胶-凝胶工艺在复合材料的设计和制备方面也将发挥重要作用，能够制备气孔相互连接的多孔纳米材料，可以利用液体浸透、物理方面和化学沉积、热解、氧化及还原等反应填充气孔来制备复合材料。

以纳米粒子为基础制备的各种纳米材料的应用领域十分广泛，这些领域包括塑料、橡胶的增韧、增强剂，抗静电、防紫外线纤维添加剂，光电转换材料，特殊性能的光学、磁学材料，微电子器件，用于航空航天的纳米结构材料，各种用途的传感器制造等。

§8-3 有机胶体系统

有机胶体系统通常指构成分散相或者分散介质的物质为有机化合物，以液滴的状态分散在另一种液态分散介质中。常见的有机胶体系统包括乳状液和微乳液。

1. 有机胶体的制备

1）乳状液的类型及制备

乳状液是一种多相分散系统，是由一种液体以极小的液滴形式分散在另一种与其不互溶（或部分互溶）液体中所构成的。分散相颗粒直径一般在 0.1～10μm，用显微镜可以清楚地观察到。由于液滴对可见光的反射和折射，大多数乳状液外观为不透明或半透明的乳白色。它们是热力学不稳定分散系统，有一定的动力稳定性。

乳状液在工业生产和日常生活中有广泛的用途。例如油田钻井的油基泥浆是一种用有机黏土、水和原油构成的乳状液。为了节省药量和提高药效，常将许多农药制成浓乳状液或乳油，使用时兑水稀释成乳状液。纺织工业中，用乳状液处理纤维，可使纤维去静电并蓬松柔软。

在乳状液系统中，通常将以小液滴形式存在的液体称为内相，或不连续相；另一种液体则称为外相或连续相。一般乳状液有一相是水或水溶液，称为水相，用符号 W 表示；另一种则是与水不相互溶（或部分互溶）的有机液体，一般统称为“油”相，用符号 O 表示。乳状液一般可分为两大类（图 8-3-1）：一类为油分散在水中，称为水包油型，用符号 O/W 表示，如牛奶、豆浆、生橡胶液等；另一类是水分散在油中，称为油包水型，用符号 W/O 表示，如天然原油、芝麻酱等。

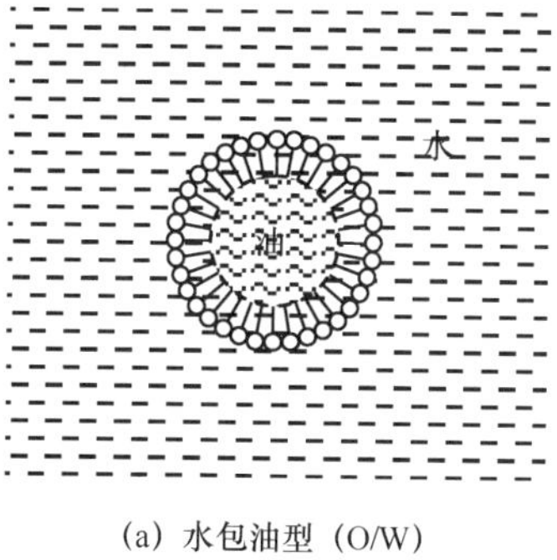

(a) 水包油型 (O/W)

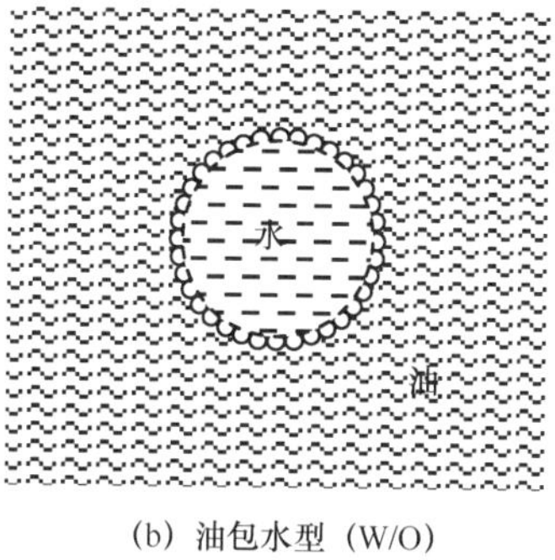

(b) 油包水型 (W/O)

图 8-3-1 乳状液类型示意图

O/W 型和 W/O 型这两种不同类型的乳状液，在外观上并无明显的区别，但可以通过稀释、染色、电导测定等方法加以鉴别。乳状液可以被外相液体所稀释，若加水到 O/W 型乳状液中，乳状液被稀释，不影响其稳定性；若加水到 W/O 型乳状液中，乳状液变稠，甚至被破坏。

例如,牛奶能被水稀释,所以牛奶是 O/W 型乳状液。又如,将少量油溶性染料加到乳状液中,如果整个乳状液都染上了颜色,说明油是外相,乳液状是 W/O 型;如果只有星星点点的液滴带色,则说明油是内相,乳状液是 O/W 型。若采用水溶性染料进行判断,其结果恰好相反。此外,水包油型的乳状液较之油包水型的乳状液的电导高(因为水溶液的导电能力强于油),因此测定其电导可鉴别其类型。

乳状液的制备方法通常包括以下类型:

(1) 机械搅拌。通常选择搅拌速率高的螺旋桨式搅拌器,在高速搅拌下使两种液体混合均匀。机械搅拌方法所需设备简单、容易操作,是实验室和工业生产常用的方式。但该方法制备的乳状液分散性较差,不均匀,容易混入空气。

(2) 胶体磨。胶体磨主要由盘式转子和固定子组成,盘式转子的转速约为每分钟 1000~20000 转。磨盘间的剪切力很高,可以将分散相分散在分散介质中形成乳状液。

(3) 均化器。将被乳化液体加压,从一个可以调节的狭缝中流过,以达到乳化的目的。均化器主要部件是一个泵,可调节压力,提高分散度,从而得到分散度高、均匀的乳状液。

(4) 超声乳化器。用超声波制备乳化液是实验室常用的乳化方法之一。由于工业上很难得到大功率的超声设备,所以一般不用于大量乳状液的生产。

2) 微乳状液的制备

微乳状液是一种新型液液分散系统,1950 年舒尔曼(Schulman)首先报道了微乳状液的现象,1985 年沙阿(Shah)完善了此概念,将其定义为:两种互不相溶液体在表面活性剂界面膜作用下形成的热力学稳定、各向同性、低黏度的、透明的均相分散系统。微乳状液一般由水、油、表面活性剂和助表面活性剂四个组分以适当的比例组成。微乳状液的液滴比普通乳状液小而比胶束大,是介于胶束溶液和乳状液之间的一种分散系统,并兼有两者的性质。表 8-3-1 列出了普通乳状液、微乳状液和胶束溶液性质的比较。

表 8-3-1　普通乳状液、微乳状液和胶束溶液性质的比较

	普通乳状液	微乳状液	胶束溶液
外观	不透明	透明或近乎透明	一般透明
质点大小	大于 0.1μm,一般为多分散系统	0.01~0.1μm,一般为均相分散系统	一般小于 0.1μm
质点形状	一般为球状	球状	稀溶液中为球状,浓溶液中可呈各种形状
热力学稳定性	不稳定,用离心机易于分层	稳定,用离心机不能使之分层	稳定,不分层
表面活性剂用量	少,一般无需加助表面活性剂	多,一般需加助表面活性剂	浓度大于 CMC 即可,增溶油量或水量多时要适当多加
与油、水混溶性	O/W 型与水混溶,W/O 型与油混溶	与油、水在一定范围内可混溶	能增溶油或水直至饱和

微乳状液与乳状液在性质上虽然有很大差别,但在制备及形成类型上,与乳状液遵循同样的规律。微乳液不同的类型,其主要结构有三种:水包油型(O/W)、油包水型(W/O)和油水双连续型。W/O 型微乳液由油连续相、水核及表面活性剂与助表面活性剂组成的界面膜三相构成;O/W 型微乳液的结构则由水连续相、油核及表面活性剂与助表面活性剂组成的界面膜

三相构成；双连续相结构具有 W/O 和 O/W 两种结构的综合特性，在其结构范围内，任何一部分油形成的油滴链接组成连续的油相，同样系统中的水也形成水液滴连续相。两种相相互贯穿与缠绕，形成油水、水双连续相结构，类似于水管在油相中形成的网络，如图 8-3-2 所示。

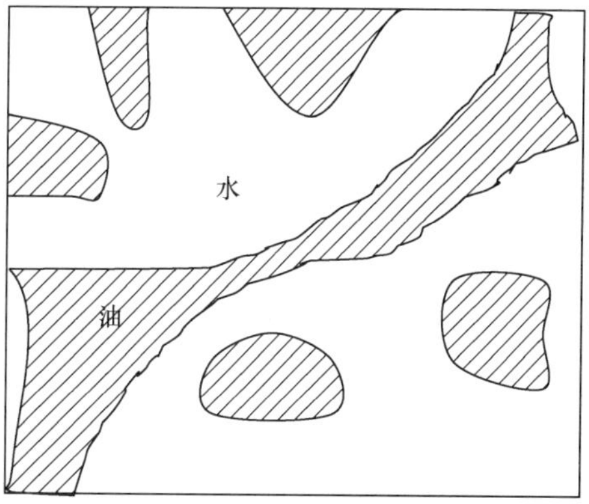

图 8-3-2　双连续相型微乳状液结构示意图

普通乳状液一般不能自发形成，需要外界提供能量，如经过搅拌、超声粉碎、胶体磨处理等才能形成。而微乳状液的形成是自发的，不需要外界提供能量。关于微乳状液的形成机理主要有两种：增溶理论和混合膜理论。

(1) 增溶理论。微乳状液的颗粒直径介于乳状液与胶束之间，因此，在浓的胶束溶液中，加入一定量的油相和助表面活性剂，也可以使胶束溶液变成微乳状液。当表面活性剂的浓度超过临界胶束浓度(CMC)时，此时加入油相，就会被增溶。随着过程的进行，进入胶束的油量增加，使胶束溶胀而变成小油滴-微乳状液，这一过程是自动进行的。但此理论无法解释为何只要表面活性剂浓度大于临界胶束浓度即可发生增溶作用，而此时微乳并不一定能够形成。

(2) 混合膜理论。该理论认为，在微乳形成过程中，界面张力起着重要的作用。表面活性剂可以使水-油界面张力下降，但当表面活性剂的浓度达到 CMC 后，其界面张力不再下降，加入一定量的助表面活性剂(通常是中等链长的醇)，此时界面膜由表面活性剂、助表面活性剂和油组成混合膜，可使界面张力进一步下降至 10^{-2}m · Nm^{-1}以下，以致产生瞬时负界面张力。这将导致系统的界面自发扩张从而使系统形成微状乳液。

2. 乳状液、微乳状液和泡沫

1) 乳化剂与乳状液的稳定

众所周知，油水互不相溶，要得到比较稳定的乳状液必须加入乳化剂。常用的乳化剂可以是阳离子型、阴离子型或非离子型，有些天然产物如蛋白质、树胶、磷脂，以及某些固体如炭黑、黏土的粉末，也可以作为乳化剂。乳化剂的用量一般占系统总质量的 1%～10%。HLB 值在 8～18 的亲水性乳化剂，如吐温(Tween)类、水溶性单价金属皂、卵磷脂、植物胶等，可以形成 O/W 型乳状液；相反，HLB 值在 3～8 的亲油性乳化剂，如高级醇类、司盘(Span)类、二价金属皂等，可以形成 W/O 型乳状液。制备乳状液时如果缺少合适 HLB 值的乳化剂，可以使用两种乳化剂复配。

乳化剂能使乳状液比较稳定存在的作用，称为乳化作用。乳化剂使乳状液比较稳定的原因可归结为如下几点：①降低油-水的界面张力，乳状液的界面自由能高，加入表面活性剂作为乳化剂时，吸附在油-水界面上的乳化剂的亲水基团浸入水中，亲油基团伸向油，形成定向的界面膜，降低了油-水系统的界面张力，使乳状液变得较为稳定；②形成坚固的界面膜，乳化剂分子在油-水界面上定向排列，形成一层具有一定机械强度的界面膜，可以将分散相液滴相互隔开，防止其在碰撞过程中聚结变大，从而得到稳定的乳状液；③液滴双电层的排斥作用，对于用离子型表面活性剂作为乳化剂的乳状液，其液滴常常带有电荷，在其周围可以形成双电层，由于同性电荷之间的静电斥力，阻碍了液滴之间的相互聚结，因而使乳状液变得稳定；④固体粉末的稳定作用，固体粉末在液滴界面可以形成非常坚固、稳定的界面膜，使生成的乳状液稳定存在。研究表明，对固体粉末润湿性好的液体将形成乳状液的外相。因此，氢氧化铁、硫化砷、二氧化硅等亲水性固体粉末易形成 O/W 型乳状液，而炭黑、煤烟等亲油性固体粉末易形成 W/O 型乳状液。

2）乳状液的转型与破乳

转型是指在外界某种因素的作用下，乳状液由 O/W 变成 W/O 型，或者由 W/O 型变为 O/W 型的过程。乳状液的转型通常是由外加物质使乳化剂的性质发生改变而引起的，如用钠皂可以形成 O/W 型乳状液，但若加入足量的氯化钙，则可生成钙皂而使乳状液转型为 W/O。此外，温度的改变有时也会造成乳状液的转型，尤其是对于使用非离子型表面活性剂作为乳化剂的乳状液。当温度升高时，乳化剂分子的亲水性变差，亲油性增强，在某一温度时，由非离子型表面活性剂所稳定的 O/W 型乳状液将转变为 W/O 型乳状液，这一温度称为转型温度。

在生产中有时需把形成的乳状液破坏，使其内外相分离，称为破乳。例如石油原油和橡胶类植物乳浆的脱水，自牛奶中提取奶油珠等都是破乳过程。

破乳可以用物理方法。例如，原油脱水可利用静电破乳，即在高压电场下带电的水珠在电极附近放电，聚结成大液滴后沉降，从而达到水油分离的目的。又如，用离心机分离牛奶中的奶油。此外，用加热的方法也可以破坏乳状液。也可以用化学方法破乳，为破乳而加入的物质称为破乳剂。例如用皂类作乳化剂时，若加入无机酸，皂类就变成脂肪酸而析出，使乳状液失去乳化剂的稳定作用而遭到破坏。又如，常用环氧乙烷和环氧丙共聚而成的聚醚表面活性剂作为原油的破乳剂。

3）微乳状液的稳定性

如图 8-3-3 将油相或者水相作为分散相形成 O/W 或 W/O 型微乳状液。设原分散相表面积为 A_1，所有微乳状液总面积为 A_2，油相水相界面张力为 σ_{12}。表面活性剂的加入使系统从状态Ⅰ变成状态Ⅱ，在表面活性剂和助表面活性剂的共同作用下可以产生瞬时负界面张力。

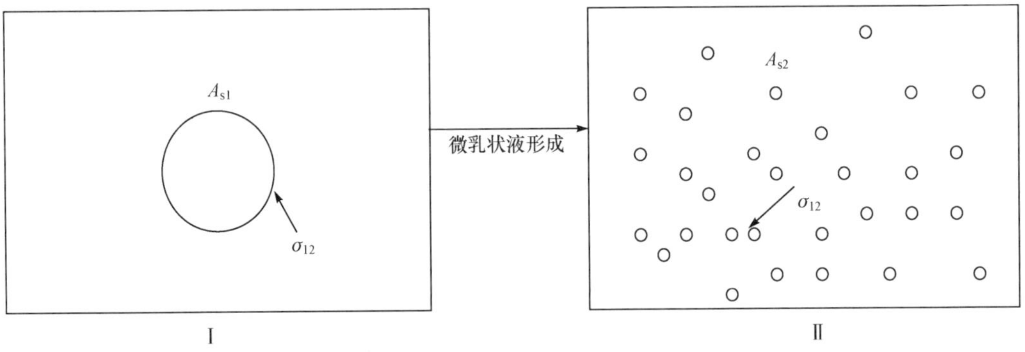

图 8-3-3　微乳状液形成时的系统状态变化

由式(7-1-13)得界面张力与表面自由能之间的关系为：

$$\Delta G_{A_s} = \int_{A_{s1}}^{A_{s2}} \sigma(A)\mathrm{d}A \tag{8-3-1}$$

既然界面张力为负，界面增加时，ΔG_{A_s} 小于零，这表明系统可以释出表面自由能。从状态Ⅰ变成状态Ⅱ过程中，表面积增大，所以 ΔG_{A_s} 为负值有利于自动乳化，使液珠越来越小，最后达到肉眼看不到的透明乳状液，也就是微乳状液。微乳状液系统是热力学稳定的分散系统。

4) 泡沫

气体分散在液体或固体中所形成的分散体系称为泡沫。若分散介质为熔融体，由于它具有很高的黏度，使其中分散的小气泡既不易破裂，又难以互相靠近，降温凝固后得到固体泡沫，如浮石、泡沫玻璃、泡沫塑料等。若分散介质为液体，则称为液体泡沫。要得到稳定的液体泡沫必须加入起泡剂，如表面活性剂，它们在气-液界面上发生正吸附，形成定向排列的吸附膜。这样既可明显地降低气-液界面张力，又可增加界面膜的机械强度，使泡沫能比较稳定地存在。

泡沫技术的应用也很广泛。例如先将矿石粉碎成尺度在 0.1mm 以下的颗粒，加入大量的水、适量的矿油及少量的起泡剂，再强烈地鼓入空气，可形成无数的气泡，如图 8-3-4 所示。矿油虽难溶于水，但它易于润湿金属矿粒，许多金属矿粒吸附于气泡的表面层而上升到液面上，易被水润湿的长石、石英等颗粒，因其密度大而沉于水底，这种选矿的方法称为泡沫浮选。经泡沫浮选可大大提高矿石的品位，而利于冶炼。此外，在泡沫灭火剂、泡沫杀虫剂、泡沫除尘及泡沫陶瓷等方面皆用到泡沫技术。

但有时需要消除泡沫，如发酵、精馏、造纸、印染及污水处理等工艺过程中泡沫的存在影响操作，必须设法防止泡沫的出现或破坏泡沫的存在。

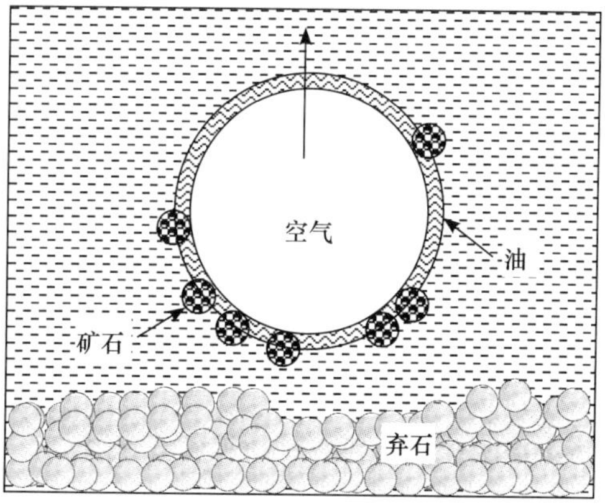

图 8-3-4　泡沫浮选示意图

3. 有机胶体系统的应用

有机胶体系统的应用十分广泛，在人们的衣、食、住、行等各个领域可以举出很多例子，正如胶体科学的实际意义一样。

1) 农药乳状液

大部分农药是不溶于水的，必须加工成一定的剂型如乳油、可湿性粉剂等才能使用。乳油中的甲苯、二甲苯、卤代烃等有机溶剂每年都要消耗大量的石油资源，而且这些溶剂施用后对水、土壤和大气等环境以及人体造成毒害。因此目前农药乳状液就是将农药溶于少量有机溶剂中，加入适量的表面活性剂形成乳油农药。实际使用时，加入大量的水稀释即可以自动乳化形成 O/W 型乳状液。这种农药乳状液具有较高的稳定性和传递效率，并能够促进动植物组织内的渗透等优点。

2）沥青乳状液

沥青是一种稠环芳烃混合物的无定形黑色固体，常温下是固态，实际使用时需要加热熔化，若制成乳状液，应用于铺路、建筑施工或制备绝缘防水材料更为方便快捷。常用的沥青乳状液为O/W型，组成为沥青(约50%)、水(约40%)、乳化剂(约1%)。由于沥青乳状液施工对象(水泥制品、石块、涂布的布等)在水存在下常带负电荷，所以沥青乳状液的表面活性剂常用阳离子表面活性剂，形成带正电荷的沥青液滴，易于在施工对象表面吸附，并使乳状液破乳形成沥青膜，起到粘合、防水等作用。

3）乳液聚合

乳液聚合是高分子合成工业的一个重要的聚合方式。乳液聚合系统通常由有机单体、引发剂、乳化剂和水四个组分构成。将不溶于水的有机物单体分子利用乳化剂分散在水相中形成胶束。调整反应条件，在引发剂的作用下，聚合反应就在胶束中进行。经过分散阶段、乳胶粒束生成阶段、乳胶粒生长阶段、聚合反应完成阶段四个阶段后再将乳状液破乳即可获得产物。这种聚合方法是生产各种橡胶、胶黏剂、水性涂料等高分子材料的重要方法，具有传热控温容易，可在低温下聚合，反应速率快，相对分子质量高等特点。

我们日常接触的很多化妆品乳状液(雪花膏、润肤霜、洗头香波、洗涤液等)、食品乳状液(人造奶油、牛奶、蛋黄酱、冰淇淋等)都是利用乳状液的原理制备的。此外将分散相和分散介质形成的某种类型的乳状液再分散到以原分散相为介质的液体中形成的液液分散系统称为复合乳状液(或多重乳状液)。例如将O/W型乳状液再分散到油相形成O/W/O型复合乳状液，同样也有W/O/W型复合乳状液。复合乳状液主要应用于液膜分离，用于处理废水、生化和医药的分离等。

4）微乳状液

微乳状液在许多情况下的应用是和乳状液的应用联系在一起的，在医药、日用化工和工业上均有很多应用，特别是在原油生产中，用微乳状液进行三次采油，可大大提高原油的采收率。微乳状液由于除了具有乳剂的一般特性之外，还具有粒径小、透明、稳定等特殊优点，在药物制剂及临床方面的应用也日益广泛。近年来微乳状液作为一种新型理想的药物释放载体进行包括注射、口服和眼部等给药途径的研究，结果表明可以促进药物溶解、改善吸收、提高靶向性和降低毒副作用等效果，相对于传统剂型有着不可比拟的优势。

§8-4 高分子化合物溶液

高分子化合物是指相对分子质量 $M_r>10^3$ 的大分子化合物。根据来源的不同，可分为天然高分子化合物(如蛋白质、淀粉、核酸、纤维素等)及合成高分子化合物(如塑料、橡胶、化纤)。它们在适当的溶剂中，可自动地分散成溶液。这种溶液可简称为高分子(或大分子)溶液。由于高分子溶液中的分散相的线尺寸在胶体范围内，所以有扩散慢、不能透过半透膜等与胶体相似的性质，但它又属于以单个分子分散的溶液，是均相的热力学稳定系统，又有小分子溶液的一些性质，如产生渗透压、丁铎尔效应微弱等。高分子溶液的主要特征可归纳为：高度分散的(分散相即高分子的线尺寸在1nm～1000nm)、均相的、热力学稳定系统。为了便于比较，现将高分子溶液、胶体、小分子溶液的某些特征列于表 8-4-1，以供参考。

表 8-4-1 高分子溶液、胶体、小分子溶液的性质比较

性 质	胶 体	高分子溶液	小分子溶液
颗粒大小	1～1000nm	1～1000nm	小于 1nm
分散相存在的形式	若干分子形成的胶粒	单个分子	单个分子
能否透过半透膜	不能	不能	能
扩散快慢	慢	慢	快
热力学稳定性	不稳定	稳定	稳定
均相系统还是多相系统	多相	均相	均相
丁铎尔效应	强	微弱	微弱
黏度大小	小（与介质黏度相似）	大	小
对电解质的敏感性	敏感（少量电解质稳定，大量电解质聚沉）	不敏感（加入大量电解质才产生盐析现象）	不敏感
聚沉后再加入介质是否可逆复原	不可逆	可逆	—

1. 高分子化合物的相对分子质量

与小分子化合物不同，无论天然的还是合成的高分子化合物，每个分子的大小是不同的，也就是说相对分子质量大小不等，具有多分散性分布。因此，高分子化合物是一个混合物，其相对分子质量是其统计平均值，此统计平均值称为高分子化合物的均相对分子质量。

设某高分子化合物样品的总质量为 m，分子总数为 N。其中相对分子质量为 M_B 级分的分子数为 N_B，其质量为 m_B，则该级分物质的量分数 $x_B=\dfrac{N_B}{N}$，其质量分数 $W_B=\dfrac{m_B}{m}$。$N=\sum_B N_B$，$m=\sum_B m_B$，据此，几种常用的均相对分子质量可表示如下：

(1) 数均相对分子质量 $\overline{M}_n$

$$\overline{M}_n=\frac{\sum_B N_B M_B}{N}=\sum_B x_B M_B \tag{8-4-1}$$

用渗透压法、凝固点降低法等依数性测定方法测定的是数均相对分子质量。

(2) 重均相对分子质量 $\overline{M}_w$

$$\overline{M}_w=\frac{\sum_B m_B M_B}{m}=\sum_B W_B M_B \tag{8-4-2}$$

用光散射法测得的是重均相对分子质量。

(3) 黏均相对分子质量 $\overline{M}_\eta$

$$\overline{M}_\eta=\left(\sum_B W_B M_B^{\alpha}\right)^{1/\alpha} \tag{8-4-3}$$

式中，α 为经验常数，其值一般为 0.5～1.0。黏度法测定的是黏均相对分子质量。

(4) Z 均相对分子质量$\overline{M}_Z$

$$\overline{M}_Z=\frac{\sum_{B}W_BM_B^2}{\sum_{B}W_BM_B}=\frac{\sum_{B}x_BM_B^3}{\sum_{B}x_BM_B^2} \tag{8-4-4}$$

用超速离心沉降平衡法测得的是 Z 均相对分子质量。

一般情况下,$\overline{M}_Z>\overline{M}_w>\overline{M}_\eta>\overline{M}_n$,只有单分散系统(每个分子大小是一致)中各种平均摩尔质量相等。高分子化合物相对分子质量的多分散性通常用多分散系数 d 表示:

$$d=\overline{M}_w/\overline{M}_n \tag{8-4-5}$$

d 值越大,表示相对分子质量的分布范围越宽。通常 d 值为 1.5～20。

自 1964 年以来,应用凝胶透过色谱法比较快速地测定高分子化合物的相对分子质量分布。此法是在一个柱内装入严格控制的具有一定孔径的多孔性凝胶,先用胶体充满柱内,再将高分子溶液从柱顶注入,然后用溶剂不断淋洗,当溶液流出凝胶柱后,可将大小不同的分子分开,最大的分子先淋洗出,最小的最后流出。用流出体积数和浓度作图就得到分布曲线。如果柱子用已知相对分子质量的高分子化合物试样校正,流出体积就可以直接代表相对分子质量。

2. 高分子溶液的黏度

高分子溶液的黏度与一般液体或胶体相比要大得多,并且随着溶液浓度的增大而迅速增大。例如 1%橡胶的苯溶液,其黏度约为纯苯黏度的十几倍。而且当高分子的浓度增大时,黏度则急剧增加。因此,高分子溶液的黏度是其重要特征之一。普通小分子溶液的黏度符合牛顿定律:即液层流动的切向力 F 与液层接触面 A_s 和流动时的速度梯度$\frac{du}{dx}$成正比,即

$$F=\eta\cdot A_s\frac{du}{dx} \tag{8-4-6}$$

式中,η 为比例常数,称为黏度系数,简称黏度。它反映液体流动时所受到的黏性阻力,单位为 Pa·s。高分子溶液的黏度在普遍情况下是不符合牛顿定律的,只有在极稀的情况下才遵守。相同浓度时,高分子溶液的黏度比小分子溶液的大得多。

将高分子溶液的黏度 η 与溶剂的黏度 η_0 进行不同组合,可以得到高分子溶液黏度的几种常用表示方法,如表 8-4-2 所示。

表 8-4-2 高分子溶液黏度的表示方法

名 称	符 号	数学表达式	物理意义
相对黏度	η_r	η/η_0	溶液黏度 η 对溶剂黏度 η_0 的相对值
增比黏度	η_{sp}	$\frac{\eta-\eta_0}{\eta_0}$或 η_r-1	高分子溶质对溶液黏度的贡献
比浓黏度	$\frac{\eta_{sp}}{c}$	$\frac{\eta_{sp}}{c}$	单位浓度高分子溶质对溶液黏度的贡献
特性黏度	$[\eta]$	$\lim\limits_{c\to0}\frac{\eta_{sp}}{c}$	单个高分子溶质分子对溶液黏度的贡献

比浓黏度 η_{sp}/c 反映了在浓度为 c(单位为 $kg\cdot m^{-3}$)的情况下,单位浓度高分子溶质对溶液黏度的贡献,其值与浓度有关

$$\frac{\eta_{sp}}{c}=[\eta]+k[\eta]^2 c \tag{8-4-7}$$

式中，k 为比例常数。根据式(8-4-7)，一定温度下测得不同浓度高分子溶液的比浓黏度 η_{sp}/c，以 η_{sp}/c 对 c 作图得一直线，将直线外推至 $c=0$ 处，所得截距为$[\eta]$。

特性黏度$[\eta]$反映了单个高分子与溶剂分子间的内摩擦情况，对一定的高分子-溶剂系统，在一定温度下，其$[\eta]$值一定。高分子溶液的$[\eta]$与溶液中高分子化合物的相对分子质量有关，最常用的经验方程式为

$$[\eta]=K\cdot M_r\alpha \tag{8-4-8}$$

式中，K 为比例常数。α 与溶液中高分子形态有关：若高分子卷曲成线团状，$\alpha<1$ 而近于 0.5；当线团松解成弯弯曲曲的线状时，$\alpha=1$；若高分子链伸直成棍状，$\alpha=2$。表 8-4-3 给出了一些高分子溶液的 α 及 K 值。

表 8-4-3　某些高分子-溶剂系统的 K 和 α 值

高分子化合物	溶剂	t/℃	相对分子质量的范围	$K/(10^{-4}\,m^3\cdot kg^{-1})$	α
聚苯乙烯	苯	25	32 000～1 300 000	1.03	0.74
聚苯乙烯	丁酮	25	2 500～1 700 000	3.9	0.58
聚异丁烯	环己烷	30	600～3 150 000	2.6	0.70
聚异丁烯	苯	24	1 000～3 150 000	8.3	0.50
醋酸纤维素	丙酮	25	11 000～130 000	0.19	1.03
天然橡胶	甲苯	25	40 000～1 500 000	5.0	0.67

对某高分子-溶剂系统，若 K、α 已知，一定温度下测得$[\eta]$，由式(8-4-8)可求得高分子化合物的相对分子质量，对多分散的高分子化合物，所求 M 值为黏均相对分子质量。

3. 高分子溶液的渗透压和唐南平衡

1) 渗透压

与稀溶液依数性的其他方法相比，渗透压法更适于测量高分子化合物的相对分子质量，而且渗透压测定值的准确度很高。这是由于高分子化合物相对分子质量大，物质的量浓度低，且依数性十分明显。不仅如此，由于半透膜对低分子杂质是可透过的，样品中的杂质影响可设法消除，而其他依数性方法则不能。

如前所述，非电解质稀溶液或理想稀溶液的渗透压 Π 与溶液的体积物质的量浓度 c_B 之间的关系为

$$\Pi=c_B RT \tag{8-4-9}$$

在高分子溶液中，分散相与分散介质之间存在较强的亲合力，产生明显的溶剂化效应，这势必影响溶液的渗透压。可以用维里(virial)方程来表达：

$$\Pi=\rho_B RT\left(\frac{1}{M}+B_2\rho_B+B_3\rho_B^2+\cdots\right) \tag{8-4-10}$$

式中，ρ_B 为溶液的质量浓度，$kg\cdot m^{-3}$；M 为溶质的相对分子质量；B_2、B_3…皆为常数项，称为维里系数。当高分子溶液的浓度很小时，可忽略高次方项，式(8-4-10)变为

$$\frac{\Pi}{\rho_B}=RT\left(\frac{1}{M}+B_2\rho_B\right) \tag{8-4-11}$$

以 Π/ρ_B 对 ρ_B 作图得一直线，外推到 $\rho_B \to 0$ 处的截距 $(\Pi/\rho_B)_{\rho_B \to 0} = RT/M$。由此可计算高分子化合物的相对分子质量 M。对于一个多分散系统，其相对分子质量是不均一的。因此，由 (Π/ρ_B)-ρ_B 作图外推至 $\rho_B \to 0$ 处的截距求出的应为数均相对分子质量。

式(8-4-11)只适用于不能电离的高分子稀溶液。对于蛋白质水溶液，只有在等电状态时才可适用，对于可电离的高分子化合物，由式(8-4-11)求得的相对分子质量往往偏低，这主要是由于电解质电离的影响。唐南(Donnan)提出的离子隔膜平衡理论，解释了这类实验现象。

2）唐南平衡

以蛋白质的水溶液为例，若以 $Na_Z^+ P^{Z-}$ 代表蛋白质，其电离反应可以表示为

$$Na_ZP \longrightarrow ZNa^+ + P^{Z-}$$

若用半透膜将纯水与蛋白质水溶液隔开，H_2O、Na^+ 皆可通过，仅 P^{Z-} 不能通过，为了保持电中性，Na^+ 必须和 P^{Z-} 留在膜的同一侧，这时的渗透平衡称为唐南平衡。每个蛋白质分子在溶液中就产生 $(Z+1)$ 个颗粒，所对应的渗透压力可以表示为

$$\Pi_2 = (Z+1)cRT \tag{8-4-12}$$

式中，c 为电解质的物质的量浓度；$(Z+1)$ 则表示每个分子电离时所产生的离子的个数。由式(8-4-12)可知，由测量渗透压 Π_2 所测得的相对分子质量比实际的小得多。因此，对解离的高分子化合物，常需在缓冲溶液中或者是在加盐的情况下进行。如图 8-4-1 所示，开始时把体积物质的量浓度为 c 的蛋白质放于隔膜的左侧，隔膜的右侧则放置体积物质的量浓度为 b 的 NaCl 水溶液。隔膜只允许 Na^+、Cl^- 通过。由于左边没有 Cl^-，所以 Cl^- 从右边通过隔膜向左边扩散，但为了维持电中性，必然有相同数量的 Na^+ 从右边扩散到左边，实际上是 Cl^- 与 Na^+ 成对地从右边扩散到左边。扩散达平衡时，NaCl 在膜两边的化学势相等，即 $\mu_{NaCl,左} = \mu_{NaCl,右}$。与起始态相比，设有浓度为 x 的 NaCl 由右向左扩散，则

$$RT\ln a_{NaCl,左} = RT\ln a_{NaCl,右}$$

或

$$(a_{Na^+} \cdot a_{Cl^-})_左 = (a_{Na^+} \cdot a_{Cl^-})_右$$

对于稀溶液，设所有的活度系数均为 1，则得到

$$[Na^+]_左 \cdot [Cl^-]_左 = [Na^+]_右 \cdot [Cl^-]_右$$

$$(Zc+x) \cdot x = (b-x)^2 \tag{8-4-13}$$

$$x = \frac{b^2}{Zc+2b}$$

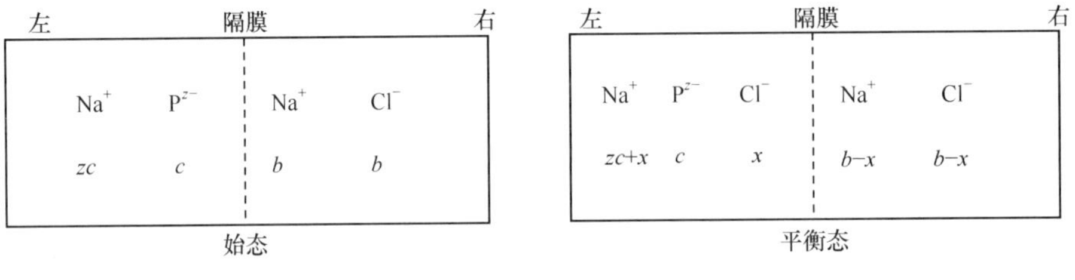

图 8-4-1　唐南膜平衡示意图

由于渗透压是隔膜两边颗粒数不同而引起的，所以

$$\Pi_3 = [(Zc+x+c+x) - (b-x+b-x)]RT \tag{8-4-14}$$

将式(8-4-13)代入式(8-4-14)可得

$$\Pi_3=\left(\frac{Zc^2+2bc+Z^2c^2}{Zc+2b}\right)RT \tag{8-4-15}$$

若 $b\gg Zc$,即所加入盐的浓度远大于蛋白质的浓度,则(8-4-15)可简化为

$$\Pi_3\approx\frac{2bc}{2b}RT=cRT=\Pi$$

由上述推导可知,加入足够多的中性盐,可以消除唐南平衡效应对高分子化合物相对分子质量测定的影响。唐南平衡最重要的功能是控制物质的渗透压,这对医学、生物学等研究细胞膜内外的渗透平衡有重要意义。

4. 高分子化合物的聚沉和盐析

1)高分子的聚沉作用

在胶体中加入高分子化合物溶液,既可使胶体稳定,也可能使胶体聚沉。良好的聚沉剂应当是相对分子质量很大的线型聚合物。例如,聚丙烯酰胺及其衍生物就是一种良好的聚沉剂。聚沉剂可以是离子型的,也可以是非离子型的。我们仅从以下三个方面来说明高分子化合物对憎液胶体的聚沉作用。

A. 搭桥效应

一个长碳链的高分子化合物可以同时吸附在许多个分散相的微粒上,如图 8-4-2(a)所示。高分子化合物起到搭桥作用,把许多胶体颗粒联结起来,变成较大的聚集体而聚沉。

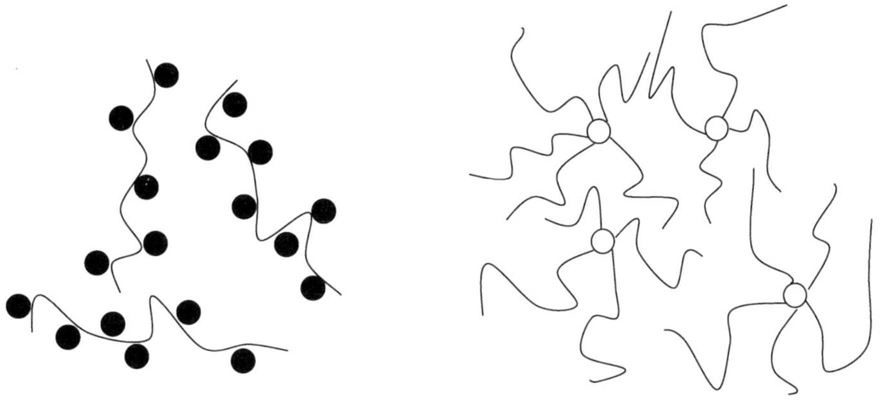

(a) 聚沉作用　(b) 保护作用

图 8-4-2　高分子化合物对胶体聚沉和保护作用示意图

B. 脱水效应

高分子化合物对水有更强的亲和力,由于高分子化合物的水化作用,使胶体颗粒脱水,水化外壳遭到破坏而聚沉。

C. 电中和效应

离子型的高分子化合物吸附在带电的胶体颗粒上,可以中和分散相颗粒的表面电荷,使颗粒间的斥力势能降低,从而使胶体聚沉。

若在憎液胶体中加入过多的高分子化合物,许多个高分子化合物的一端都吸附在同一个

分散相颗粒的表面上，如图 8-4-2(b)所示；或者是许多个高分子的线团环绕在胶体颗粒的周围，形成水化外壳，将分散相颗粒完全包围起来，对胶体起到保护作用。

此外，带电正负号不同的胶体相互也会产生聚沉作用。南方农村中常用明矾净水，其原理就是：在水中有带负电的胶体污物（主要是 SiO_2 胶体），加入的明矾[$KAl(SO_4)_2 \cdot 12H_2O$]在水中可以水解为 $Al(OH)_3$ 的正电胶体，正负电性胶体相互中和，即发生聚沉，很快使水中的杂物清除，达到净化的目的。

2）盐析作用和胶凝作用

A. 盐析作用

胶体对电解质十分敏感，加入少量电解质就可能使胶体聚沉。而对高分子溶液来说，加入少量的电解质，其稳定性不会受到影响，以至在等电点也不会聚沉。只有加入大量电解质时，才能发生聚沉，把高分子溶液的这种聚沉现象称为盐析作用。当大量电解质加入到高分子溶液中时，不仅可以中和颗粒的电荷，更重要的是发生去水（溶剂）化作用，破坏了高分子与溶剂间的相互作用，从而使它们在水中的溶解度减小，以至发生聚沉作用，出现盐析现象。由此可见，发生盐析作用的主要原因是去水（溶剂）化作用。

盐析作用的效果与离子的种类有关，而与离子的价数没有多大关联。一般电解质离子的盐析能力按以下顺序发生变化。负离子盐析能力的顺序为

$$\text{柠檬酸根} > \text{酒石酸根} > SO_4^{2-} > CH_3COO^- > Cl^- > NO_3^- > I^- > CN^-$$

正离子盐析能力顺序为

$$Li^+ > Na^+ > NH_4^+ > K^+ > Rb^+ > Cs^+$$

这个顺序又称为感胶离子序。对不同的高分子溶液，其顺序稍有改变，但大致还是相同的，这种顺序和离子水化程度极为一致，这也说明了去溶剂化是盐析的本质作用之一。

研究发现，盐析总是先使分散相中聚合程度较大（相对分子质量较大）的部分沉淀出来，因此可以采用部分盐析方法来分离分析多级分散系统。例如，向血清中加入 $(NH_4)_2SO_4$，当加到浓度为 $2.0\text{mol} \cdot \text{dm}^{-3}$ 时，血清中的球蛋白析出，分离后，再加入 $(NH_4)_2SO_4$ 至浓度为 $3 \sim 3.5\text{mol} \cdot \text{dm}^{-3}$，则血清蛋白析出，这样就可使球蛋白和血清蛋白得到分离。

B. 胶凝作用

高分子溶液除了盐析作用外，在一定的外界条件下，黏度逐渐变大，以致失去流动性而使整个系统变成半固体状态的弹性凝胶，这个过程称为胶凝作用。这是由于高分子溶液中的分子依靠分子间力、氢键或化学键力发生自身联结，搭起空间网状结构，而将分散介质（液体）包进网状结构中，失去了流动性所造成的，这种系统称为凝胶。液体含量较多的凝胶也称为胶冻。例如琼脂、血块、肉冻等含水量有时可达 99%以上。液体含量较少的凝胶称为干凝胶，如市售的明胶（含水量为 15%左右）、阿拉伯胶和半透膜等。

胶凝作用与盐析作用相比较，前者所用的胶凝剂一般比后者少，胶凝剂的浓度必须适当。胶凝作用不是凝聚过程的终点，胶凝有时能继续转变而成为盐析，使凝胶最终分离为两相。

胶凝现象不限于高分子溶液，氢氧化铝、氢氧化铁、氢氧化铬和五氧化二钒等溶液也有这种现象。由于这些物质的胶粒有一定程度的亲液性质，胶体颗粒的形状不是球状的（如杆状的、片状的等），以致它们之间也能互相联结成网状结构，而成为凝胶。

习 题

8-1 为什么晴朗的天空呈现蓝色？试从溶胶的光学性质及瑞利公式加以论证。

8-2 $1cm^3$ 溶胶的溶液中含有 1.5×10^{-6}kg Fe_2O_3，将其溶液稀释 10 000 倍，在显微镜下观察，在直径和深度为 0.04mm 视野内的粒子平均数是 4.1，设粒子为球形，密度为 $5.2\times10^3\,kg\cdot m^{-3}$，求胶粒的平均直径。

8-3 某一球形胶体颗粒，20℃时扩散系数为 $7\times10^{-11}\,m^2\cdot s^{-1}$，求胶粒的半径及胶团摩尔质量。已知胶粒密度为 $1334kg\cdot m^{-3}$，水黏度系数为 $0.0011Pa\cdot s$。

8-4 试用沉降平衡公式验证，298K 在海平面附近，每升高 9m，大气压约下降 100Pa。

8-5 试写出由 $FeCl_3$ 水解制得溶胶的胶团结构。(1)若稳定剂为 $FeCl_3$；(2)稳定剂为 NaOH。

8-6 测得使 $1.0\times10^{-5}m^3$ $Al(OH)_3$ 溶胶明显聚沉时，最少需加 $1.0\times10^{-5}m^3$ 浓度为 $1.0mol\cdot dm^{-3}$ 的 KCl，或加 $6.5\times10^{-6}m^3$ 浓度为 $0.1mol\cdot dm^{-3}$ 的 K_2SO_4 溶液。试求上述两电介质对 $Al(OH)_3$ 溶胶的聚沉值和聚沉能力之比，并说明该溶胶胶粒的电荷。

8-7 某溶胶颗粒的平均直径为 4.2×10^{-10}m，其黏度为 $0.01Pa\cdot S$，求 298K 时胶粒的扩散系数，以及 1s 内由于布朗运动粒子沿 X 方向的平均位移 $\bar{x}$。

8-8 $AgNO_3$ 溶液和 KI 溶液制备 AgI 溶胶，若 KI 过量，分别指出下列各组电解质中聚沉能力最强的电解质。若 $AgNO_3$ 过量，其结果又如何？

(1) NaCl、$MgCl_2$、$FeCl_3$

(2) NaCl、Na_2SO_4、Na_3PO_4

(3) $NaNO_3$、$LiNO_3$、$RbNO_3$

(4) $MgCl_2$、Na_2SO_4、$MgSO_4$

8-9 在某负电性溶胶中加入电解质使之发生聚沉，若已知 KCl 对该溶胶的聚沉值为 $500mmol\cdot dm^{-3}$，估算 K_2SO_4、$MgCl_2$ 的聚沉值。

8-10 在三个烧瓶中均盛有 20mL $Fe(OH)_3$溶胶，分别加入 NaCl、Na_2SO_4、Na_3PO_4 溶液使其聚沉，最少需加入的电解质数量为 $1mol\cdot dm^{-3}$ NaCl 2.1 mL；$0.005mol\cdot dm^{-3}$ Na_2SO_4 12.5mL；$0.0033mol\cdot dm^{-3}$ Na_3PO_4 7.4mL。试计算各电解质的聚沉值，并指出溶胶带电的符号。

8-11 在三氧化二砷的饱和水溶液中缓缓通入 H_2S 可制备 As_2S_3 溶胶，H_2S 为稳定剂。

(1) 写出胶团结构式，说明胶粒的电泳方向。

(2) 说明 ζ 电势与表面电势的主要区别及 ζ 电势的物理意义。

(3) NaCl，$MgSO_4$，$MgCl_2$ 何者聚沉能力最弱？电解质引起聚沉是影响斯特恩双电层模型的哪个电势？

8-12 溶解度为 c 的高分子电解质 Na_zP 水溶液与溶解度为 b 的 NaCl 水溶液中间用半透膜隔开，求达到唐南平衡时，两边 Na^+ 和 Cl^- 的浓度。

8-13 油酸、水和少量皂液形成半径为 10^{-7}m 的水包油乳状液，界面积增加 $300m^2$。已知油酸与水的界面张力为 $2.2910^{-2}\,N\cdot m^{-1}$，加入皂液后界面张力降为 $3.0\times10^{-3}\,N\cdot m^{-1}$。求界面吉布斯自由能降低了多少，并解释此乳状液稳定的原因。

8-14 试分析说明为什么两种不混溶的纯液体不能形成稳定的乳状液。

8-15 303K 时，聚异丁烯在环己烷中，$[\eta]/dm^3\cdot g^{-1}=2.6\times10^{-4}M_r^{0.70}$，求此温度$[\eta]=2.00\,dm^3\cdot g^{-1}$时聚异丁烯的相对分子质量。

8-16 在 25℃时候聚苯乙烯溶于甲苯中，测得不同浓度时的黏度如下表。

$\rho/(kg\cdot m^{-3})$	0	2.0	4.0	6.0	8.0	10.0
$\eta/(10^{-4}Pa\cdot s)$	5.57	6.14	6.73	7.33	7.97	8.62

已知该系统的 $k=2.68\times10^{-3}m^3\cdot kg^{-1}$，$a=0.62$。试由此求出聚苯乙烯的摩尔质量。

8-17 证明当蛋白质水溶液中含有两种蛋白质分子时,两者的扩散系数之比为

$$D_1/D_2=(M_1/M_2)^{-1/3}$$

式中,D_1、D_2 分别为两种分子的扩散系数;M_1、M_2 分别为两分子的摩尔质量。

8-18 在 289K 下,一半透膜内有 0.1dm^3 很稀的盐酸水溶液,其中溶有 1.3×10^{-3}kg 的一元大分子酸,假设它完全解离。膜外是 0.1dm^3 的纯水,达到渗透平衡时,膜外 pH=3.26,由膜内外 H^+ 浓差引起的电势为 34.9mV。假设溶液为理想溶液,试计算:

(1) 膜内的 pH;(2)该大分子物的摩尔质量。

8-19 有一可通过 Na^+ 和 Cl^-,但不能通过 Ac^- 的膜,开始时膜右边 Na^+、Cl^- 溶度均为 0.002mol·kg^{-1},左边 Na^+、Ac^- 溶度均为 0.001mol·kg^{-1},求:

(1) 膜平衡时两边的 Na^+、Cl^- 浓度。

(2) 330K 时,由于 Na^+ 的作用左右两边的电势。

8-20 含 2%(质量分数)的蛋白质水溶液,由电泳实验发现其中有两种蛋白质,一种相对分子质量为 10^5,另一种相对分子质量为 6×10^4,两者摩尔溶度和密度近似相等。设蛋白质分子为球形,温度为 298K,计算:

(1) 两种分子扩散系数之比。

(2) 两种分子沉降系数之比。

(3) 如将 1cm^{-1}的蛋白质溶液铺展成 10cm^2 的单分子,膜压力为多少?

参考书目

傅献彩，沈文霞，姚天扬. 2005. 物理化学. 5 版. 上、下册. 北京：高等教育出版社
韩德刚，方执棣，高盘良. 2001. 物理化学. 北京：高等教育出版社
胡英，吕瑞东，刘国杰，等. 1999. 物理化学. 4 版. 北京：高等教育出版社
姜兆华，孙德智，邵光杰. 2009. 应用表面化学. 哈尔滨：哈尔滨工业大学出版社
近腾精一，石川达雄，安部郁夫. 2006. 吸附科学. 2 版. 李国希译. 北京：化学工业出版社
刘焕彬，陈小泉. 2006. 纳米科学与技术导论. 北京：化学工业出版社
沈文霞. 2009. 物理化学核心教程. 2 版. 北京：科学出版社
王正烈，周亚平. 2001. 物理化学. 4 版. 上、下册. 北京：高等教育出版社
谢洪勇，刘志军. 2007. 粉体力学与工程. 2 版. 北京：化学工业出版社
叶青. 2009. 粉体科学与工程基础. 北京：科学出版社
赵振国. 2008. 应用胶体与界面化学. 北京：化学工业出版社
朱志昂，阮文娟. 2008. 近代物理化学. 4 版. 上、下册. 北京：科学出版社
Atkins P W. 1999. Physical Chemistry. 7th ed. London：Freeman W H and Company
Moore W J. 1998. Physical Chemistry. 4th ed. London：Prentice-Hall Inc.
Yang R T. 2010. 吸附剂原理与应用. 马丽萍，宁平，田森林译. 北京：高等教育出版社

附　　录

附录一　物理和化学基本常数

物理量的名称	符号	数值及单位
阿伏伽德罗常量*	L，N_A	$6.022\ 141\ 79(30)\times10^{23}mol^{-1}$
摩尔气体常量	R	$8.314\ 472(15)J\cdot K^{-1}\cdot mol^{-1}$
法拉第常量	F	$9.648\ 533\ 99(24)\times10^{4}C\cdot mol^{-1}$
元电荷	e	$1.602\ 176\ 487(40)\times10^{-19}C$
标准大气压	atm	1atm＝101 325Pa
热化学卡	cal_{th}	$1cal_{th}=4.184J$

* 括号中的数字表示末尾 2 位数的误差范围，下同。

数据来源：CRC Handbook of Chemistry and Physics. 90th ed.

附录二　能量单位换算因子

	$kJ\cdot mol^{-1}$	$kcal\cdot mol^{-1}$	eV	cm^{-1}
$1kJ\cdot mol^{-1}$	1	2.390×10^{-1}	1.036×10^{-2}	8.359×10
$1kcal\cdot mol^{-1}$	4.184	1	4.336×10^{-2}	3.497×10^{2}
1eV	9.648×10	2.306×10	1	8.065×10^{3}
$1cm^{-1}$	1.196×10^{-2}	2.859×10^{-3}	1.240×10^{-4}	1

数据来源：CRC Handbook of Chemistry and Physics. 90th ed.

附录三　标准相对原子质量(2007)

$A_r(^{12}C)=12$

元素符号	元素名称	相对原子质量	元素符号	元素名称	相对原子质量
Ac	锕*		Ba	钡	137.327(7)
Ag	银**	107.868 2(2)	Be	铍	9.012 182(3)
Al	铝	26.981 538 6(8)	Bh	𨨏	
Am	镅		Bi	铋	208.980 40(1)
Ar	氩	39.948(1)	Bk	锫	
As	砷	74.921 60(2)	Br	溴	79.904(1)
At	砹		C	碳	12.010 7(8)
Au	金	196.966 569(4)	Ca	钙	40.078(4)
B	硼	10.811(7)	Cd	镉	112.411(8)

续表

元素符号	元素名称	相对原子质量	元素符号	元素名称	相对原子质量
Ce	铈	140.116(1)	Mn	锰	54.938 045(5)
Cf	锎		Mo	钼	95.96(2)
Cl	氯	35.453(2)	Mt	鿏	
Cm	锔		N	氮	14.006 7(2)
Co	钴	58.933 195(5)	Na	钠	22.989 769 28(2)
Cr	铬	51.996 1(6)	Nb	铌	92.906 38(2)
Cs	铯	132.905 451 9(2)	Nd	钕	144.242(3)
Cu	铜	63.546(3)	Ne	氖	20.179 7(6)
Db	𨧀		Ni	镍	58.693 4(4)
Dy	镝	162.500(1)	No	锘	
Er	铒	167.259(3)	Np	镎	
Es	锿		O	氧	15.999 4(3)
Eu	铕	151.964(1)	Os	锇	190.23(3)
F	氟	18.998 403 2(5)	P	磷	30.973 762(2)
Fe	铁	55.845(2)	Pa	镤	231.035 88(2)
Fm	镄		Pb	铅	207.2(1)
Fr	钫		Pd	钯	106.42(1)
Ga	镓	69.723(1)	Pm	钷	
Gd	钆	157.25(3)	Po	钋	
Ge	锗	72.64(1)	Pr	镨	140.907 65(2)
H	氢	1.007 94(7)	Pt	铂	195.084(9)
He	氦	4.002 602(2)	Pu	钚	
Hf	铪	178.49(2)	Ra	镭	
Hg	汞	200.59(2)	Rb	铷	85.467 8(3)
Ho	钬	164.930 32(2)	Re	铼	186.207(1)
Hs	𨭆		Rf	𬬻	
I	碘	126.904 47(3)	Rh	铑	102.905 50(2)
In	铟	114.818(3)	Rn	氡	
Ir	铱	192.217(3)	Ru	钌	101.07(2)
K	钾	39.098 3(1)	S	硫	32.065(5)
Kr	氪	83.798(2)	Sb	锑	121.760(1)
La	镧	138.905 47(7)	Sc	钪	44.955 912(6)
Li	锂***	6.941(2)	Se	硒	78.96(3)
Lr	铹		Sg	𨭎	
Lu	镥	174.966 8(1)	Si	硅	28.085 5(3)
Md	钔		Sm	钐	150.36(2)
Mg	镁	24.305 0(6)	Sn	锡	118.710(7)

续表

元素符号	元素名称	相对原子质量	元素符号	元素名称	相对原子质量
Sr	锶	87.62(1)	U	铀	238.028 91(3)
Ta	钽	180.947 88(2)	V	钒	50.941 5(1)
Tb	铽	158.925 35(2)	W	钨	183.84(1)
Tc	锝		Xe	氙	131.293(6)
Te	碲	127.60(3)	Y	钇	88.905 85(2)
Th	钍	232.038 06(2)	Yb	镱	173.054(5)
Ti	钛	47.867(1)	Zn	锌	65.38(2)
Tl	铊	204.383 3(2)	Zr	锆	91.224(2)
Tm	铥	168.934 21(2)			

* 元素无稳定原子核，下同。

** 相对原子质量后面括号中的数字表示末位数的误差范围，下同。

*** 市场锂原料的相对原子质量为 6.939～6.996，若需更精确的值必须单独测定。

数据来源：Atomic Weights of the Elements 2007 (IUPAC Technical Report). Pure Appl. Chem., 2009, 81(11): 2131-2156.

附录四 某些气体等压摩尔热容与温度的关系

$$C_{p,m}=a+bT+cT^2$$

物质		$a/(J \cdot mol^{-1} \cdot K^{-1})$	$10^3 b/(J \cdot mol^{-1} \cdot K^{-2})$	$10^6 c/(J \cdot mol^{-1} \cdot K^{-3})$	温度范围/K
H_2	氢	26.88	4.347	−0.3265	273～3800
Cl_2	氯	31.696	10.144	−4.038	300～1500
Br_2	溴	35.241	4.075	−1.487	300～1500
O_2	氧	28.17	6.297	−0.7494	273～3800
N_2	氮	27.32	6.226	−0.9502	273～3800
HCl	氯化氢	28.17	1.810	1.547	300～1500
H_2O	水	29.16	14.49	−2.022	273～3800
CO	一氧化碳	26.537	7.6831	−1.172	300～1500
CO_2	二氧化碳	26.75	42.258	−14.25	300～1500
CH_4	甲烷	14.15	75.496	−17.99	298～1500
C_2H_6	乙烷	9.401	159.83	−46.229	298～1500
C_2H_4	乙烯	11.84	119.67	−36.51	298～1500
C_3H_6	丙烯	9.427	188.77	−57.488	298～1500
C_2H_2	乙炔	30.67	52.810	−16.27	298～1500
C_2H_4	丙炔	26.50	120.66	−39.57	298～1500
C_6H_6	苯	−1.71	324.77	−110.58	298～1500
$C_6H_5CH_3$	甲苯	2.41	391.17	−130.65	298～1500
CH_3OH	甲醇	18.40	101.56	−28.68	273～1000

续表

物　　质		$a/(J\cdot mol^{-1}\cdot K^{-1})$	$10^3b/(J\cdot mol^{-1}\cdot K^{-2})$	$10^6c/(J\cdot mol^{-1}\cdot K^{-3})$	温度范围/K
C_2H_5OH	乙醇	29.25	166.28	−48.898	298～1500
$(C_2H_5)_2O$	二乙醚	−103.9	1417	−248	300～400
HCHO	甲醛	18.82	58.379	−15.61	291～1500
CH_3CHO	乙醛	31.05	121.46	−36.58	298～1500
$(CH_3)_2CO$	丙酮	22.47	205.97	−63.521	298～1500
HCOOH	甲酸	30.7	89.20	−34.54	300～700
$CHCl_3$	氯仿	29.51	148.94	−90.734	273～773

附录五　某些物质的临界参数

物　　质		临界温度 T_c/K	临界压力 p_c/MPa	临界摩尔体积 $V_c/(cm^3\cdot mol^{-1})$	临界压缩因子 Z_c
He	氦	5.19	0.227	57	0.30
Ar	氩	150.87	4.898	75	0.29
H_2	氢	32.97	1.293	65	0.31
N_2	氮	126.21	3.39	90	0.29
O_2	氧	154.59	5.043	73	0.29
F_2	氟	144.13	5.172	66	0.28
Cl_2	氯	416.9	7.991	123	0.28
Br_2	溴	588	10.34	127	0.27
H_2O	水	647.14	22.06	56	0.23
NH_3	氨	405.56	11.357	69.8	0.24
HCl	氯化氢	324.7	8.31	81	0.25
H_2S	硫化氢	373.1	9.00	99	0.29
CO	一氧化碳	132.86	3.494	93	0.29
CO_2	二氧化碳	304.13	7.375	94	0.27
SO_2	二氧化硫	430.64	7.884	122	0.27
CH_4	甲烷	190.56	4.599	98.60	0.29
C_2H_6	乙烷	305.32	4.872	145.5	0.28
C_3H_8	丙烷	369.83	4.248	203	0.28
C_2H_4	乙烯	282.34	5.041	131	0.28
C_3H_6	丙烯	364.9	4.60	185	0.28
C_2H_2	乙炔	308.3	6.138	112.2	0.27
$CHCl_3$	氯仿	536.4	5.47	239	0.29
CH_3Cl	氯代甲烷	416.25	6.679	139	0.27
CCl_4	四氯化碳	556.6	4.516	276	0.27

续表

物质		临界温度 T_c/K	临界压力 p_c/MPa	临界摩尔体积 $V_c/(cm^3 \cdot mol^{-1})$	临界压缩因子 Z_c
CH_3OH	甲醇	512.5	8.084	117	0.22
C_2H_6OH	乙醇	514.0	6.137	168	0.24
CH_3OCH_3	甲醚	400.378	5.356	169	0.27
C_6H_6	苯	562.05	4.895	256	0.27
C_6H_{12}	环己烷	553.8	4.08	308	0.27
$C_6H_5CH_3$	甲苯	591.80	4.110	316	0.26

数据来源:CRC Handbook of Chemistry and Physics. 90th ed.

附录六　某些气体的范德华常数

气体		$10^3a/(Pa \cdot m^6 \cdot mol^{-2})$	$10^6b/(m^3 \cdot mol^{-1})$
Ar	氩	135.5	32.0
H_2	氢	24.52	26.5
N_2	氮	137.0	38.7
O_2	氧	138.2	31.9
Cl_2	氯	634.3	54.2
H_2O	水	553.7	30.5
NH_3	氨	422.5	37.1
HCl	氯化氢	370.0	40.6
H_2S	硫化氢	454.4	43.4
CO	一氧化碳	147.2	39.5
CO_2	二氧化碳	365.8	42.9
SO_2	二氧化硫	686.5	56.8
CH_4	甲烷	230.3	43.1
C_2H_6	乙烷	558.0	65.1
C_3H_8	丙烷	939	90.5
C_2H_4	乙烯	461.2	58.2
C_3H_6	丙烯	844.2	82.4
C_2H_2	乙炔	451.6	52.2
$CHCl_3$	氯仿	1534	101.9
CCl_4	四氯化碳	2001	128.1
CH_3OH	甲醇	947.6	65.9
C_2H_5OH	乙醇	1256	87.1
CH_3OCH_3	甲醚	869.0	77.4
$(C_2H_5)_2O$	乙醚	1746	133.3
$(CH_3)_2CO$	丙酮	1602	112.4
C_6H_6	苯	1882	119.3
$C_6H_5CH_3$	甲苯	2486	149.7
C_6H_{12}	环己烷	2192	141.1

数据来源:CRC Handbook of Chemistry and Physics. 90th ed.

附录七　某些物质的标准摩尔生成焓、标准摩尔生成吉布斯函数、标准摩尔熵及等压摩尔热容(100kPa,298.15K)

物　质	$\Delta_f H_m^\ominus/(kJ \cdot mol^{-1})$	$\Delta_f G_m^\ominus/(kJ \cdot mol^{-1})$	$S_m^\ominus/(J \cdot mol^{-1} \cdot K^{-1})$	$C_{p,m}/(J \cdot mol^{-1} \cdot K^{-1})$
Ag(s)	0	0	42.55	25.4
AgCl(s)	−127.01	−109.8	96.25	50.79
Ag_2O(s)	−31.1	−11.19	121.3	65.86
Al(s)	0	0	28.30	24.4
Al_2O_3(α,刚玉)	−1675.7	−1582.2	50.92	79.15
Br_2(l)	0	0	152.21	75.67
Br_2(g)	30.91		245.577	
HBr (g)	−36.29	−53.4	198.809	29.1
Ca(s)	0	0	41.59	25.9
CaC_2(s)	−59.8	−64.9	69.96	62.72
$CaCO_3$(方解石)	−1207.6	−1129.0	91.7	83.5
CaO(s)	−634.92	−603.3	38.1	42.0
$Ca(OH_2)$ (s)	−985.2	−897.2	83.4	87.5
C(石墨)	0	0	5.74	8.517
C(金刚石)	1.895	2.900	2.377	6.116
CO(g)	−110.53	−137.14	197.769	29.14
CO_2(g)	−393.51	−394.36	213.894	37.13
CS_2(l)	89.0			74.6
CS_2(g)	117.7	67.1	237.9	45.4
CCl_4(l)	−128.2	−62.5	216.2	130.7
CCl_4(g)	−95.2	−53.6	310.0	83.4
HCN(l)	−108.87	124.96	122.84	70.63
HCN(g)	−135.1	124.70	201.919	35.86
Cl_2(g)	0	0	223.19	33.95
Cl(g)	121.301		165.299	
HCl(g)	−92.31	−95.30	187.011	29.1
Cu(s)	0	0	33.15	24.44
CuO(s)	−157.3	−129.7	42.6	42.2
Cu_2O(s)	−168.6	−149.0	93.1	63.6
F_2(g)	0	0	202.900	31.30
HF(g)	−273.30	−275.4	173.888	29.14
Fe(s) (α)	0	0	27.32	25.09
$FeCl_2$(s)	−341.8	−302.8	118.0	76.7
$FeCl_3$(s)	−399.4	−333.8	142.34	96.65

续表

物　质	$\Delta_f H_m^\ominus/(kJ \cdot mol^{-1})$	$\Delta_f G_m^\ominus/(kJ \cdot mol^{-1})$	$S_m^\ominus/(J \cdot mol^{-1} \cdot K^{-1})$	$C_{p,m}/(J \cdot mol^{-1} \cdot K^{-1})$
$FeO(s)$	−272.0	−251.4	60.75	49.91
Fe_2O_3(赤铁矿)	−824.2	−742.2	87.40	103.9
Fe_3O_4(磁铁矿)	−1118.4	−1015.3	145.27	143.4
$FeSO_4(s)$	−928.4	−820.7	107.5	100.6
$H_2(g)$	0	0	130.789	28.84
$H(g)$	217.998	203.3	114.826	20.8
$H_2O(l)$	−285.830	−237.09	69.95	75.35
$H_2O(g)$	−241.826	−228.59	188.944	33.60
$I_2(s)$	0	0	116.25	54.44
$I_2(g)$	62.42	19.34	260.796	36.86
$I(g)$	106.76	70.1	180.896	20.8
$HI(g)$	26.50	1.7	206.699	29.16
$Mg(s)$	0	0	32.67	24.87
$MgCl_2(s)$	−641.3	−591.8	89.63	71.38
$MgO(s)$(微晶)	−601.6	−596.3	26.95	37.2
$Mg(OH)_2(s)$	−924.7	−833.6	63.24	77.25
$Na(s)$	0	0	51.30	28.15
$Na_2CO_3(s)$	−1130.7	−1044.4	135.0	112.3
$NaHCO_3(s)$	−950.81	−850.9	101.7	87.61
$NaCl(s)$	−411.153	−384.122	72.13	50.50
$NaNO_3(s)$	−467.85	−366.99	116.52	92.88
$NaOH(s)$	−425.6	−379.6	64.4	59.5
$Na_2SO_4(s)$	−1387.1	−1270.1	149.6	128.2
$N_2(g)$	0	0	191.718	29.124
$NH_3(g)$	−45.94	−16.4	192.885	35.65
$NO(g)$	91.26	87.6	210.87	29.85
$NO_2(g)$	33.1	51.3	240.2	37.2
$N_2O(g)$	81.6	103.7	220.1	38.62
$N_2O_3(g)$	86.6	142.4	314.8	72.72
$N_2O_4(g)$	11.1	99.9	304.49	79.2
$N_2O_5(g)$	11.3	117.2	355.8	95.30
$HNO_3(l)$	−174.1	−80.6	155.60	109.9
$HNO_3(g)$	−133.9	−73.49	267.0	54.1
$NH_4NO_3(s)$	−365.56	−183.9	151.08	139.3
$NH_4Cl(s)$	−314.5	−202.8	94.6	84.1
$O_2(g)$	0	0	205.261	29.4

续表

物　质	$\Delta_f H_m^\ominus/(kJ\cdot mol^{-1})$	$\Delta_f G_m^\ominus/(kJ\cdot mol^{-1})$	$S_m^\ominus/(J\cdot mol^{-1}\cdot K^{-1})$	$C_{p,m}/(J\cdot mol^{-1}\cdot K^{-1})$
O_3(g)	142.7	163.2	239.04	38.16
P(白磷)	0	0	41.09	23.83
P(红磷)	−17.46	−12.46	22.85	21.19
P_4(g)	58.9	24.3	280.12	67.16
PCl_3(g)	−227.1	−267.8	311.9	71.8
PCl_5(g)	−374.9	−305.0	364.7	112.8
H_3PO_4(s)	−1284.4	−1124.2	110.50	106.1
S(正交晶体)	0	0	32.054	22.60
S(g)	277.17		167.938	
S_8(g)	101.25	49.03	430.31	156.06
H_2S(g)	−20.6	−33.4	205.92	34.19
SO_2(g)	−296.81	−300.13	248.332	39.88
SO_3(g)	−395.7	−371.00	256.88	50.66
H_2SO_4(l)	−814.0	−689.8	156.90	138.9
Si(s)	0	0	18.81	20.00
$SiCl_4$(l)	−686.93	−619.9	239.7	145.3
$SiCl_4$(g)	−657.0	−617.0	330.8	90.26
SiH_4(g)	34.3	56.8	204.76	42.83
SiO_2(石英)	−910.7	−856.4	41.46	44.4
SiO_2(高温型方石英)	−905.5	−853.3	50.05	26.58
Zn(s)	0	0	41.63	25.40
$ZnCO_3$(s)	−812.78	−731.52	52.40	79.71
$ZnCl_2$(s)	−415.05	−369.42	111.46	71.34
ZnO (s)	−350.46	−320.50	43.65	40.25
CH_4(g)	−74.6	−50.5	186.4	35.7
C_2H_6(g)	−84.0	−31.9	229.2	52.5
C_2H_4(g)	52.5	68.18	219.67	43.56
C_2H_2(g)	227.4	209.0	201.1	44.1
CH_3OH(l)	−239.1	166.5	126.8	81.2
CH_3OH(g)	−201.0	−162.2	240.0	44.1
C_2H_5OH(l)	−277.6	−174.7	161.0	112.3
C_2H_5OH(g)	−234.8	−167.8	281.7	65.6
$(CH_3)_2O$(g)	−184.1	−112.5	266.5	64.4
HCHO(g)	−108.6	−102.5	218.9	35.4
CH_3CHO(g)	−166.1	−133.0	263.9	55.3
HCOOH(l)	−424.7	−361.3	129.0	99.5
CH_3COOH(l)	−484.4	−390.1	159.9	124.6
CH_3COOH(g)	−432.2	−374.1	283.6	63.4
$(CH_2)_2O$(l)	−78.0	−11.7	153.9	88.0
$CHCl_3$(g)	−102.7	−76.0	295.8	65.7
C_2H_5Cl(l)	−136.8	−59.2	190.8	104.3
C_2H_5Cl(g)	−112.1	−60.4	275.9	62.6
C_2H_5Br(l)	−90.5	−25.7	198.7	100.8
C_2H_5Br(g)	−61.9	−23.8	286.8	64.5

续表

物　质	$\Delta_f H_m^\ominus/(kJ\cdot mol^{-1})$	$\Delta_f G_m^\ominus/(kJ\cdot mol^{-1})$	$S_m^\ominus/(J\cdot mol^{-1}\cdot K^{-1})$	$C_{p,m}/(J\cdot mol^{-1}\cdot K^{-1})$
$CH_2CHCl(g)$	37.3	53.6	264.0	53.7
$CH_3COCl(l)$	−272.9	−208.1	201.0	117.0
$CH_3COCl(g)$	−242.8	−205.8	295.2	67.8
$CH_3NH_2(g)$	−22.5	32.8	243.0	50.1
$(NH_3)_2CO(s)$	−333.51	−196.7	104.6	93.1
$CH_3COOC_2H_5(l)$	−479.3	−332.5	257.7	170.7
$CH_3COOC_2H_5(g)$	−443.6	−327.3	362.8	113.6

注：已按 p=100kPa 时数据进行了修订。

数据来源：Lange's Handbook of Chemistry. 16th ed.

附录八　某些物质的标准摩尔燃烧焓(100kPa，298.15K)

物　质		$-\Delta_c H_m^\ominus/(kJ\cdot mol^{-1})$	物　质		$-\Delta_c H_m^\ominus/(kJ\cdot mol^{-1})$
$H_2(g)$	氢气	286	$CH_3CHO(l)$	乙醛	1167
$CH_4(g)$	甲烷	891	$C_2H_5CHO(l)$	丙醛	1822
$C_2H_6(g)$	乙烷	1561	$(CH_3)_2CO(l)$	丙酮	1790
$C_3H_8(g)$	丙烷	2220	$CH_3COC_2H_5(l)$	甲乙酮	2444
$C_4H_{10}(g)$	正丁烷	2878	$HCOOH(l)$	甲酸	254
$C_5H_{12}(l)$	正戊烷	3509	$CH_3COOH(l)$	乙酸	874
$C(CH_3)\ (g)$	季戊烷	3515	$C_2H_5COOH(l)$	丙酸	1527
$C_6H_{14}(l)$	正己烷	4163	$C_3H_7COOH(l)$	正丁酸	2184
$C_2H_4(g)$	乙烯	1411	$(CH_2COOH)_2(s)$	丁二酸	1491
$C_2H_2(g)$	乙炔	1300	$(CH_3CO)_2O(l)$	乙酸酐	1807
$C_3H_6(g)$	环丙烷	2091	$HCOOCH_3(l)$	甲酸甲酯	973
$C_4H_8(l)$	环丁烷	2745	$C_6H_5OH(s)$	苯酚	3054
$C_5H_{10}(l)$	环戊烷	3292	$C_6H_5CHO(l)$	苯甲醛	3525
$C_6H_{12}(l)$	环己烷	3920	$C_6H_5COCH_3(l)$	苯乙酮	4149
$C_6H_6(l)$	苯	3268	$C_6H_5COOH(s)$	苯甲酸	3228.2
$C_{10}H_8(s)$	萘	5157	$C_6H_4(COOH)_2(s)$	邻苯二甲酸	3224
$CH_3OH(l)$	甲醇	726	$C_6H_4(COOH)_2(s)$	对苯二甲酸	3190
$C_2H_5OH(l)$	乙醇	1367	$C_6H_5COOCH_3(l)$	苯甲酸甲酯	3948
$C_3H_7OH(l)$	正丙醇	2021	$C_{12}H_{22}O_{11}(s)$	蔗糖	5640
$C_4H_9OH(l)$	正丁醇	2676	$CH_3NH_2(g)$	甲胺	1086
$CH_3OCH_3(g)$	甲醚	1460	$C_2H_5NH_2(g)$	乙胺	1740
$(C_2H_5)_2O(l)$	乙醚	2724	$(NH_2)_2CO(s)$	尿素	632.7
$HCHO(g)$	甲醛	571	$C_5H_5N(l)$	吡啶	2782

数据来源：CRC Handbook of Chemistry and Physics. 90th ed.

科学出版社 高等教育出版中心

教学支持说明

科学出版社高等教育出版中心为了对教师的教学提供支持，特对教师免费提供本教材的电子课件，以方便教师教学。

获取电子课件的教师需要填写如下情况的调查表，以确保本电子课件仅为任课教师获得，并保证只能用于教学，不得复制传播用于商业用途。否则，科学出版社保留诉诸法律的权利。

地址：北京市东黄城根北街 16 号，100717

科学出版社　高等教育出版中心　化学与资源环境分社　陈雅娴(收)

联系方式：010-64011132(传真)

chenyaxian@mail. sciencep. com

请将本证明签字盖章后，邮寄或者传真到我社，我们确认销售记录后立即赠送。

如果您对本书有任何意见和建议，也欢迎您告诉我们。意见经采纳，我们将赠送书目，教师可以免费赠书一本。

证　明

兹证明__________大学__________学院/_____系第_____学年□上/□下学期开设的课程，采用科学出版社出版的____________________/__________(书名/作者)作为上课教材。任课教师为________________共______人，学生______个班共______人。

任课教师需要与本教材配套的电子课件。

电　话：________________________________

传　真：________________________________

E-mail：________________________________

地　址：________________________________

邮　编：________________________________

学院/系主任：__________(签字)

(学院/系办公室章)

______年______月______日